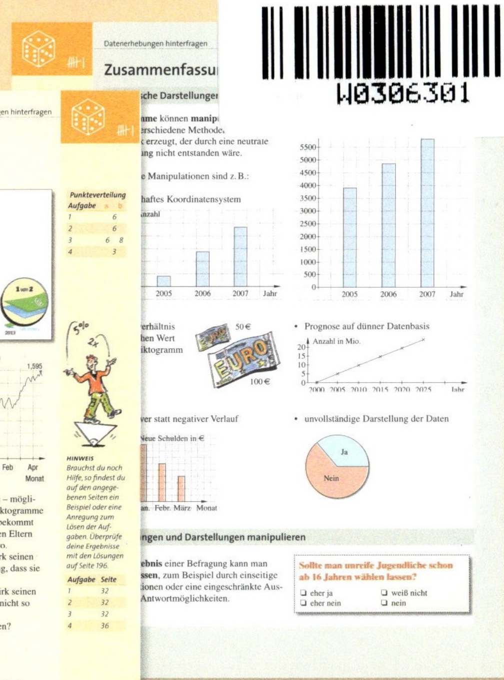

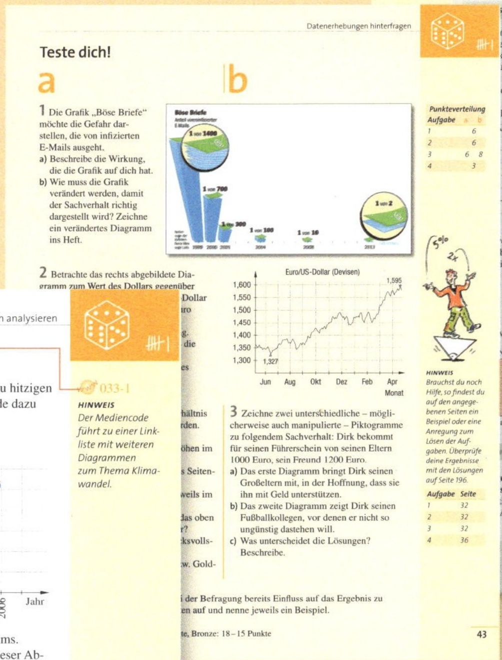

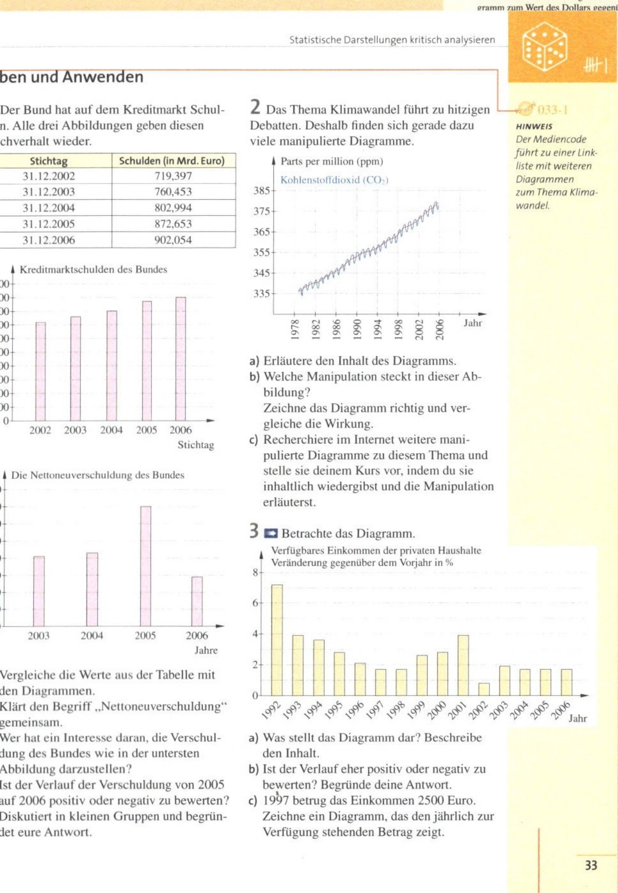

5 Mit der Seite **Teste dich!** am Ende jedes Kapitels kannst du dein Wissen selbstständig überprüfen. Dabei sind die Aufgaben in zwei Schwierigkeitsgrade unterteilt. Die Lösungen zu den Aufgaben stehen am Ende des Buches.

6 Die **Zusammenfassung** enthält kurz und knapp das Wichtigste aus dem Kapitel. Sie dient dem schnellen Nachschlagen des gelernten Stoffes.

033-1
Multimediales Zusatzangebot
über Webcode im Internet:
1. Webseite **www.cornelsen.de/zahlen-und-groessen** aufrufen
2. Buchkennung eingeben: **MZG001156**
3. Mediencode eingeben: z. B. 033-1

Auf der Randspalte stehen beispielsweise interessante zusätzliche Informationen, Hinweise, Beispiele und Knobelaufgaben.

Die Farbe der Randspalte und die obere Buchecke stehen für einen bestimmten Bereich in der Mathematik: Arithmetik/Algebra (Blau), Funktionen (Rot), Geometrie (Grün), Stochastik (Gelb).

Was bietet das Buch noch?

Die **Themenseiten** enthalten Interessantes und Wissenswertes aus verschiedenen Lebensbereichen.

Auf den **Methodenseiten** lernst du z. B. den Umgang mit Werkzeugen oder Formen der Gruppenarbeit. Vielfach musst du Probleme lösen, Rechenwege erkunden und erklären, im Internet recherchieren oder eigene Arbeiten präsentieren.

In jedem Kapitel findest du unter den **Vermischten Übungen** weitere Aufgaben zu den Lerneinheiten des gesamten Kapitels.

Inhalt

5 Trigonometrie

29 Datenerhebungen hinterfragen

45 Die Sinusfunktion

61 Berechnungen an allgemeinen Dreiecken und Vielecken

83 Potenzen und Potenzfunktionen

■ Inhalte, die dem Niveau eines Erweiterungskurses entsprechen

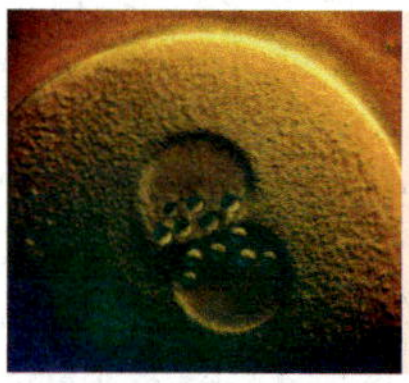

101 Wachstum

123 Veränderungen mit Funktionen beschreiben

151 Anwendungen

167 Anhang

Trigonometrie

Im Mittelalter zogen Seefahrer aus, um die Welt zu entdecken. Sie orientierten sich an den Sternen und bestimmten durch Winkelberechnungen ihre Position auf See.

Noch fit?

1 Kürze so weit wie möglich.

a) $\frac{25}{85}$ b) $\frac{125}{175}$ c) $\frac{28}{70}$ d) $\frac{121}{231}$ e) $\frac{108}{120}$

2 Ergänze folgende Sätze in deinem Heft, sodass wahre Aussagen entstehen.

a) Die Winkelsumme in einem Dreieck ABC beträgt ______.
b) Im Dreieck ABC liegt die Seite a dem Winkel ______ gegenüber.
c) Der Winkel γ ist ______ immer der größte Dreieckswinkel.
d) Es gibt rechtwinklige Dreiecke, die ______ gleichlange Seiten haben.
e) Ein Dreieck ABC kann mehrere ______ Winkel haben.
f) Ein Dreieck ABC kann höchstens einen ______ oder einen ______ Winkel haben.

3 Entwirf jeweils zuerst eine Skizze und konstruiere dann die folgenden Dreiecke ABC.

a) $a = 6{,}5\,\text{cm}$, $b = 5{,}5\,\text{cm}$, $c = 10{,}5\,\text{cm}$ b) $a = 5\,\text{cm}$, $\beta = \gamma = 60°$
c) $b = 4{,}5\,\text{cm}$, $c = 8{,}5\,\text{cm}$, $\alpha = 75°$ d) $a = 3\,\text{cm}$, $c = 5\,\text{cm}$, $\beta = 45°$

4 Konstruiere ein rechtwinkliges Dreieck ABC ($\gamma = 90°$).

a) $c = 9\,\text{cm}$, $\alpha = 38°$ b) $c = 12\,\text{cm}$, $h_c = 40\,\text{mm}$ c) $c = 8{,}5\,\text{cm}$, $\beta = 65°$

ZUM WEITERARBEITEN
Berechne die Höhe des Funkturms.

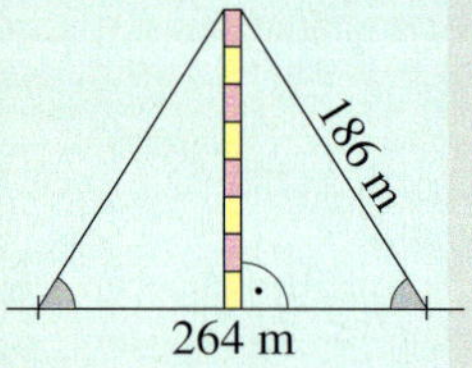

5 Zeichne die Strecke $\overline{AB}$ in ein Koordinatensystem (1 LE = 1 cm). Ergänze die Strecke $\overline{AB}$ durch einen Punkt C auf der y-Achse zu einem rechtwinkligen Dreieck mit $\gamma = 90°$.

a) $A(-2|-3)$, $B(2|-3)$ b) $A(-3|-2)$, $B(2|1)$ c) $A(-1|1)$, $B(1|-1)$

6 Berechne am rechtwinkligen Dreieck mit $\gamma = 90°$ die fehlenden Stücke.

	a	b	c	h	p	q	A
a)	3 cm	4 cm					
b)	50 mm		13 cm				
c)	6 cm			4,8 cm			
d)	18 mm						$720\,\text{mm}^2$

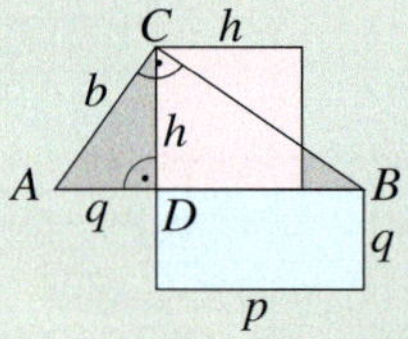

7 Berechne jeweils die Länge der Strecke x.

a)

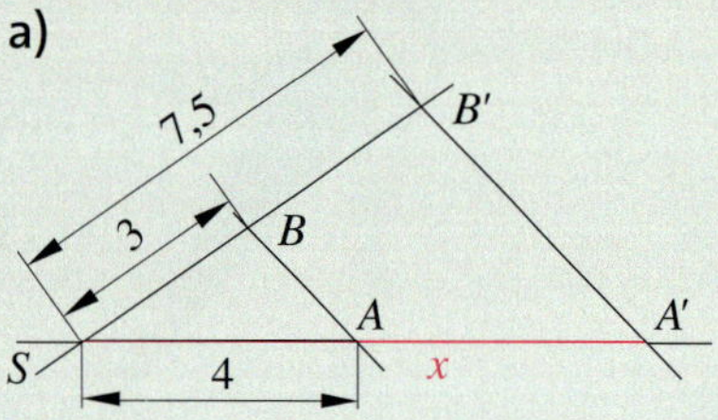

b)

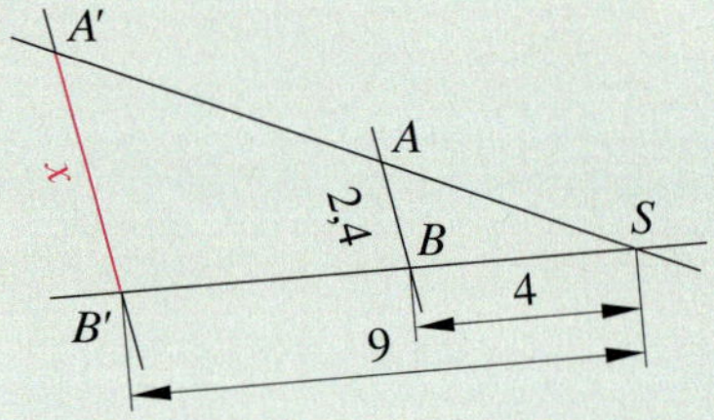

Kurz und knapp

1. Wann heißen zwei Dreiecke zueinander ähnlich?
2. Wie lautet der Satz des Pythagoras? Entscheide und begründe mit Hilfe einer Skizze.

$c^2 = a^2 + b^2$ | $c^2 = a^2 - b^2$ | $a^2 = c^2 + b^2$ | $a^2 + b^2 = c^2$ | $c^2 = a^2 \cdot b^2$ | $c^2 + a^2 = b^2$

3. Notiere eine Gleichung einer linearen Funktion mit einer positiven (negativen) Steigung.
4. Notiere eine Gleichung einer linearen Funktion, die die y-Achse bei 3 schneidet.

Seitenverhältnisse im rechtwinkligen Dreieck

Erforschen und Entdecken

1 Ein großer Automobilkonzern hat für einen Werbespot sein neues Pkw-Top-Modell die Ski-Sprungschanze Pitkävuori im finnischen Kaipola mit etwa $60\,\frac{\text{km}}{\text{h}}$ hinauffahren lassen. Auf dem letzten Abschnitt der Schanze wurde eine Steigung von fast 80 % bewältigt.

a) Erläutere mit Hilfe der Abbildung den Begriff Steigung. Verwende dabei die Begriffe Höhenunterschied und Horizontalunterschied.
b) Erkläre, was unter 80 % Steigung zu verstehen ist.
c) Kann es Steigungen geben, die größer als 100 % sind? Können Steigungen beliebig groß werden? Begründe.

2 Konstruiere die folgenden Dreiecke.

① $a = 3\,\text{cm}$, $b = 4\,\text{cm}$, $c = 5\,\text{cm}$

② $a = 4{,}5\,\text{cm}$, $\beta = 6\,\text{cm}$, $\gamma = 90°$

③ $a = 5\,\text{cm}$, $b = 4\,\text{cm}$, $c = 6{,}4\,\text{cm}$

④ $\alpha = 37°$, $c = 8\,\text{cm}$, $\beta = 53°$

⑤ $a = 7\,\text{cm}$, $b = 5{,}6\,\text{cm}$, $\gamma = 90°$

a) Gibt es Gemeinsamkeiten aller fünf Dreiecke?
b) Miss in jedem Dreieck die Seitenlängen.
c) Auf wie viele verschiedene Arten kann man aus drei Seiten ein Verhältnis zweier Seiten bilden? Bilde alle Seitenverhältnisse.
d) Berechne jeweils die Seitenverhältnisse $\frac{a}{b}$; $\frac{a}{c}$; $\frac{b}{c}$. Was fällt dir auf? Finde eine Erklärung dafür.

3 Untersuche mit einer dynamischen Geometrie-Software unterschiedliche Seitenverhältnisse in einem rechtwinkligen Dreieck.

007-1
BEACHTE
Unter dem Webcode findest du ein dynamisches Arbeitsblatt, mit dem du arbeiten kannst.

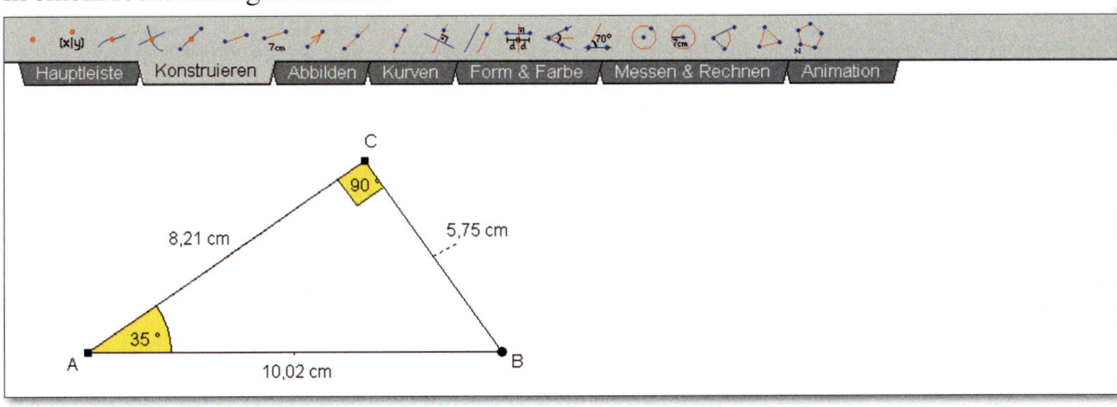

a) Konstruiere ein rechtwinkliges Dreieck mit $\gamma = 90°$ und einem selbst festgelegten Winkel α. Verändere die Längen der Seiten unter Beibehaltung des rechten Winkels und des Winkels α. Was stellst du für die Seitenverhältnisse $\frac{a}{c}$ und $\frac{b}{c}$ fest?
b) Verändere die Größe des Winkels α und beobachte dabei die Veränderungen bei den Dreiecksseiten und bei den Seitenverhältnissen $\frac{a}{b}$; $\frac{a}{c}$; $\frac{b}{c}$.
c) Verändere die Länge der Seite b. Beobachte, was passiert.
d) Gibt es eine Einstellung, bei der eine Seitenlänge mit dem Seitenverhältnis $\frac{a}{b}$ oder $\frac{b}{c}$ übereinstimmt? Wie hängen dabei Winkel und Seitenverhältnis zusammen?

Lesen und Verstehen

ZUM WEITERARBEITEN
Lege auf das Foto des Flugzeugs eine Folie und zeichne ein Steigungsdreieck ein, sodass der Höhen- und Horizontalunterschied abgemessen werden kann.

Ein Pilot hebt in Richtung Düsseldorf ab.
Beim Start muss er darauf achten, dass nach dem Abheben eine Steigung von 8 % nicht überschritten werden darf.

In jedem rechtwinkligen Dreieck wird die **Steigung m** aus dem Quotienten von **Höhen-** und **Horizontalunterschied** ermittelt.
Jeder Steigung m wird genau ein Steigungswinkel α zugeordnet.

$$\text{Steigung } m = \frac{\text{Höhenunterschied}}{\text{Horizontalunterschied}}$$

BEISPIEL
Ist der Höhenunterschied einer Strecke $\overline{AB} = 8\,\text{m}$ und ihr Horizontalunterschied 100 m, so beträgt ihre Steigung 8 %.

$$\frac{8\,\text{m}}{100\,\text{m}} = \frac{8}{100} = 0{,}08 = 8\,\%$$

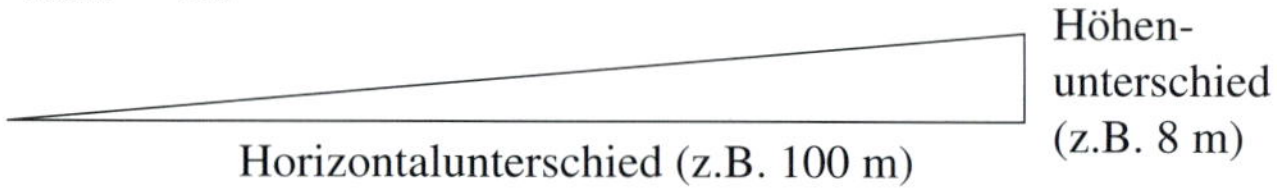

BEACHTE
Bei jeder trigonometrischen Berechnung muss zuerst der Betrachtungswinkel (α oder β) festgelegt werden, bevor man An- und Gegenkathete bestimmen kann.

In jedem rechtwinkligen Dreieck lässt sich ein Quotient für die Steigung angeben. Bei gegebenem spitzen Winkel α und dem Winkel $\beta = 90°$ werden für die Seiten des rechtwinkligen Dreiecks die folgenden Bezeichnungen verwendet:

Die Kathete, die dem Winkel α gegenüber liegt, nennt man **Gegenkathete von α**.
Die Kathete, die an dem Winkel α anliegt, nennt man **Ankathete von α**.
Die Seite, die dem rechten Winkel gegenüberliegt, nennt man **Hypotenuse**.

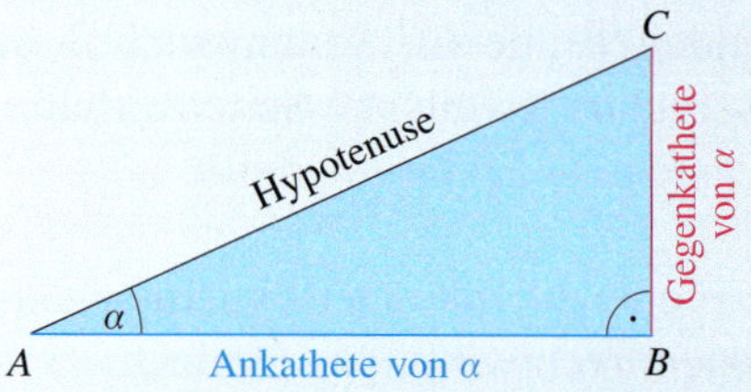

Mit diesen Bezeichnungen erhält man für den Quotienten der Steigung das Seitenverhältnis $\frac{\text{Gegenkathete von } \alpha}{\text{Ankathete von } \alpha}$. Man nennt diesen Quotienten **Tangens von α**, kurz **$\tan \alpha$**.

HINWEIS
Die Formeln gelten genauso für β und γ. Zum Beispiel: $\sin \beta = \frac{\text{Gegenkathete von } \beta}{\text{Hypotenuse}}$

Neben dem Tangens von α gibt es noch zwei weitere Seitenverhältnisse, die für Berechnungen am Dreieck wichtig sind. Diese werden mit **Sinus von α** und **Kosinus von α** (oder kürzer **$\sin \alpha$** und **$\cos \alpha$**) bezeichnet.

$$\sin \alpha = \frac{\text{Gegenkathete von } \alpha}{\text{Hypotenuse}} \qquad \cos \alpha = \frac{\text{Ankathete von } \alpha}{\text{Hypotenuse}} \qquad \tan \alpha = \frac{\text{Gegenkathete von } \alpha}{\text{Ankathete von } \alpha}$$

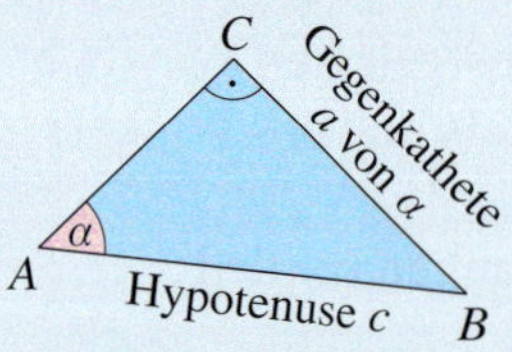

$\sin \alpha = \frac{a}{c}$

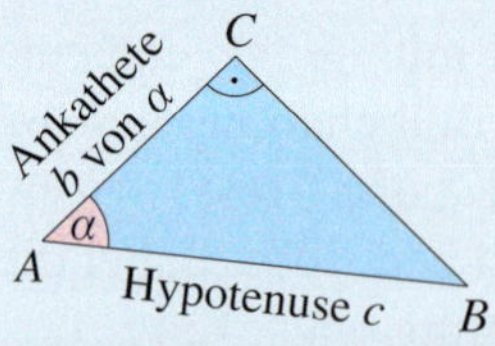

$\cos \alpha = \frac{b}{c}$

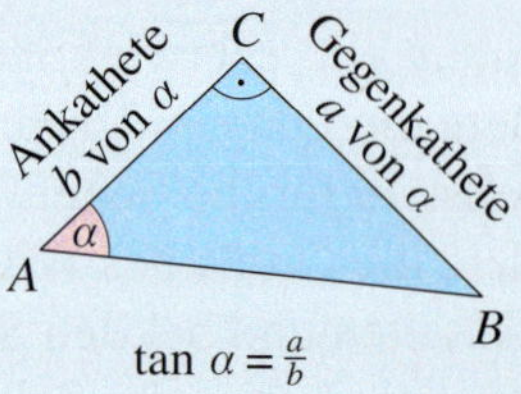

$\tan \alpha = \frac{a}{b}$

Diese Seitenverhältnisse sind in ähnlichen rechtwinkligen Dreiecken, also bei einem festen spitzen Winkel α, immer gleich.

Üben und Anwenden

1 Fülle die Tabelle aus.

Höhenunterschied	3600 m		420 m
Horizontalunterschied	6000 m	2000 m	
Steigung		23 %	14 %

2 Zeichne eine Strecke mit 8 cm Höhenunterschied und 8 cm Horizontalunterschied. Berechne die Steigung in Prozent.
Zeichne dann eine Strecke mit 5 cm Höhenunterschied und 5 cm Horizontalunterschied. Ist die Steigung genauso groß wie im ersten Beispiel?

3 Zeichne jeweils drei Steigungsdreiecke mit den gegebenen Steigungen.
a) 10 % **b)** 150 % **c)** 75 %

4 Ermittle durch Zeichnen von Steigungsdreiecken und Abmessen zu jedem Steigungswinkel die entsprechende prozentuale Steigung. Ergänze die Tabelle im Heft. Führe sie in 10°-Schritten zwischen 20° und 80° weiter.

Steigungswinkel	1°	5°	10°	20°	…	80°	89°
Steigung in %							

5 Bestimme, wenn möglich, bei den unten abgebildeten Dreiecken die Hypotenuse sowie die Gegenkathete und die Ankathete …
a) von α aus gesehen.
b) von β aus gesehen.
c) Begründe, in welchen Fällen entsprechende Seitenverhältnisse nicht angegeben werden können und woran das liegt.

①
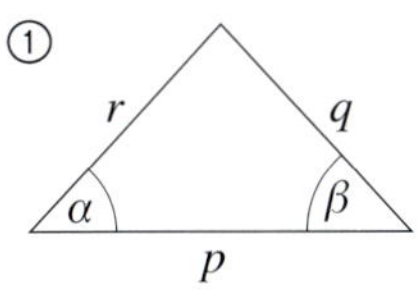

②
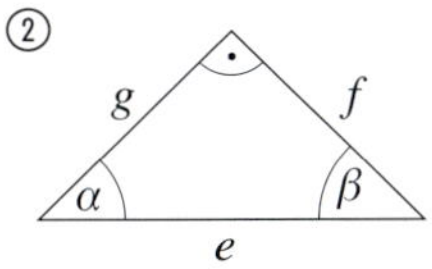

③
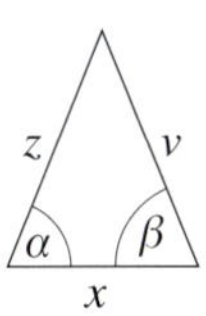

④
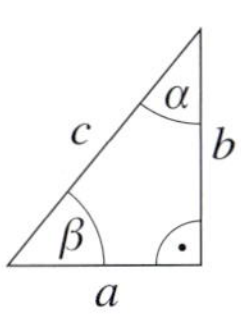

6 Ordne zu und begründe, welche der angegebenen Seitenverhältnisse gelten.

a)
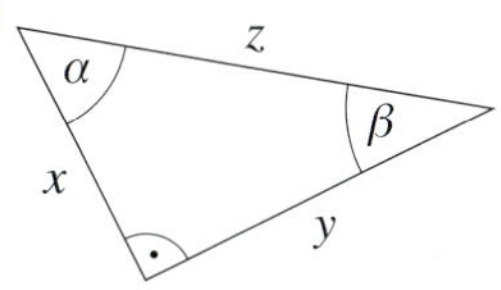

b)
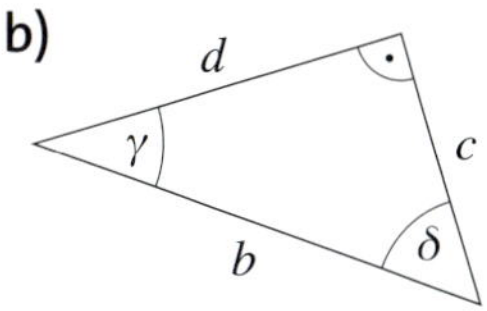

$\sin\delta = \frac{d}{b}$ $\tan\delta = \frac{d}{c}$ $\cos\beta = \frac{z}{y}$
$\cos\beta = \frac{x}{z}$
$\sin\alpha = \frac{x}{z}$ $\sin\delta = \frac{b}{d}$ $\sin\alpha = \frac{y}{z}$
$\tan\gamma = \frac{c}{d}$ $\cos\alpha = \frac{z}{x}$ $\cos\gamma = \frac{d}{b}$

7 Gib jeweils an, ob es sich bei ① oder ② um den Sinus, Kosinus oder Tangens handelt.

a)
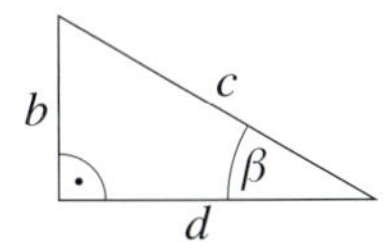

① $\frac{b}{c}$ ② $\frac{d}{c}$

b)
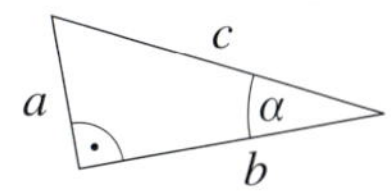

① $\frac{b}{c}$ ② $\frac{b}{a}$

c)
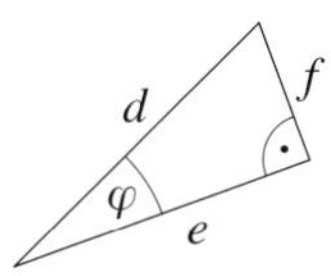

① $\frac{f}{d}$ ② $\frac{e}{d}$

d)
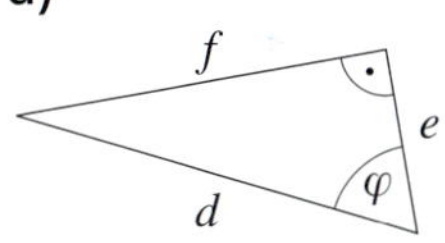

① $\frac{f}{d}$ ② $\frac{f}{e}$

8 Gib Sinus, Kosinus oder Tangens als Seitenverhältnis an.

a)
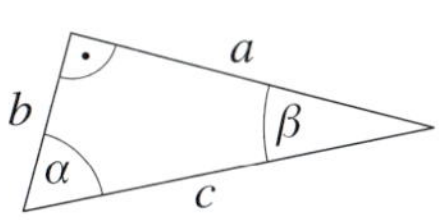

① $\sin\alpha$ ② $\cos\beta$

b)
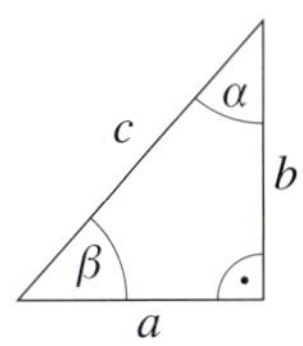

① $\cos\alpha$ ② $\tan\beta$

c)
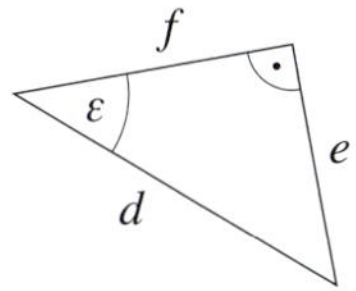

① $\sin\varepsilon$ ② $\tan\varepsilon$

d)
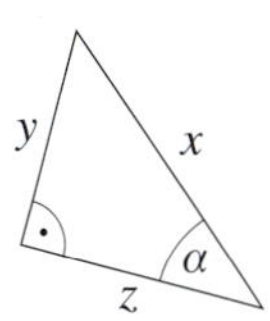

① $\sin\alpha$ ② $\tan\alpha$

HINWEIS
Der Begriff Trigonometrie ist griechischen Ursprungs von trigonon (Dreieck) und metron (Maß). In der Trigonometrie werden Berechnungen an Dreiecken durchgeführt.

Methode: sin, cos, tan mit dem Taschenrechner bestimmen

Der Taschenrechner liefert sehr gute Näherungswerte für den Sinus, den Kosinus sowie den Tangens eines bestimmten Winkels. Vor der Berechnung von Winkeln im Gradmaß muss der Taschenrechner auf das Gradmaß DEG (vom englischen Wort degree = Grad) eingestellt werden.

gegeben	gesucht	Tastenfolge	Displayanzeige
$\alpha = 30°$	$\sin\alpha = ?$	3 0 sin	0,5
$\alpha = 30°$	$\cos\alpha = ?$	3 0 cos	0,866 025 403
$\alpha = 30°$	$\tan\alpha = ?$	3 0 tan	0,577 350 269

BEACHTE
Je nach Taschenrechnermodell kann die Beschriftung der Tasten und sogar die Reihenfolge der Eingabe von den hier vorgestellten Methoden abweichen. Schlage in der Bedienungsanleitung nach, wie dein Taschenrechner funktioniert.

9 Fabian behauptet, dass der Tangens eines Winkels nicht größer als 100 werden kann. Stimmt das? Begründe deine Antwort.

10 Lisa behauptet: „Je kleiner der Zahlenwert für Sinus α wird, desto größer wird der Wert für Kosinus α."
Stimmt das? Finde und berechne mindestens drei Beispiele. Wie verhält sich dann jeweils der Zahlenwert für Tangens α?

11 Welchen Tangenswert würdest du als einen besonderen angeben? Begründe deine Entscheidung.

12 Stefan behauptet: „Das Seitenverhältnis des Sinus eines Winkels beträgt 1,2." Finde solch ein Seitenverhältnis.

13 Verdopple in einem rechtwinkligen Dreieck die Winkelgröße eines spitzen Winkels, der kleiner als 45° ist.
Wie verändern sich Sinus, Kosinus und Tangens des Winkels, wenn die Länge der Hypotenuse unverändert bleibt?

14 Die Winkelgröße eines spitzen Winkels im rechtwinkligen Dreieck wird halbiert. Fertige eine passende Skizze an.
a) Beschreibe, wie sich die Gegenkathete des halbierten Winkels verändert.
b) Wie verändert sich der Tangens des halbierten Winkels?
c) Verändert sich auch der Kosinus des halbierten Winkels? Begründe.

15 Arbeite mit einer dynamischen Geometrie-Software.
Verändere das Seiten-verhältnis von Gegenkathete und Hypotenuse in einem rechtwinkligen Dreieck.
Wie ändert sich der zugehörige Winkel?

16 Wie ändern sich in einem rechtwinkligen Dreieck ABC mit $\beta = 90°$ die Verhältnisse $\frac{a}{c}$ und $\frac{a}{b}$, wenn die folgenden Veränderungen an α vorgenommen werden und die Länge der Ankathete von α gleich bleibt?
a) α wird verkleinert (vergrößert).
b) α nähert sich der Winkelgröße 90°.

17 Finde mit Hilfe der Tabelle einen Zusammenhang zwischen Sinus, Kosinus und Tangens.

	α	$\tan\alpha$	$\sin\alpha$	$\cos\alpha$	Vermutung
a)	0°				
b)	15°				
c)	30°				
d)	45°				
e)	60°				
f)	75°				
g)	90°				

18 Bestimme mit dem Taschenrechner die an der Zehntausendstelstelle gerundeten Näherungswerte für Sinus, Kosinus und Tangens des Winkels.
a) 6°; 12°; 23°; 46°; 54°; 65°; 83°
b) 0,5°; 14,4°; 15,7°; 22,5°; 57,3°; 89,9°
c) 9°; 33°; 1,9°; 55°; 74,76°; 0,08°

Streckenberechnung mit sin, cos, tan

Erforschen und Entdecken

1 Eine Boeing 737-300 soll auf dem Flughafen Berlin-Schönefeld landen. Der Landeanflug beginnt 17 km entfernt vom Aufsetzpunkt. Sie gleitet im Landeanflug geradlinig mit einem Gleitwinkel von $\alpha = 3°$.

a) Überprüfe, ob der Landeanflug in ca. 890 m Höhe beginnt.
b) Finde eine geeignete Möglichkeit, um die Höhe beim Landeanflug zu bestimmen.
c) Suche, skizziere und beschreibe eine ähnliche Sachsituation.

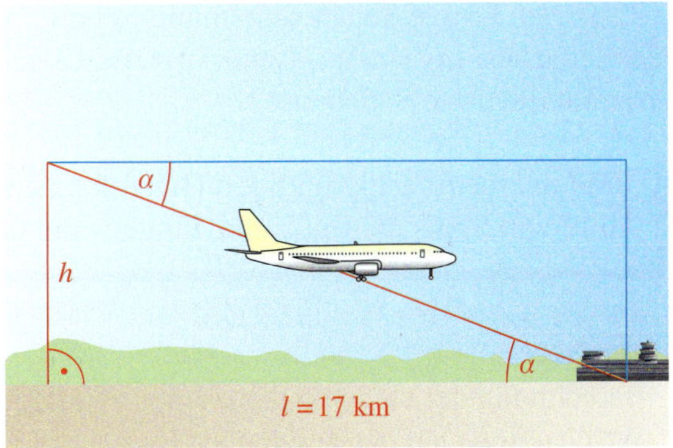

NACHGEDACHT
Warum darf der Winkel α nicht größer als 3° sein?

2 Höhenbestimmung bei Bäumen

Versuchsmaterial:
- Winkelmesser
- Taschenrechner
- ein mindestens 30 cm langes Lineal

Versuchsdurchführung:

a) Überlegt euch in Kleingruppen ein möglichst allgemeines Verfahren, um die Höhe von Bäumen zu bestimmen.
b) Wie würdest du vorgehen, um mit dem angegebenen Material die Höhe eines Baumes zu bestimmen?
Stelle deine Vorgehensweise mit Skizzen und einem kurzen Text dar.

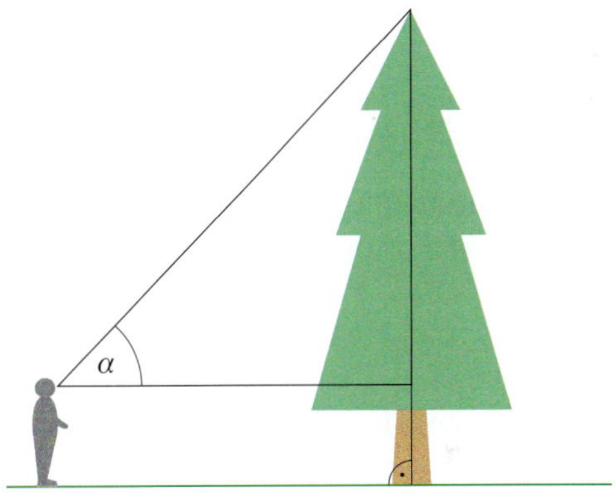

c) Vergleicht eure Notizen und Skizzen zu zweit. Überlegt gemeinsam, welche Fehler auftreten können.
d) Testet euer Verfahren an einem realen Baum oder Gebäude und versucht es eventuell zu verbessern.
e) Dokumentiert in Kleingruppen mit Skizzen, Fotos und Text den Versuch auf einem Wandplakat. Präsentiert auch eure Rechenwege und die Ergebnisse eurer Berechnungen.

3 Die Abbildungen zeigen verschiedene rechtwinklige Dreiecke in unterschiedlichen Sachzusammenhängen.

①
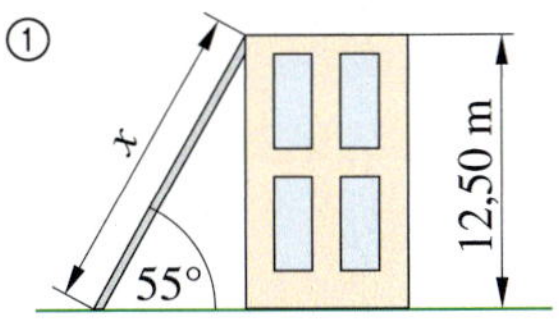

②
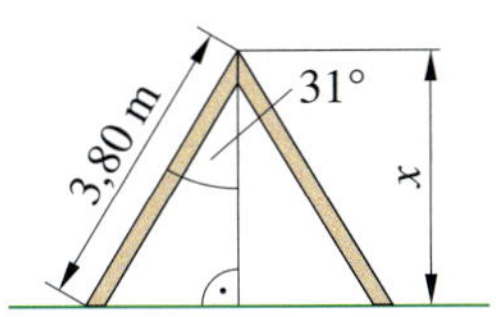

③
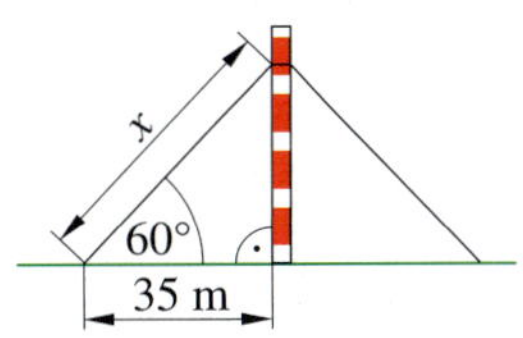

a) Beschreibe, was die Abbildungen darstellen.
b) Bisher kennst du die Möglichkeit, solche Aufgaben zeichnerisch zu lösen. Wie könnte man vorgehen, um x zu berechnen?
c) Vergleicht zu zweit eure Lösungen und Vorgehensweisen.

Lesen und Verstehen

Ein Funk-Sendemast wird mit Abspannseilen gesichert, die fest im Boden verankert sind und mit diesem einen Winkel von 62° bzw. 42° bilden. Einige Schülerinnen und Schüler schätzen die Höhe des Sendemastes. Inga: 60 m, Lukas: 100 m; Elena: 35 m, Martin: 80 m. Wer hat die beste Schätzung?

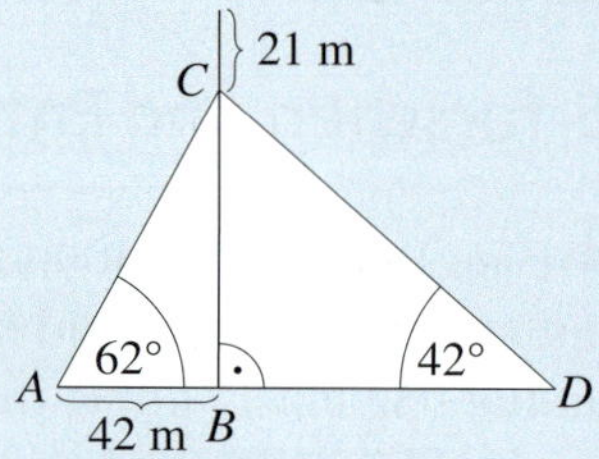

Sind in einem rechtwinkligen Dreieck eine Seite und ein Winkel gegeben, so können mit Hilfe von Sinus, Kosinus und Tangens die beiden anderen Seiten berechnet werden.

BEISPIEL 1

Berechnung der Gegenkathete eines Winkels:
Welche Höhe hat der Sendemast?
gegeben: $\alpha = 62°$, $c = 42\,\text{m}$; gesucht: h (in m)

$\tan\alpha = \frac{\text{Gegenkathete von } \alpha}{\text{Ankathete von } \alpha} = \frac{h}{c_1}$

$\tan\alpha = \frac{h}{c_1} \qquad | \cdot c_1$

$h = c_1 \cdot \tan\alpha$

$h = 42\,\text{m} \cdot \tan 62° \approx 79\,\text{m}$

Sendemastlänge: $h + 21\,\text{m} \approx 79\,\text{m} + 21\,\text{m} \approx 100\,\text{m}$

Der Sendemast hat eine Länge von ca. 100 m.

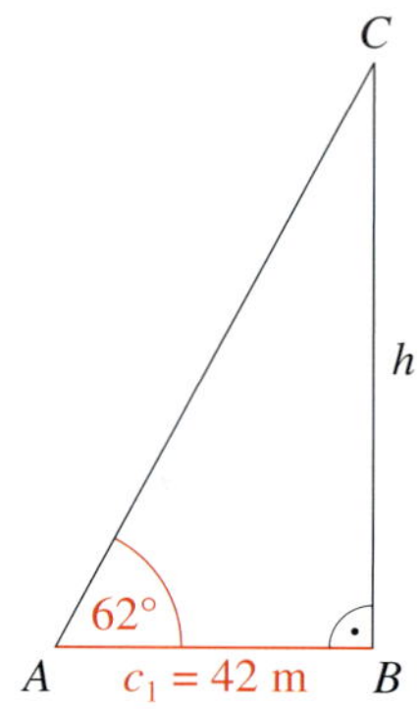

BEISPIEL 2

Berechnung der Hypotenuse:
Welche Länge hat das Abspannseil b?
gegeben: $h \approx 79\,\text{m}$, $\delta = 42°$; gesucht: b (in m)

$\sin\delta = \frac{\text{Gegenkathete von } \delta}{\text{Hypotenuse}} = \frac{h}{b} \qquad | \cdot b$

$b \cdot \sin\delta = h \qquad | : \sin\delta$

$b \approx \frac{79\,\text{m}}{\sin 42°} \approx 118\,\text{m}$

Das Abspannseil b ist ca. 118 m lang.

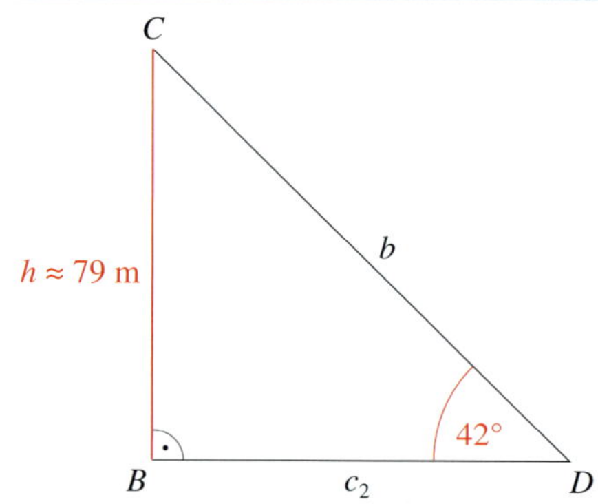

BEISPIEL 3

Berechnung der Ankathete eines Winkels:
Wie lang ist der Abstand zwischen Sendemast und rechter Bodenverankerung (Punkt D)?
gegeben: $b \approx 118\,\text{m}$, $\delta = 42°$, gesucht: $\overline{BD} = c_2$

$\cos\delta = \frac{\text{Ankathete von } \delta}{\text{Hypotenuse}} = \frac{c_2}{b} \,| \cdot b$

$b \cdot \cos\delta = c_2$

$c_2 = 118\,\text{m} \cdot \cos 42° \approx 87{,}69\,\text{m}$

Der Abstand zwischen Sendemast und rechter Bodenverankerung beträgt ca. 88 m.

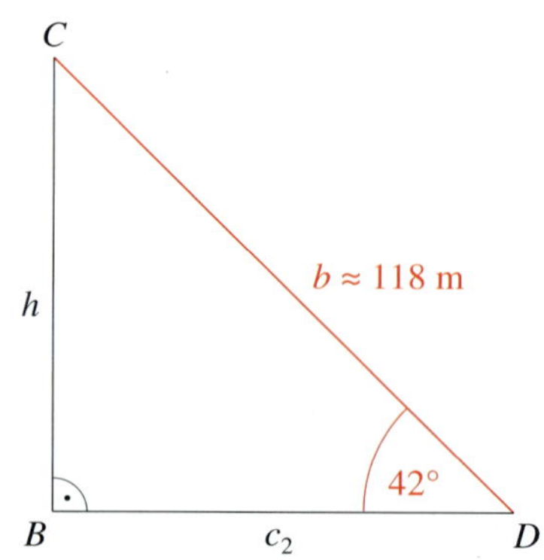

Üben und Anwenden

1 Berechne die fehlenden Seiten im rechtwinkligen Dreieck mit der Hypotenuse c. Fertige zunächst eine Skizze an.

a) $a = 12{,}7\,\text{cm}$; $\alpha = 24°$
b) $b = 15{,}9\,\text{dm}$; $\beta = 65°$
c) $c = 112{,}3\,\text{cm}$; $\beta = 48°$
d) $c = 58{,}3\,\text{cm}$; $\alpha = 74°$
e) $a = 0{,}33\,\text{m}$; $\alpha = 47°$
f) $b = 19{,}8\,\text{dm}$; $\alpha = 60°$
g) $a = 78\,\text{mm}$; $\beta = 40°$

2 Gib das Seitenverhältnis an und berechne die rot gezeichnete Dreieckseite.

a)
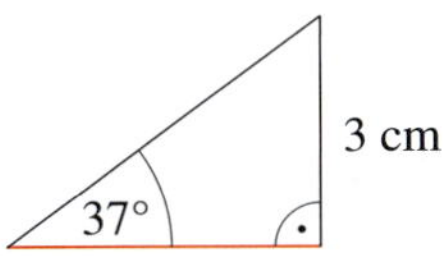

b)
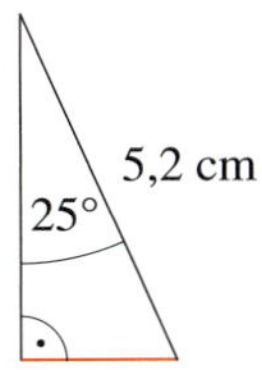

c)
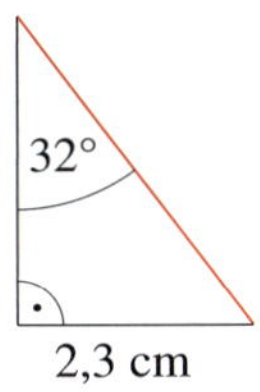

d)
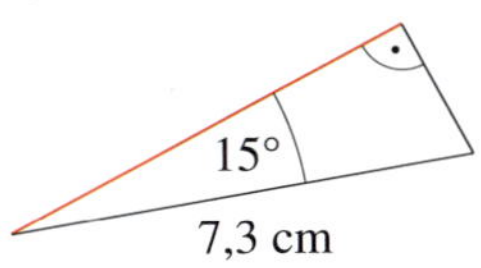

e)
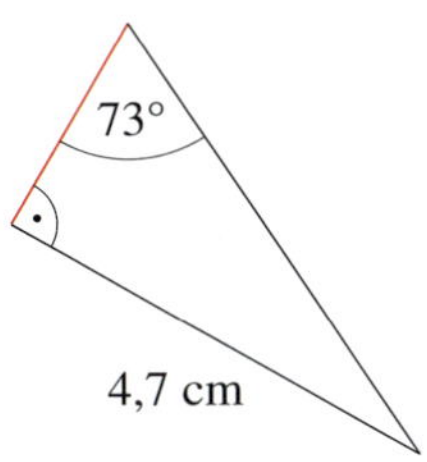

f)
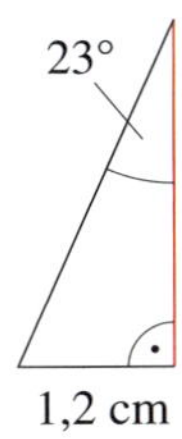

3 Zeichne für das Dreieck ABC eine Skizze und markiere die gegebenen Größen farbig. Berechne die fehlenden Größen.

	α	β	γ	a	b	c
a)	43°		90°		3,9 cm	
b)		47°	90°		4,1 cm	
c)	90°	32°			2,6 cm	
d)	71°	90°				6,6 cm
e)		90°	14°			5,2 cm
f)	90°		29°			3,8 cm
g)	26°		90°		6,7 cm	

4 Im gleichschenkligen Dreieck ABC ist $\alpha = 72°$ und $c = 4{,}5\,\text{cm}$. Berechne die Höhe h_c. Verwende eines der rechtwinkligen Dreiecke.

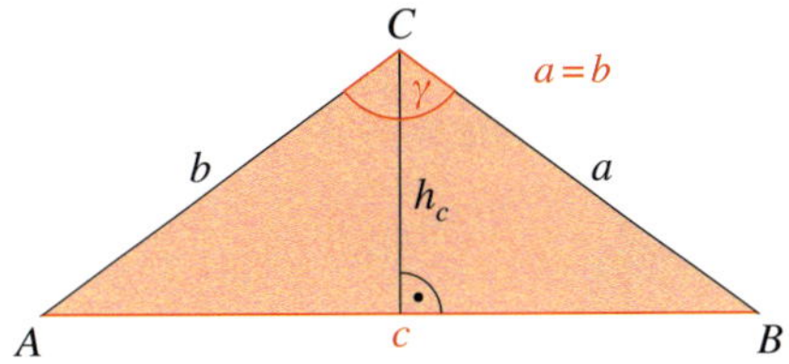

5 Ein Gelände steigt gleichmäßig an. Der Höhenwinkel beträgt 2,3°. Welchen Höhenunterschied hat man nach 250 m überwunden?

6 Der Steigungswinkel einer Wasserrutsche beträgt 9°. Der Höhenunterschied beträgt 12 m. Berechne den Unterschied in der Waagerechten und die Steigung m.

7 Ein Dachboden ist über eine 3 m lange Bodentreppe erreichbar. Die Höhe vom Fußboden zum Dachboden beträgt 2,7 m.

Die Treppe ist gut zu begehen, wenn die Treppe mit dem Fußboden höchstens einen Winkel von 65° bildet. Erfüllt die Bodentreppe diese Bedingung?

8 Auf ein 8 m breites Haus soll ein gleichschenkliges Satteldach mit einem Sonnenkollektor gebaut werden. Das Dach muss für den Sonnenkollektor eine Neigung von 44° nach Süden haben. Wie hoch sollte das Dach sein? Entwickle eine Skizze. Begründe, warum der Satz des Pythagoras nicht angewendet werden kann.

9 Am Flughafen Berlin-Tegel beginnt der Landeanflug in 910 m Höhe mit einem Gleitwinkel von $\alpha = 3°$. Wie weit ist die Maschine dabei vom Aufsetzpunkt entfernt?

BEACHTE
Ein Theodolit ist ein Teleskop auf einem dreifüßigen Stativ, das mit einem Fadenkreuz und einem Winkelmesser ausgestattet ist.

014-1
HINWEIS
Unter dem Webcode findest du eine Bastelanleitung für einen Theodoliten.

10 Mit Hilfe eines **Theodoliten** werden horizontale oder vertikale Winkel gemessen.

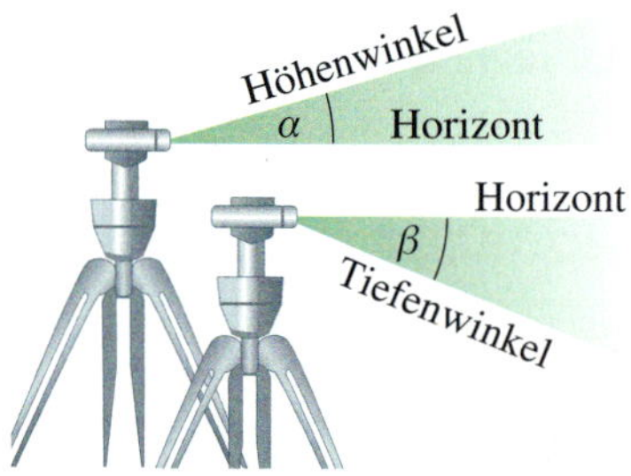

Die Instrumentenhöhe beträgt 1,45 m.
Wie hoch ist der Leuchtturm? Untersuche folgende vier Fälle. Was stellst du fest?

① $\alpha = 24°$; $e = 30$ m ② $\alpha = 48°$; $e = 30$ m
③ $\alpha = 24°$; $e = 300$ m ④ $\alpha = 48°$; $e = 300$ m

11 Von der 6,20 m hohen Kaimauer eines Hafens wird ein Schiff mit einem Theodoliten (1,5 m hoch) angepeilt.

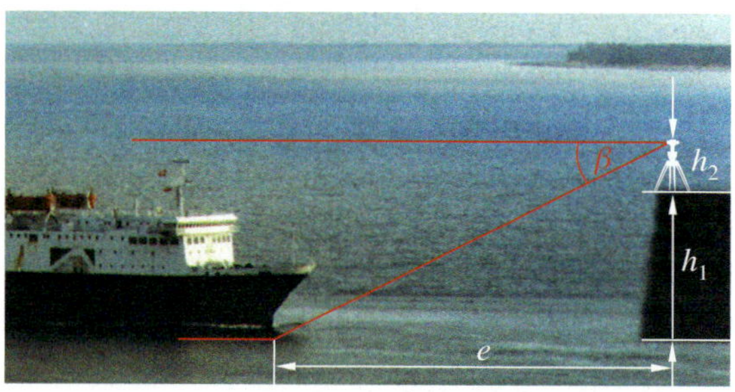

Das Schiff erscheint unter dem Tiefenwinkel $\beta = 2{,}6°$. Berechne die Entfernung e.

12 Eine Messlatte wird in einiger Entfernung mit einem Theodoliten angepeilt. Für die Höhe von 1,5 m auf der Messlatte ermittelt der Theodolit einen Winkel von 3°.

a) Wie weit sind die Messpunkte Theodolit und Messlatte voneinander entfernt?
b) Wie weit sind die Messpunkte entfernt, wenn 2,7° gemessen werden?

13 Von der Plattform eines Aussichtsturms wird in einer Höhe von 30,75 m eine Felswand anvisiert. Der Fußpunkt der Felswand erscheint unter einem Tiefenwinkel von 2,5°, der Gipfel der Felswand unter einem Höhenwinkel von 10,3°. Die Fußpunkte von Turm und Felswand befinden sich auf derselben Höhe.

a) Wie weit ist die Felswand vom Turm entfernt?
b) Welche Höhe hat die Felswand?

14 Mit dem Theodoliten kann die horizontale Entfernung zwischen zwei Punkten A und B bestimmt werden, wenn die Sicht zwischen diesen Punkten frei ist.

Auf der Messlatte kann man die Länge der Strecke $\overline{DE}$ ablesen. Mit dem Theodoliten lässt sich die Größe des Winkels γ bestimmen.

a) Berechne den Abstand der Punkte A und B, wenn nach der Vermessung auf der Messlatte 52 cm und ein Winkel γ von 0,3° gemessen wurden.
b) Wie wirkt sich ungenaues Ablesen von γ auf die Länge von e aus, wenn $\overline{DE} = 0{,}52$ m beträgt?

γ	0,1°	0,2°	0,3°	0,4°	0,5°
e			99,31 m		

c) Wie wirkt sich bei $\gamma = 0{,}3°$ ungenaues Ablesen von $\overline{DE}$ auf die Länge von e aus?

$\overline{DE}$	0,50 m	0,51 m	0,52 m	0,53 m
e			99,31 m	

d) Vervollständige nach der oben gegebenen Skizze die Tabelle in deinem Heft.

$\overline{DE}$	64 cm	77 cm		
γ	0,5°	0,64°	0,4°	0,57°
e			86 m	57 m

Winkelberechnung mit sin, cos, tan

Erforschen und Entdecken

1 Basketballspieler sollten wissen, wie groß der Einfallswinkel β beim Korbwurf mindestens sein muss, damit der Ball ohne Berührung des Korbringes und ohne Verwendung des Spielbretts ins Netz fallen kann.

a) Recherchiere den inneren Durchmesser des Korbrings und den Durchmesser eines Basketballs.
b) Warum dürfen bei offiziellen Basketballwettkämpfen nur genormte Bälle eingesetzt werden?
c) Arbeitet zu zweit oder zu dritt. Schätzt, wie groß der Einfallswinkel mindestens sein muss, damit der Ball im Korb landet, ohne den Korb oder das Brett zu berühren. Fertigt eine passende Skizze zur Situation an.
d) Findet eine Formel, um den minimalen Einfallswinkel zu bestimmen, bei dem der Ball im Korb landet.
e) Stellt euer Ergebnis der Klasse vor.
f) Findet weitere Fragestellungen und löst diese.

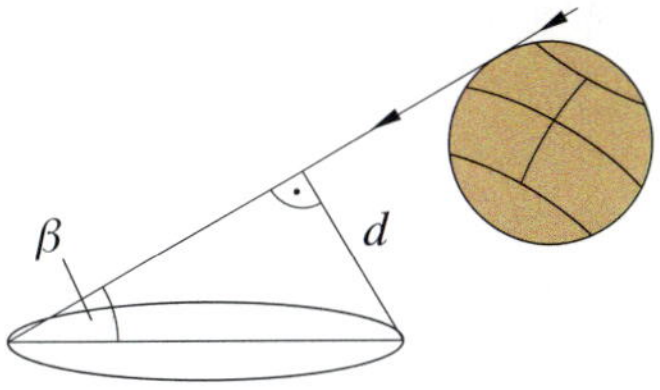

BEACHTE
Es sind verschiedene Ballgrößen zugelassen. Einigt euch auf eine Größe.

2 Die Pilatusbahn in der Schweiz ist seit 1889 die steilste Zahnradbahn der Welt und bahnt sich ihren 4618 m langen Weg von Alpnachstad nach Pilatus Kulm. Auf einer 1200 m langen Steigungsstrecke bewältigt sie einen Höhenunterschied von 518,5 m.

a) Wie viel Prozent Steigung sind das?
b) Finde heraus, welchen Steigungswinkel dieser Streckenabschnitt hat. Fertige eine Skizze an.
c) Wie lange ist die Bahn unterwegs, wenn sie bergwärts max. $12\,\frac{\text{km}}{\text{h}}$ zurücklegt bzw. talwärts mit einer Geschwindigkeit von max. $9\,\frac{\text{km}}{\text{h}}$ fährt?
d) Schätze, wie viel die fast 5 km lange Fahrt für eine Familie mit zwei Kindern kostet. Recherchiere und rechne nach.

3 Zeichne auf ein DIN-A4-Blatt die Diagonalen ein.
a) Welche Winkel bilden die Diagonalen mit den Seiten? Finde eine Möglichkeit, diese exakt zu berechnen.
b) Vergleiche mit deinem Nachbarn.
c) Kontrolliert eure Ergebnisse durch Messung.

Lesen und Verstehen

Eine Straße hat eine Steigung von 12 %.
Mit einem geeigneten Steigungsdreieck kann der Steigungswinkel α berechnet werden.

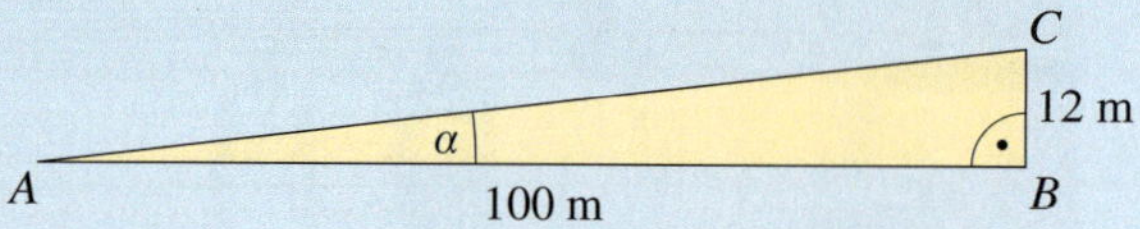

> Sind in einem rechtwinkligen Dreieck zwei Seiten gegeben, so können mit Hilfe von Sinus, Kosinus oder Tangens die fehlenden Winkel bestimmt werden.

BEACHTE
Je nach Taschenrechnermodell kann die Beschriftung der Tasten und sogar die Reihenfolge der Eingabe von den hier vorgestellten Methoden abweichen. Schlage in der Bedienungsanleitung nach, wie dein Taschenrechner funktioniert.

Mit dem Taschenrechner kann je nach Modell mit der Tastenfolge **2nd** **tan**, **INV** **tan** oder **SHIFT** **tan** bei gegebenem Tangenswert der zugehörige Winkel bestimmt werden. Mit einer entsprechenden Tastenkombination lassen sich auch Winkel zu gegebenen Sinus- oder Kosinuswerten berechnen.

Zu beachten ist, dass beim Taschenrechner die MODE-Einstellung auf DEG (englisch: degree = Grad) stehen muss.

BEISPIEL 1
Berechne den Steigungswinkel α.
$\tan\alpha = \frac{12}{100} = 0{,}12$

Bestimme den Winkel α mit dem Taschenrechner:
2nd **tan** **0** **.** **1** **2** **=**

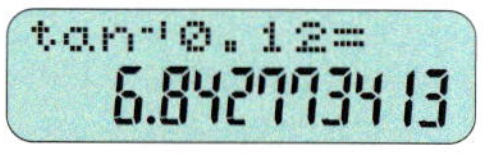

$\alpha \approx 6{,}8°$

Bei einer Steigung von 12 % beträgt der Steigungswinkel etwa 6,8°.

BEISPIEL 2
Von einem rechtwinkligen Dreieck ($\gamma = 90°$) sind die Kathete $b = 7{,}8\,\text{cm}$ und die Hypotenuse $c = 11{,}5\,\text{cm}$ gegeben.
Gesucht sind: α, β und die Seitenlänge a.

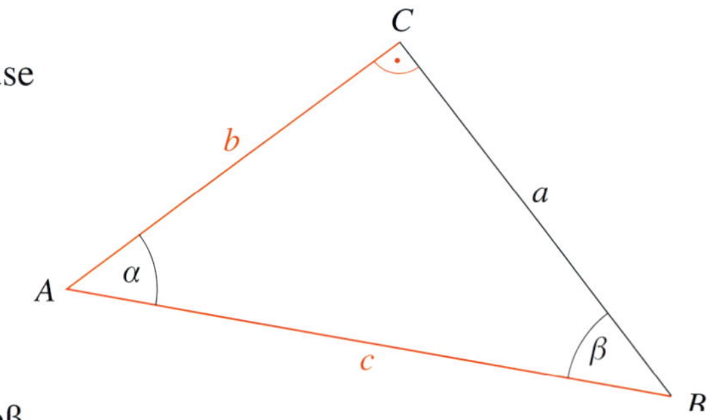

① Berechne den Winkel α.

$\cos\alpha = \frac{7{,}8}{11{,}5}$
$\cos\alpha \approx 0{,}6782$
$\alpha \approx 47{,}3°$ Der Winkel α ist ca. 47,3° groß.

② Berechne den Winkel β.

1. Möglichkeit
$\sin\beta = \frac{7{,}8}{11{,}5}$
$\sin\beta \approx 0{,}6782$
$\beta \approx 42{,}7°$ Der Winkel β ist ca. 42,7° groß.

2. Möglichkeit
$\alpha + \beta + \gamma = 180°$
$\beta = 180° - \gamma - \alpha$
$\beta = 180° - 90° - 47{,}3° = 42{,}7°$

HINWEIS
Die Kathete a kann auch über die Gleichungen $\sin\alpha = \frac{a}{c}$, $\tan\alpha = \frac{a}{b}$ und $\tan\beta = \frac{b}{a}$ oder den Satz des Pythagoras berechnet werden.

③ Berechne die Länge der Kathete a.

$\cos\beta = \frac{a}{11{,}5} \quad | \cdot 11{,}5$
$\cos\beta \cdot 11{,}5 = a$
$a = \cos 42{,}7° \cdot 11{,}5\,\text{cm}$
$a \approx 8{,}45\,\text{cm}$ Die Kathete a ist ca. 8,45 cm lang.

Üben und Anwenden

1 Berechne den spitzen Winkel mit dem Taschenrechner. Gib auf eine Nachkommastelle genau an.

a) $\sin\alpha = 0{,}7389$ b) $\cos\alpha = 0{,}9455$
c) $\tan\alpha = 1{,}6135$ d) $\tan\alpha = 0{,}6135$
e) $\sin\alpha = \frac{3}{4}$ f) $\tan\alpha = \frac{6}{4}$
g) $\cos\alpha = \frac{4}{10}$ h) $\sin\alpha = \frac{12}{21}$

2 Bestimme die Winkel der entsprechenden Funktionswerte.

a) $\sin\alpha = 0{,}387$ b) $\cos\alpha = 0{,}135$
c) $\tan\alpha = 4{,}18$ d) $\cos\alpha = 0{,}64$
e) $\tan\alpha = 4{,}35$ f) $\sin\alpha = 0{,}89$

3 Schätze anhand einer Zeichnung die Größe des Winkels und überprüfe dein Ergebnis mit dem Taschenrechner.

a) $\sin\alpha = 0{,}5$ b) $\cos\alpha = 0{,}5$
c) $\tan\alpha = 0{,}8$ d) $\sin\beta = 0{,}7$
e) $\cos\beta = 1$ f) $\tan\beta = 2{,}7$

4 Berechne die Größe des angegebenen Winkels. Gib das Ergebnis ganzzahlig an.

a)
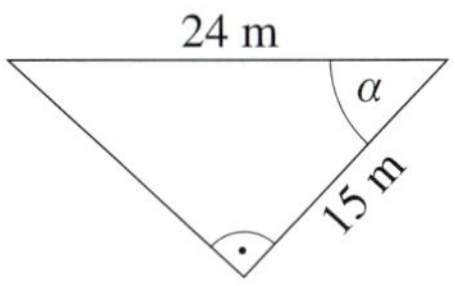

b)
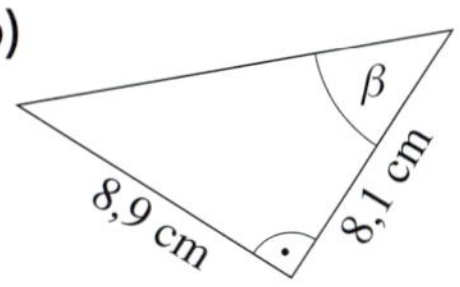

c)
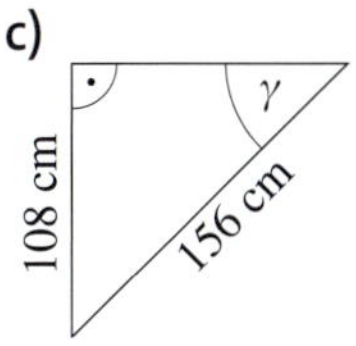

d)
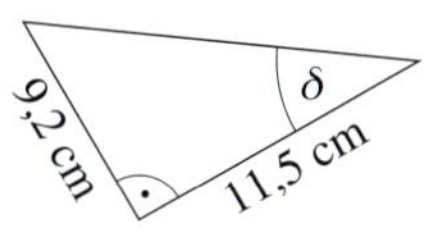

5 Berechne im rechtwinkligen Dreieck die beiden Innenwinkel. Gib das Ergebnis auf eine Nachkommastelle gerundet an.

a)
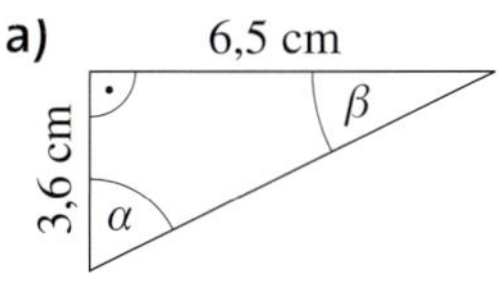

b)
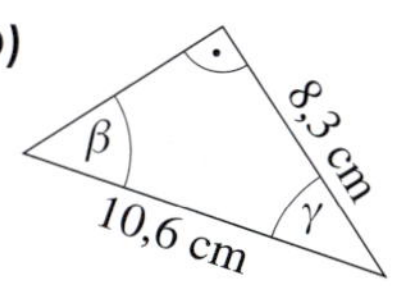

c)
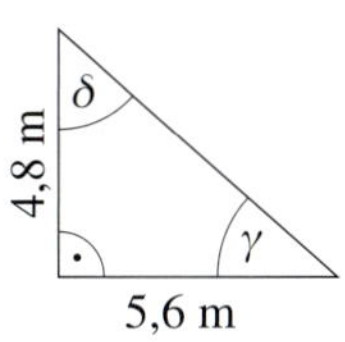

d)
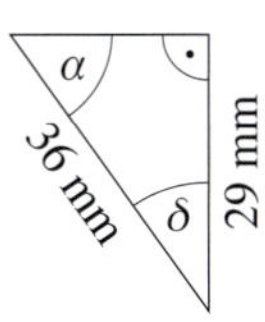

6 Bestimme die Steigungswinkel für die folgenden Steigungen.

a) 5 % b) 50 % c) 90 %
d) 100 % e) 200 % f) 500 %

7 Finde die Fehler und korrigiere sie. Das Dreieck gehört zu b) und c).

a) $\tan\alpha = \frac{18\,\text{m}}{6\,\text{cm}}$
$\tan\alpha = 3\,\text{cm}$

b) $\cos\alpha = \frac{40}{8{,}9}$

c) $\cos\gamma = \frac{8{,}9}{40}$
$\cos\gamma = 0{,}449\,438$
$\gamma = 26{,}7°$

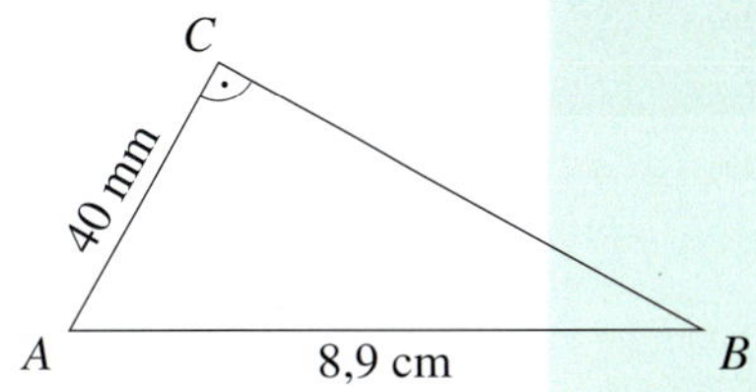

8 Berechne im Dreieck ABC ($\gamma = 90°$) die Winkel α und β. Fertige eine Skizze an.

	a	*b*
a)	35 mm	7,1 cm
b)	5,8 cm	0,43 dm
c)	6,2 cm	6,2 cm
d)	1,84 m	94 cm
e)	0,8 m	77 cm

9 Zeichne das rechtwinklige Dreieck ABC mit $\beta = 90°$. Berechne die Winkelgrößen der anderen Winkel sowie die Länge der dritten Seite und vergleiche das Ergebnis.

a) $a = 2{,}9\,\text{cm}$; $c = 6{,}3\,\text{cm}$
b) $a = 4{,}7\,\text{cm}$; $c = 4{,}7\,\text{cm}$
c) $a = 8{,}4\,\text{cm}$; $c = 2{,}3\,\text{cm}$
d) $a = 17{,}8\,\text{dm}$; $b = 36{,}4\,\text{dm}$
e) $b = 15\,\text{cm}$; $c = 1{,}1\,\text{dm}$

10 Berechne β, γ und α. Skizziere zunächst das jeweilige Dreieck.

a) $b = 4{,}1\,\text{cm}$; $c = 7{,}3\,\text{cm}$; $\alpha = 90°$
b) $b = 3{,}8\,\text{cm}$; $c = 5{,}6\,\text{cm}$; $\alpha = 90°$
c) $b = 7{,}9\,\text{cm}$; $c = 6{,}6\,\text{cm}$; $\alpha = 90°$
d) $b = 6{,}3\,\text{cm}$; $c = 8{,}7\,\text{cm}$; $\alpha = 90°$
e) $b = 12\,\text{mm}$; $c = 2\,\text{cm}$; $\alpha = 90°$
f) $b = 0{,}8\,\text{dm}$; $c = 12\,\text{cm}$; $\alpha = 90°$

11 Berechne für das rechtwinklige Dreieck mit $a = 4{,}5\,\text{cm}$ und der Hypotenuse $b = 7{,}6\,\text{cm}$ die Größe des Winkels α auf zwei Wegen.

ZUM WEITERARBEITEN
Bestimme den Umfang und Flächeninhalt des jeweiligen Dreiecks aus Aufgabe 10.

12 Der schiefe Turm von Pisa mit einer Höhe von 55 m wurde wieder so weit aufgerichtet, dass das obere Turmende horizontal nur noch 4,1 m von seiner ursprünglichen Position abweicht. Fertige eine Skizze an und berechne den Neigungswinkel des Turmes.

13 Wie groß sind die prozentualen Steigungen der Straßen, an denen die abgebildeten Häuser stehen?

14 Betrachte das Schild in der Randspalte.

a) Unter welchem Winkel steigt die Straße an? Schätze zuerst.
b) Wie groß ist der Höhen- und Horizontalunterschied für diesen Streckenabschnitt?

15 Wie verändert sich im rechtwinkligen Dreieck *ABC* mit $\gamma = 90°$ der Wert der Verhältnisse ① $\frac{a}{c}$ und ② $\frac{b}{c}$, wenn der Winkel α verändert wird?

a) „Je größer α, desto …“
b) „Je kleiner α, desto …“
c) „Wenn α sich 0° nähert, dann …“
d) Überlege dir selbst Aufgaben, löse diese und tausche sie mit einer Mitschülerin oder einem Mitschüler.

16 An vielen Orten gibt es Straßen mit extremer Steigung. Im Mittelgebirge Odenwald in Hessen, Bayern und Baden-Württemberg gibt es eine Straße mit 27 % Steigung.

a) Bestimme den Steigungswinkel.
b) Wie wahrscheinlich ist es, dass der abgebildete Berghang sich an dieser Straße befindet? Begründe deine Behauptung.
c) Recherchiere im Internet und finde ähnliche Aufgaben.

17 Betrachte das folgende Foto.

a) Mit welchem Steigungswinkel muss man bei der angekündigten Steigung rechnen?
b) Welche Strecke legt man bei 80 m Höhenunterschied zurück?

18 An einer Wetterwarte steigt ein Wetterballon senkrecht auf. Ein Beobachter, der von dort 1 km entfernt ist, sieht den Ballon unter einem Winkel von 24° zur Horizontalen.

a) Fertige eine passende Skizze an.
b) Wie weit war der Messballon in diesem Augenblick vom Beobachter entfernt?
c) Wie hoch war der Ballon über dem Boden? Beachte, dass die Augenhöhe des Beobachters 1,60 m beträgt.

19 Berechne die Winkel, unter denen sich die Diagonalen eines Rechtecks mit der Länge α und der Breite β schneiden.

a) $a = 7\,\text{cm}$; $b = 5\,\text{cm}$
b) $a = 14\,\text{cm}$; $b = 6\,\text{cm}$
c) $a = 5\,\text{cm}$; $b = 4\,\text{cm}$
d) $a = 8\,\text{cm}$; $b = 6\,\text{cm}$
e) $a = 6\,\text{cm}$, $b = 5\,\text{cm}$
f) $a = 4{,}5\,\text{cm}$, $b = 7\,\text{cm}$

20 Von einem Drachen sind die Längen $\overline{AB} = \overline{AD} = 12\,\text{dm}$ und $\overline{BC} = \overline{CD} = 8\,\text{dm}$ bekannt. Die Länge der Diagonale $\overline{BD}$ beträgt 10 dm.

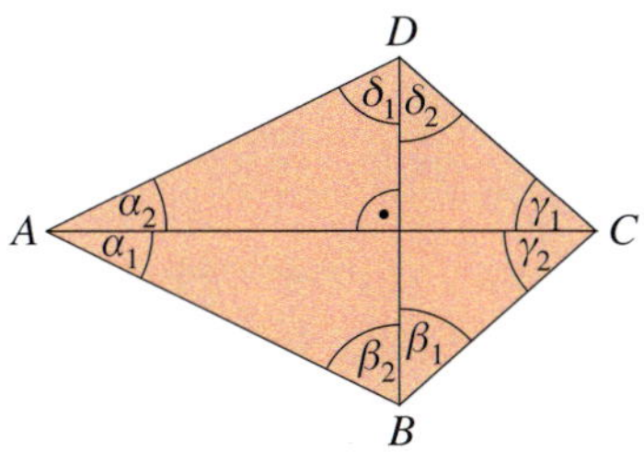

a) Berechne die Winkel im Punkt D.
b) Wie groß sind die Winkel im Punkt C?
c) Berechne auch die Winkel in den Punkten A und B.

21 In einer Raute (Rhombus) beträgt die Seitenlänge $a = 6{,}5\,\text{cm}$. Die Diagonale f ist 8,4 cm lang. Berechne alle Winkel und die Länge der Diagonalen e.

22 Berechne die fehlenden Seiten (in cm) und Winkel im rechtwinkligen Dreieck ABC. Entwirf zunächst eine Planfigur und markiere die gegebenen und gesuchten Stücke in verschiedenen Farben.

	α	β	γ	a	b
a)	42°		90°	4 cm	
b)	90°		60°	8,2 cm	
c)		59°	90°		12 cm
d)		90°		5,1 cm	9,4 cm
e)			90°	4,7 cm	7,6 cm
f)	90°	73°		5 cm	
g)		90°		1,8 cm	2,4 cm
h)	55°		90°		4 cm
i)	61°		90°	0,7 dm	

23 Berechne die fehlenden Stücke.

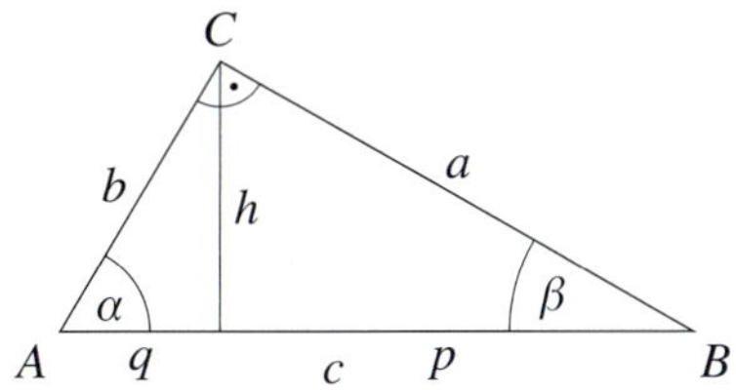

a) $q = 2{,}5\,\text{cm}$; $\alpha = 35{,}0°$
b) $h = 6{,}2\,\text{cm}$; $\alpha = 75{,}0°$
c) $p = 5{,}8\,\text{cm}$; $\beta = 31{,}2°$
d) $h = 8\,\text{cm}$; $p = 3\,\text{cm}$

24 Begründe folgende Aussage:
Im rechtwinkligen Dreieck ABC mit $\gamma = 90°$ gilt: $\sin\alpha = \cos\beta$ und $\sin\beta = \cos\alpha$.

25 Eine Außenleuchte an einem Wohnhaus hat einen Infrarot-Bewegungsmelder.
Sie schaltet sich selbstständig ein, wenn man in das Wahrnehmungsfeld des Bewegungsmelders eintritt.
Solche Leuchten lassen sich so einstellen, dass sie sich beispielsweise nach fünf Minuten wieder ausschalten.

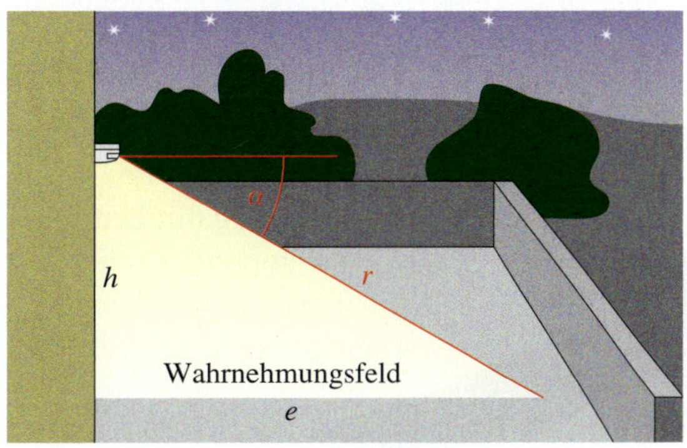

Der Bewegungsmelder kann so geneigt werden, dass das Wahrnehmungsfeld in der Schnittzeichnung als rechtwinkliges Dreieck erscheint. Der Bewegungsmelder soll in 2,20 m Höhe angebracht werden. Er soll genau die Grundstücksbreite $e = 5{,}50\,\text{m}$ überwachen.

a) Wie groß muss der Neigungswinkel α eingerichtet werden?
b) Die Reichweite des Bewegungsmelders beträgt 7 m. Die Seiten r und h dürfen also nicht länger als 7 m sein. Überprüfe, ob das in diesem Beispiel zutrifft.

Gleiten und fliegen

Im Jahr 1999 führten die französischen Vogelschützer Paola und Christian Moullec gemeinsam mit ihrem Team das spektakuläre Experiment durch, 30 junge Zwerggänse mit einem Ultraleichtflugzeug von ihren Brutgebieten in Schweden über Dänemark nach Deutschland an den Niederrhein zu führen. Nach nahezu 2000 km Flugstrecke kamen die Gänse und das Ultraleichtflugzeug unversehrt am Zielort auf der Bislicher Insel an. Nach ihrer Überwinterung am Niederrhein brachen die jungen Zwerggänse Anfang 2000 in Richtung Schweden auf, diesmal ohne die Führung durch Moullec. Über die Hälfte der Tiere traf in Öster Malma wieder ein.

Neben dem „aktiven" Fliegen bei Vögeln durch Flügelschlag und bei Flugzeugen durch Motoren oder Triebwerke können Flugstrecken auch durch Gleiten überwunden werden.

Beim Gleiten wird die Energie zur Überwindung des Luftwiderstandes aus dem Höhenverlust gewonnen. Das Gleiten ist ein Geradeausflug mit konstanter Geschwindigkeit und konstanter Sinkrate.

Vögel können lange Zeit ohne Flügelschlag bei ruhiger Luft gleiten, ohne dabei viel an Höhe zu verlieren. Die Länge der Strecke ist vom Körpergewicht und der Flügelfläche abhängig.

Wenn vom Gleiten gesprochen wird, spielt das *Gleitverhältnis* eine Rolle, das ist der Quotient aus Höhenverlust und Gleitstrecke über Grund, angegeben für 1 m Höhenverlust, also zum Beispiel 1 : 20 (bei 1 m Höhenverlust 20 m Gleitstrecke über Grund).
Daraus ergibt sich die *Gleitzahl* 20.
Der *Gleitwinkel* wird auch häufig angegeben. Das ist der Winkel zwischen der Horizontalen und der geraden Linie, die sich für den Sinkflug ergibt.

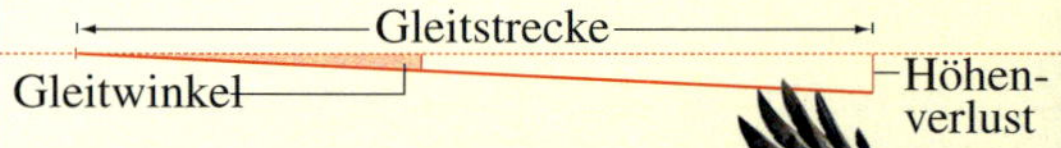

Ein ausgezeichneter Gleiter ist der ***Kondor*** *mit einer Gleitzahl von 35.*

1 Weise nach, dass im Zusammenhang mit dem Gleiten trigonometrische Beziehungen angegeben werden können.

Für den ***Mäusebussard*** *wird durchschnittlich ein Gleitverhältnis 1:16 angegeben.*

Tauben *gleiten mit ca. 6,3° Gleitwinkel.*

Sperlinge *haben das durchschnittliche Gleitverhältnis 1:6.*

2 Leite für die genannten Vögel alle weiteren Angaben zum Gleiten ab.

Silbermöwen *erreichen durchschnittliche Gleitwinkel von 4,0°.*

3 Berechne.

a) Wie weit über Grund könnte jeder genannte Vogel gleiten, wenn sein Gleitflug in 300 m Höhe beginnt?

b) In welcher Höhe würde einer der genannten Vögel den Gleitflug beginnen, wenn er über Grund nach 1500 m landet?

Flugzeuge können ebenfalls gleiten. Das Gleiten kann hier jedoch durch die Fluggeschwindigkeit beeinflusst werden, die zum Beispiel durch Motoren oder Triebwerke erreicht wird.

Bei Segelflugzeugen zum Beispiel können über Grund 50 km zurückgelegt werden bei 1000 m Höhenverlust.
Segelflugzeuge müssen beim Landeanflug Gleitzahlen zwischen 5 und 10 erreichen.

4 Mit welchem Gleitwinkel gleitet das beschriebene Segelflugzeug und mit welchen Gleitwinkeln müssen Segelflugzeuge landen?

Typ	Gleitzahl
ASK-13	27
ASK-21	34
Ka-8b	27
Ka-6CR	30
DG 100/101	39
LS-4b	40,5

Die Luftsportgruppe in Linkenheim besitzt die angegebenen Segelflugzeuge. Die angegebene Gleitzahl entspricht dem bestmöglichen Gleitverhältnis.

5 Beachte die Tabelle.
a) Welche bestmöglichen Gleitwinkel ergeben sich für die Segelflugzeuge?
b) Welche Strecken über Grund würden die Segelflugzeuge überfliegen, wenn sie aus 1500 m Höhe gleichmäßig bis zur Landung gleiten würden?

6 Vergleiche den beim Landeanflug üblichen Landewinkel von 3° mit den Gleitwinkeln, die sich aus der Tabelle für die verschiedenen Flugzeugtypen berechnen lassen.

Typ	Gleitzahl
Airbus A320	17
Airbus A340	19,5
Boeing B52	20
Boeing B737	19,4
Boeing B747	17,5
Douglas DC3	14,7

7 In Düsseldorf beginnt der Landeanflug in ca. 910 m Höhe. Wie weit vom Aufsetzpunkt der Landebahn ist das Flugzeug am Boden entfernt, wenn der Landewinkel 3° beträgt?

8 Am Flughafen Hamburg landen Flugzeuge unter einem Landewinkel von 3,5°. Wie weit ist das Flugzeug vom Aufsetzpunkt auf der Landebahn entfernt, wenn in einer Höhe von ca. 910 m mit dem Landeanflug begonnen wird?

9 In London ist ein noch größerer Gleitwinkel als in Hamburg bei der Landung nötig.
Wenn das Flugzeug in 910 m Höhe den Landeanflug beginnt, legt es noch ca. 9500 m Flugstrecke zurück.
a) Bestimme den Landewinkel.
b) Recherchiere, ob du noch weitere Ausnahmen für Gleitwinkel bei Landeanflügen findest.

Vermischte Übungen

1 Konstruiere ein rechtwinkliges Dreieck ABC mit $\gamma = 90°$ und dem angegebenen Winkel α.
Bestimme die Seitenlängen a, b und c aus der Zeichnung und gib die Seitenverhältnisse $\frac{a}{b}$, $\frac{b}{c}$ und $\frac{a}{c}$ an. Welchen Umfang und Flächeninhalt hat das Dreieck?

a) $\alpha = 10°$ **b)** $\alpha = 20°$ **c)** $\alpha = 30°$
d) $\alpha = 40°$ **e)** $\alpha = 50°$ **f)** $\alpha = 33°$

2 Vergleiche die Seitenverhältnisse in je zwei Dreiecken mit $\beta = 90°$ und
a) $\gamma = 55°$ sowie $\gamma = 35°$.
b) $\gamma = 25°$ sowie $\gamma = 65°$.
Fällt dir etwas auf? Finde eine Erklärung dafür.

3 Gib den Quotienten für den Sinus, Kosinus und Tangens jedes spitzen Winkels im rechtwinkligen Dreieck an.

a)
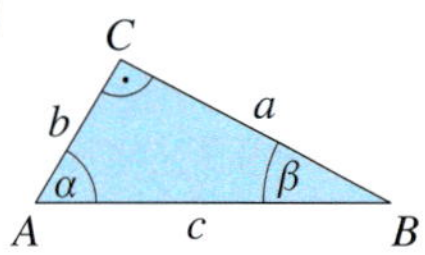

b)
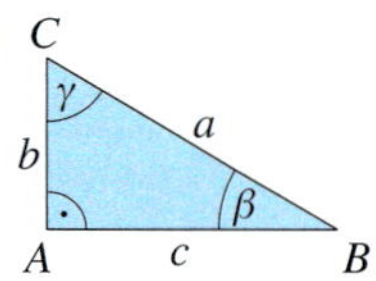

c)
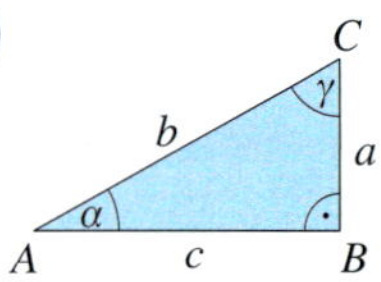

d)
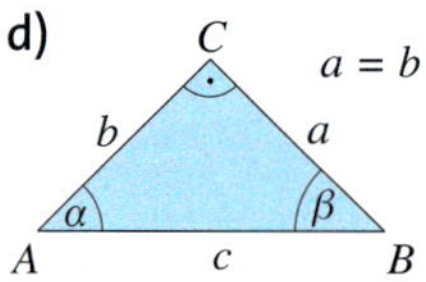

4 In einem rechtwinkligen Dreieck ABC sind zwei Seiten gegeben. Fertige eine Planfigur an, markiere die gegebenen Seiten farbig und berechne die fehlenden Stücke (Längen in cm).

	α	β	γ	a	b	c
a)	37,5°		90°		4,6	
b)		50,3°	90°			6,1
c)	67,7°	90°		7,4		
d)		90°		4,8		3,1
e)	90°			5,4	1,5	
f)	90°	16,4°				6,8
g)	36,2°		90°		5,2	
h)	90°	40,5°		7,1		
i)	49,4°	90°			6,3	
j)	58,3°		90°		3,4	

5 Ein Parabelflug dient dazu, im freien Fall annähernde Schwerelosigkeit zu erzeugen. Dazu wird ein Flugzeug des Typs Airbus A-300 zunächst auf 6000 m Höhe gebracht. Aus dieser Höhe beginnt bei vollem Schub der Steigflug im Steigungswinkel von etwa 45 Grad, bis eine Höhe von etwa 8000 m erreicht ist.

a) Gib die Steigung in Prozent an.
b) Zeichne den Steigflug in einem geeigneten Maßstab.
c) Gib für den Steigflug eine Funktionsgleichung an.

6 Die Werte beziehen sich auf ein gleichschenkliges Dreieck. Berechne die fehlenden Seitenlängen und Winkel.
a) $h_c = 5\,\text{cm}$; $c = 6\,\text{cm}$
b) $h_c = 4{,}3\,\text{cm}$; $c = 5\,\text{cm}$
c) $h_c = 3{,}2\,\text{cm}$; $c = 4{,}5\,\text{cm}$

7 Der Bug ist das Vorderteil eines Schiffsrumpfes. Ein Schiff verursacht beim Fahren eine Bugwelle mit einem Öffnungswinkel von 40 Grad. Das Schiff fährt in der Mitte des Rheins, der an dieser Stelle eine Breite von 200 m hat.
a) Fertige eine Skizze zu der Situation an. Wähle einen geeigneten Maßstab.
b) Wie weit ist der Bug des Schiffes entfernt von dem Punkt, an dem die Bugwelle am Ufer auftrifft?

8 Familie Schuster lässt eine Treppe erneuern. Die neuen Stufen haben eine Höhe von 20 cm und eine Tiefe von 32 cm. Wie ist der Neigungswinkel α des Treppengeländers?

9 Gib den Quotienten für $\tan \alpha$ und für $\tan \beta$ an.

a)

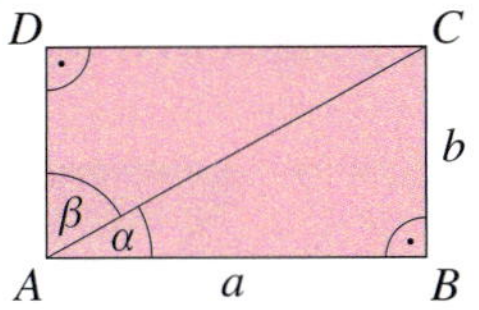

b)

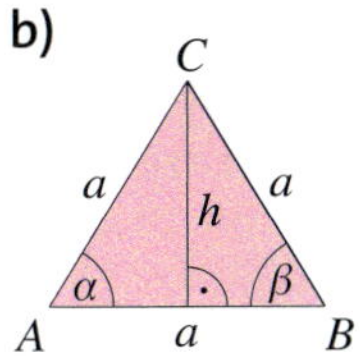

10 Die wohl steilste Straße der Welt (laut Guinness Buch der Rekorde) liegt in dem neuseeländischen Ort Dunedin. Sie hat den Steigungswinkel 31°. Ermittle zeichnerisch und rechnerisch die Steigung.
Entwirf das entsprechende Straßenschild.

11 Im Bild ist der Oder-Havel-Kanal zu sehen. Das Wasserbett hat die Form eines gleichschenkligen Trapezes.
Der Kanal ist an der Wasseroberfläche 40,0 m breit und am Boden 24,6 m breit. Er hat eine Tiefe von 3,5 m.

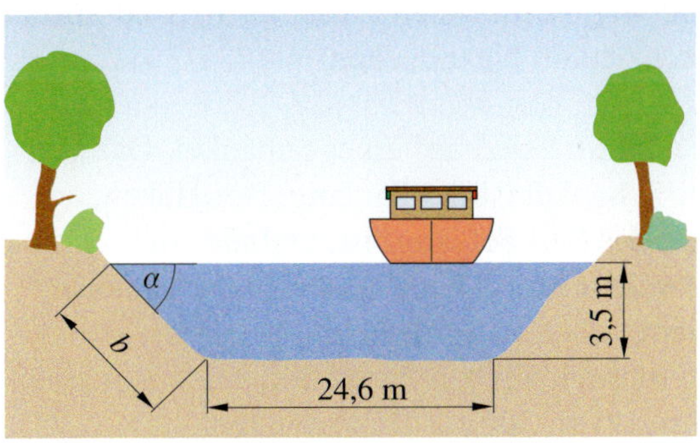

a) Zeichne den Querschnitt des Kanals im Maßstab 1 : 200. Beschrifte die Zeichnung.
b) Berechne den Böschungswinkel α und die Länge b.

12 Am Niederrhein wird an vielen Stellen Sand und Kies abgebaut. Förderbänder laden zum Beispiel den Sand ab. Es entsteht ein kegelförmiger Haufen mit einem vom Material abhängigen Böschungswinkel α.

Sandiger Kies	Feuchter Sand	Zement
$\alpha = 32°$	$\alpha = 25°$	$\alpha = 40°$

a) Wie viel m^3 Sand werden auf einer Fläche von 4000 m^2 abgeladen?
b) Wie viel m^3 Zement enthält ein 1 m hoch abgeladener Zementhaufen?
c) Formuliere selbst eine Frage zu sandigem Kies und beantworte sie.

13 Auszubildende für technische Berufe lösen folgende Aufgaben:
a) In eine Bohrlehre sollen drei Löcher gebohrt werden. Bestimme den Abstand der Bohrlöcher voneinander. Gib für den Punkt P die y-Koordinate an.

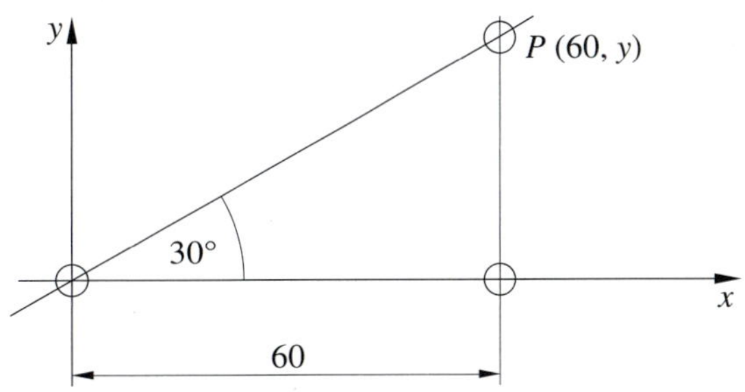

b) Ein Abflussrohr von 2,5 m Länge soll mit 6° Gefälle verlegt werden. Welcher Höhenunterschied in cm entsteht?
c) Ein rechteckiger Fundamentrahmen mit den Maßen 650 mm mal 3332 mm soll eine diagonale Versteifung erhalten. Berechne die Winkel der Verstrebung.

HINWEIS
Eine Bohrlehre ist ein Gerät, mit dem die geometrische Position einer Bohrung auf einem Werkstück festgelegt wird.

14 Gib jeweils die Quotienten für den Sinus und für den Kosinus jedes spitzen Winkels in dem rechtwinkligen Dreieck an.

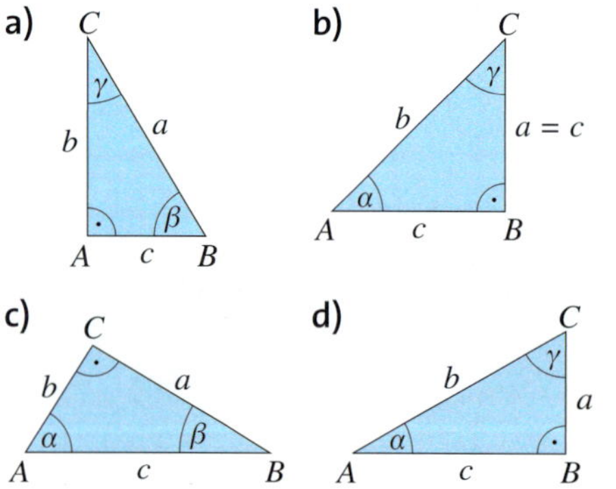

15 Die Höhe h teilt das rechtwinklige Dreieck ABC in zwei rechtwinklige Dreiecke ADC und DBC. Gib zwei Quotienten an für:

a) $\tan \alpha$ b) $\tan \beta$

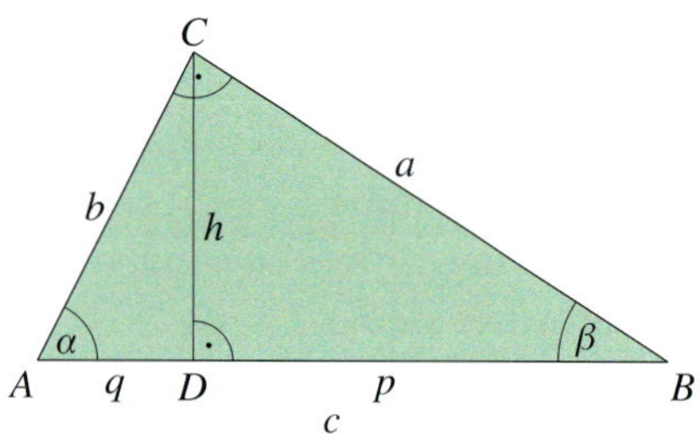

16 Begründe den Zusammenhang zwischen Sinus, Kosinus und Tangens: $\tan \alpha = \frac{\sin \alpha}{\cos \alpha}$.
Zeichne dazu ein Dreieck ABC mit $\gamma = 90°$.

17 Ein Kreisausschnitt hat den Radius r, die Sehne s im Abstand h vom Mittelpunkt M und den Mittelpunkswinkel α. Berechne die fehlenden Größen.

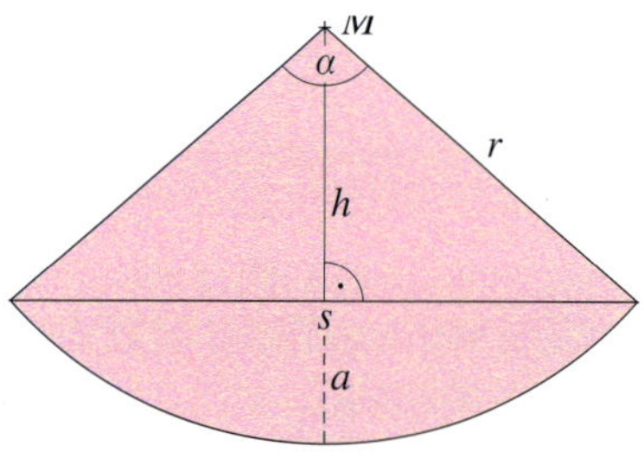

a) $\alpha = 140°$; $r = 4{,}5\,\text{cm}$
b) $\alpha = 52°$; $r = 6{,}2\,\text{cm}$
c) $\alpha = 60°$; $h = 3{,}4\,\text{cm}$

ZUM WEITERARBEITEN
Zeichne ein Dreieck, für das folgendes gilt: $\sin \alpha = 0{,}75$.

HINWEIS
Betrachte zum Lösen von Aufgabe 19 die Zeichnung zu Aufgabe 25 auf Seite 19.

18 Der Motor des starken „Pistenbully 300" mobilisiert 430 PS. Wenn es sein muss und das Terrain griffig ist, erklimmt das Ungetüm mit den breiten Krallen Neigungen von bis zu 130 Prozent.

a) Welchen Steigungswinkel hat ein Berghang mit der Steigung 100 %?
b) Wie groß ist der Steigungswinkel bei einer Steigung von 130 %?

19 Eine Außenleuchte hat einen Infrarot-Bewegungsmelder.
Der Bewegungsmelder wird in einer Höhe von 1,80 m montiert. Er soll genau die Grundstücksbreite $e = 6\,\text{m}$ überwachen.
Erreicht man eine solche Überwachung bei folgendem Neigungswinkel?

a) $\alpha = 17°$ b) $\alpha = 15°$

20 Ein Haus von 10,60 m Länge und 8 m Breite erhält ein Dach mit 30° Dachneigung. Das Dach steht nach vorne und hinten je 30 cm, nach unten hin je 50 cm über.
Wie viel Quadratmeter Dachfläche sind mit Dachziegeln einzudecken?

21 Mia sitzt auf einer Schaukel. Das Seil der Schaukel ist 2,50 m lang. Der Haken, an dem das Seil befestigt ist, befindet sich 2,85 m über dem Erdboden. Mia versucht, so hoch wie möglich zu schaukeln.
An ihrem höchsten Punkt bildet das Seil einen Winkel von 30° zur Horizontalen.

a) Fertige zunächst eine Skizze an.
b) Wie hoch ist Mia dann über dem Erdboden?
c) Vergleiche dein Ergebnis mit deinem Sitznachbarn.

22 Verkehrsflugzeuge heben beispielsweise unter einem Winkel von 8° ab. Es wird davon ausgegangen, dass dieser Steigungswinkel konstant bleibt, bis die entsprechende Reisehöhe erreicht wird.

a) Ermittle zeichnerisch in einem geeigneten Maßstab, welche Höhe nach 1 km horizontaler Strecke erreicht wird.

b) Welche Höhe wird nach 3000 m Strecke erreicht?

c) Nach welcher Strecke wird die Reisehöhe von 10 km erreicht?

23 Der Querschnitt eines Kanals ist ein gleichschenkliges Trapez. Die Sohle dieses Kanals ist 5,40 m breit, die Böschungswinkel betragen jeweils 34,8°.

a) Welche Breite hat der Kanal an der Wasseroberfläche, wenn das Wasser 2,85 m hoch steht?

b) Wie viel Wasser enthält der Kanal auf einem Kanalstück von 0,7 km?

24 Familie Geiger möchte einen Carport bauen. Als Dach soll ein rechtwinkliges Dreieck aufgesetzt werden.

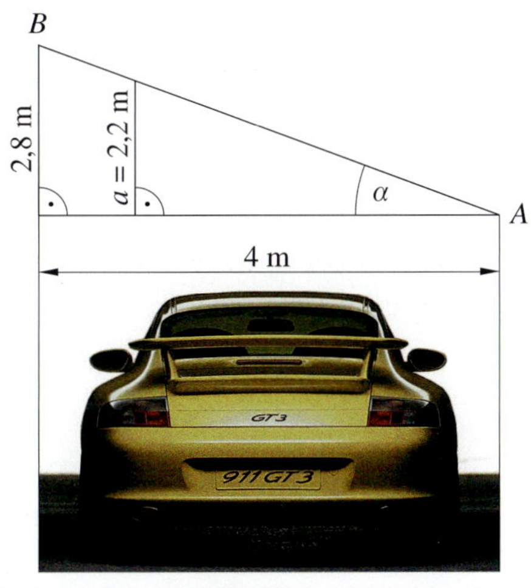

a) Wie lang ist die Strecke von Punkt A zur Stütze a?

b) Welche Dachneigung hat der Carport?

c) Berechne die Länge der Strecke $\overline{AB}$ für eine Dachneigung von 38°.

d) Das Dach des Carports soll gedeckt werden. Der Carport ist 4 m lang.
Wie viel m² Dachfläche sind zu decken?

25 Bei einer Vorstellung will ein Artist mit dem Motorrad auf einem Drahtseil die Spitze eines 52 m hohen Gebäudes erreichen. Zum Befestigen des Seils werden 2,50 m benötigt. Das Motorrad hat eine maximale Steigfähigkeit von 40°.

a) Fertige eine Skizze an.

b) Wie lang muss das Seil mindestens sein?

c) Welcher Steigungswinkel würde sich bei einem 102 m langen Seil ergeben?

26 Ein Parallelogramm $ABCD$ hat die Maße $a = 14\,\text{cm}$; $b = 8\,\text{cm}$; $a_1 = 6{,}4\,\text{cm}$ und $\tan\alpha = 0{,}75$.

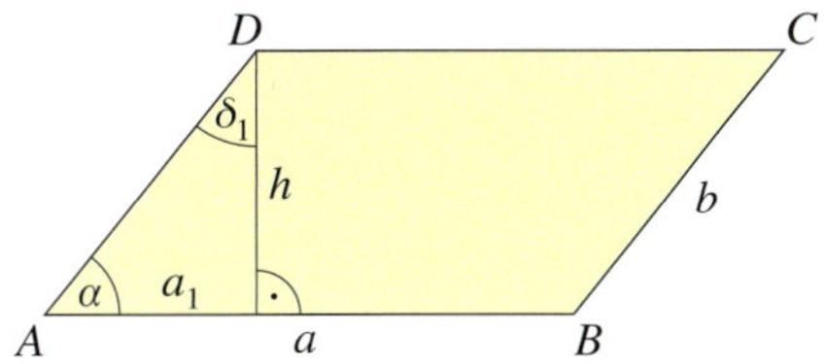

a) Gib den Quotienten für $\tan\alpha$ an.

b) Wie lang ist die Höhe h?

c) Berechne $\tan\delta_1$. Was fällt dir auf?

27 Im gleichschenkligen Trapez $ABCD$ gilt $a = 8\,\text{cm}$, $c = 3{,}2\,\text{cm}$ und $\alpha = 53{,}13°$.
Wie lang ist die Höhe h?

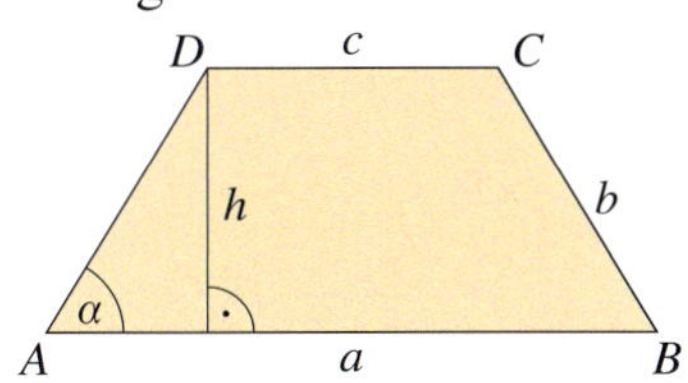

28 Gegeben ist eine Raute (Rhombus) $ABCD$. Die Längen der Diagonalen betragen $e = 2{,}8\,\text{cm}$ und $f = 7\,\text{cm}$.

a) Gib einen Quotienten für $\tan\frac{\alpha}{2}$ und für $\tan\frac{\beta}{2}$ an.

b) Bestimme jeweils den Wert für $\tan\frac{\alpha}{2}$ und für $\tan\frac{\beta}{2}$.

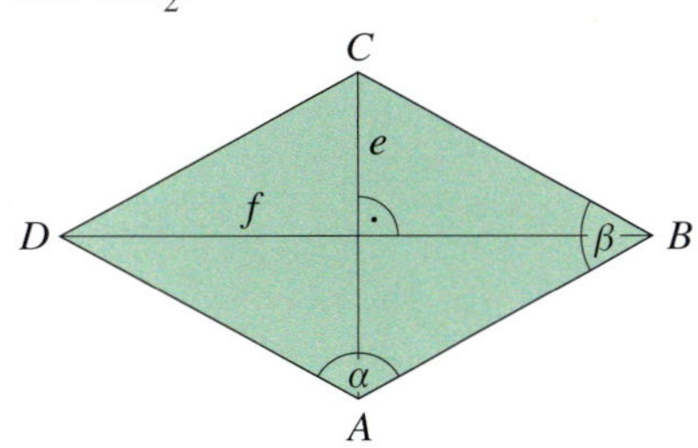

TIPP
Fertige zu Aufgabe 23 zuerst eine Skizze an, um dir die Situation besser vorstellen zu können.

29 Das Bierdeckelhaus in der Abbildung ist 25 cm hoch. Jeder Bierdeckel ist 9,4 cm lang und 9,4 cm breit.

a) Zeichne eine Skizze von mindestens zwei aufgestellten Bierdeckeln.
b) Welchen Winkel schließt jeder Bierdeckel mit seinem Untergrund ein?

30 Arbeitet zu zweit.
a) Unter welchen Voraussetzungen sind die Winkelbeziehungen anwendbar?
b) Erläutere die Begriffe Ankathete, Gegenkathete, Hypotenuse.
c) Warum ist ein Seitenverhältnis eine Funktion eines Winkels?
d) Erläutere die Begriffe Sinus, Kosinus und Tangens.
e) Nenne Anwendungsbeispiele für das Berechnen des Tangens.
f) Nenne Anwendungsbeispiele für das Berechnen von Sinus und Kosinus.

31 Gib zwei Quotienten für $\tan\alpha$ an und bestimme die Länge der Strecke x, wenn $a = 4{,}2$ cm und $b = 2{,}8$ cm ist.

a)

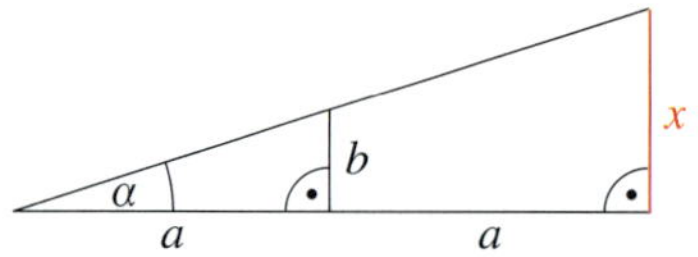

b)

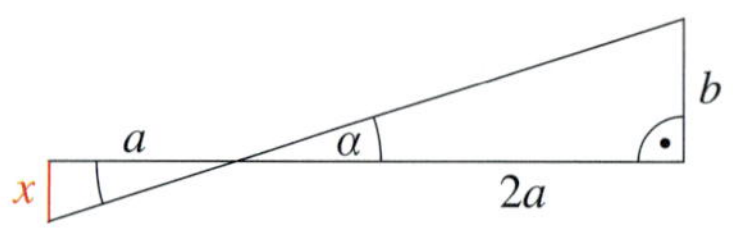

32 Eine der größten Skiflugschanzen der Welt steht im bayerischen Oberstdorf.

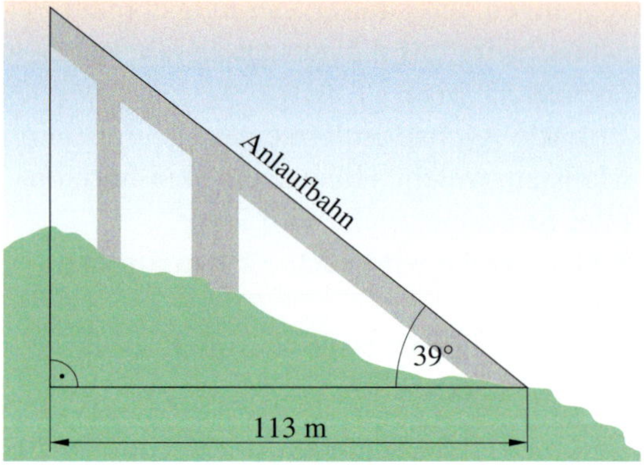

a) Wie lang ist die Anlaufbahn und welchen Höhenunterschied hat sie?
b) Im ersten Durchgang haben die Teilnehmer sehr große Weiten erreicht. Deshalb wird die Anlaufbahn um 5 m verkürzt. Welchen Höhenunterschied legt ein Springer jetzt auf der Anlaufbahn zurück?

33 Eine Dachgeschosswohnung wird vermietet. Zur Berechnung der Mietfläche soll nur die Fläche mit einer Stehhöhe ab 2 m berücksichtigt werden. Betrachte die Skizze.

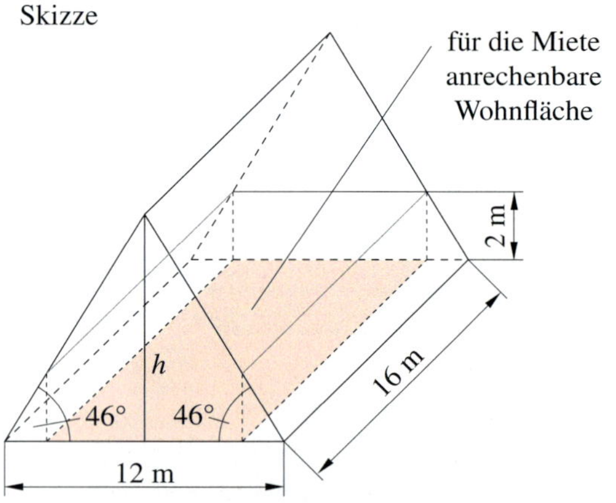

a) Berechne die Giebelhöhe h in m.
b) Die Miete kostet 6,20 € pro m^2. Wie hoch ist die Miete der Dachgeschosswohnung?
c) Die Wohnung wird neu tapeziert. Die Fenster nehmen zusammen eine Fläche von $4{,}5\,m^2$ ein. Wie groß ist die zu tapezierende Fläche?

Teste dich!

a | **b**

1 Zeichne für das rechtwinklige Dreieck ABC mit $\gamma = 90°$ eine Planfigur.
Berechne die fehlenden Größen.

	α	β	γ	a	b	c
a)	45°		90°		4 cm	
b)		38°	90°		3,5 cm	
c)			90°	4,5 cm	3,78 cm	
d)		40°	90°		5,8 cm	
e)	49°		90°			5 cm
f)			90°		3,39 cm	7 cm

2 Die Figur enthält drei rechtwinklige Dreiecke.
a) Gib in jedem Dreieck einen Quotienten für $\sin\alpha$ und einen Quotienten für $\sin\beta$ an.
b) Gib in jedem Dreieck einen Quotienten für $\cos\alpha$ und einen Quotienten für $\cos\beta$ an.

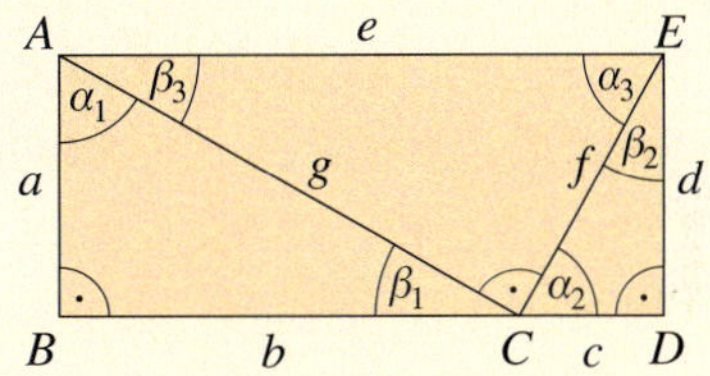

3 (a) Im Rechteck $ABCD$ ist $a = 12$ cm und $e = 14$ cm. Berechne die Winkel α_1 und γ_1.

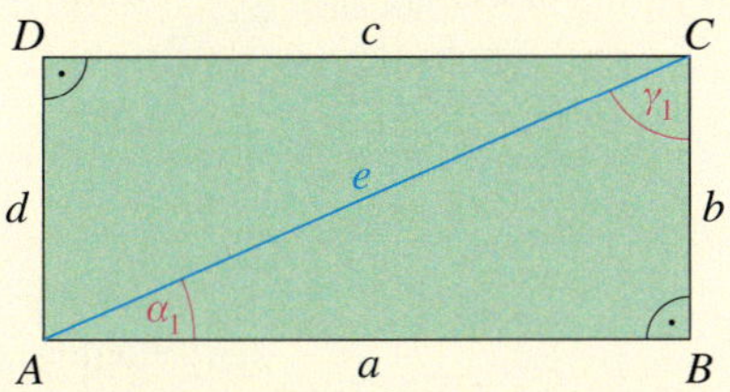

3 (b) In einem Drachen sind die Seitenlängen $a = 3$ cm, $b = 6$ cm und die Länge der Diagonalen $e = 4{,}6$ cm gegeben. Die Diagonale f halbiert e.
Fertige als Starthilfe eine Planskizze an.
a) Berechne alle Winkel.
b) Berechne die Länge der Diagonalen f.

4 (a) Eine Schulklasse hat Wandertag. Von ihrer Schule zum Aussichtsturm beträgt die horizontale Entfernung 7,2 km. Der Höhenunterschied beträgt 242 m.
In welchem Winkel α steigt das Gelände von der Schule zum Aussichtsturm an?

4 (b) Die Nebelhornbahn bei Oberstdorf hat eine Gesamtlänge von 4860 m.
Die Talstation liegt 828 m, die Bergstation 1942 m hoch. Wie groß ist im Durchschnitt der Steigungswinkel?

5 Für Thomas wird auf dem Dachboden ein Zimmer ausgebaut. Es ist rechts als Zweitafelbild dargestellt.
a) Welche Grundfläche hat das Zimmer? Beachte, dass die eingezeichnete Treppe und der graue Bereich nicht zur Grundfläche zählen.
b) In dem Zimmer wurden Wände eingezogen, sodass nur der farbige Bereich als Zimmer genutzt wird. Thomas hat ein Bücherregal, das 1,25 m hoch ist. Wie weit wird das Regal von der eingezogenen Wand entfernt stehen?

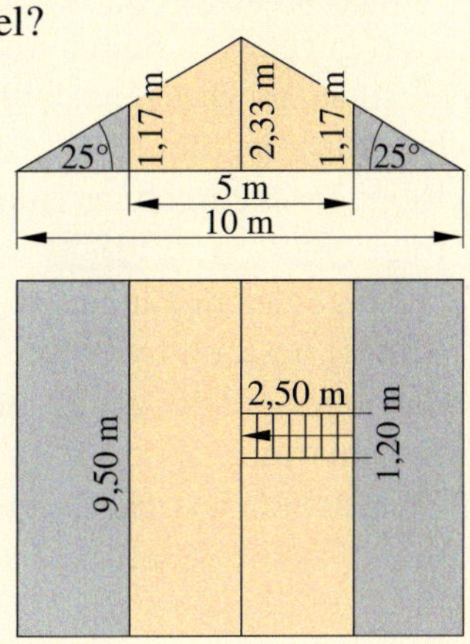

Gold: 23 – 22 Punkte, Silber: 21 – 19 Punkte, Bronze: 18 – 16 Punkte

Punkteverteilung

Aufgabe	a	b
1	6	
2	4	
3	2	4
4	2	3
5	6	

HINWEIS
Brauchst du noch Hilfe, so findest du auf den angegebenen Seiten ein Beispiel oder eine Anregung zum Lösen der Aufgaben. Überprüfe deine Ergebnisse mit den Lösungen auf Seite 190.

Aufgabe	Seite
1	8, 12
2	8
3	16
4	16
5	12, 16

Zusammenfassung

→ Seite 8

Seitenverhältnisse im rechtwinkligen Dreieck

In jedem rechtwinkligen Dreieck wird die **Steigung *m*** aus dem Quotienten von **Höhen-** und **Horizontalunterschied** ermittelt.
Jeder Steigung m wird genau ein **Steigungswinkel *α*** zugeordnet.

Steigung $m = \frac{\text{Höhenunterschied}}{\text{Horizontalunterschied}}$

Ist der Höhenunterschied einer Strecke $\overline{AB} = 8\,\text{m}$ und ihr Horizontalunterschied 100 m, so beträgt ihre Steigung 8 %.

$\frac{8\,\text{m}}{100\,\text{m}} = \frac{8}{100} = 0{,}08 = 8\,\%$

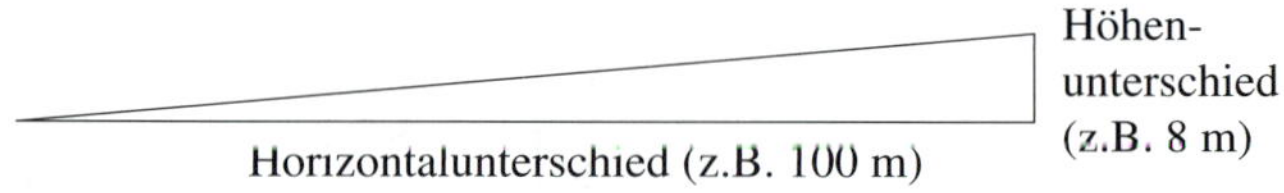

Die Kathete, die dem **Winkel *α*** gegenüber liegt, nennt man **Gegenkathete von *α***.
Die Kathete, die an dem Winkel α anliegt, nennt man **Ankathete von *α***.

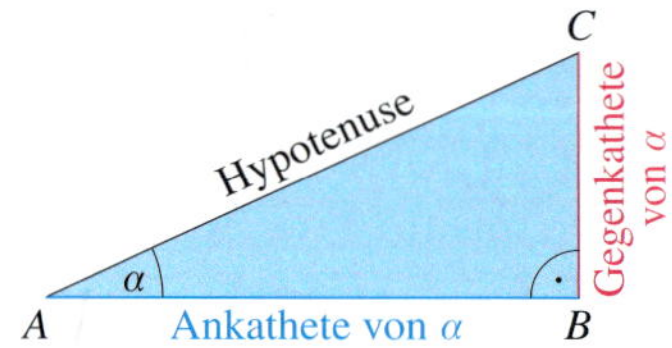

Seitenverhältnisse im rechtwinkligen Dreieck:

$\sin\alpha = \frac{\text{Gegenkathete von }\alpha}{\text{Hypotenuse}}$

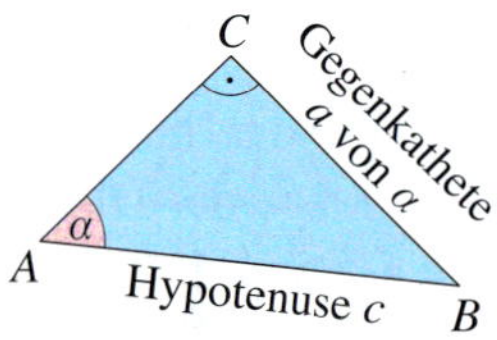

$\sin\alpha = \frac{a}{c}$

$\cos\alpha = \frac{\text{Ankathete von }\alpha}{\text{Hypotenuse}}$

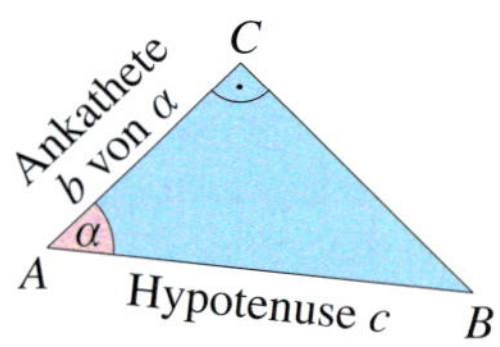

$\cos\alpha = \frac{b}{c}$

$\tan\alpha = \frac{\text{Gegenkathete von }\alpha}{\text{Ankathete von }\alpha}$

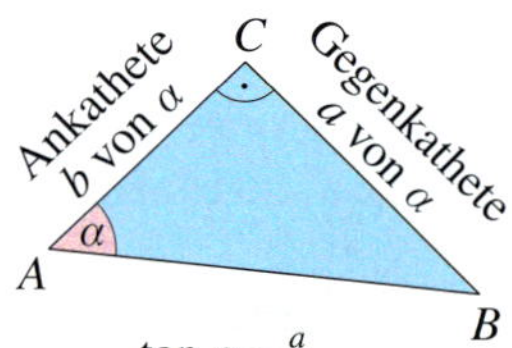

$\tan\alpha = \frac{a}{b}$

→ Seite 12

Streckenberechnung mit sin, cos, tan

Sind in einem rechtwinkligen Dreieck eine Seite und ein Winkel gegeben, so können mit Hilfe von Sinus, Kosinus und Tangens die beiden anderen Seiten berechnet werden.

→ Seite 16

Winkelberechnung mit sin, cos, tan

In rechtwinkligen Dreiecken können bei zwei gegebenen Seiten mit Hilfe von Sinus, Kosinus und Tangens die fehlenden Winkel berechnet werden.
Beim Taschenrechner kann mit der Tastenfolge 2nd tan, INV tan oder SHIFT tan bei gegebenem Tangenswert der zugehörige Winkel bestimmt werden.
Analoges gilt bei gegebenem Sinus- oder Kosinuswert.
Zu beachten ist, dass beim Taschenrechner die MODE-Einstellung auf DEG steht.

Eine Straße hat eine Steigung von 12 %.

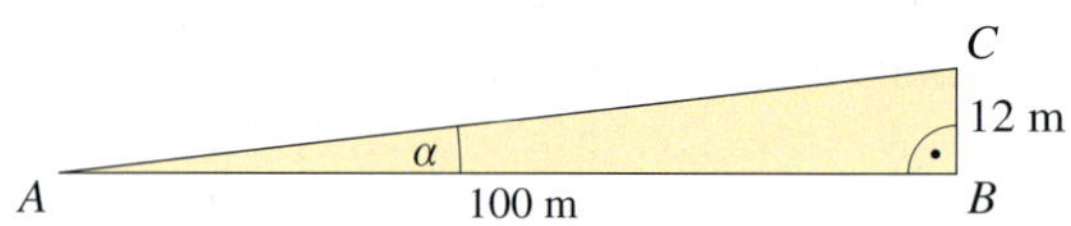

Berechne den Steigungswinkel α.

$\tan\alpha = \frac{12}{100} = 0{,}12$

Bestimme den Winkel α mit dem Taschenrechner:

2nd tan 0 . 1 2 =

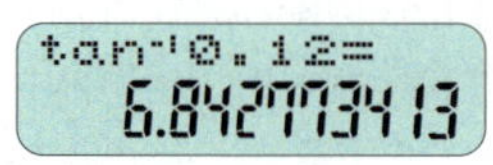

$\alpha \approx 6{,}8°$

Der Steigungswinkel beträgt etwa 6,8°.

Datenerhebungen hinterfragen

In Diagrammen und statistischen Auswertungen gibt es die Möglichkeit, Ergebnisse gezielt hervorzuheben und falsche Eindrücke zu erwecken. Daher muss man diese Informationen kritisch betrachten und hinterfragen.

Noch fit?

1 Die 30 Schülerinnen und Schüler der Klasse 10b kommen mit unterschiedlichen Verkehrsmitteln zur Schule: drei von ihnen werden täglich mit dem Auto gefahren, elf kommen zu Fuß, sieben benutzen ihr Fahrrad, acht fahren mit dem Bus und ein Schüler reist täglich mit dem Zug an.

a) Erstelle aus diesen Daten ein Säulendiagramm und ein Kreisdiagramm.
b) Worauf muss bei den einzelnen Diagrammtypen geachtet werden?
c) Was ist der Vorteil eines Diagramms gegenüber einem Text oder einer Tabelle?

2 Stelle die Werte aus den abgebildeten Tabellen jeweils in einem Koordinatensystem dar.

①

Monat	J	F	M	A	M	J	J	A	S	O	N	D
Durchschnittstemperatur (in °C)	7	8	10	10	16	22	21	23	18	12	11	4

②

Note	1	2	3	4	5	6
Anzahl	3	7	8	6	4	1

③

Handykosten (in €/Monat)	12	15	8	11	17	9
Schüler	Hendrik	Lale	Katja	Sergej	Jan	Nina

④

Anzahl der Minuten	10	30	60	90	120	150
Kosten (in €)	7,50	12,10	19,00	25,90	32,80	39,70

a) In welchen Fällen ist es inhaltlich sinnvoll, die Punkte zu einer Kurve zu verbinden?
b) Begründe, warum sich die Punkte aus einigen Koordinatensystemen nicht verbinden lassen.

3 Fasse die Diagramme zur Bundestagswahl 2009 in Worte.

Sitzverteilung im Deutschen Bundestag

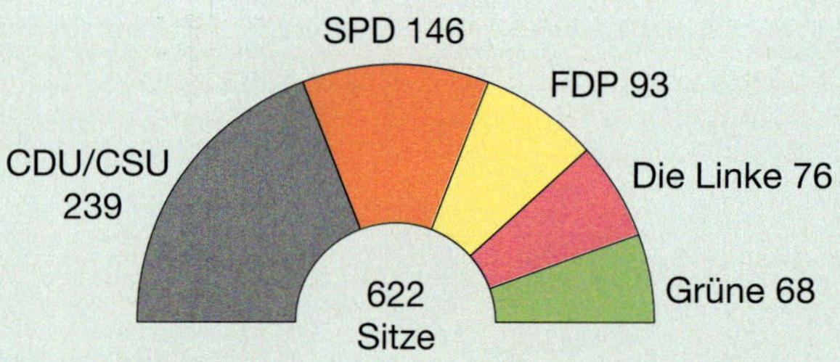

Gewinne und Verluste der Stimmenanteile

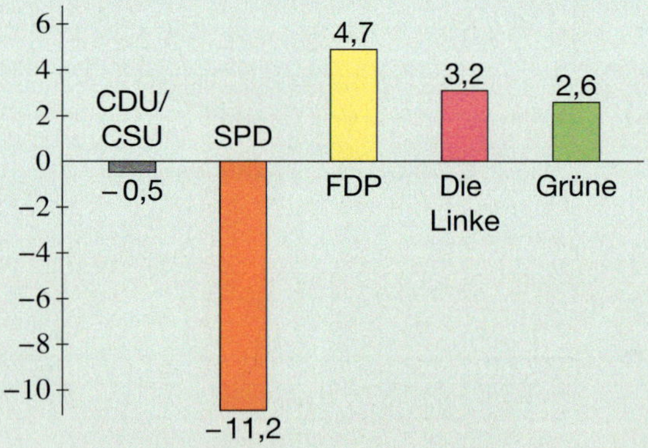

NACHGEDACHT
Nach der Bundestagswahl 2009 hat sich eine Regierungskoalition aus den Parteien CDU/CSU und FDP gebildet. Sie verfügen zusammen über mehr als 50 % der Sitze im Parlament. Welche anderen Koalitionen wären rein rechnerisch möglich gewesen? Es können auch Koalitionen aus mehr als zwei Parteien gebildet werden. Warum sollte eine Regierungskoalition über mindestens 50 % der Sitze im Parlament verfügen?

Kurz und knapp

1. Ergänze den Satz: Diagramme dienen dazu, …
2. Welche Eigenschaften hat ein Rechteck?
3. Ergänze den Satz: In einem Dreieck beträgt die Summe der Innenwinkel …
4. Notiere das Distributivgesetz.
5. Welchen Flächeninhalt hat ein Quadrat mit der Seitenlänge $a = 5{,}2\,\text{cm}$? Wie verändert sich der Flächeninhalt, wenn die Seitenlänge verdoppelt (verdreifacht) wird?
6. Wie verändert sich das Volumen eines Würfels, wenn die Kantenlänge verdoppelt (verdreifacht) wird?

Statistische Darstellungen kritisch analysieren

Erforschen und Entdecken

1 Die abgebildeten Diagramme sind alle fehlerhaft.
a) Erläutere die Fehler und berichtige sie.
b) Denke dir zu jedem Diagramm eine Überschrift aus.

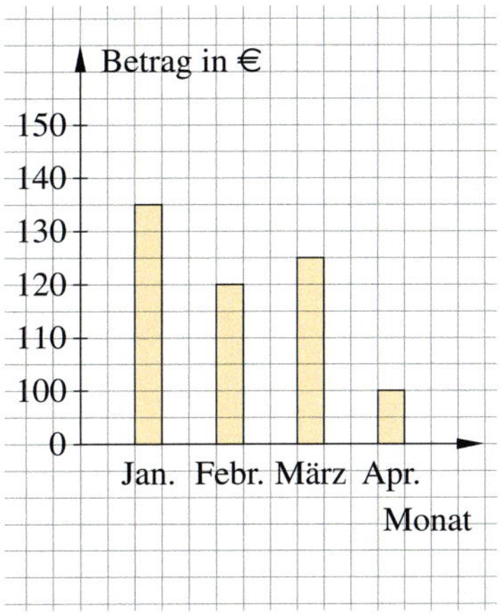

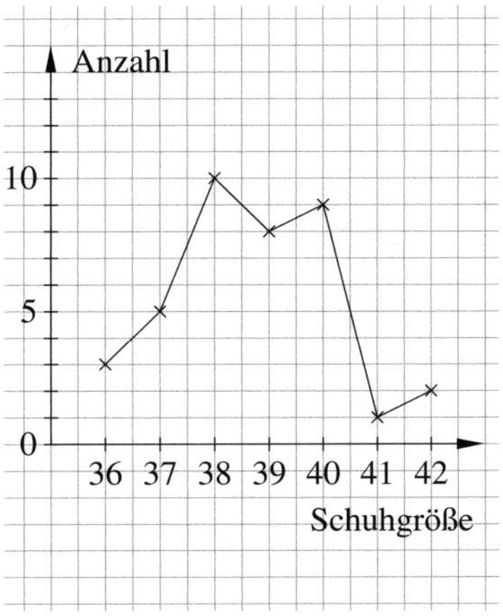

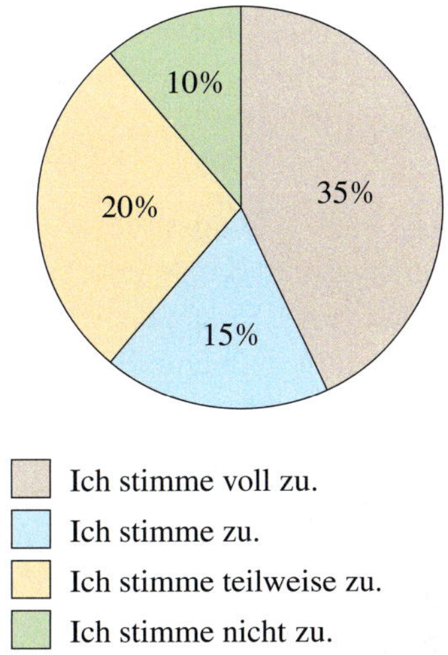

2 Das abgebildete Diagramm zeigt die Schulden, die Claudia jeden Monat neu auf sich nimmt, um ihre Handyrechnung zu bezahlen. Sie zeigt das Diagramm ihren Eltern.
a) Ist der Verlauf des Diagramms positiv oder negativ zu bewerten?
b) Wie würdest du an Stelle der Eltern auf dieses Diagramm reagieren? Tauscht euch darüber aus.
c) Claudia war im Dezember des vorigen Jahres bereits mit 120 Euro verschuldet. Wie muss das Diagramm verändert werden, damit es ihre Schulden korrekt wiedergibt?
Zeichne das Diagramm.

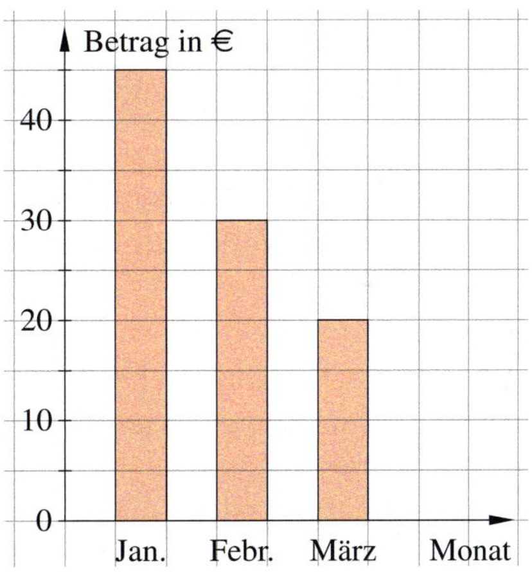

ZUM WEITERARBEITEN
Informiere dich bei Verbraucherberatungsstellen oder im Internet über die Schuldensituation bei Jugendlichen.

3 Maxi fühlt sich gegenüber seinen Freunden benachteiligt. Er meint, er habe weniger Geld als seine Freunde zur Verfügung. Um diese Ungerechtigkeit zu veranschaulichen, zeichnet er das unten abgebildete Piktogramm.

Maxi

Bernd

Colin

a) Mit welchem Trick stellt Maxi den Sachverhalt übertrieben dar?
b) Wie könnte ein korrektes Piktogramm aussehen? Zeichne es.
c) Wie könnte ein Piktogramm aussehen, das diese Ungerechtigkeit noch stärker in den Vordergrund rückt? Zeichne auch dieses.
d) Welches Piktogramm wird Maxi vermutlich verwenden, wenn er mit seinen Eltern über höheres Taschengeld verhandelt?

HINWEIS
Ein Piktogramm ist ein Figurendiagramm. Die Zahlen werden durch die Anzahl oder Größe von Figuren veranschaulicht.

Lesen und Verstehen

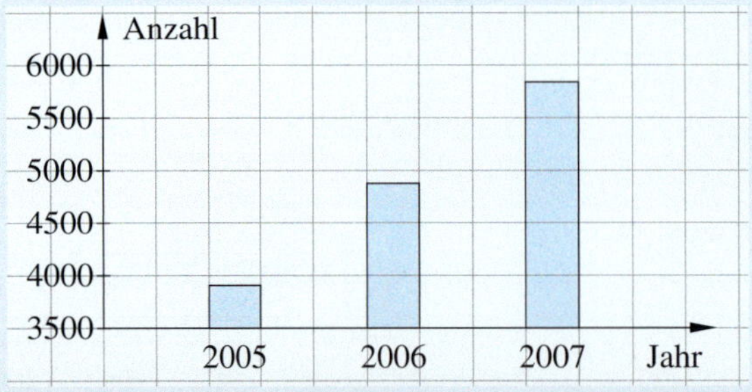

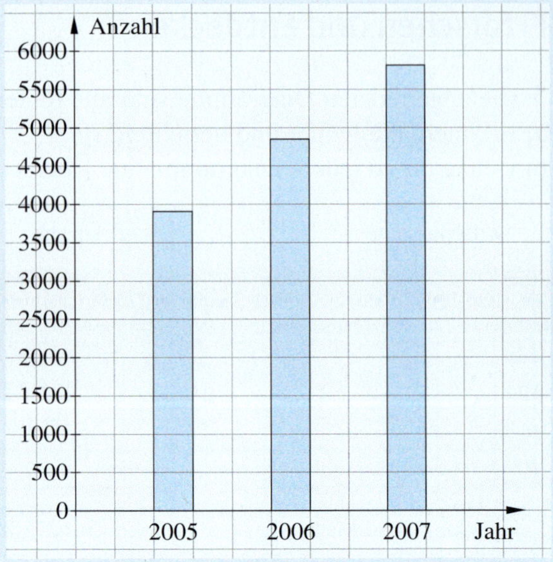

Die beiden Diagramme zeigen den gleichen Sachverhalt: die Anzahl deutscher Grundschulen mit Ganztagsbetrieb in verschiedenen Jahren. Der gleiche Sachverhalt – aber ein anderer Eindruck.
Die Darstellung von Daten ist nicht immer genau und neutral: manchmal werden Daten gewollt manipuliert dargestellt.

HINWEIS
Im Jahr 2005 gab es 3912 Grundschulen mit Ganztagsschulbetrieb. Im Jahr 2006 waren es 4878 und im Jahr 2007 schon 5822 Schulen. Diese Zahlen wurden von der Kultusministerkonferenz erhoben.

Häufig vorkommende Manipulationen sind:

- Das **Koordinatensystem** ist **fehlerhaft**. Der Schnittpunkt von x- und y-Achse liegt nicht bei $(0|0)$ (s. Eingangsbeispiel) oder die Abstände auf jeweils einer Achse sind nicht gleich groß.

- Bei einem Piktogramm wird die **Veränderung in der Höhe und in der Breite** abgetragen. So entsteht ein Missverhältnis zwischen Wert und Fläche, z. B. führt eine Verdopplung des Wertes zu einer Vervierfachung der Fläche.

- Aus wenigen Daten wird der zukünftige Verlauf **hochgerechnet** und im Diagramm mit eingezeichnet.

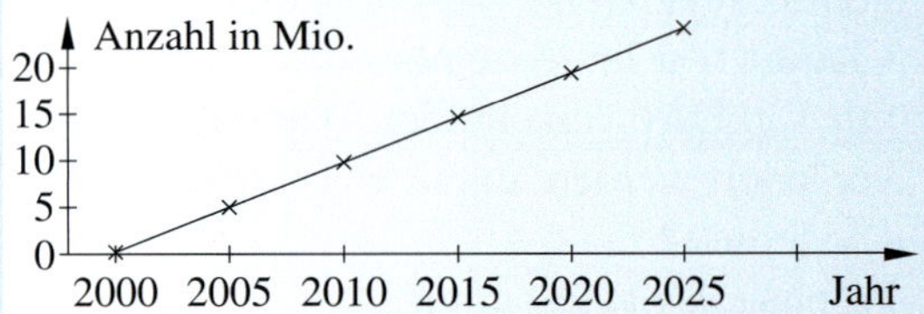

- Ein Sachverhalt wird so dargestellt, dass er in der Darstellung **positiv** aussieht, **obwohl der Verlauf negativ** ist.

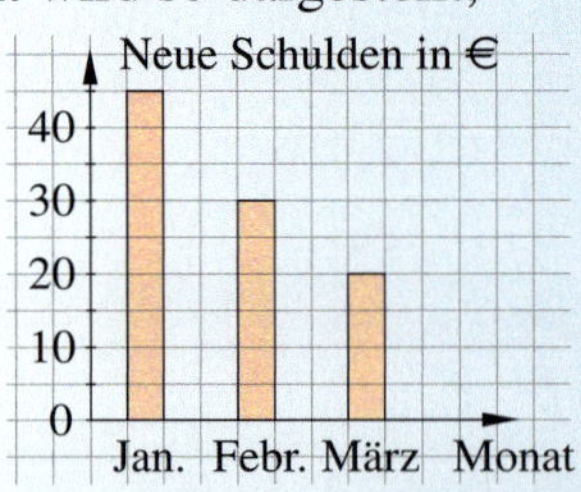

- Bei einem **Kreisdiagramm** werden die Anteile zu „keine Angabe“ oder „Sonstiges“ **nicht dargestellt**.

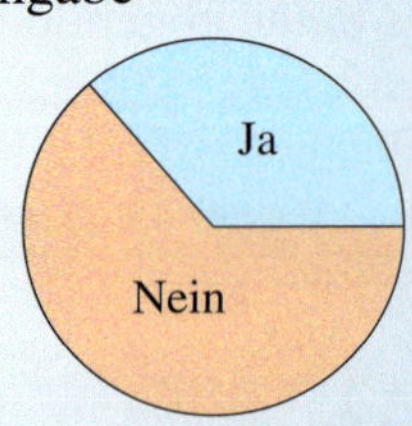

Diagramme können **manipuliert** werden. Durch verschiedene Methoden wird ein Eindruck erzeugt, der durch eine neutrale Darstellung nicht entstanden wäre.

Üben und Anwenden

1 Der Bund hat auf dem Kreditmarkt Schulden. Alle drei Abbildungen geben diesen Sachverhalt wieder.

Stichtag	Schulden (in Mrd. Euro)
31.12.2002	719,397
31.12.2003	760,453
31.12.2004	802,994
31.12.2005	872,653
31.12.2006	902,054

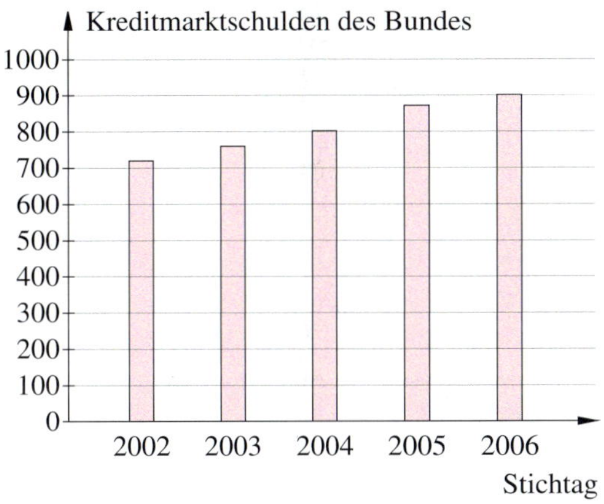

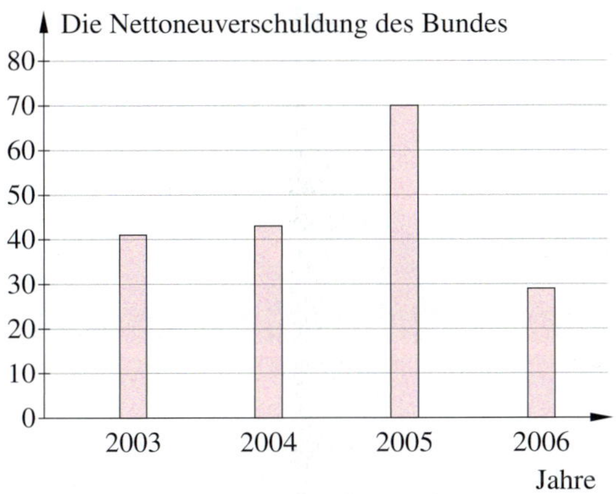

a) Vergleiche die Werte aus der Tabelle mit den Diagrammen.
b) Klärt den Begriff „Nettoneuverschuldung" gemeinsam.
c) Wer hat ein Interesse daran, die Verschuldung des Bundes wie in der untersten Abbildung darzustellen?
d) Ist der Verlauf der Verschuldung von 2005 auf 2006 positiv oder negativ zu bewerten? Diskutiert in kleinen Gruppen und begründet eure Antwort.

2 Das Thema Klimawandel führt zu hitzigen Debatten. Deshalb finden sich gerade dazu viele manipulierte Diagramme.

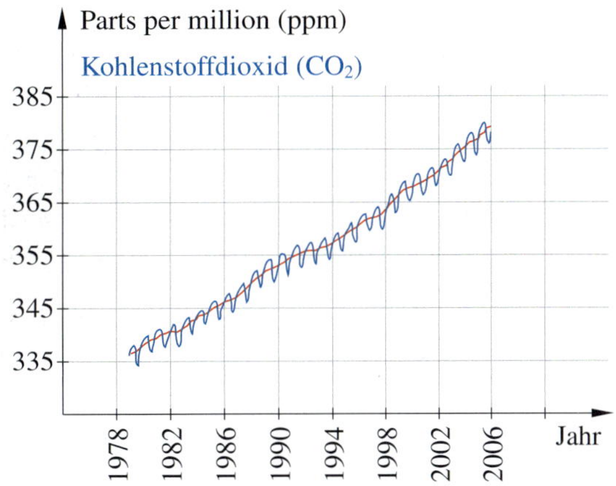

a) Erläutere den Inhalt des Diagramms.
b) Welche Manipulation steckt in dieser Abbildung?
Zeichne das Diagramm richtig und vergleiche die Wirkung.
c) Recherchiere im Internet weitere manipulierte Diagramme zu diesem Thema und stelle sie deinem Kurs vor, indem du sie inhaltlich wiedergibst und die Manipulation erläuterst.

3 Betrachte das Diagramm.

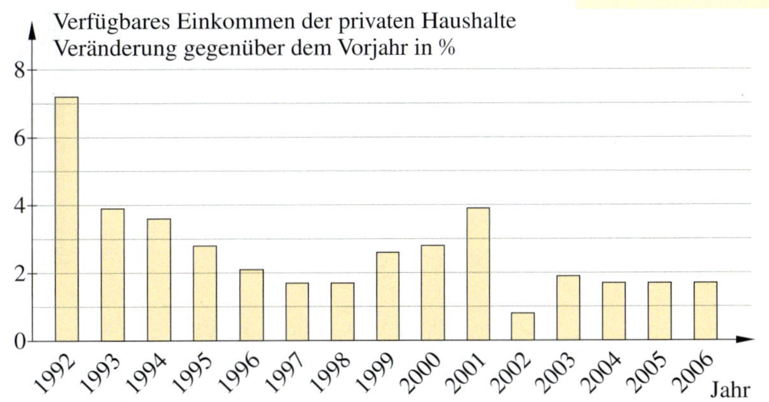

a) Was stellt das Diagramm dar? Beschreibe den Inhalt.
b) Ist der Verlauf eher positiv oder negativ zu bewerten? Begründe deine Antwort.
c) 1997 betrug das Einkommen 2500 Euro. Zeichne ein Diagramm, das den jährlich zur Verfügung stehenden Betrag zeigt.

033-1

HINWEIS
Der Mediencode führt zu einer Linkliste mit weiteren Diagrammen zum Thema Klimawandel.

SCHON GEWUSST?
IPTV steht für Internet Protocol Television.

4 Im Jahr 2007 stellte eine Firma eine Prognose über die Anzahl der Haushalte mit IPTV bis zum Jahr 2012. Beim IPTV wird das Fernsehprogramm statt über Kabel, Satellit oder Antenne über das Internet übertragen.

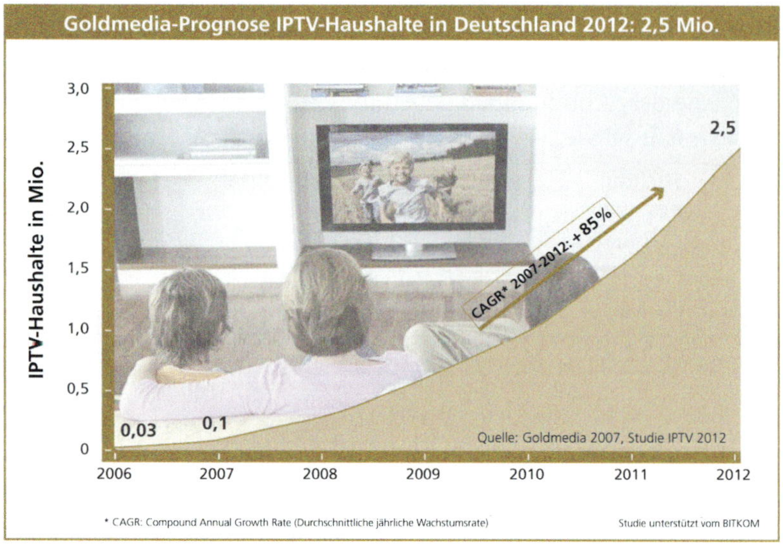

a) Welche Werte lagen der Prognose zu Grunde?
b) Berechne den Wert für 2012 mit der angegebenen Wachstumsrate ausgehend von dem Wert aus dem Jahr 2007 und vergleiche mit den Angaben.
c) Welche Faktoren könnten den tatsächlichen Verlauf der Kurve so beeinflussen, dass 2012 nur 0,5 Mio. Haushalte internetbasiertes Fernsehen zur Verfügung hätten? Denke dir dazu Beispiele aus.
d) Bewerte die abgebildete Prognose. Glaubst du, dass sie zutreffend ist? Ist die Methode korrekt?
e) Wer hat ein Interesse daran, diese Prognose zu erstellen?

5 Die Abbildung zeigt den Kursverlauf des Deutschen Aktienindex (DAX) vom 9.10.2009.

a) Informiert euch über den Börsenhandel in Frankfurt und klärt den Begriff „Deutscher Aktienindex".
b) Erläutert den Verlauf des Graphen und den Aufbau des Diagramms.
c) Vergleicht mit der Abbildung aus Aufgabe 1 und diskutiert im Plenum, ob auch hier eine Manipulation in der Darstellung vorliegt. Begründet eure Meinung.

6 Die Aktie von Adidas ist eine von 30 verschiedenen Aktien, aus denen der DAX berechnet wird. Dargestellt ist der Kursverlauf der Aktie am 9.10.2009.
Erläutere anhand dieses Beispiels, dass es durchaus sinnvoll sein kann, nur einen Ausschnitt aus einem Diagramm zu zeigen. Grenze diese Fälle von den gewollten Manipulationen ab.

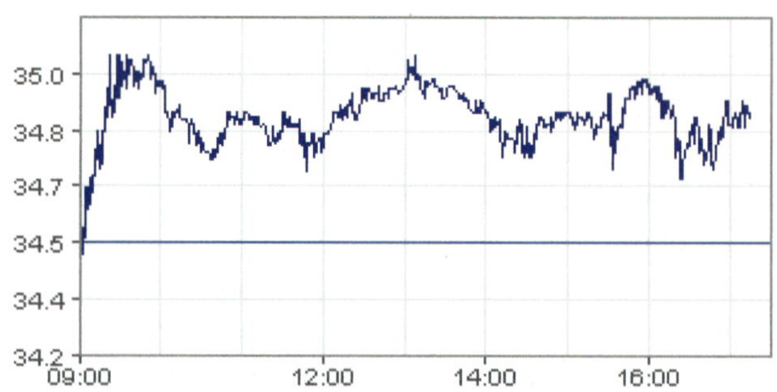

Befragungen und Darstellungen manipulieren

Erforschen und Entdecken

1 Organisiert in eurem Kurs eine Befragung zum Thema „Gerechtigkeit bei der Notenvergabe“. Führt die Befragung mit dem parallelen Kurs durch oder teilt dazu den Kurs in zwei Hälften. Gebt der ersten Gruppe den linken, der zweiten Gruppe den rechten Fragebogen.

Wie gerecht fühlst du dich in den mündlichen Fächern bewertet?

- ❑ gerecht
- ❑ nicht gerecht

Wie gerecht fühlst du dich in den mündlichen Fächern bewertet?

- ❑ immer gerecht
- ❑ fast immer gerecht
- ❑ meistens gerecht
- ❑ häufig nicht gerecht
- ❑ nie gerecht

Diese Fragebögen und die Auswertung sollten bei euch im Kurs bleiben.

a) Wie viele positive Antworten bekommt ihr mit dem linken beziehungsweise mit dem rechten Fragebogen?

b) Welche Erklärungen gibt es dafür?

c) Lasst euch jetzt von eurem Lehrer oder eurer Lehrerin erläutern, wie schwierig die Notenvergabe in den mündlichen Fächern ist und wie viel Mühe sich die Kollegen dabei geben. Führt anschließend in eurem Kurs erneut die oben angegebene Befragung mit dem rechten Fragebogen durch.
Kommt ihr nun zu anderen Ergebnissen? Erläutert den Ausgang dieser Befragung.

d) Entwickelt eigene Fragebögen zu anderen Themen nach dem gleichen Muster.

2 Zeichnet jeweils zwei bzw. drei Linien, Flächen und Körper in den angegebenen Größenverhältnissen. Bei den Flächen und Körpern sollen die Längen von sich entsprechenden Seiten bzw. Kanten in den verschiedenen Verhältnissen gezeichnet werden.
Beschreibe die Wirkung der einzelnen Darstellungen. Worin unterscheiden sich die Darstellungen mit Linien von denen mit Flächen oder Körpern?

a) 1 : 3 b) 1 : 1,5 c) 1 : 2 : 5

3 Die Tabelle zeigt die Wahlbeteiligung bei den Bundestagswahlen zwischen 1949 und 2005.

Bundestagswahl	1949	1953	1957	1961	1965	1969	1972	1976
Wahlbeteiligung in %	78,5	86,0	87,8	87,7	86,8	86,7	91,1	90,7

Bundestagswahl	1980	1983	1987	1990	1994	1998	2002	2005
Wahlbeteiligung in %	88,6	89,1	84,3	77,8	79,0	82,2	79,1	77,7

a) Zeichne ein Diagramm so, dass zum Ausdruck kommt, dass die Wahlbeteiligung dramatisch sinkt.

b) Zeichne ein Diagramm so, dass zum Ausdruck kommt, dass es über die Jahre immer wieder Schwankungen gegeben hat.

c) Stellt eure Ergebnisse in der Klasse vor und tauscht euch darüber aus. Welche Möglichkeiten habt ihr gefunden, um den Betrachter zu manipulieren?

ZUM WEITERARBEITEN
Suche in Zeitschriften und Tageszeitungen Diagramme und Darstellungen, die Flächen und Körper verwenden. Welche Größenverhältnisse werden eingesetzt? Welchen Effekt hat das?

Lesen und Verstehen

Einige Schülerinnen und Schüler wünschen sich, dass einer der Pausenhöfe ihrer Schule für Ballspiele gesperrt wird, damit man sich dort in Ruhe aufhalten kann. Sie möchten ihr Anliegen durch eine Befragung untermauern. Allerdings befürchten sie, dass die Befragung nicht in ihrem Sinne verläuft. Deshalb versuchen sie, durch die Gestaltung des Fragebogens ihre Mitschüler zu beeinflussen.

Dazu gibt es unterschiedliche Möglichkeiten:

Die Befragung wird mit einem Text eingeleitet, der die Befragten einseitig informiert.

Mit den vorgegebenen Antwortmöglichkeiten kann man in die gewünschte Richtung beeinflussen.

Umfrage: Pausenhof zum Chillen

Ein ruhiger Hof bietet entspannte Pausen, ohne dass uns Bälle um die Ohren fliegen.

Willst du auch einen Pausenhof zum Chillen?

- ❑ ja, unbedingt
- ❑ eher ja
- ❑ weiß nicht
- ❑ nein, die lauten Ballspiele stören mich nicht

> Das **Ergebnis einer Befragung** kann man **beeinflussen**, zum Beispiel durch einseitige Informationen oder eine eingeschränkte Auswahl an Antwortmöglichkeiten.

Ist die Befragung abgeschlossen, hat man noch die Möglichkeit, das wünschenswerte Ergebnis hervorzuheben, wie auf Seite 32 erläutert.

Üben und Anwenden

HINWEIS
Mit Wahlalter bezeichnet man das Alter, in dem man zum ersten Mal bei politischen Wahlen die Stimme abgeben darf. Bei Bundestagswahlen ist das Wahlalter auf 18 Jahre festgelegt.

1 Lies den Fragebogen.

Wahlalter auf nur 16 Jahre senken?

Sollte man unreife Jugendliche schon wählen lassen? Haben sie sich mit politischen Themen genug auseinandergesetzt, um eine begründete Wahl treffen zu können?

Sollte das Wahlalter auf nur 16 Jahre herabgesetzt werden?

- ❑ eher ja
- ❑ weiß nicht
- ❑ eher nein
- ❑ nein

a) Was genau ist an diesem Fragebogen manipulativ? Erkläre und begründe deine Antwort.

b) Erstelle zu dem gleichen Thema einen fairen Fragebogen.

2 Entscheidet euch zu zweit oder in kleinen Gruppen für eines dieser Themen:
- Verkauf von Süßigkeiten in der Mensa
- Vegetarisches Essen in der Mensa
- Schuluniformen

Entwickelt dazu zwei unterschiedliche Fragebögen. Der erste Bogen hat nur die Antwortmöglichkeiten „dafür“ oder „dagegen“.
Der zweite Bogen bekommt einen Text, in dem ihr einseitig über das Thema informiert.
Stellt dann auf beiden Fragebögen exakt die gleiche Frage.

a) Führt die Befragung in zwei getrennten Gruppen durch.

b) Notiert die Ergebnisse eurer Befragungen getrennt nach den beiden Gruppen.

c) Vergleicht die Ergebnisse und bewertet diese. Entspricht das Ergebnis euren Erwartungen?

3 Arbeitet in Kleingruppen. Wählt ein Thema, zu dem ihr gerne eine Befragung durchführen möchtet, aus. Legt fest, welches Ergebnis ihr erzielen möchtet. Plant nun einen Fragebogen, der euer gewünschtes Ergebnis unterstützt, und führt die Befragung durch.

a) Stellt euer Ergebnis dem Kurs vor und erläutert, wie ihr den Fragebogen aufgebaut habt und ob ihr euer Ziel erreicht habt. Nennt mögliche Verbesserungen.
b) Was lässt sich mit diesen Erkenntnissen generell über Fragebögen aussagen?

4 Diskutiert die folgenden Zitate.

a) „Wir benutzen die Statistik wie ein Betrunkener einen Laternenpfahl: Vor allem zur Stütze unseres Standpunktes und weniger zum Beleuchten eines Sachverhalts.“ (Andrew Lang zugeschrieben)
b) „Ich stehe Statistiken etwas skeptisch gegenüber. Denn laut Statistik haben ein Millionär und ein armer Kerl jeder eine halbe Million.“
(Franklin D. Roosevelt)
c) „Eine Pharmafirma traut keiner Statistik, die sie nicht selbst bezahlt hat.“
(Gerhard Kocher)
d) „Statistik: Wenn der Jäger am Hasen einmal links und einmal rechts vorbeischießt, dann ist der Hase im Durchschnitt tot.“
(Unbekannter Autor)
e) „96,37 Prozent aller Statistiken sind erfunden.“
(Kevin D. Quitt)

5 Das Internet bietet viele Möglichkeiten, Befragungen durchzuführen.

a) Durchsucht das Internet nach Online-Befragungen oder Fragebögen und stellt sie auf Plakaten oder per Computerpräsentation zusammen.
b) Überprüft, ob die Fragebögen manipuliert sind, und erklärt für ausgewählte Fragebögen, worin genau die Manipulation besteht.
c) Sollte man Fragebögen im Internet beantworten? Diskutiert in der Klasse über die Gefahren sowie Vor- und Nachteile.

6 Zu dem Thema „Wirkung von Alkohol“ sind von Jugendlichen folgende Angaben gemacht worden:

Ich fühle mich lockerer, wenn ich Alkohol getrunken habe.	41 %
Bei mir hat der Alkohol keine besondere Wirkung.	21 %
Alkohol lässt mich schneller ermüden.	15 %
Keine Angabe	23 %

a) Zeichne ein korrektes Kreisdiagramm und ein manipuliertes, welches den Bereich „keine Angaben“ nicht mit abbildet. Beschreibe die Wirkung.
b) Fällt dir noch eine weitere Darstellungsmöglichkeit ein, die den jugendgefährdenden Aspekt besonders hervorhebt? Setze diese um und stelle sie deinem Kurs vor.

7 Gaben 2005 noch 35 % der befragten Jugendlichen an, mindestens einmal wöchentlich ein Fastfood-Restaurant zu besuchen, so waren es 2006 schon 42 %. Im Jahr darauf waren es bereits 47 % und 2008 erhöhte sich die Zahl noch einmal um 3 Prozentpunkte.

a) Stelle die Daten aus dieser Erhebung in einem korrekten Säulendiagramm dar.
b) Zeichne ein Säulendiagramm, das nur die Differenz der einzelnen Werte verzeichnet.
c) Zeichne ein Diagramm, das ausdrückt, wie erschreckend diese Entwicklung ist – eventuell mit einer noch anschließenden Prognose.
d) Vergleiche alle drei Darstellungen und überlege, wer ein Interesse daran haben könnte, dass das eine oder andere Diagramm so veröffentlicht wird.

ZUM WEITERARBEITEN
Informiere dich z. B. im Internet über die zitierten Personen aus Aufgabe 4.

BEACHTE
Zu Aufgabe 5: Für die Computerpräsentation siehe auch S. 40 und 41.

Mathematik und Kunst

Die rechts abgebildete Illustration heißt „Lebenszeit“. Sie ist von Felix Scheinberger (geboren 1969) für einen Kalender gemalt worden. In dieser Illustration setzt er sich mit Statistik und der Darstellung von Zahlen auseinander. An seinem Stil fallen die fast karikaturhafte Überzeichnung von Personen und das Einfügen von Collageelementen auf.

Das Bild unten ist von Florian, einem Schüler des 10. Schuljahres. Es zeigt ein gestaltetes Säulendiagramm zum Thema „Metropolen“. Nicht nur die reine Einwohnerzahl ist ablesbar. Es ist auch die Wirkung auf den Menschen dargestellt, der in so einer Metropole lebt.

1 Betrachte die Illustration „Lebenszeit“ von Felix Scheinberger.

a) Auf welche Art werden Daten dargestellt?

b) Gibt es einen Zusammenhang zwischen diesem Bild und einem Säulendiagramm?

c) Ist an der Darstellung etwas unstimmig? Wenn ja, ist es eine gezielte Manipulation?

2 Gestalte ein Säulendiagramm zu einem Thema, das dich interessiert und zu dem du eine Meinung hast, die du dann gestalterisch umsetzen kannst. Eine Anregung ist das Bild links.

3 Sammle Daten zu einem Thema und stelle diese als Collage zusammen.

4 Nutze die Impulse dieser Seite und setze sie in einem eigenen Bild um, das im weitesten Sinne mit Mathematik zu tun hat.

In einer Gesamtschule wurden Informationen zum Schulalltag gesammelt – zum Beispiel über die Altersverteilung im Kollegium, den Stadtteil, in dem die Schülerinnen und Schüler wohnen und das Geburtsland der Schülerinnen und Schüler.
Am Tag der offenen Tür haben die Schüler die Informationen auf ungewöhnliche Art präsentiert: als große, schön gestaltete Skulpturen.

5 Was kannst du aus dem Foto über die Altersverteilung im Kollegium ablesen?
Welche Informationen fehlen?
Notiere mindestens drei Sätze dazu.

6 Umfrageergebnisse können als Skulptur dargestellt werden.

a) Eine 6. Klasse hat in einer Umfrage nach der Art und Anzahl der Haustiere gefragt. Aus Pappmaschee haben sie einen Hund, eine Katze, ein Kaninchen und einen Hamster in der Größe geformt, die der Anzahl der Haustiere entspricht. Welche Probleme gibt es bei dieser Art der Darstellung?
b) Arbeitet in Kleingruppen von drei bis fünf Personen. Einigt euch auf eine Frage und stellt die Ergebnisse als Skulptur dar. Vielleicht fällt euch eine Möglichkeit ein, die Skulptur passend zum Thema der Frage zu gestalten?

7 Auf der Webseite einer Kunstgalerie wurde eine Umfrage zum Thema „Kunst“ durchgeführt. Der Fragebogen sah wie folgt aus:

Interessieren Sie sich für Kunst?

(Mehrfachnennung möglich)

❏ Ja, …
- ❏ ich interessiere mich privat für Kunst
- ❏ ich bilde mich im Kunstbereich aus
- ❏ ich male, zeichne, gestalte selber gerne
- ❏ ich bin Künstler/in
- ❏ ich arbeite im Kulturbereich
- ❏ ich handle oder sammle Kunst

❏ Nein, …
- ❏ ich verstehe nichts von Kunst

a) Ist der Fragebogen fair oder lenkt er die Antworten in eine bestimmte Richtung? Erkläre, woran du das erkennst.
b) Welche Umstände führen dazu, dass das Ergebnis beeinflusst wird?
c) Entwirf eine faire Umfrage zum Thema „Interesse an Kunst“. Worin unterscheidet sie sich von der abgebildeten Umfrage?

Methode: Präsentationsprogramme

HINWEIS
Die Anleitung bezieht sich auf das Präsentationsprogramm PowerPoint von Microsoft. Gebräuchlich ist z.B. auch Impress von OpenOffice.

Manchmal möchte man Ergebnisse oder Methoden in der Klasse präsentieren. Dazu gibt es verschiedene Möglichkeiten, zum Beispiel Tafelbilder, Folien auf dem Overhead-Projektor oder eine Präsentation mit dem Computer. Es gibt eine Vielzahl an Computer-Präsentationsprogrammen. An einem Beispiel wird gezeigt, wie man eine Präsentation mit solch einem Programm erstellt.

Öffnet man das Programm, so erscheint die erste Folie.
Sie ist automatisch die erste Folie der Präsentation. In den Kasten „Titel durch Klicken hinzufügen" kann nun durch einfaches Anklicken der Titel der Präsentation geschrieben werden. Auch ein Untertitel ist hier möglich.

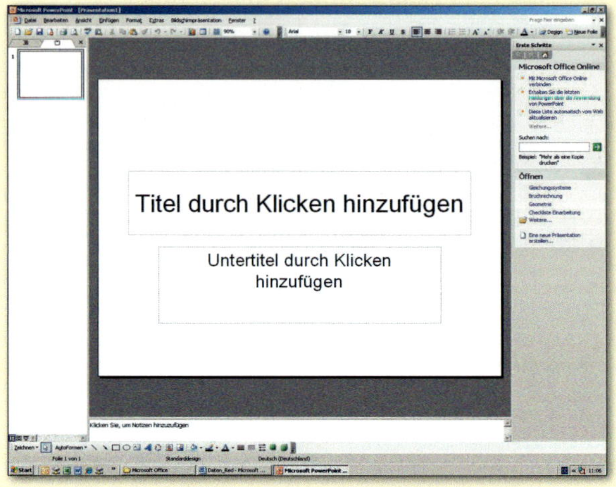

HINWEIS
Der Hintergrund lässt sich im Laufe des Erstellens der Präsentation immer wieder ändern, und zwar für die gesamte Präsentation oder auch für einzelne Folien, sodass man in Ruhe alle möglichen Hintergründe ausprobieren kann.

Der nächste Schritt ist das Auswählen des Hintergrundes unter **Format → Foliendesign**. Eine Vielzahl an Vorschlägen ist bereits hinterlegt.
Durch Anklicken eines Hintergrundes wird die erste Folie mit dem gewählten Hintergrund umgesetzt und auch alle weiteren Folien werden mit diesem Hintergrund erscheinen.

Im Farbschema sind bereits zum Hintergrund passende Schriftfarben ausgewählt und zusammengestellt.

Über **Einfügen → Neue Folie** kann man beliebig viele Folien hinzufügen.
Das Folienlayout kann im rechten Menü ausgewählt werden. So ist es beispielsweise möglich, eine Folie für Foto und Text, eine alleinige Fotoseite oder eine Tabelle auszuwählen.
Ein Bild oder ein Foto fügt man z. B. über **Einfügen → Grafik → Aus Datei** ein.

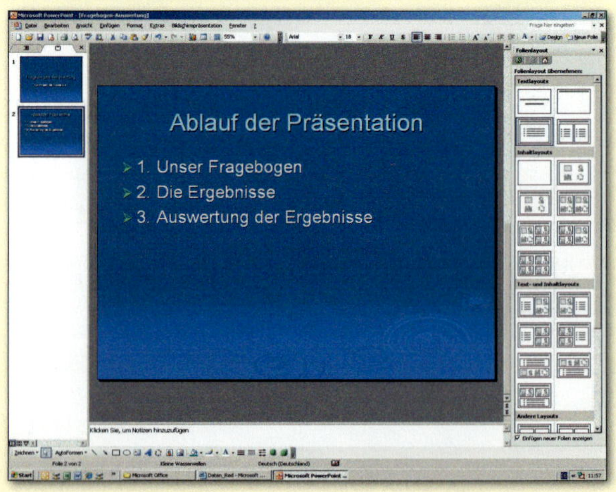

Der Medieneinsatz dient der Unterstützung der Präsentation. Die gedankliche Reihenfolge bei der Vorbereitung muss wie folgt sein:

1. **Was** will ich präsentieren? – *Inhalt*
2. **Wie** kann ich das am besten präsentieren? – *Struktur*
3. **Womit** kann ich die Inhalte unterstützen? – *Medieneinsatz*

Die hier abgebildete Präsentation umfasst bisher drei Folien. Diese sind in der Seitenspalte immer wieder auswählbar, veränderbar und vertauschbar. Soll eine Folie herausgenommen werden, so kann sie ausgewählt und unter **Bearbeiten → Folie löschen** gelöscht werden.

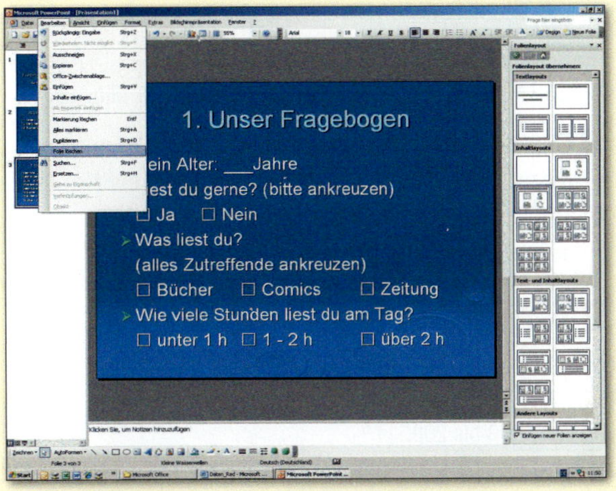

AUFGEPASST
Zwischendurch das Speichern nicht vergessen.

Die fertige Präsentation kann man sich über **Bildschirmpräsentation → Bildschirmpräsentationen vorführen** anschauen und so auch präsentieren. Zur nächsten Folie gelangt man durch einen Klick mit der Maus oder mit den Pfeiltasten der Tastatur (→ „vorwärts", ← „rückwärts").
Möchte man nun besondere Folienübergänge haben, so kann man unterschiedliche Effekte unter **Bildschirmpräsentation → Folienübergang** auswählen. Anschließend im Auswahlmenü unten „Für alle Folien übernehmen" klicken.

Achte darauf, dass der Inhalt der Präsentation klar und verständlich bleibt.
Dabei helfen:

- eine gute Struktur der Abfolge der Folien
- knappe, verständliche Texte
- ein schlichtes Layout
  Es soll den Inhalt transportieren, nicht überdecken (nicht zu viele „Spielereien", Beschränkung auf wenige Farben und Schriftarten).

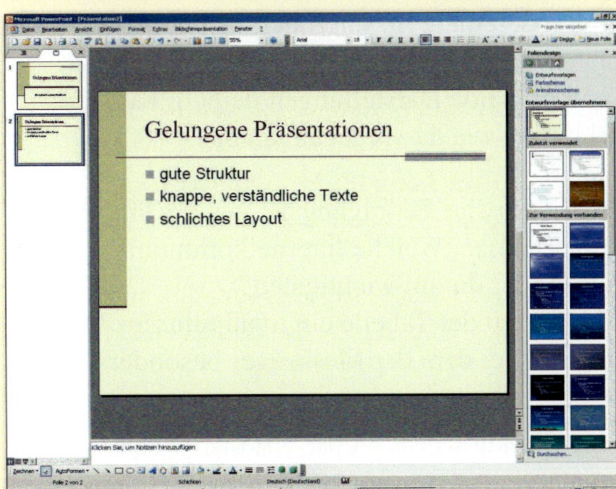

BEACHTE
Eine Präsentation oder eine Folie dürfen nicht zu überladen sein. Sie dienen nur zur Unterstützung der Inhalte der Präsentation.

Vermischte Übungen

1 Das Piktogramm zeigt die Einwohnerzahlen von China, Russland, den USA und Europa.

a) Bewerte das Piktogramm. Mit welchem Mittel wird der Betrachter manipuliert?
b) Wer könnte Auftraggeber der Darstellung sein und was will er damit bezwecken?

2 Das Diagramm zeigt die Wahlbeteiligung bei den Wahlen zum deutschen Bundestag.

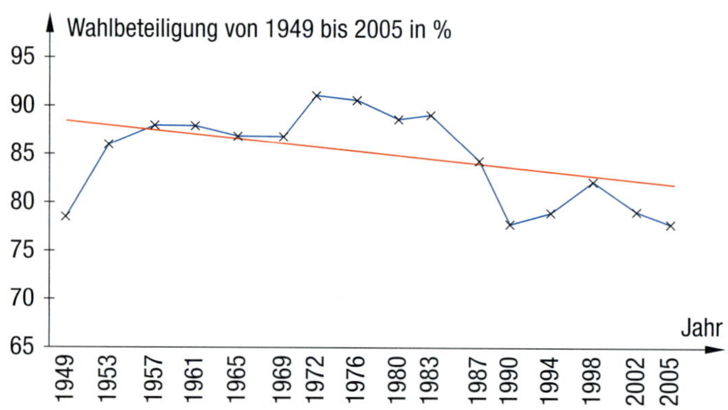

a) Nimm kritisch dazu Stellung.
b) Welche Bedeutung hat die rote Linie? Auf welche Daten stützt sie sich? Diskutiert Wirkung und Zulässigkeit.

NACHGEDACHT
Warum sind die Kreuze im Diagramm zu Aufgabe 15 so ungleichmäßig verteilt?

3 Recherchiere im Internet einen negativen Datenverlauf und stelle ihn positiv dar. Präsentiere beide Darstellungen deinem Kurs und erläutere, wie du vorgegangen bist.

4 Es gab eine Befragung 12- bis 19-Jähriger zum Thema: „Welche Internetkommunikationsart ist dir am wichtigsten?“
Zeichne zu der Tabelle ein manipuliertes Diagramm, bei dem der Messenger besonders vorteilhaft aussieht.

Art	Messenger	Chat	E-Mail	Sonstiges
Anteil	43 %	19 %	18 %	20 %

5 Die Abbildung zeigt eine Umsatzprognose vom Jahr 2007 ausgehend für das Jahr 2010.

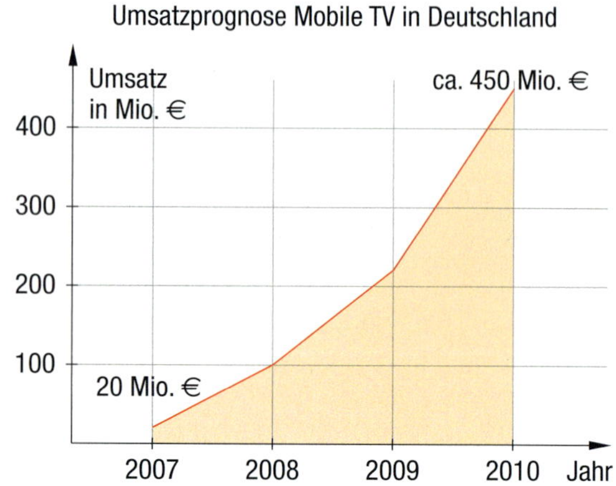

a) Diskutiere die Zulässigkeit einer solchen Prognose.
b) Welche Faktoren, die hier nicht berücksichtigt sind, könnten den Verlauf beeinflussen?
c) Hältst du eine solche Prognose für seriös? Begründe.
d) Vergleiche mit dieser Prognose und benenne die Unterschiede:
„Laut Berechnung der „Deutschen Stiftung Weltbevölkerung“ wird im Jahr 2012 eine neue Milliarden-Marke überschritten. Es werden dann 7 Milliarden Menschen auf diesem Planeten leben. Die Berechnungen gehen von einer Zuwachsrate bei der Bevölkerung von 1,2 % pro Jahr aus.“

6 Sucht man im Internet Diagramme zum Thema „Alkoholkonsum bei Jugendlichen“, so trifft man nur auf korrekte Diagramme.
a) Überprüfe, ob diese Aussage noch immer stimmt und gib an, wer solche Diagramme veröffentlicht.
b) Warum gibt es zu so einem Thema keine oder kaum manipulierte Diagramme? Begründe.

7 Fasse in deinen Worten zusammen, wie du künftig Diagramme in Zeitungen oder im Internet betrachtest.
Nenne Kriterien, mit denen du ihre Richtigkeit überprüfen kannst.

Teste dich!

a | b

1 Die Grafik „Böse Briefe“ möchte die Gefahr darstellen, die von infizierten E-Mails ausgeht.

a) Beschreibe die Wirkung, die die Grafik auf dich hat.

b) Wie muss die Grafik verändert werden, damit der Sachverhalt richtig dargestellt wird? Zeichne ein verändertes Diagramm ins Heft.

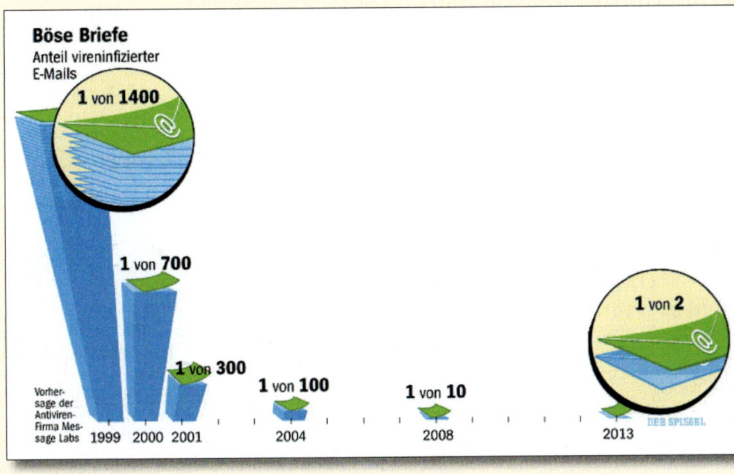

2 Betrachte das rechts abgebildete Diagramm zum Wert des Dollars gegenüber dem Euro. Es zeigt an, wie viele US-Dollar man zu einem Zeitpunkt für einen Euro bekam.

a) Finde den Fehler in der Darstellung. Beschreibe den Fehler und erkläre die dadurch erzielte Wirkung.

b) Zeichne eine berichtigte Version des Diagramms.

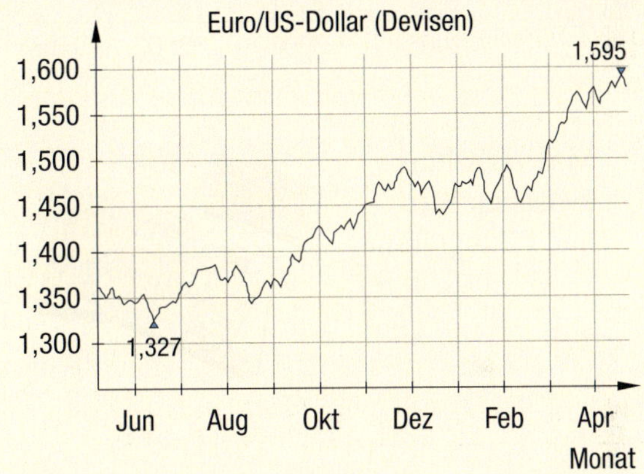

3 (a) In einem Piktogramm soll das Verhältnis 100 Euro zu 150 Euro dargestellt werden. Zeichne dazu:

- zwei Säulen aus Münzen, deren Höhen im Verhältnis 1 : 1,5 stehen
- zwei Geldscheine, deren jeweiliges Seitenverhältnis 1 : 1,5 ist
- zwei Goldbarren, deren Kanten jeweils im Verhältnis 1 : 1,5 stehen

a) Welche dieser Darstellungen gibt das oben genannte Verhältnis korrekt wieder?

b) Welche Darstellung ist am eindrucksvollsten? Begründe.

c) Wo würdest du die Geldschein- bzw. Goldbarrendarstellung einsetzen?

3 (b) Zeichne zwei unterschiedliche – möglicherweise auch manipulierte – Piktogramme zu folgendem Sachverhalt: Dirk bekommt für seinen Führerschein von seinen Eltern 1000 Euro, sein Freund 1200 Euro.

a) Das erste Diagramm bringt Dirk seinen Großeltern mit, in der Hoffnung, dass sie ihn mit Geld unterstützen.

b) Das zweite Diagramm zeigt Dirk seinen Fußballkollegen, vor denen er nicht so ungünstig dastehen will.

c) Was unterscheidet die Lösungen? Beschreibe.

4 Welche Möglichkeiten gibt es, bei der Befragung bereits Einfluss auf das Ergebnis zu nehmen? Zähle mehrere Möglichkeiten auf und nenne jeweils ein Beispiel.

Gold: 23 – 22 Punkte, Silber: 21 – 19 Punkte, Bronze: 18 – 15 Punkte

Punkteverteilung

Aufgabe	a	b
1	6	
2	6	
3	6	8
4	3	

HINWEIS
Brauchst du noch Hilfe, so findest du auf den angegebenen Seiten ein Beispiel oder eine Anregung zum Lösen der Aufgaben. Überprüfe deine Ergebnisse mit den Lösungen auf Seite 191.

Aufgabe	*Seite*
1	32
2	32
3	32
4	36

Zusammenfassung

→ Seite 32

Statistische Darstellungen kritisch analysieren

Diagramme können **manipuliert** werden. Durch verschiedene Methoden wird ein Eindruck erzeugt, der durch eine neutrale Darstellung nicht entstanden wäre.

Mögliche Manipulationen sind z. B.:

- fehlerhaftes Koordinatensystem

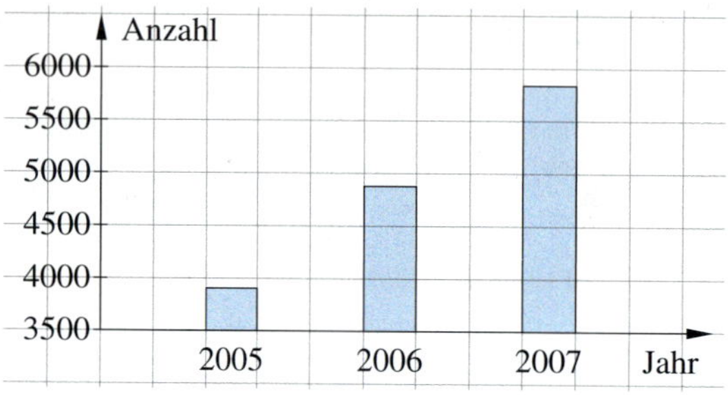

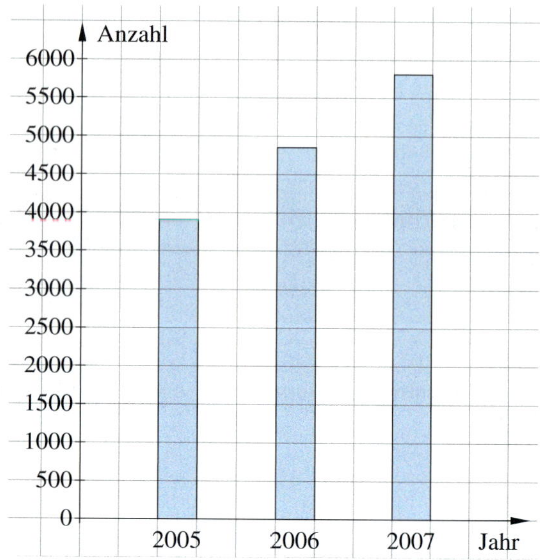

- Missverhältnis zwischen Wert und Piktogramm

- Prognose auf dünner Datenbasis

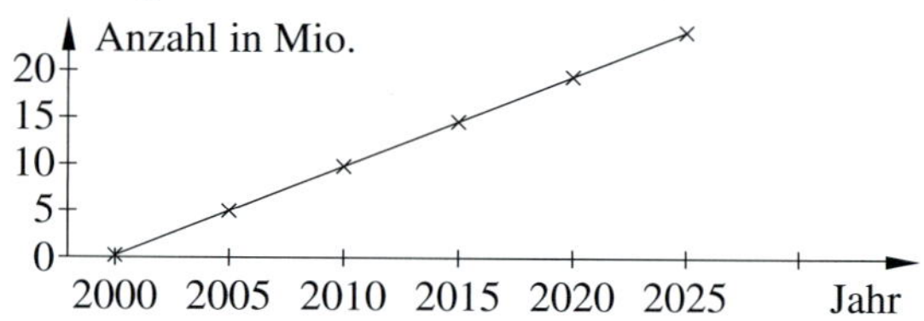

- positiver statt negativer Verlauf

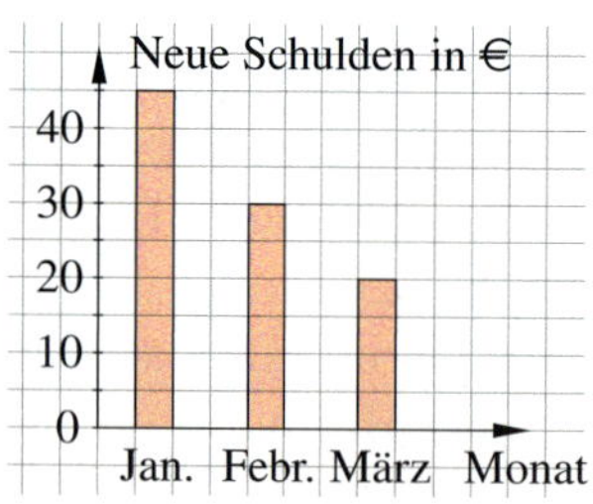

- unvollständige Darstellung der Daten

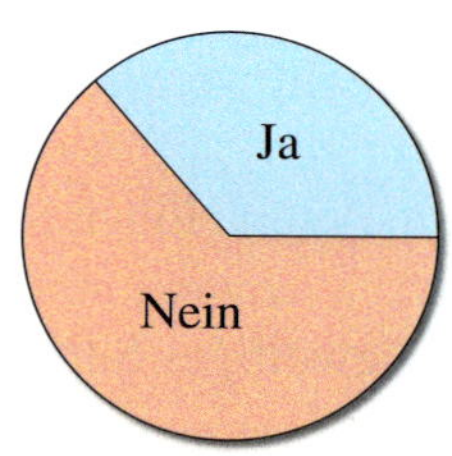

→ Seite 36

Befragungen und Darstellungen manipulieren

Das **Ergebnis** einer Befragung kann man **beeinflussen**, zum Beispiel durch einseitige Informationen oder eine eingeschränkte Auswahl an Antwortmöglichkeiten.

Sollte man unreife Jugendliche schon ab 16 Jahren wählen lassen?

❑ eher ja ❑ weiß nicht
❑ eher nein ❑ nein

Die Sinusfunktion

Das Finale in der Disziplin 400-m-Freistil der Herren beginnt mit einem Kopfsprung vom Startblock. Alle Schwimmer sind noch gleich auf. Schnell nähern sich die Schwimmer der ersten Wende. Bis zum letzten Anschlag werden sie 7-mal die Richtung ändern. Nach jeweils drei Zügen holen sie Luft und werden unzählige Male den Arm ins Wasser eintauchen, durchziehen und wieder heben. Immer dieselbe, sich wiederholende Bewegung. Eingeübt bis zur Perfektion. Nach 3 : 41 min reißt der Sieger die Arme in die Luft.

Noch fit?

1 Gib in jedem Dreieck den Sinus beider spitzen Winkel als Seitenverhältnis an.

a)
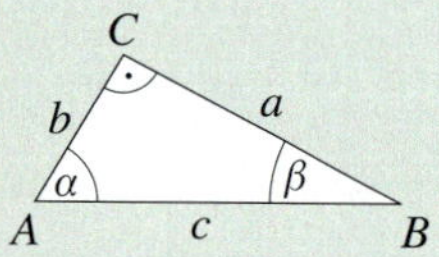

b)
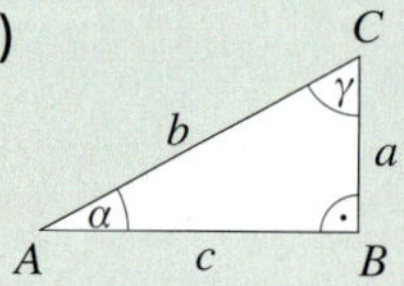

c)
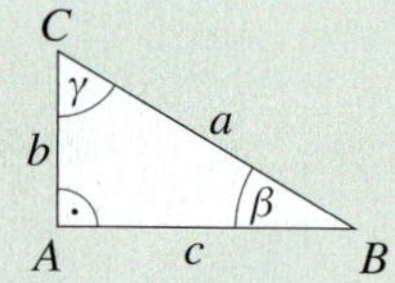

2 Zwei Seiten eines rechtwinkligen Dreiecks sind gegeben. Übertrage die Tabelle in dein Heft und berechne die fehlenden Winkel und Seiten. Eine Planfigur hilft.

	α	β	γ	a	b	c
a)			90°	3 cm		6 cm
b)			90°		5 cm	7 cm
c)			90°	4,0 cm	4,5 cm	
d)	90°			8,3 cm	2,9 cm	
e)		90°			4,3 cm	1,8 cm

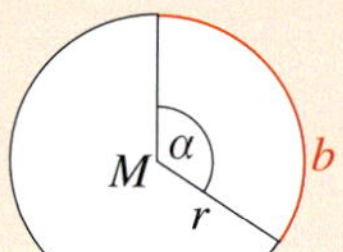

ERINNERE DICH
Die Bogenlänge ist ein Bruchteil der Länge des Kreisumfangs.

3 Berechne die Länge des Kreisumfangs.
a) $r = 7\,\text{cm}$ **b)** $r = 4{,}9\,\text{mm}$ **c)** $d = 6{,}8\,\text{m}$

4 Welche Bogenlänge b hat der Kreisausschnitt?
a) $r = 4\,\text{cm};\ \alpha = 90°$ **b)** $r = 3\,\text{cm};\ \alpha = 135°$ **c)** $r = 1\,\text{cm};\ \alpha = 162°$

5 Zeichne die Graphen der folgenden quadratischen Funktionen in ein gemeinsames Koordinatensystem. Beschreibe die Symmetrieeigenschaften, das Monotonieverhalten und die charakteristischen Punkte der Graphen.
a) $f(x) = x^2 - 2$ **b)** $f(x) = (x-1)^2$ **c)** $f(x) = (x+1)^2 - 1{,}5$ **d)** $f(x) = -\frac{1}{2}x^2$

6 Im Koordinatensystem sind die Graphen von fünf verschiedenen quadratischen Funktionen dargestellt.
a) Lies die Koordinaten der Scheitelpunkte $S(x_s|y_s)$ ab.
b) Notiere die Funktionsvorschriften in allgemeiner Form $f(x) = ax^2 + bx + c$, Scheitelpunktform $f(x) = a \cdot (x - x_s)^2 + y_s$ und bestimme die Nullstellen.

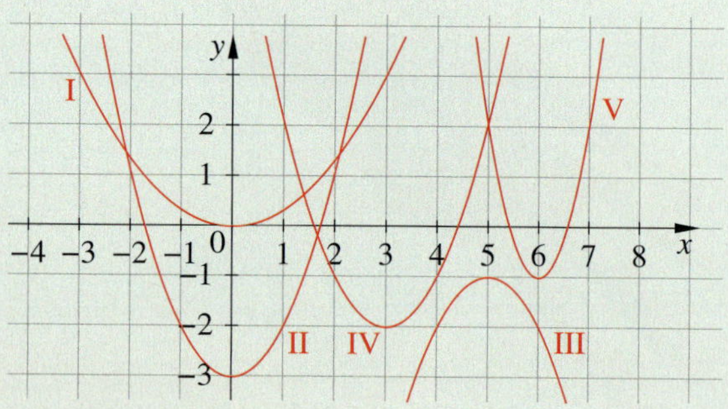

Kurz und knapp

1. Beschreibe, was ein spitzer (stumpfer, rechter) Winkel ist.
2. Nenne alle Größen, von denen die Länge eines Kreisbogens abhängig ist.
3. Welchen Anteil an der Fläche eines Vollkreises hat die Fläche eines Kreissektors mit dem Mittelpunktswinkel $\alpha = 270°$?
4. Richtig oder falsch? Die Funktion $f(x) = 2(x-4)^2 + 3$ hat den Scheitelpunkt $S(-4|3)$.
5. Wie lautet die allgemeine Form einer quadratischen Funktion?
6. Was ist ein Intervall?

Die Sinusfunktion

Erforschen und Entdecken

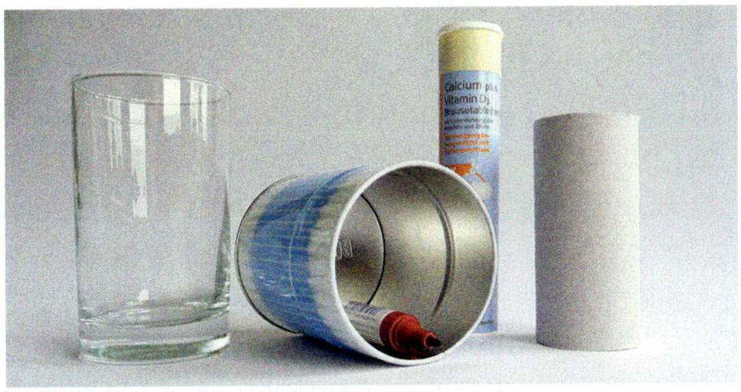

1 Für den folgenden Versuch benötigt ihr:
- zylinderförmige Gefäße mit verschiedenen Durchmessern
- einen Stift, z. B. einen Filzschreiber
- mehrere Blatt Papier
- Klebeband

Versuchsvorbereitung:
Befestigt den Stift im Inneren des Gefäßes, sodass seine Spitze nur etwa 2 mm herausragt. Klebt mehrere Blatt Papier aneinander und befestigt sie direkt über dem Boden an einer senkrechten, glatten Fläche wie der Tür, einem Schrank oder der Wand.
Versuchsdurchführung:
Rollt das Gefäß mit dem Stift entlang des Papiers über den Fußboden und betrachtet das entstehende Muster. Wiederholt den Versuch mit weiteren Gefäßen und andersfarbigen Stiften.
a) Beschreibt und vergleicht die Muster, nennt ihre Gemeinsamkeiten und Unterschiede.
b) Messt charakteristische Längen in den Mustern. Findet ihr entsprechende Längen auch an den jeweiligen Gefäßen?

HINWEIS
Der Versuch kann auch an der Tafel durchgeführt werden. Beachtet aber, dass die Kreideablage meist über eine Kante verfügt, die ausgeglichen werden muss.

2 Die Abbildungen rechts zeigen drei Formen der Wechselspannung.
a) Betrachte die verschiedenen Verläufe der Graphen und nenne ihre Gemeinsamkeiten.
b) Wie unterscheiden sie sich von den Graphen dir bereits bekannter Funktionen? Erstelle zunächst eine Liste mit den dir bekannten Funktionstypen.
c) Welche der drei Graphen in der Randspalte stellen Funktionen dar, welche nicht? Begründe.

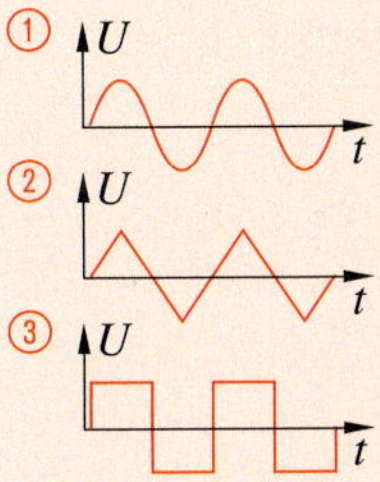

3 Mit Hilfe einer dynamischen Geometrie-Software könnt ihr eine für euch neue Funktion erforschen. Nutzt den Webcode in der Randspalte.

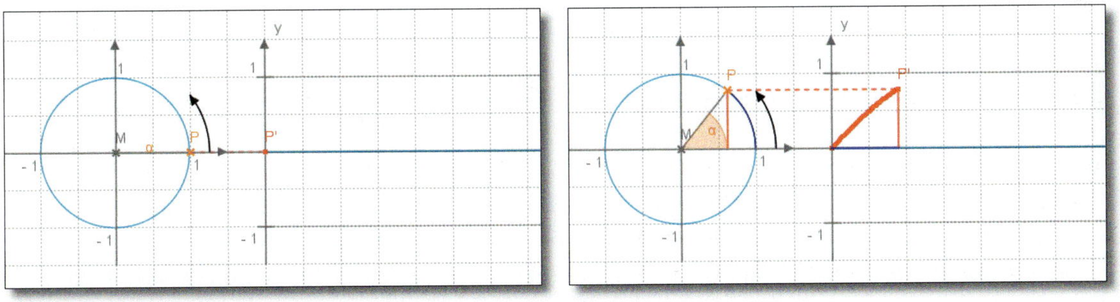

Bewegt den Punkt P bei gedrückter Maustaste auf der Kreislinie gegen den Uhrzeigersinn. In dem zugehörigen Koordinatensystem entsteht ein Funktionsgraph. Auf der x-Achse werden Winkel abgetragen.
a) Welche Größen ändern sich, wenn der Punkt P bewegt wird? Was stellt die rote Linie dar?
b) Matthias behauptet, dass die Länge der roten Strecke dem Sinus des zugehörigen Winkels α entspricht. Überprüft, ob seine Behauptung richtig ist. Begründet eure Meinung.
c) Übertragt den Funktionsgraphen in euer Heft. Wählt dazu einige charakteristische Punkte des Graphen. Vergesst nicht, die Achsen des Koordinatensystems zu beschriften.
d) Überlegt, wie der Funktionsgraph für negative Winkelgrößen und Winkel über 360° verlaufen könnte. Überprüft eure Vermutung mit Hilfe eines Taschenrechners.

www 047-1
BEACHTE
Unter dem Webcode befindet sich eine Simulation zur Darstellung der Sinusfunktion.

HINWEIS
Für negative Winkelgrößen wird P im Uhrzeigersinn bewegt. Alle Winkel über 360° gehen über eine Volldrehung hinaus.

Lesen und Verstehen

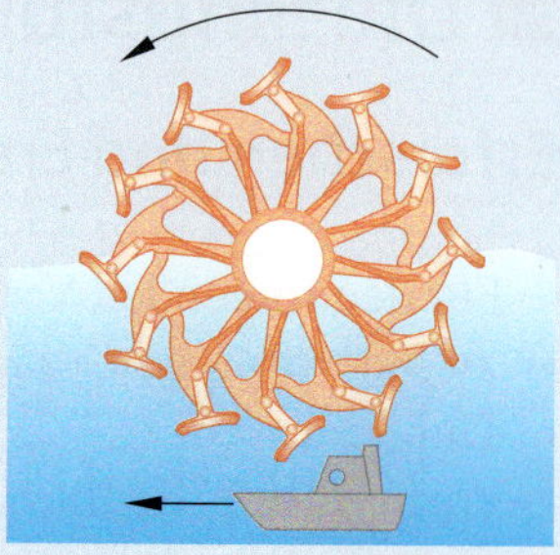

Ein Raddampfer wird von einem Schaufelrad angetrieben. Die Schaufeln werden bei jeder Umdrehung aus dem Wasser gehoben und wieder untergetaucht. Die Höhe einer einzelnen Schaufel über bzw. unter der Wasseroberfläche hängt von der Stellung des Schaufelrades ab, also um welchen Winkel es sich gedreht hat.

Für rechtwinklige Dreiecke gilt: $\sin\alpha = \frac{\text{Gegenkathete von } \alpha}{\text{Hypotenuse}}$

Dieses Verhältnis kann für jeden Winkel α zwischen 0° und 360° am **Einheitskreis** verdeutlicht werden. Überträgt man für jeden Winkel α die Funktionswerte $\sin\alpha$ in ein Koordinatensystem, ergibt sich der folgende charakteristische Graph der **Sinusfunktion** $f(\alpha) = \sin\alpha$.

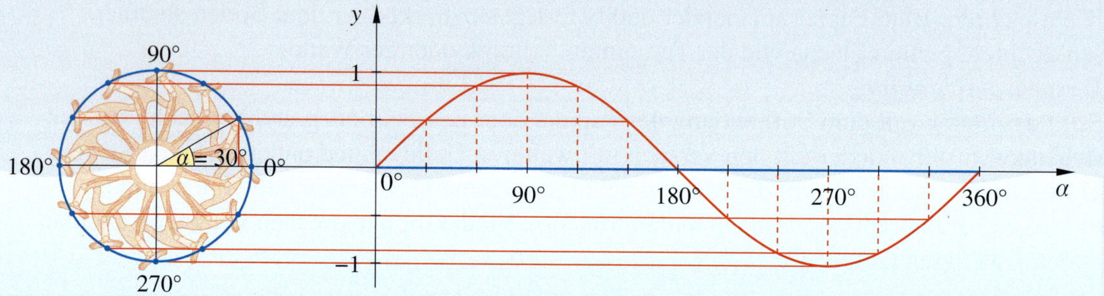

Der Verlauf der Sinuskurve kann beliebig erweitert werden: Für Winkel, die größer als 360° sind, wird über eine volle Umdrehung hinaus gegen den Uhrzeigersinn gedreht. Den Sinus eines Winkels mit negativem Vorzeichen erhält man durch eine Drehung in entgegengesetzter Richtung, also durch Drehung mit dem Uhrzeigersinn. Nach jeweils einer vollen Umdrehung mit bzw. gegen den Uhrzeigersinn wiederholen sich die Funktionswerte $\sin\alpha$.

Funktionen, deren Funktionswerte sich in gleich bleibenden Abständen wiederholen, nennt man **periodisch**. Die Länge des kürzesten Intervalls dieser Wiederholungen heißt **Periode**.

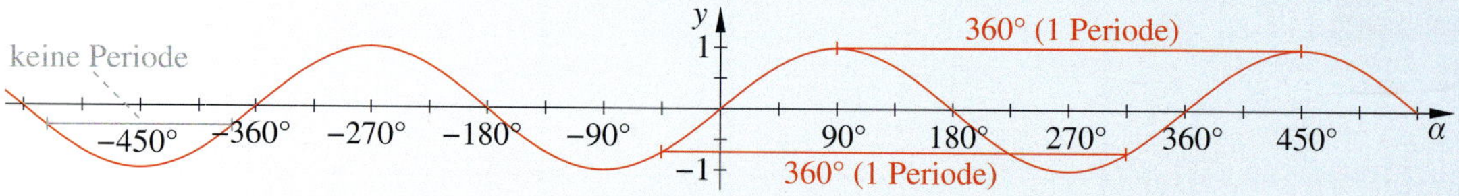

Die Sinusfunktion $f(\alpha) = \sin\alpha$ ist eine periodische Funktion. Ihre Periode beträgt 360°. Diese Eigenschaft kann mit Hilfe einer Gleichung beschrieben werden:
$\boldsymbol{\sin\alpha = \sin(\alpha + k \cdot 360°)}$, k ist eine ganze Zahl. Die Nullstellen der Sinusfunktion liegen im Intervall [0°, 360°] bei 0°, 180° und 360°. Sie wiederholen sich im gesamten Definitionsbereich $D = \mathbb{R}$ periodisch: $k \cdot 180°$

Der Graph der Sinusfunktion ist **punktsymmetrisch** zum Ursprung. Für beliebige Winkel α gilt: $\boldsymbol{\sin(-\alpha) = -\sin\alpha}$

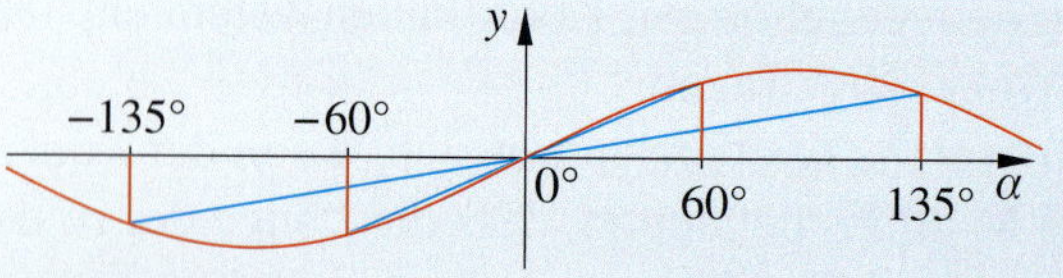

Der Sinus eines Winkels kann nicht größer als 1 und nicht kleiner als −1 werden, also gilt im gesamten Definitionsbereich $D = \mathbb{R}$ für den Wertebereich der Sinusfunktion: $-1 \le \sin\alpha \le 1$. Der Punkt (90°|1) wird Hochpunkt und (270°|−1) Tiefpunkt genannt.

BEACHTE
Der Radius des Einheitskreises misst 1 Längeneinheit.

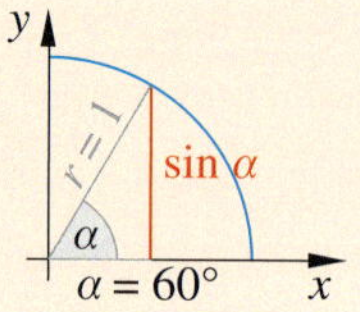

Die Hypotenuse des Dreiecks ist der Radius des Einheitskreises.
Es gilt also:
$\sin\alpha = \frac{GK}{1} = GK$

ERINNERE DICH
Du kennst den Begriff Periode im Zusammenhang mit Dezimalbrüchen wie z. B. $\frac{9}{11} = 0{,}818181\ldots = 0{,}\overline{81}$ *(sprich: null Komma acht eins Periode acht eins).*

ERINNERE DICH
Die längste Seite in rechtwinkligen Dreiecken ist die Hypotenuse.

Üben und Anwenden

1 Beschreibe den Verlauf und die Eigenschaften der Sinusfunktion mit eigenen Worten.

2 Vervollständige die Wertetabelle der Sinusfunktion. Zeichne den zugehörigen Graphen in dein Heft. In welchen Bereichen ist die Funktion monoton steigend (monoton fallend)?

α	0°	15°	30°	…	360°
$\sin\alpha$					

3 Ein Elektrokardiogramm (EKG) zeigt die elektrischen Ströme am Herzen an. Vergleiche die folgenden EKG-Aufnahmen. Nenne Gemeinsamkeiten und Unterschiede.

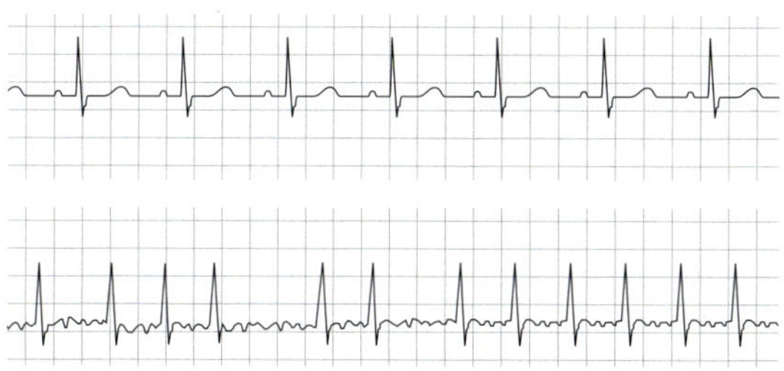

4 Handelt es sich bei den folgenden Abbildungen um Graphen von periodischen Funktionen?
Falls ja, bestimme die Periode. Falls nein, begründe.

①
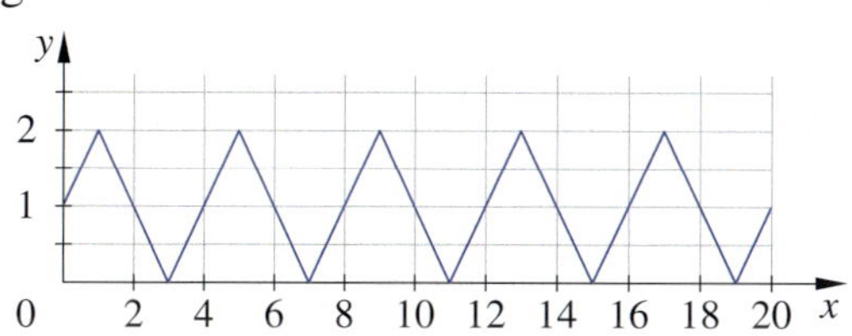

②
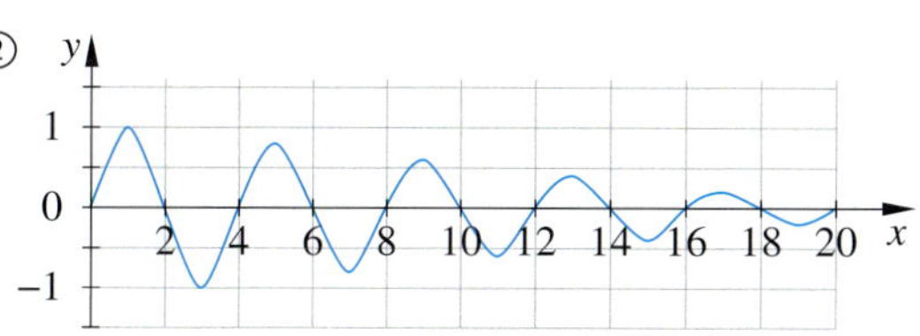

③
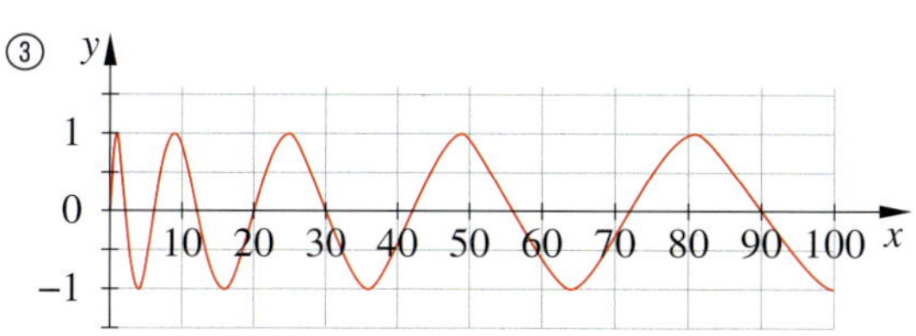

5 Viele verschiedene Vorgänge laufen periodisch ab.

a) Diskutiert in Gruppen, ob die folgenden Vorgänge periodisch sind.
① Schlaf-Wach-Rhythmus des Menschen
② Ampelschaltungen
③ Ein- und Auszahlungen auf einem Konto

b) Findet selbst periodische Vorgänge.

6 Gib die Funktionswerte an, ohne den Taschenrechner zu benutzen.

a) $\sin 0°$ b) $\sin 90°$
c) $\sin 180°$ d) $\sin 270°$
e) $\sin 360°$ f) $\sin 720°$
g) $\sin 810°$ h) $\sin 990°$

7 Welche Winkel haben denselben Sinuswert? Begründe.

405° 125° 45° −90° 0° 765° 245° 385° 35° 115° 25° 1200° 900° 85° 180° 1465° −25°

8 Finde jeweils zwei Winkel im Intervall von −360° bis +360° mit demselben Sinuswert zu α.

a) $\alpha = 385°$ b) $\alpha = 396°$
c) $\alpha = 735°$ d) $\alpha = -445°$
e) $\alpha = -483°$ f) $\alpha = 591°$

9 Zeichne den Graphen der Sinusfunktion im Intervall von −270° bis 450°.

10 Begründe anhand der Eigenschaften der Sinusfunktion, ob die folgenden Aussagen wahr oder falsch sind.

a) $\sin(-30°) = -\sin 30°$
b) $\sin 90° = \sin(-90°)$
c) $\sin 20° = -\sin(-20°)$
d) $\sin 90° = 1$
e) $\sin(90° + 90°) = 2$
f) $\sin 30° - \sin 20° = \sin 10°$
g) $\sin 270° + \sin 90° = 0$
h) $3 \cdot \sin 0° = 3$

HINWEIS
Zum Lösen der Aufgabe 10 brauchst du keinen Taschenrechner.

HINWEIS
Einen Winkel zu einem gegebenen Wert sin α = 0,3 erhält man durch folgende Eingabe in den Taschenrechner:

0 . 3 2nd SIN

Bei manchen Taschenrechnern heißt die Taste SHIFT.

11 Gib für den gegebenen Wert mindestens drei Winkel an.

a) $\sin\alpha = 0{,}5$ **b)** $\sin\alpha = 0{,}743$
c) $\sin\alpha = -0{,}5$ **d)** $\sin\alpha = -0{,}9848$
e) $\sin\alpha = 1$ **f)** $\sin\alpha = 0$
g) $\sin\alpha = -1$ **h)** $\sin\alpha = 1{,}204$

12 Gib für den gegebenen Wert alle Winkel zwischen $-360°$ und $720°$ an.

a) $\sin\alpha = 0{,}6018$ **b)** $\sin\alpha = 0{,}9563$
c) $\sin\alpha = -0{,}6018$ **d)** $\sin\alpha = -0{,}9563$
e) $\sin\alpha = 1$ **f)** $\sin\alpha = -1$

13 Celina behauptet, dass der Graph der Sinusfunktion punktsymmetrisch zum Punkt $(180°|0)$ ist. Überprüfe, ob Celinas Behauptung wahr ist.

14 Nenne jeweils drei Intervalle, auf die die folgende Eigenschaft zutrifft.

a) Der Graph der Sinusfunktion verläuft unterhalb der x-Achse.
b) Die Funktionswerte $\sin\alpha$ sind positiv.
c) Der Graph der Sinusfunktion steigt an.
d) Die Sinuskurve fällt.

15 Die Sinuskurve schneidet an mehreren Stellen die x-Achse.

a) Diskutiert zu zweit, wie viele Nullstellen die Sinusfunktion hat.
b) Findet eine allgemeine Form, in der man alle Nullstellen angeben kann.
c) An welchen Stellen schneidet der Graph der Sinusfunktion die Gerade $y = 0{,}5$?

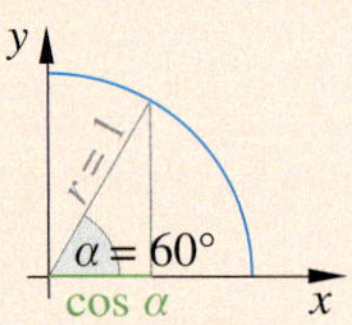

050-1

BEACHTE
Unter dem Webcode findest du eine Simulation zur Kosinusfunktion.

16 Mit Hilfe des Einheitskreises lassen sich auch die Funktionswerte $\cos\alpha$ darstellen.

a) Begründe, warum die Länge der grün markierten Strecke (siehe Randspalte) dem Funktionswert $\cos 60°$ entspricht.
b) Ordne den Punkten Q_1 bis Q_8 die richtige Abbildung des Einheitskreises zu.
Gib die Koordinaten der Punkte Q_1 bis Q_8 ungefähr an. Vervollständige im Heft den Graphen der Kosinusfunktion im Intervall von $-360°$ bis $360°$.

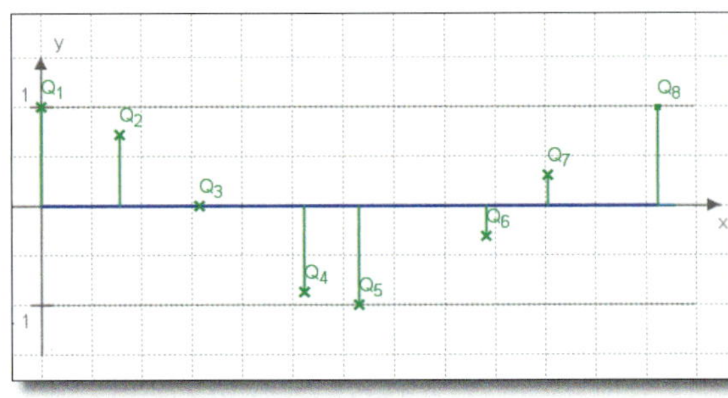

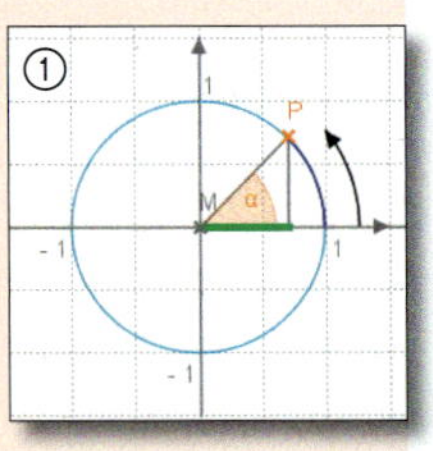

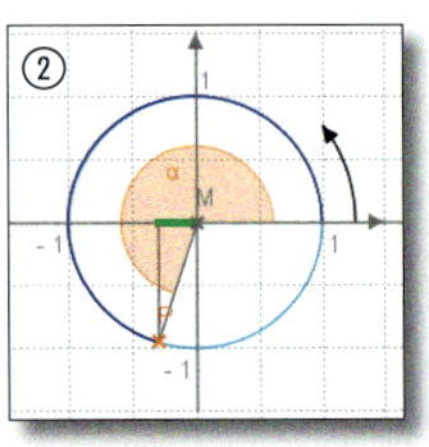

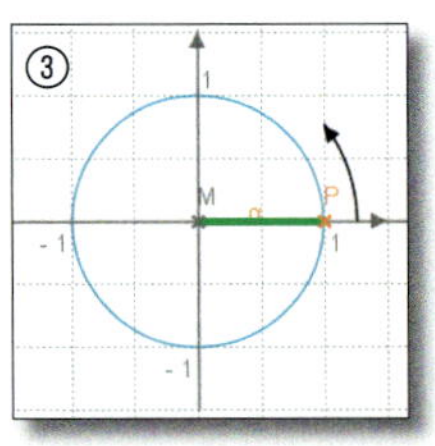

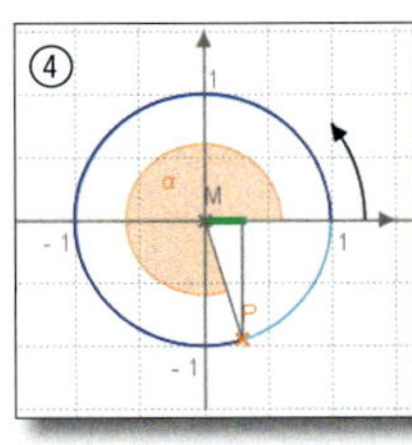

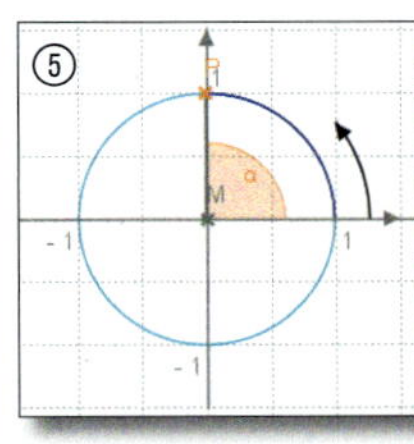

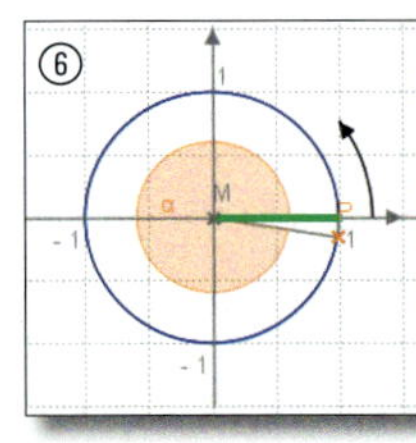

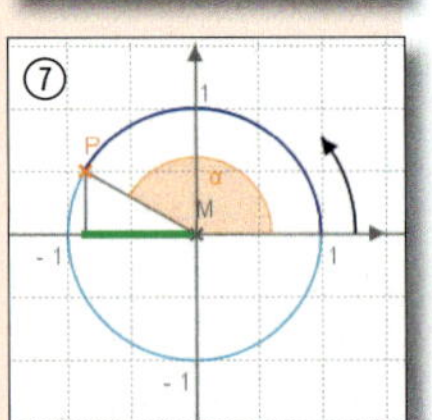

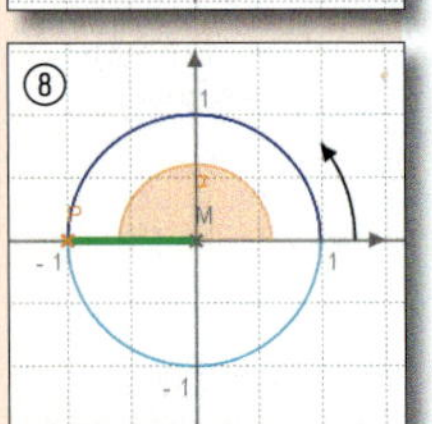

c) Erstelle einen Steckbrief der Kosinusfunktion mit den Eigenschaften Definitions- und Wertebereich, Periode, Symmetrie, Monotonie, Nullstellen, Hoch- und Tiefpunkte.
d) Zeichne den Graphen der Sinus- und Kosinusfunktion in ein gemeinsames Koordinatensystem. Beschreibe die Gemeinsamkeiten und Unterschiede beider Funktionsgraphen.
e) Überprüfe, ob die folgenden Behauptungen richtig oder falsch sind:
- Die Werte der Kosinusfunktion liegen zwischen 0 und 1: $0 \le \cos\alpha \le 1$.
- Die Kosinusfunktion ist achsensym-metrisch zur y-Achse.
- Für die Kosinusfunktion gilt die Gleichung $\cos\alpha = \cos(-\alpha)$.
- Es gilt $\cos\alpha = \cos(\alpha + k \cdot 360°)$, wenn k eine ganze Zahl ist.
- Verschiebt man den Graphen der Kosinusfunktion um 90° nach links, so erhält man den Graphen der Sinusfunktion.
- Alle Winkel α erfüllen die Gleichung $\sin\alpha = \cos(\alpha - 90°)$.

Form- und Lageänderungen der Sinusfunktion

Erforschen und Entdecken

1 Das Wiener Riesenrad hat 15 Waggons und einen Durchmesser von 61 m.

a) Fertige eine Skizze des Riesenrades an. Markiere die Stellen, an denen die Waggons am Rad verankert sind.

b) Berechne die Länge der Strecke, die ein Waggon bei einer vollen Umdrehung zurücklegt. Erkläre, wie die Strecke für eine Teilumdrehung berechnet werden kann. Welcher Zusammenhang besteht dabei zwischen der zurückgelegten Strecke und dem Drehwinkel?

c) Um wie viel Grad muss das Rad gedreht werden, bis sich Waggon ① an der Stelle von Waggon ② befindet?
Welche Länge hat der zurückgelegte Weg?

2 Bildet für ein Gruppenpuzzle vier Expertengruppen und untersucht, wie sich der Graph der Sinusfunktion verändern lässt. Die Aufgaben können auch mit Hilfe eines Funktionenplotters bearbeitet werden.
Jede Gruppe bearbeitet einen der folgenden Arbeitsaufträge. Es soll jedes Mitglied einer Expertengruppe die Ergebnisse den Mitgliedern der anderen Expertengruppen erklären können.

BEACHTE
Für ein Gruppenpuzzle ist eine Gruppengröße von vier Schülerinnen und Schülern optimal.

- Übertragt die Tabelle ins Heft. Erweitert sie bis 270° und füllt sie entsprechend eurem Gruppenauftrag aus.
- Zeichnet eure drei Funktionsgraphen in ein gemeinsames Koordinatensystem.

α	$-60°$	$-30°$	$0°$	$30°$	$60°$	$90°$
$\sin\alpha$						
...						
...						

Expertengruppe A: $f(\alpha) = a \cdot \sin\alpha$
Welchen Einfluss hat der Faktor a auf die Sinusfunktion? Untersucht die Funktionen $f(\alpha) = -3 \cdot \sin\alpha$ und $f(\alpha) = 0{,}5 \cdot \sin\alpha$.

Expertengruppe B: $f(\alpha) = \sin(b \cdot a)$
Welchen Einfluss hat der Faktor b auf die Sinusfunktion? Untersucht die Funktionen $f(\alpha) = \sin(0{,}5 \cdot \alpha)$ und $f(\alpha) = \sin(-2 \cdot \alpha)$.

Expertengruppe C: $f(\alpha) = \sin(\alpha + c)$
Welchen Einfluss hat der Summand c auf die Sinusfunktion? Untersucht die Funktionen $f(\alpha) = \sin(\alpha + 30°)$ und $f(\alpha) = \sin(\alpha - 30°)$.

Expertengruppe D: $f(\alpha) = \sin\alpha + d$
Welchen Einfluss hat der Summand d auf die Sinusfunktion? Untersucht die Funktionen $f(\alpha) = \sin\alpha + 1{,}5$ und $f(\alpha) = \sin\alpha - 0{,}5$.

051-1
HINWEIS
Unter dem Webcode findest du eine Anleitung zur Methode „Gruppenpuzzle", ein Arbeitsblatt mit der Tabelle zum Ausfüllen und Links zu Funktionenplottern.

Bildet nun neue Gruppen, in denen sich mindestens ein Mitglied aus jeder Expertengruppe befindet. Erklärt euch gegenseitig, was ihr in den Expertengruppen erarbeitet und herausgefunden habt. Bearbeitet anschließend die folgenden Aufgaben.

a) Die Funktionen $f(\alpha) = 2\sin(0{,}5(\alpha + 50°)) - 1$ und $g(\alpha) = -0{,}25\sin(2(\alpha - 60°)) + 0{,}75$ sind allgemeine Sinusfunktionen. Erklärt, wie $f(\alpha)$ und $g(\alpha)$ aus der Sinuskurve entstehen und skizziert ihren Verlauf im Koordinatensystem.

b) Findet die Funktionsvorschrift des rechts dargestellten Funktionsgraphen.
Vergleicht eure Ergebnisse mit anderen Gruppen. Ihr könnt eure Lösung auch mit Hilfe eines Funktionenplotters überprüfen.

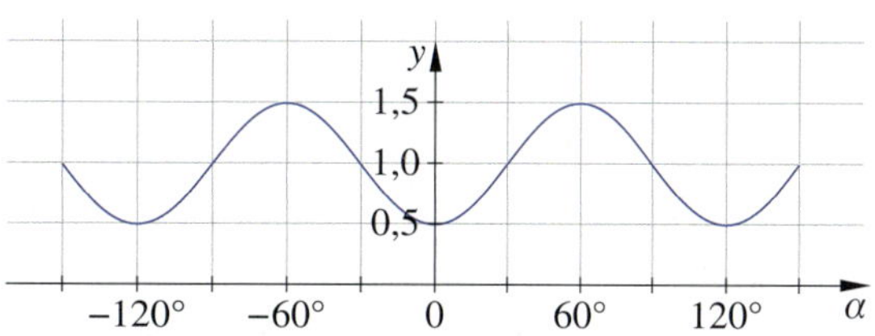

TIPP
Vergleicht im Klassenverband die Vorgehensweisen der Gruppen.

Lesen und Verstehen

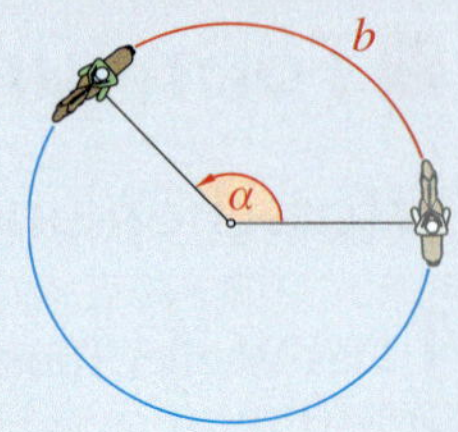

Ein Pferd wird an einer Leine geführt. Der Reitlehrer dreht sich um einen bestimmten Winkel, während das Pferd einen zugehörigen Kreisbogen beschreibt. Der Weg des Pferdes ist ein Maß für den Drehwinkel.

BEACHTE
Winkelgrößen werden durch eine Maßzahl und eine Einheit angegeben, z. B.
$\alpha = 90°$ bzw.
$b = \frac{\pi}{2}$ rad.
Die Einheit Radiant (rad) wird allerdings meistens weggelassen.

Die Größe eines Winkels kann nicht nur im Gradmaß gemessen werden, sondern auch im Bogenmaß. Bei der Umrechnung von einem Maß in das andere gilt:
$\frac{\alpha}{360°} = \frac{b}{2\pi}$

BEISPIEL 1
Umrechnung: Gradmaß → Bogenmaß
gegeben: $\alpha = 135°$; gesucht: b
$b = \frac{135°}{360°} \cdot 2\pi = \frac{3}{4} \cdot \pi \approx 2{,}356$

Am Taschenrechner wird mit der Taste MODE der jeweils passende Modus eingestellt:
DEG für Winkelangaben im Gradmaß, z. B. $\sin 60° \approx 0{,}8660$
RAD für Winkelangaben im Bogenmaß, z. B. $\sin 1{,}0472$ (rad) $\approx 0{,}8660$

Es ist üblich, die Sinusfunktion im Bogenmaß anzugeben. Man schreibt dann $\boldsymbol{f(x) = \sin x}$.
Die Sinusfunktion $f(x) = \sin x$ kann in ihrer Form und Lage verändert werden.

HINWEIS
Die Form- und Lageänderungen gelten unabhängig von der Angabe der Winkel im Grad- bzw. Bogenmaß.
Bei ④ ist c jedoch in einem Fall ein Winkel und im anderen Fall eine reelle Zahl.

BEISPIEL 2

Auswirkungen in Richtung der y-Achse	Auswirkungen in Richtung der x-Achse
① $f(x) = a \cdot \sin x$ Der Graph der Sinusfunktion wird – gestreckt ($a > 1$) bzw. – gestaucht ($a < 1$). Für negative Faktoren a erfolgt zusätzlich eine Spiegelung an der x-Achse.	② $f(x) = \sin(b \cdot x)$ Der Graph der Sinusfunktion wird – gestreckt ($b < 1$) bzw. – gestaucht ($b > 1$). Für negative Faktoren b erfolgt zusätzlich eine Spiegelung an der y-Achse.
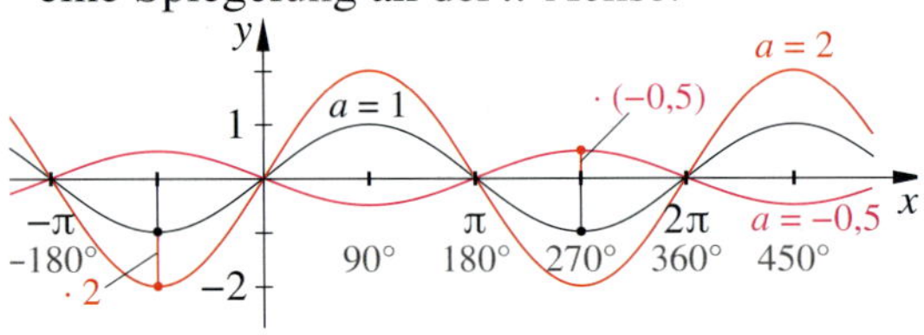	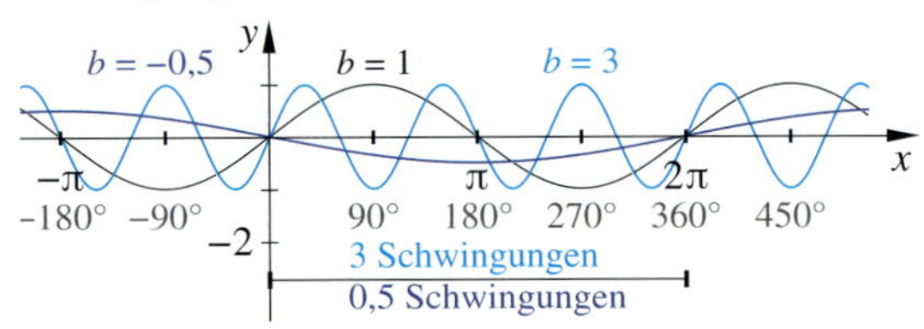
③ $f(x) = \sin x + d$ Der Graph der Sinusfunktion wird um d Einheiten verschoben: – nach oben ($d > 0$) – nach unten ($d < 0$)	④ $f(x) = \sin(x + c)$ Der Graph der Sinusfunktion wird um c Einheiten verschoben: – nach links ($c > 0$) – nach rechts ($c < 0$)
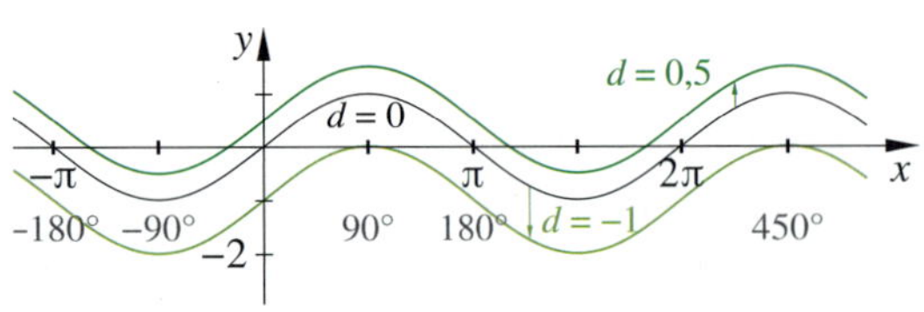	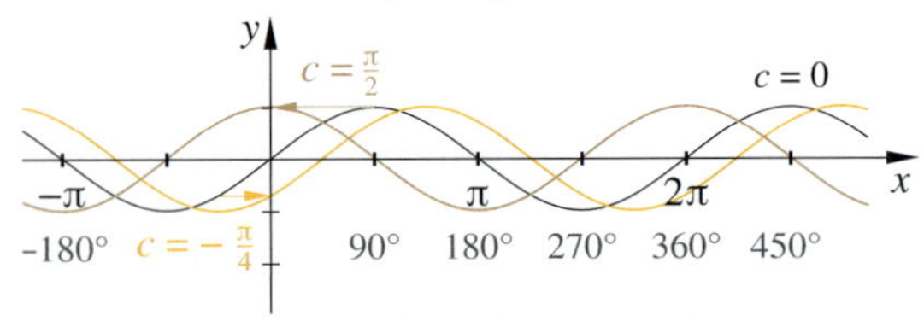

BEACHTE
Ist c positiv, so wird die Sinuskurve nach links verschoben.

Die beschriebenen Form- und Lageänderungen können auch in Kombination auftreten.
Die allgemeine Form der Sinusfunktion lautet dann $f(x) = a \cdot \sin(b \cdot (x + c)) + d$.

Üben und Anwenden

1 Berechne das Bogenmaß.
Beschreibe, wie du dabei vorgehst.

a) $0°$ **b)** $30°$ **c)** $90°$
d) $10°$ **e)** $70°$ **f)** $270°$
g) $20°$ **h)** $450°$ **i)** $390°$

2 Berechne das Gradmaß.

a) π **b)** 2π **c)** 3π 540
d) $\frac{\pi}{2}$ **e)** $\frac{\pi}{4}$ 45° **f)** $\frac{\pi}{3}$ 60°
g) $\frac{\pi}{5}$ 36° **h)** $\frac{2}{3}\pi$ 120° **i)** $\frac{3}{5}\pi$ 108°

3 Gib die Funktionsvorschriften der Graphen in der Form $f(x) = a \cdot \sin(b \cdot x)$ an.

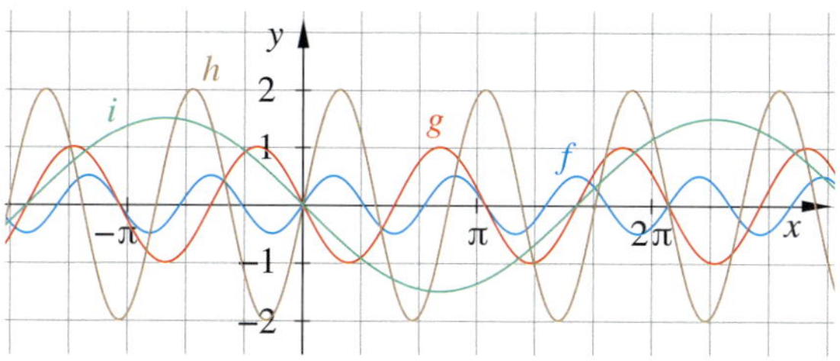

4 Zeichne den Graphen der Sinusfunktion im Intervall von $-\pi$ bis 2π. Beschrifte die x-Achse im Bogenmaß, eine Einheit des Koordinatensystems entspricht 2 cm.

5 Gib die Funktionswerte an, ohne den Taschenrechner zu benutzen.

a) $\sin(\pi)$ **b)** $\sin\left(\frac{\pi}{2}\right)$
c) $\sin(2\pi)$ **d)** $\sin(25\pi)$
e) $\sin\left(\frac{-\pi}{2}\right)$ **f)** $\sin(-\pi)$
g) $\sin\left(\frac{3}{2}\pi\right)$ **h)** $\sin\left(\frac{\pi}{4}\right)$

6 Fasse alle gleichen Werte zusammen.

$\sin\left(\frac{\pi}{2}\right)$ | $\sin(2\pi)$ | $\sin 360°$ | $\sin\left(\frac{-\pi}{2}\right)$ | $\sin(-270°)$ | $\sin\left(\frac{3}{2}\pi\right)$ | $\sin 390°$ | $\sin(-210°)$ | $\sin(-\pi)$ | $\sin 180°$ | $\sin\left(\frac{\pi}{6}\right)$ | $\sin 90°$

7 Gib alle Stellen im Intervall von $-\pi$ bis 2π an, an denen der Graph der Sinusfunktion die Gerade y schneidet.

a) $y = 0$ **b)** $y = 1$
c) $y = -1$ **d)** $y = -0{,}5$

8 Beschreibe die Form- und Lageänderung der folgenden Funktionen im Vergleich zur Sinusfunktion. Skizziere die Funktionsgraphen im Intervall von $-180°$ bis $360°$.

a) $f(\alpha) = \sin(\alpha + 180°)$
b) $g(\alpha) = \sin(\alpha + 45°)$
c) $h(\alpha) = 3\sin\alpha$
d) $i(\alpha) = \sin(2\alpha)$
e) $j(\alpha) = \sin(-3\alpha)$
f) $k(\alpha) = -\frac{1}{2}\sin(2\alpha)$

9 Führe die folgenden Veränderungen am Graphen $f(x) = \sin x$ durch. Wie lauten die neuen Funktionsvorschriften?
Die Ergebnisse können mit Hilfe eines Funktionenplotters überprüft werden.

a) Verschiebung um $\frac{\pi}{2}$ nach links
b) Streckung in Richtung der y-Achse mit dem Faktor 4
c) Streckung in Richtung der y-Achse mit dem Faktor $\frac{1}{2}$
d) Streckung in Richtung der x-Achse mit dem Faktor 3
e) Streckung in Richtung der x-Achse mit dem Faktor $\frac{1}{5}$
f) Verschiebung um π nach rechts und Spiegelung an der x-Achse

10 Welche der folgenden Aussagen ist zutreffend? Begründe.

a) $f(x) = \sin x$ und $g(x) = \alpha \cdot \sin x$ haben dieselben Nullstellen.
b) Wird der Graph der Funktion $f(x) = \sin x$ an der x-Achse gespiegelt, so erhält man den Graphen $g(x) = \sin(-x)$.
c) Wird der Graph der Funktion $f(x) = \sin x$ um zwei Einheiten in Richtung der y-Achse gestaucht, so erhält man den Graphen der Funktion $g(x) = 2 \cdot \sin(x)$.
d) $f(x) = \sin x$ und $g(x) = -\sin x$ besitzen dieselben Nullstellen.

SCHON GEWUSST
Auf einigen Fahrscheinen findet man Sinuskurven als Sicherheitsmerkmal.

ZUM WEITERARBEITEN
Stelle den Zusammenhang zwischen Grad- und Bogenmaß mit eigenen Worten dar.

HINWEIS
Eine Streckung um den Faktor $\frac{1}{2}$ ist eine Stauchung.

ERINNERE DICH
Eine Nullstelle einer Funktion ist die x-Koordinate des Schnittpunkts des Graphen mit der x-Achse.

054-1
BEACHTE
Aufgabe 15 kann mit Hilfe einer DGS-Datei bearbeitet werden.

11 Welchen Einfluss haben die Parameter a, b, 2 und d innerhalb der Funktionsgleichung $y = a \cdot \sin(b \cdot (x + c)) + d$ auf die folgenden Eigenschaften der Sinusfunktion?
a) Schnittpunkt mit der y-Achse
b) Schnittpunkte mit der x-Achse
c) Periode
d) maximaler Funktionswert
e) minimaler Funktionswert

NACHGEDACHT
Formuliere eine Regel zu deiner Beobachtung.

12 Zeichne die Graphen der Funktionen $y = \sin x$; $y = -\sin x$; $y = \sin(-x)$ und $y = -\sin(-x)$ in ein gemeinsames Koordinatensystem. Was fällt dir auf?

13 Zeichne die Graphen der Funktionen $f(x) = \sin(x - \pi)$ und $g(x) = \sin(\pi - x)$ im Intervall von $-\pi$ bis 2π.
a) Beschreibe den Verlauf der beiden Graphen zueinander.
b) Durch welche Lageänderung kann $g(x)$ aus $f(x)$ hervorgegangen sein?

14 Betrachte die fünf Graphen der verschiedenen Sinusfunktionen.

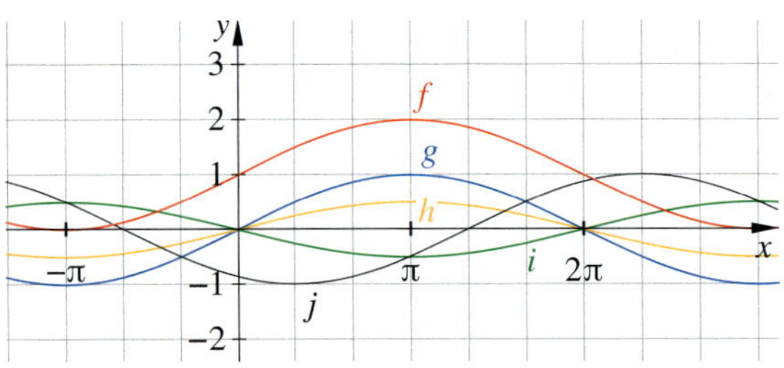

a) Ordne den Graphen jeweils den richtigen Funktionsterm zu:

$-0{,}5 \cdot \sin(-0{,}5x)$

$-\sin(-0{,}5x)$

$\sin(0{,}5x) + 1$

$-0{,}5 \cdot \sin(0{,}5x)$

b) Ermittle die Funktionsvorschrift für den übrigen Funktionsgraphen. Beschreibe, wie du dabei vorgehst.
c) Tom behauptet: „Einer der abgebildeten Funktionsgraphen besitzt die Funktionsvorschrift $y = 0{,}5 \sin(-0{,}5x)$.“
Meike widerspricht ihm.
Wer hat Recht? Begründe deine Meinung.

15 Gib die Funktionsvorschriften der folgenden Funktionsgraphen in der Form $f(x) = a \cdot \sin(b \cdot (x + c)) + d$ an.

a)
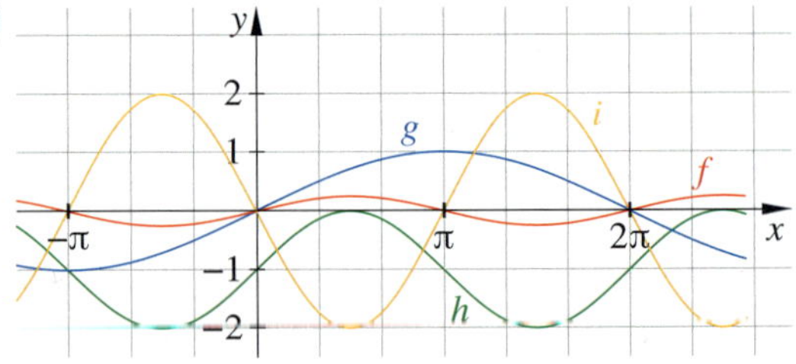

b)
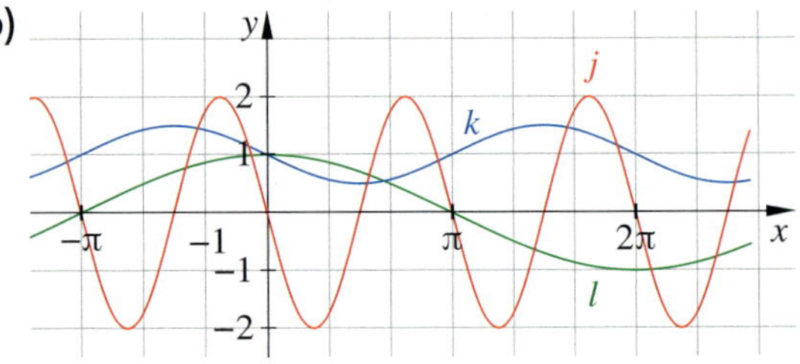

c)
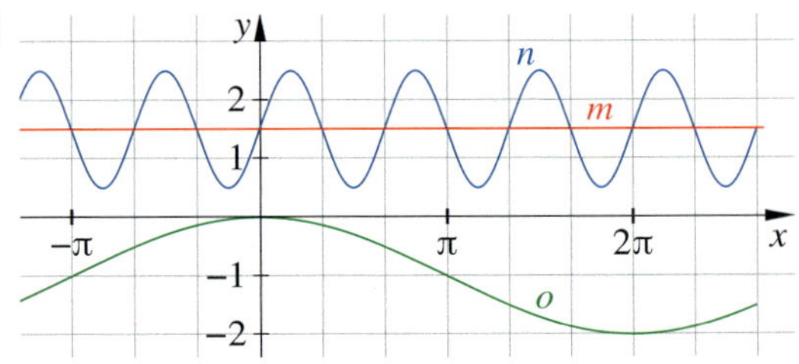

16 Welche Funktionen besitzen den gleichen Funktionsgraphen? Begründe anhand der Funktionsvorschriften.

a) $f(x) = \sin(2x)$ b) $f(x) = -\sin(2x)$
c) $f(x) = \sin(-2x)$ d) $f(x) = -\sin(-2x)$
e) $f(x) = \sin(2x + \pi)$ f) $f(x) = -\sin(2x - \pi)$

17 Eine allgemeine Sinusfunktion hat eine Periodenlänge von π. Der minimale Funktionswert liegt bei -3, der maximale bei $+3$. Die Funktion ist punktsymmetrisch zum Ursprung.
a) Gib eine mögliche Funktionsvorschrift an.
b) Zeichne diese Funktion im Intervall von -2π bis 2π.

HINWEIS
Arbeite bei Nr. 18 mit einem Computerprogramm (z. B. Funktionenplotter, Excel, DGS) oder Papier und Bleistift.

18 Zeichne die Graphen der Funktionen $f(x) = \sin x$, $g(x) = \sin(2 \cdot x) + 3$ und $h(x) = \sin x + \sin(2 \cdot x) + 3$ in ein gemeinsames Koordinatensystem. Was fällt dir auf? Beachte den Hinweis in der Randspalte.

19 In einem Teich betreiben Algen Fotosynthese. Über einen Zeitraum von zwei Tagen wurde der Sauerstoffgehalt des Wassers gemessen. Die nebenstehende Grafik stellt die Messergebnisse dar.

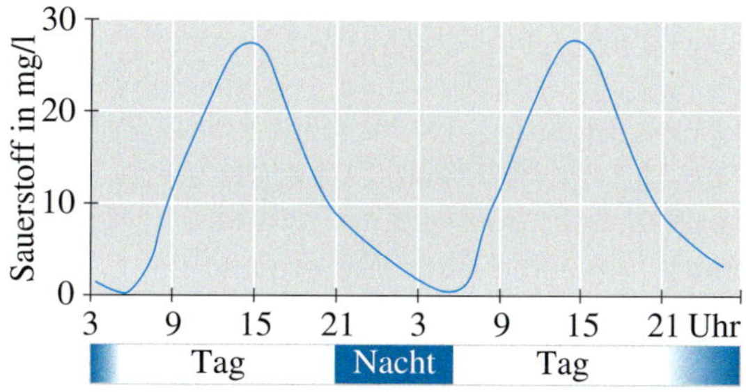

a) Beschreibe den Verlauf der Kurve.
b) Lies die Periodenlänge, den minimalen und maximalen Funktionswert ab.
c) Der Verlauf der Kurve kann mit Hilfe der allgemeinen Sinusfunktion $f(x) = a \cdot \sin(b \cdot (x + c)) + d$ angenähert werden. Ermittle die Parameter a, b, c und d.
d) Prüfe kritisch, ob du mit deiner modellierten Lösung den Sauerstoffgehalt des Teichs zu jeder Tages- und Jahreszeit vorhersagen kannst.

ZUR INFORMATION
Mit Hilfe von Licht und Kohlenstoffdioxid können grüne Pflanzen, wie z. B. Algen, Traubenzucker und Sauerstoff produzieren.

20 Mit verschiedenen Computer-Programmen lassen sich Schallschwingungen, z. B. von Musik oder Sprache, am Bildschirm sichtbar machen. Nutze den Webcode in der Randspalte.

Kammerton a

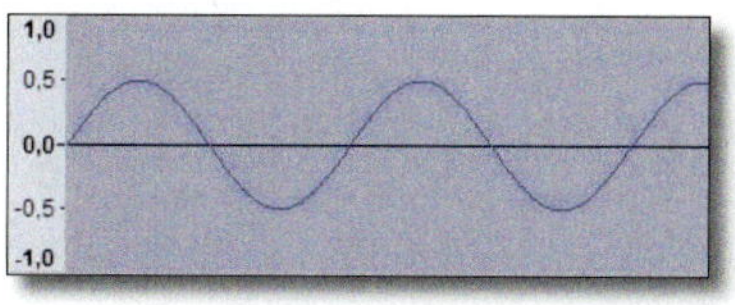

a um eine Oktave erhöht

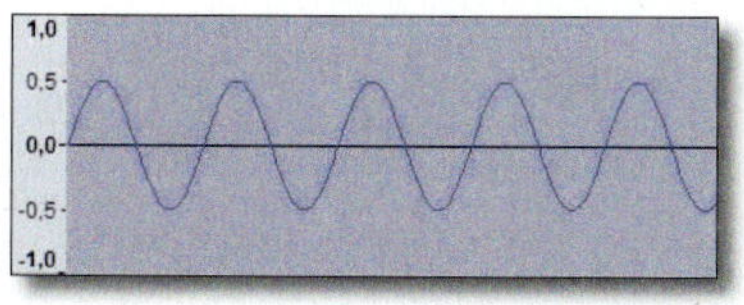

a mit erhöhter Lautstärke

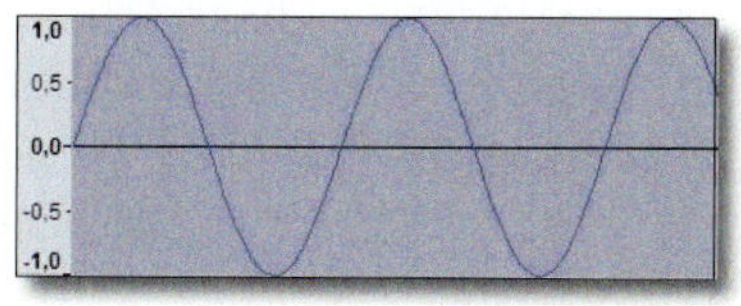

a) Beschreibe Gemeinsamkeiten und Unterschiede der drei Diagramme.
b) Auf welche Parameter der allgemeinen Sinusfunktion $f(x) = a \cdot \sin(b \cdot (x + c)) + d$ haben Tonhöhe und Lautstärke eine Auswirkung?
c) Skizziere die Schwingung eines Tons, der tiefer und leiser ist als der oben abgebildete Kammerton a. Überprüfe dein Ergebnis mit Hilfe des Audio-Editors.

055-1
BEACHTE
Unter dem Webcode findest du Hörbeispiele der dargestellten Kurven und einen Link zum Herunterladen eines Audio-Editors.

21 Das Diagramm zeigt die Tageslänge innerhalb eines Jahres für München, Berlin und die finnische Stadt Kuopio.

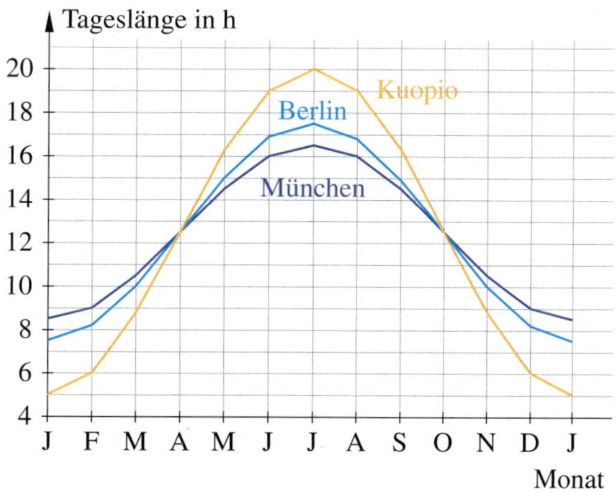

a) Beschreibe Gemeinsamkeiten und Unterschiede der drei Funktionsgraphen.
b) Ist die Zuordnung *Monat* → *Tageslänge* periodisch? Begründe.
c) Nähere den Verlauf der Graphen durch eine Sinusfunktion an. Wie lautet die Funktionsvorschrift? Beschreibe dein Vorgehen.
d) In welchen Parametern unterscheiden sich die Funktionsvorschriften? Finde außermathematische Begründungen.

HINWEIS
Die Tageslänge ist die Zeitspanne zwischen Sonnenauf- und Sonnenuntergang.

TIPP
Vergleiche im Atlas die geografische Lage der Städte.

22 Erstellt in Partnerarbeit ein Lernplakat zur Kosinusfunktion.
a) Erkundet mit einer dynamischen Geometrie-Software, welchen Einfluss die Parameter a, b, c und d auf Schnittpunkte mit den Achsen, die Periode sowie die minimalen und maximalen Funktionswerte der allgemeinen Kosinusfunktion $f(x) = a\cos(b \cdot (x + c)) + d$ haben. Beschreibt eure Erkenntnisse.
b) Veranschaulicht eure Ergebnisse aus a) mit Beispielen von Funktionsgraphen.

Schwingungen

Die Schwingungen des Pendels einer alten Wanduhr lassen einen Zusammenhang mit der Sinusfunktion nicht sofort vermuten.
Lässt man allerdings einen mit Sand gefüllten Becher über einem bewegten Blatt Papier pendeln, wird der Zusammenhang sofort deutlich. Schwingungen, die mit einer Sinusfunktion beschrieben werden können, nennt man harmonisch. Schwingungen können auch Töne erzeugen. In einem Experiment kann man leicht selbst die entsprechende Schwingung zu unterschiedlichen Tönen aufzeigen.
Man befestigt einen weichen Filzstift auf einem Lineal, drückt dieses fest auf die Tischplatte und lässt es dann schwingen. Ein Blatt Papier wird unter leichtem Druck an der schwingenden Filzspitze vorbeigezogen, sodass die Schwingung aufgezeichnet wird.

1 Erkläre das Experiment.

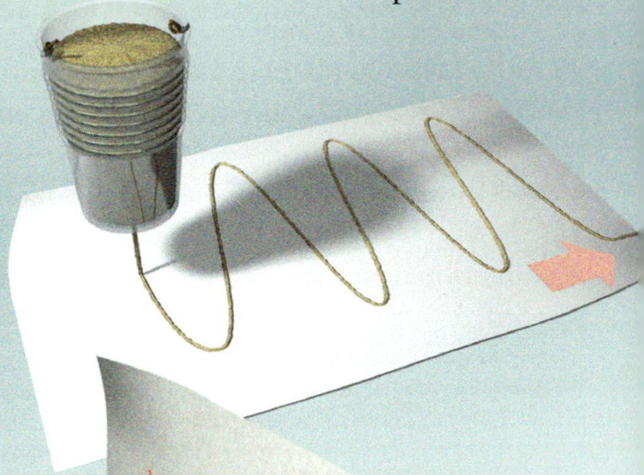

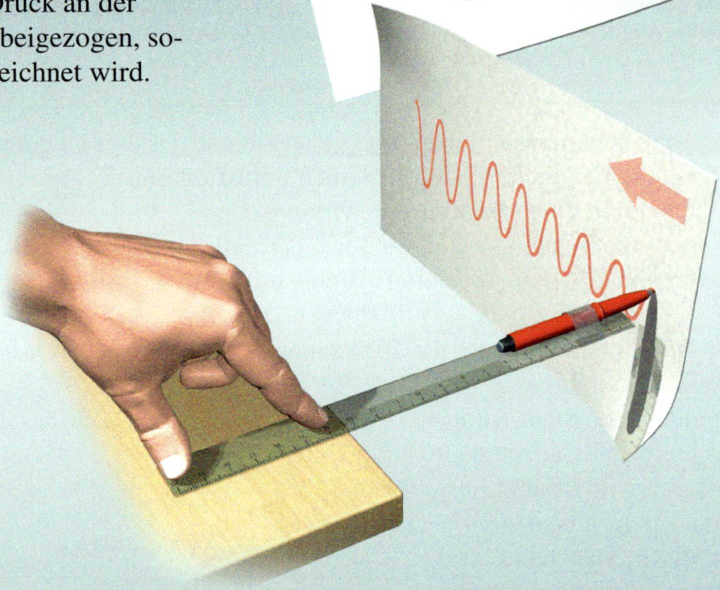

2 Experimentiere und beschreibe deine Beobachtungen. Verändere die schwingende Lineallänge und vergleiche die entstehenden Töne sowie die entsprechenden Schreibspuren. Wie ändert sich die Schreibspur, wenn der Ton leiser wird?

Die Höhe eines Tons wird durch seine Frequenz festgelegt. Sie wird mit der Maßeinheit Hertz (Hz) gemessen. 1 Hz bedeutet eine Schwingung pro Sekunde.

3 Zeichne ein Schwingungsbild für einen in der Lautstärke gleich bleibenden Ton von 2 Hz. Wie muss ein Schwingungsbild eines hohen Tons im Vergleich zu einem gleich lauten tiefen Ton aussehen?

4 Nach welcher Zeit beginnt bei einem 440-Hz-Ton die zweite Schwingung?

5 Informiere dich, in welchem Frequenzbereich der Mensch Töne wahrnehmen kann.

Die Leuchtspuren schwingender Stäbe erinnern an Schwingungsbilder, die der französische Mathematiker Jules Antoine Lissajous (1822–1880) durch die Überlagerung zweier zueinander senkrechter Schwingungen erzeugte.

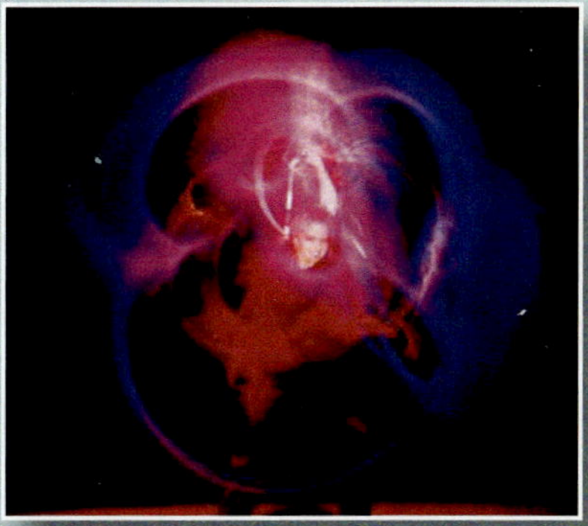

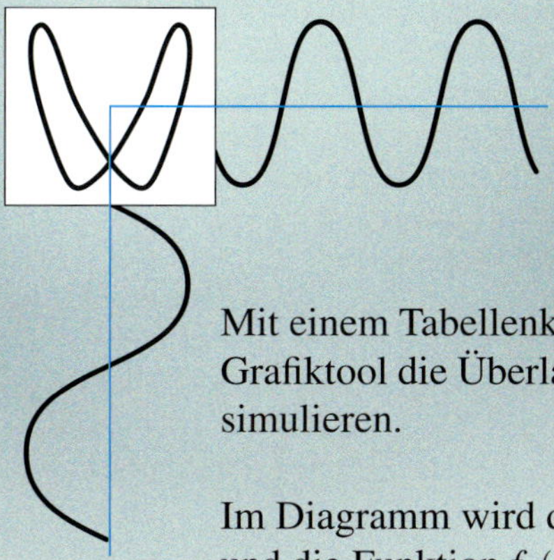

Die Zeichnung veranschaulicht dies für zwei Schwingungen mit unterschiedlichen Frequenzen.

Mit einem Tabellenkalkulationsprogramm lassen sich in Verbindung mit dem Grafiktool die Überlagerungen von zwei Sinusfunktionen der Form $y = \sin(ax + b)$ simulieren.

Im Diagramm wird die Funktion $f_1(x) = \sin(a_1 x + b_1)$ von der x-Achse ausgehend und die Funktion $f_2(x) = \sin(a_2 x + b_2)$ von der y-Achse ausgehend dargestellt.

Unterschiedliche Frequenzen lassen sich mit der Variable a einstellen, unterschiedliche Startpunkte mit der Variable b.

So könnte ein Tabellenkalkulationsformular aussehen.

	A	B	C	D	E	F	G	H
1		**Lissajous**						
2								
3		Funktion 1:	$y = \sin(a_1 x + b_1)$		$a_1 =$	3	$b_1 =$	1
4		Funktion 2:	$y = \sin(a_2 x + b_2)$		$a_2 =$	8	$b_2 =$	0,6
5								
6								

	A	B	C	D
7	**α in °**	**arc α**	**Funktion 1**	**Funktion 2**
8	0	0	0,841470985	0,564642473
9	5	0,0872665	0,952639083	0,963056736
10	10	0,1745329	0,998886402	0,910846049
11	15	0,2617994	0,977061264	0,432440372
12	20	0,3490659	0,888651015	-0,24830896
13	25	0,4363323	0,739680668	-0,81287177
14	30	0,5235988	0,540302306	-0,99708285
15	35	0,6108652	0,304103234	-0,71474778
16	40	0,6981317	0,04718003	-0,09797428
17	45	0,7853982	-0,212958415	0,564642473
18	50	0,8726646	-0,458584096	0,963056736
19	55	0,9599311	-0,672958029	0,910846049
20	60	1,0471976	-0,841470985	0,432440372
21	65	1,134464	-0,952639083	-0,24830896
22	70	1,2217305	-0,998886402	-0,81287177
23	75	1,3089969	-0,977061264	-0,99708285
24	80	1,3962634	-0,888651015	-0,71474778
25	85	1,4835299	-0,739680668	-0,09797428
26	90	1,5707963	-0,540302306	0,564642473
27	95	1,6580628	-0,304103234	0,963056736
28	100	1,7453293	-0,04718003	0,910846049
29	105	1,8325957	0,212958415	0,432440372
30	110	1,9198622	0,458584096	-0,24830896
31	115	2,0071286	0,672958029	-0,81287177
32	120	2,0943951	0,841470985	-0,997082846

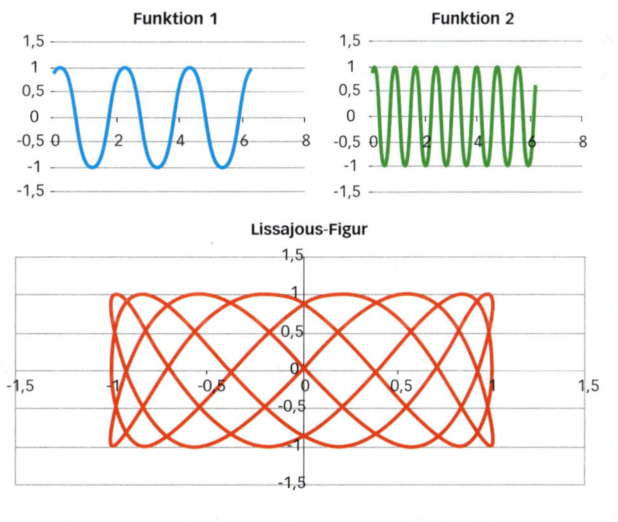

057-1

BEACHTE
Unter dem Webcode findest du eine Excel-Datei zu den Lissajous-Schwingungen.

6 Nutze ein Tabellenkalkulationsprogramm und experimentiere mit verschiedenen Werten.

7 Du kannst auch als Ausgangsfunktion für die Anwendung eines Tabellenkalkulationsprogramms eine Sinusfunktion der Form $y = k \sin(ax + b)$ verwenden. Was ändert sich durch den Faktor k am Graphen der Funktion?

Vermischte Übungen

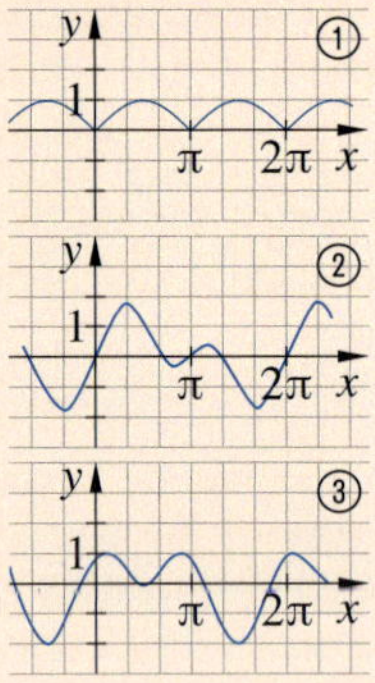

1 Ergänze die Graphen in der Randspalte periodisch. Vergleiche die Ergebnisse mit deinem Nachbarn.

2 Gib die Funktionswerte an, ohne den Taschenrechner zu benutzen.

a) $\sin 0°$ **b)** $\sin 180°$
c) $\sin(-360°)$ **d)** $\sin(-270°)$
e) $\sin(-\pi)$ **f)** $\sin 8\pi$
g) $\sin\frac{\pi}{2}$ **h)** $\sin 1{,}5\pi$

3 Ist die Aussage wahr oder falsch? Begründe, ohne den Taschenrechner zu verwenden.

a) $\sin 20° = -\sin 20°$
b) $\sin 40° = -\sin(-40°)$
c) $\sin 50° = \sin(-310°)$
d) $\sin 70° = \sin 250°$

058-1
BEACHTE
Unter dem Webcode findest du einen Link zum Bundesamt für Seeschifffahrt mit den aktuellen Pegelständen.

4 Gib für x jeweils zwei Werte im Bogenmaß und die zugehörigen Winkel an.

a) $\sin x = -1$ **b)** $\sin x = -0{,}5$
c) $\sin x = 0{,}9511$ **d)** $\sin x = 0{,}5878$
e) $\sin x = 0{,}9848$ **f)** $\sin x = 0{,}8660$

5 Wahr oder falsch? Begründe.

a) $\sin 30° = 0{,}5$ **b)** $\sin 45° \approx 0{,}8509$
c) $\sin 90° = 1$ **d)** $\sin\frac{\pi}{4} = 1$
e) $\frac{\sin 90°}{2} = \sin 30°$ **f)** $\sin 756° = \sin 36°$
g) $\sin 120° > \sin 70°$ **h)** $\sin 3° < \sin 183°$

6 Skizziere die fünf Funktionsgraphen im Intervall von $-\pi$ bis 2π in einem gemeinsamen Koordinatensystem. Erläutere, wie du dabei vorgehst.

a) $f(x) = 2 \cdot \sin x$
b) $f(x) = \sin(2x)$
c) $f(x) = \sin(x - \pi) - 1$
d) $f(x) = \frac{1}{2} \cdot \sin x + 2$
e) $f(x) = -\frac{1}{2} \cdot \sin(2x + \pi) - 1$

7 Zeichne die Graphen der folgenden Funktionen im Intervall von $-\pi$ bis 2π.

a) $f(x) = \sin(2x + 1)$
b) $f(x) = \sin\left(\frac{1}{3}x - 2\right)$
c) $f(x) = -\sin(2x + 2)$

8 Welche Funktionen besitzen den gleichen Funktionsgraphen?

a) $f(x) = -\sin\left(\frac{1}{2}x + \pi\right)$ **b)** $f(x) = -\sin\left(\frac{1}{2}x\right)$
c) $f(x) = \sin\left(\frac{1}{2}x + \pi\right)$ **d)** $f(x) = \sin\left(\frac{1}{2}x - \pi\right)$
e) $f(x) = -\sin\left(-\frac{1}{2}x\right)$ **f)** $f(x) = \sin\left(\frac{1}{2}x\right)$

9 Gib die Funktionsvorschriften der Graphen in der Form $f(x) = a \cdot \sin(b \cdot x)$ an.

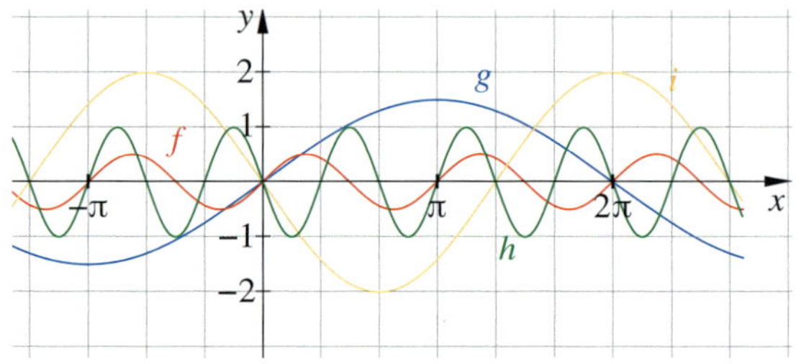

10 In Hamburg wird mehrmals täglich der Wasserstand der Elbe gemessen. Die Tabelle zeigt einige Pegelstände in m.

Zeit	Pegel	Zeit	Pegel	Zeit	Pegel
6:00	355	15:00	454	0:00	688
7:00	486	16:00	408	1:00	632
8:00	579	17:00	367	2:00	565
9:00	637	18:00	345	3:00	505
10:00	673	19:00	430	4:00	455
11:00	681	20:00	545	5:00	404
12:00	638	21:00	614	6:00	364
13:00	569	22:00	664	7:00	339
14:00	506	23:00	695	8:00	397

a) Trage die Messwerte in ein Koordinatensystem ein. Nenne charakteristische Funktionsstellen.
b) Beschreibe den Verlauf des Graphen im Vergleich zur Funktion $f(x) = \sin x$.
c) Nähere den Graphen durch eine Sinusfunktion an. Wie lautet die Funktionsvorschrift?
d) Wann ist mit dem nächsten Hoch- bzw. Niedrigwasser zu rechnen?

11 Suche im Internet nach Wetterdaten. Stelle z. B. die monatliche Durchschnittstemperatur einer Stadt grafisch dar. Nähere den Graphen mit einer Sinusfunktion an.

Teste dich!

a

1 Gib mindestens zwei Winkel an, die die Gleichung erfüllen.

a) $\sin 50° = \sin \alpha$ **b)** $\sin 20° = \sin \alpha$
c) $\sin 0° = \sin \alpha$ **d)** $\sin -90° = \sin \alpha$
e) $-\sin 5° = \sin \alpha$ **f)** $-\sin 240° = \sin \alpha$

b

1 Gib für den gegebenen Wert mindestens zwei Winkel an.

a) $\sin \alpha = 0{,}5$ **b)** $\sin \alpha = 0{,}1736$
c) $\sin \alpha = -0{,}1736$ **d)** $\sin \alpha = 0{,}9703$
e) $\sin \alpha = -0{,}6293$ **f)** $\sin \alpha = -0{,}5299$

2 Skizziere den Graphen der Sinusfunktion $f(x) = \sin x$ im Intervall von $-180°$ bis $360°$. Was verändert sich, wenn die Funktion in Abhängigkeit vom Bogenmaß betrachtet wird?

3 Beschreibe den unterschiedlichen Verlauf der Graphen der Funktionen $f(x) = \sin x - 2$ und $g(x) = \sin(x - 2)$. Überprüfe dein Ergebnis mit einer Skizze.

4 (a) Erkläre, durch welche Form- und Lageänderungen die Graphen der folgenden Funktionen aus der Sinuskurve entstehen. Zeichne die Graphen im Intervall von $-\pi$ bis 2π.

a) $f(x) = \sin(x - \pi)$
b) $f(x) = \sin(2x)$
c) $f(x) = \sin x + 0{,}5$
d) $f(x) = 3\sin x - 1$

5 (a) Gib die Funktionsvorschriften der Graphen in der Form $f(x) = a \cdot \sin(b \cdot (x + c)) + d$ an.

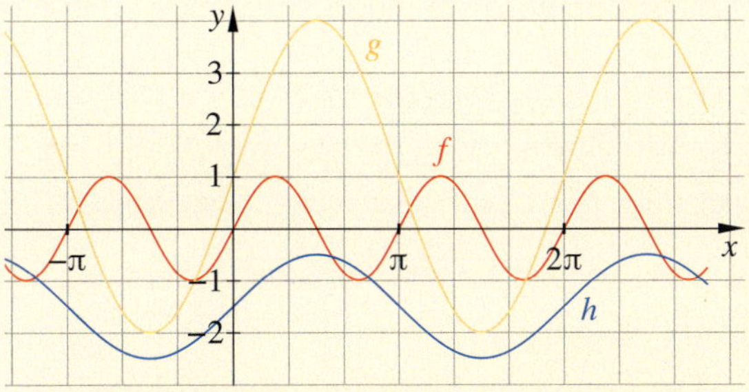

6 (a) Dargestellt ist die sinusförmige Schwingung eines Tons. Stelle den Verlauf annähernd durch eine Sinusfunktion in der Form $f(x) = a \cdot \sin(b \cdot x)$ dar.

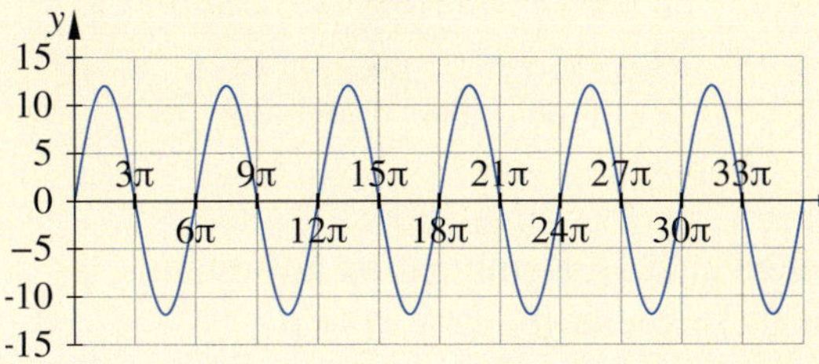

4 (b) Erkläre, durch welche Form- und Lageänderungen die Graphen der folgenden Funktionen aus der Sinuskurve entstehen. Zeichne die Graphen im Intervall von $-\pi$ bis 2π.

a) $f(x) = -\sin x - 0{,}5$
b) $f(x) = 3\sin(2x - \pi)$
c) $f(x) = -\sin\left(x + \frac{\pi}{3}\right) - 1$
d) $f(x) = \sin x + \sin\left(\frac{\pi}{2}\right)$

5 (b) Gib die Funktionsvorschriften der Graphen in der Form $f(x) = a \cdot \sin(b \cdot (x + c)) + d$ an.

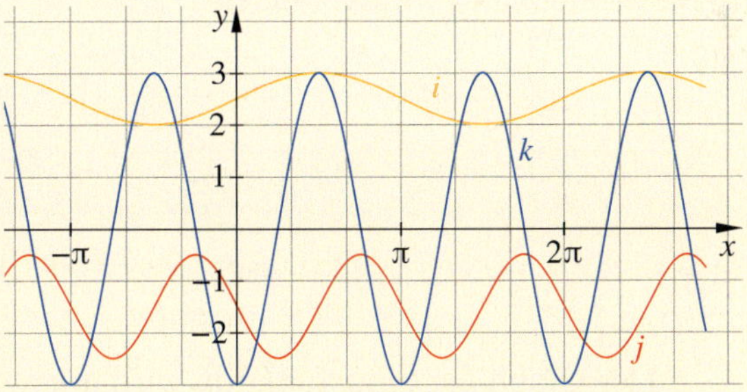

6 (b) Dargestellt ist der Verlauf der mittleren Monatstemperaturen von Rom. Stelle den Verlauf annähernd durch eine Sinusfunktion in der Form $f(x) = a \cdot \sin(b(x + c)) + d$ dar.

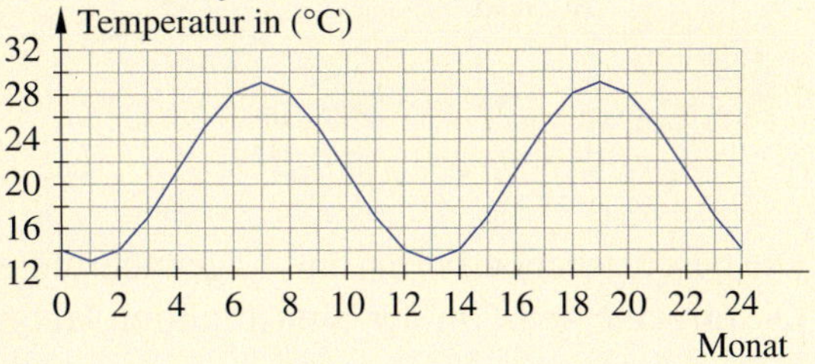

Gold: 23–22 Punkte, Silber: 21–19 Punkte, Bronze: 18–16 Punkte

Punkteverteilung

Aufgabe	a	b
1	6	7
2	2	
3	3	
4	4	5
5	3	3
6	2	3

HINWEIS
Brauchst du noch Hilfe, so findest du auf den angegebenen Seiten ein Beispiel oder eine Anregung zum Lösen der Aufgaben. Überprüfe deine Ergebnisse mit den Lösungen auf Seite 192.

Aufgabe	Seite
1	48
2	48
3	52
4	52
5	52
6	52

Zusammenfassung

→ Seite 48

Die Sinusfunktion

Die Sinusfunktion ist eine **periodische** Funktion. Nach stets gleich bleibenden Abständen, den sogenannten **Perioden**, wiederholen sich ihre Funktionswerte. Die Länge ihrer Periode beträgt im Gradmaß **360°** bzw. im Bogenmaß $\mathbf{2\pi}$.

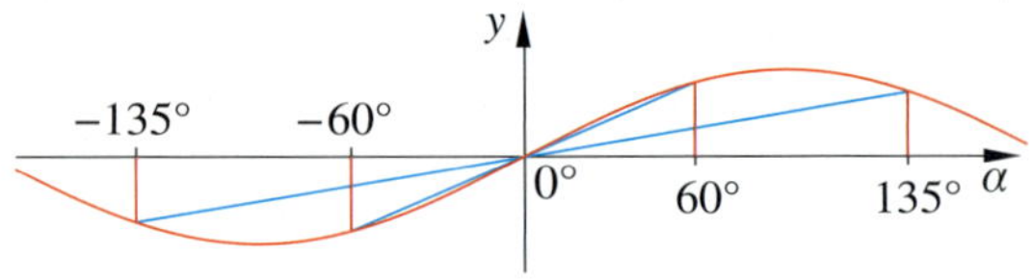

Es gilt: $\sin\alpha = \sin(\alpha + k \cdot 360°)$ bzw. $\sin x = \sin(x + k \cdot 2\pi)$, k ist eine ganze Zahl.
Die Nullstellen der Sinusfunktion liegen bei $k \cdot 180°$

Der Graph der Sinusfunktion ist **punktsymmetrisch** zum Ursprung:
$\sin(-\alpha) = -\sin\alpha$ bzw. $\sin(-x) = -\sin x$
Alle Funktionswerte der Sinusfunktion liegen zwischen −1 und 1:
$-1 \le \sin\alpha \le 1$ bzw. $-1 \le \sin x \le 1$

→ Seite 52

Form- und Lageänderung der Sinusfunktion

Die Sinusfunktion $f(x) = \sin x$ kann in ihrer Form und Lage verändert werden.

Auswirkungen in Richtung der y-Achse

① $f(x) = a \cdot \sin x$
Der Graph der Sinusfunktion wird
- gestreckt ($a > 1$) bzw.
- gestaucht ($a < 1$).

Für negative Faktoren a erfolgt zusätzlich eine Spiegelung an der x-Achse.
Die Auslenkung wird verändert.

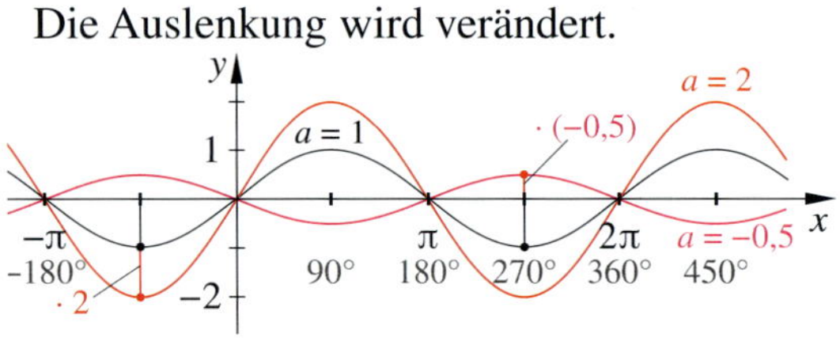

③ $f(x) = \sin x + d$
Der Graph der Sinusfunktion wird um d Einheiten verschoben:
- nach oben ($d > 0$)
- nach unten ($d < 0$)

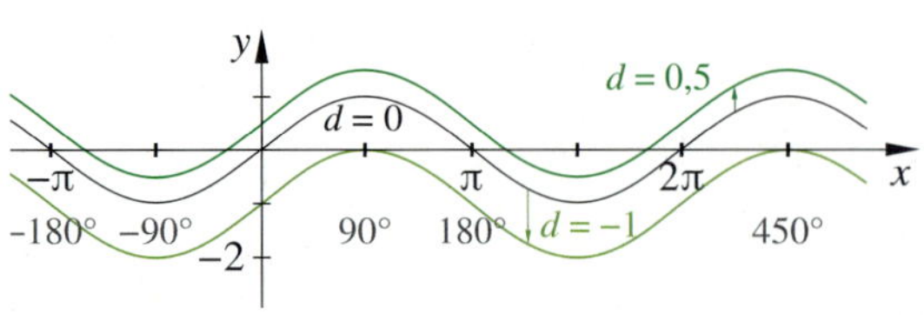

Auswirkungen in Richtung der x-Achse

② $f(x) = \sin(b \cdot x)$
Der Graph der Sinusfunktion wird
- gestreckt ($b < 1$) bzw.
- gestaucht ($b > 1$).

Für negative Faktoren b erfolgt zusätzlich eine Spiegelung an der y-Achse.
Die Periode wird verändert.

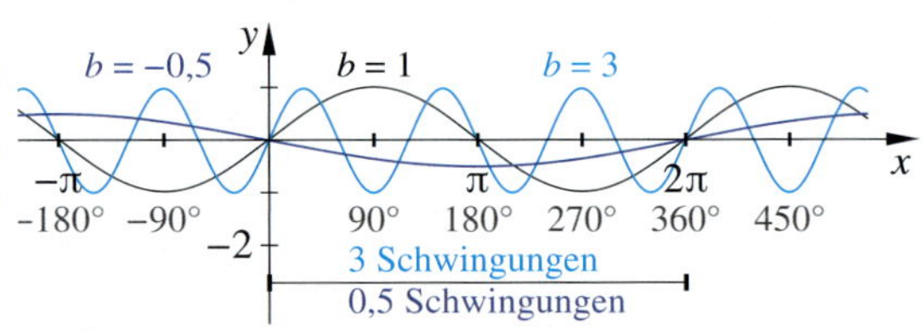

④ $f(x) = \sin(x + c)$
Der Graph der Sinusfunktion wird um c Einheiten verschoben:
- nach links ($c > 0$)
- nach rechts ($c < 0$)

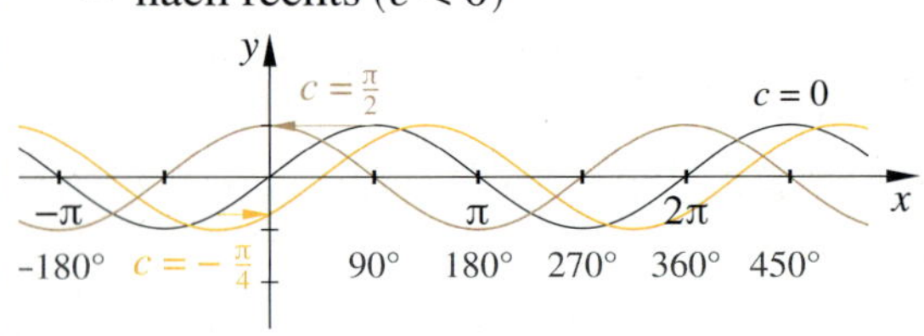

Die beschriebenen Form- und Lageänderungen können auch in Kombination auftreten.
Die allgemeine Form der Sinusfunktion lautet dann $f(x) = a \cdot \sin(b \cdot (x + c)) + d$.

Berechnungen an allgemeinen Dreiecken und Vielecken

Im alltäglichen Leben und in der Berufswelt treten nicht nur rechtwinklige Dreiecke auf. Vielmehr kommen z. B. bei der Landvermessung oder beim Bau allgemeine Dreiecke und Vielecke vor, die berechnet werden müssen. Dazu nutzt man die Trigonometrie, speziell den Sinus- und den Kosinussatz.

Noch fit?

1 Nach welchen Gesichtspunkten werden Dreiecke eingeteilt? Fertige eine Präsentation zur Einteilung der Dreiecke an. Erläutere anhand von Skizzen die Eigenschaften und Formeln.

2 Stelle in einer Präsentation spezielle Vierecke vor und erläutere anhand von Skizzen ihre Eigenschaften. Ist ein Quadrat ein Rechteck oder umgekehrt?
Stellt euch ähnliche Fragen.

ERINNERE DICH
Bei manchen Dreiecken kann man schon an den Seitenlängen erkennen, dass sie rechtwinklig sind. Warum?

3 Berechne den Flächeninhalt der folgenden Dreiecke.
a) rechtwinkliges Dreieck ABC mit $a = 3\,\text{cm}$, $b = 4\,\text{cm}$, $c = 5\,\text{cm}$
b) Dreieck ABC mit $c = 6{,}0\,\text{cm}$, $h_c = 4{,}5\,\text{cm}$
c) rechtwinkliges Dreieck EFG mit $e = 15\,\text{cm}$, $f = 2{,}0\,\text{dm}$, $g = 0{,}25\,\text{m}$

4 Gib Ankathete, Gegenkathete und Hypotenuse des Winkels an. Stelle die jeweils zugehörige Formel für den Sinus, den Kosinus und den Tangens des Winkels auf.

a)
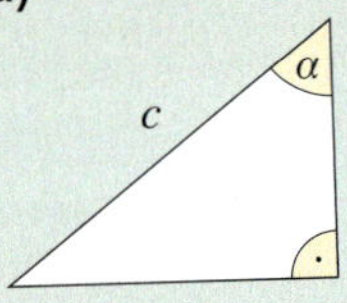

b)
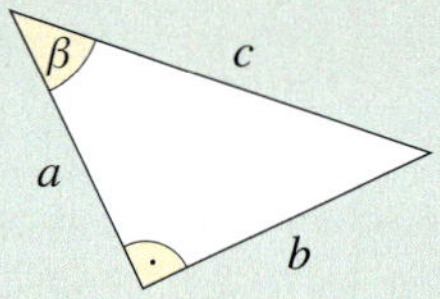

c)
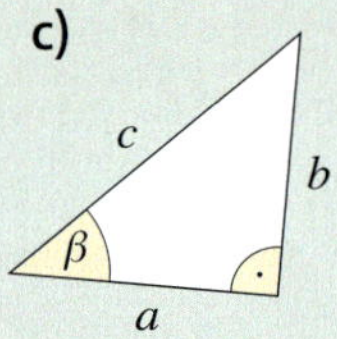

d)
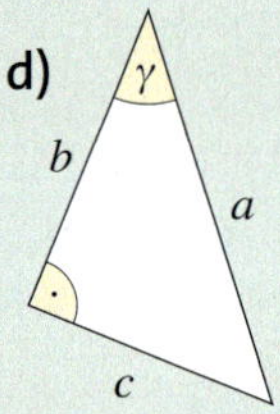

5 Konstruiere ein Dreieck ABC mit $a = 5{,}5\,\text{cm}$, $b = 7{,}0\,\text{cm}$, $\gamma = 90°$.
a) Zeichne die Höhe h_c ein und miss die Hypotenusenabschnitte.
b) Berechne die Länge der Hypotenuse und vergleiche mit deinen gemessenen Werten.
c) Berechne die Größe des Innenwinkels α mit Hilfe von Sinus und Kosinus. Miss nach.
d) Berechne den Umfang und den Flächeninhalt des Dreiecks.

TIPP
Je nach Taschenrechnermodell benötigt man zur Berechnung des Winkels die Tastenfolge **2nd** **sin** *oder* **Shift** **sin** *oder* **INV** **sin**.

6 Berechne den Sinus und den Kosinus folgender Winkel. Runde auf Tausendstel.
a) $\alpha = 24°$ b) $\beta = 78°$ c) $\gamma = 90°$ d) $\delta = 50°$ e) $\varepsilon = 42°$

7 Gib die Größe des Winkels an. Runde auf Zehntel.
a) $\sin\alpha = 0{,}6$ b) $\cos\beta = 0{,}8746$ c) $\sin\gamma = 0{,}26$
d) $\cos\alpha = \frac{3}{4}$ e) $\cos\beta = \frac{4}{5}$ f) $\sin\gamma = \frac{15}{17}$

8 Löse die linearen Gleichungssysteme.
a) I $y = 4x - 2$
II $y = 2x$
b) I $-2x + y = 3$
II $y = 3x + 5$
c) I $x + 4y = -3$
II $x + 3y = -2$

Kurz und knapp
1. Was bedeutet der Begriff „Kongruenz“? Erläutere die Kongruenzsätze für Dreiecke.
2. Stelle den Satz des Pythagoras für ein rechtwinkliges Dreieck ABC mit $\beta = 90°$ auf.
3. Wie viele Nullstellen hat die quadratische Funktion $f(x) = 0{,}5x^2 + 0{,}2$?
4. Gib zwei Funktionsgleichungen von linearen Funktionen an, die durch den Punkt $(0|3)$ verlaufen.
5. Wie lautet die allgemeine Formel, um das Volumen von Prismen zu berechnen?

Flächeninhalte von Dreiecken und Vielecken

Erforschen und Entdecken

1 An einer Kreuzung zweier Hauptstraßen, die in einem Winkel von 78° zueinander liegen, soll ein neues Autohaus entstehen.
Das Grundstück dafür ist dreieckig. Es ist an der Hauptstraße 62 m und an der Bahnhofsstraße 44 m lang.
Der Grundstückspreis beträgt 9,99 € pro m².
Wie viel muss für das Grundstück bezahlt werden?
Arbeitet in Gruppen.

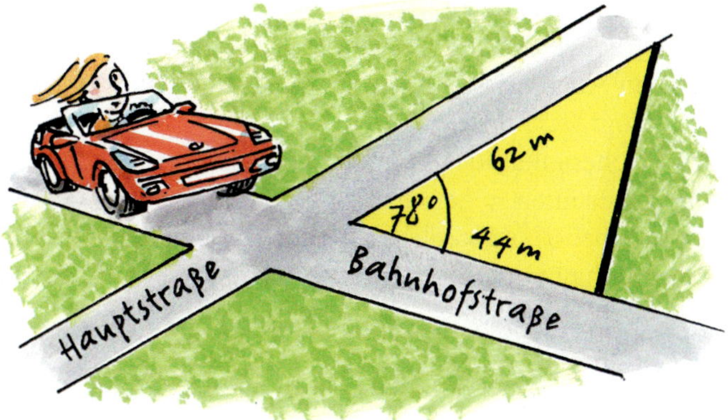

a) Zeichnet das Grundstück maßstabsgetreu ins Heft. Beschriftet es vollständig und markiert die gegebenen Größen.

b) Überlegt, welche Angabe euch zur Berechnung des Flächeninhalts des allgemeinen Dreiecks fehlt. Zeichnet die fehlende Länge ein und berechnet sie.
Nutzt dazu euer bisheriges Wissen über trigonometrische Berechnungen an rechtwinkligen Dreiecken.

c) Berechnet den Flächeninhalt sowie den Preis des Grundstücks.

d) Gib unter den gegebenen Voraussetzungen eine allgemeine Formel zur Berechnung des Flächeninhalts eines allgemeinen Dreiecks an.

2 Dennis und Thomas sollen den Flächeninhalt der parallelogrammförmigen Seiten des „Dockland" in Hamburg an der Elbe bestimmen.
Sie wissen, dass die Grundseite des Gebäudes 86 m lang ist. Die Gesamtlänge beträgt mit überragender Spitze 132 m. Zudem besitzt das Dockland einen Neigungswinkel von 24°.
Meike und Thomas diskutieren, wie sie den Flächeninhalt des Gebäudes bestimmen.
Setze ihren Dialog fort. Berechne anschließend den Flächeninhalt. Stellt eure Dialoge und Ergebnisse in der Klasse vor.

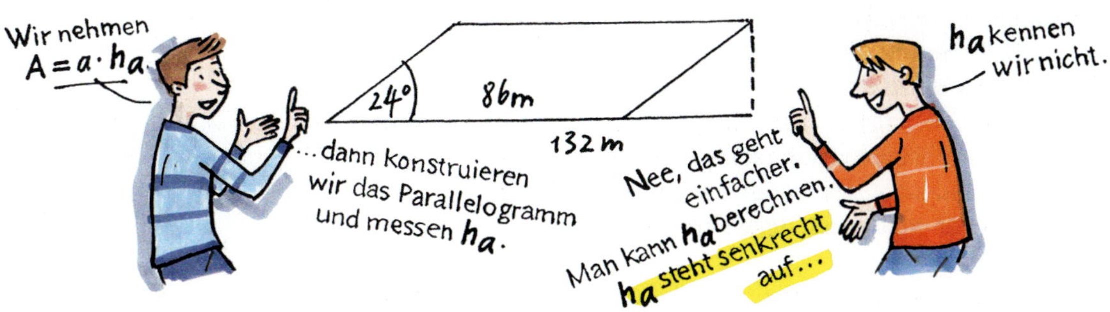

Lesen und Verstehen

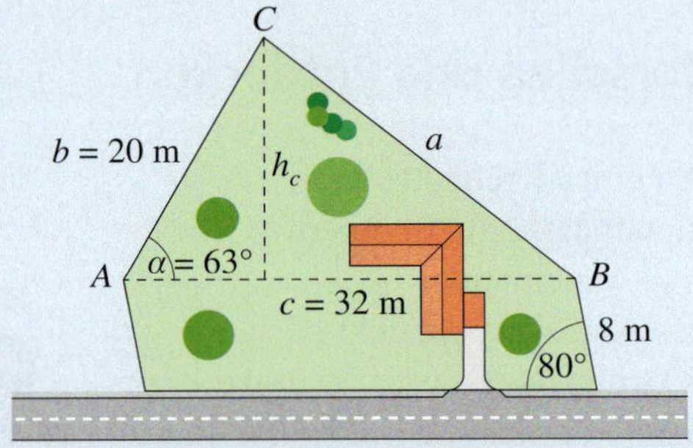

Der Preis eines Grundstücks richtet sich nach seinem Flächeninhalt. Wie groß ist der Flächeninhalt dieses Grundstücks?
Um den Flächeninhalt des Grundstücks zu bestimmen, kann man es in ein Dreieck und ein Parallelogramm zerlegen.
Den Flächeninhalt des Dreiecks berechnete man bisher mit $A = \frac{1}{2}c \cdot h_c$. Die fehlende Höhe h_c wird über trigonometrische Beziehungen berechnet. Setzt man diese Formel für h_c in die Flächeninhaltsformel ein, ergibt sich eine neue Flächeninhaltsformel für Dreiecke.

BEACHTE
Möchte man den Flächeninhalt eines allgemeinen Vielecks berechnen, so kann man es in Dreiecke sowie Quadrate und Rechtecke unterteilen und deren Flächeninhalte berechnen.

Berechnung des Flächeninhalts eines Dreiecks:

I $A = \frac{1}{2}c \cdot h_c$

Für h_c gilt: **II** $\sin\alpha = \frac{h_c}{b} \quad | \cdot b$

$h_c = b \cdot \sin\alpha$

II in **I**: h_c setzt man in die Ausgangsgleichung ein und erhält die Formel:
$A = \frac{1}{2}bc \cdot \sin\alpha$

Der Flächeninhalt eines allgemeinen Dreiecks ist gleich der Hälfte des Produkts zweier Seitenlängen und dem Sinus des eingeschlossenen Winkels. Es gilt:

$A = \frac{1}{2}bc \cdot \sin\alpha$ oder

$A = \frac{1}{2}ac \cdot \sin\beta$ oder

$A = \frac{1}{2}ab \cdot \sin\gamma$

BEISPIEL 1
Zunächst wird der Flächeninhalt des Dreiecks berechnet.

$A = \frac{1}{2}bc \cdot \sin\alpha$

$A = \frac{1}{2} \cdot 20\,\text{m} \cdot 32\,\text{m} \cdot \sin 63° \approx 285{,}1\,\text{m}^2$

Der Flächeninhalt beträgt ungefähr $285\,\text{m}^2$.

Auch für bestimmte Vierecke, wie z. B. ein Parallelogramm, kann man mit Hilfe der Trigonometrie einfache Flächeninhaltsformeln finden. Der Flächeninhalt eines Parallelogramms wird hier wie folgt berechnet:

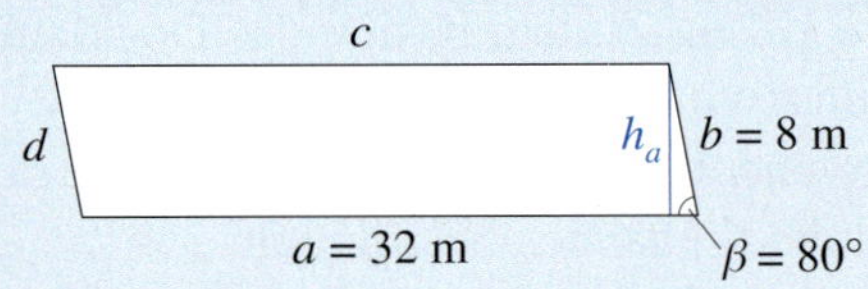

I $A = a \cdot h_a$ **II** $\sin\beta = \frac{h_a}{b} \quad | \cdot b$

$h_a = b \cdot \sin\beta$

II in **I**: $A = ab \cdot \sin\beta$

HINWEIS
Man kann das Parallelogramm auch in zwei kongruente Dreiecke zerlegen. Dann müsste auch h_a bestimmt werden, wodurch sich die gleiche Flächeninhaltsformel ergeben würde.

Für den Sinus eines Winkels gilt:
$\sin\alpha = \sin(180° - \alpha)$. Da im Parallelogramm α und β Nebenwinkel sind, gilt $\beta = 180° - \alpha$ und somit $\sin\alpha = \sin\beta$.
Im Parallelogramm gelten zudem $a = c$ und $b = d$ sowie $\alpha = \delta$ und $\beta = \gamma$. Es ergibt sich:

Der Flächeninhalt eines Parallelogramms ist das Produkt aus den Längen von zwei benachbarten Seiten und dem Sinus eines der vier Winkel.
Es gilt z. B.: $A = a \cdot b \cdot \sin\beta$

BEACHTE
Für den Flächeninhalt des Parallelogramms gelten z. B. auch diese Formeln:
$A = a \cdot b \cdot \sin\alpha$
$A = b \cdot c \cdot \sin\beta$
$A = c \cdot d \cdot \sin\gamma$
$A = a \cdot d \cdot \sin\delta$

BEISPIEL 2
Berechne den Flächeninhalt des Parallelogramms mit $a = 32\,\text{m}$, $b = 8\,\text{m}$ und $\beta = 80°$.

$A = ab \cdot \sin\beta$
$A = 32\,\text{m} \cdot 8\,\text{m} \cdot \sin 80°$
$\approx 252{,}1\,\text{m}^2$

Der Flächeninhalt des Parallelogramms beträgt ungefähr $252\,\text{m}^2$.
Das Grundstück hat insgesamt eine Größe von ungefähr $285\,\text{m}^2 + 252\,\text{m}^2 = 537\,\text{m}^2$.

Übungen und Anwenden

1 Berechne den Flächeninhalt.

a)

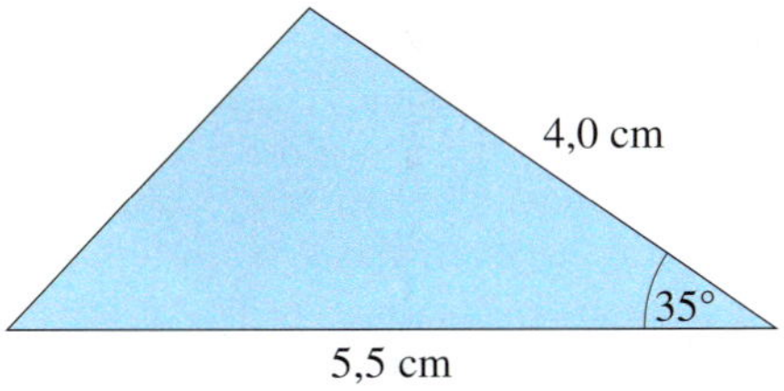

b)

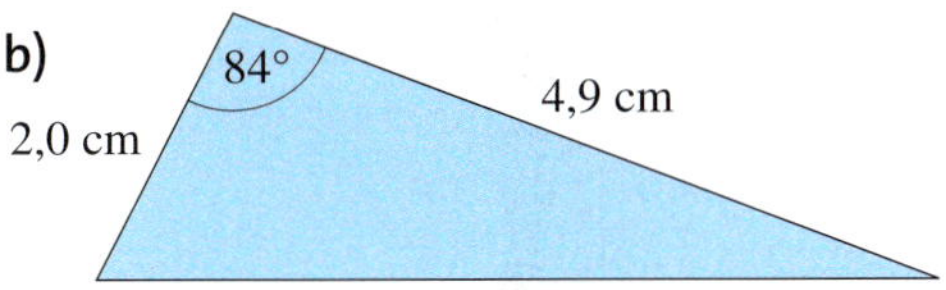

2 Gib den Flächeninhalt an.

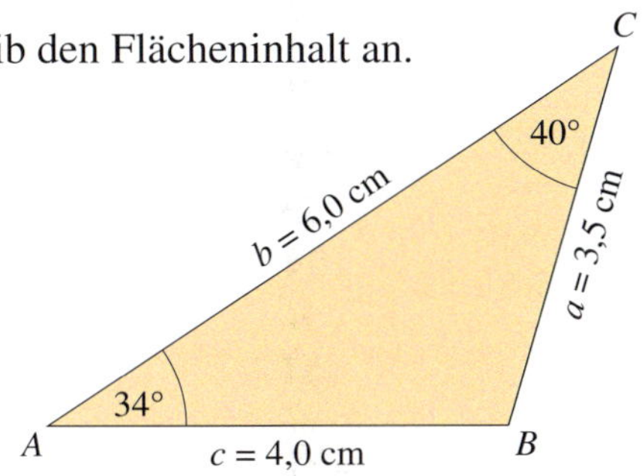

3 Berechne den Flächeninhalt des Dreiecks ABC.

a) $a = 4\,\text{cm}$, $b = 7\,\text{cm}$, $\gamma = 35°$

b) $a = 5{,}8\,\text{cm}$, $c = 8{,}4\,\text{cm}$, $\beta = 62°$

c) $b = 7{,}4\,\text{cm}$, $c = 4{,}5\,\text{cm}$, $\alpha = 100°$

d) $a = 12{,}5\,\text{cm}$, $b = 2{,}00\,\text{dm}$, $\gamma = 53°$

4 Berechne den Flächeninhalt des Parallelogramms.

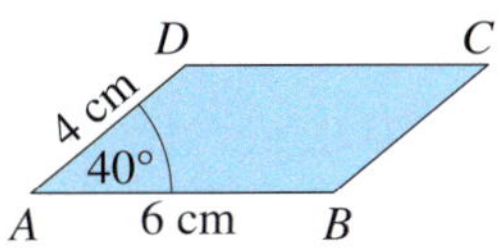

5 Berechne den Flächeninhalt der Raute.

a) $a = 3\,\text{cm}$, $\alpha = 44°$

b) $b = 5\,\text{cm}$, $\delta = 120°$

c) $c = 3{,}5\,\text{cm}$, $\beta = 95°$

d) $d = 6{,}2\,\text{cm}$, $\gamma = 51°$

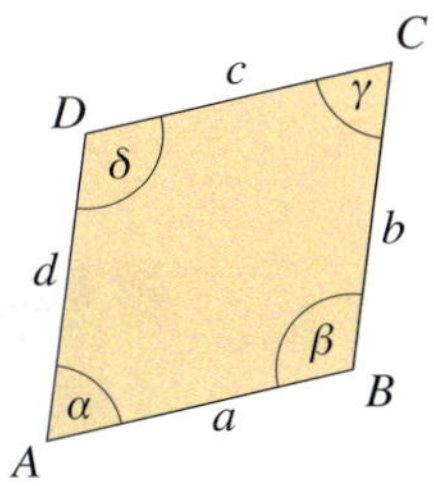

6 Berechne den Flächeninhalt des Drachenvierecks für $a = 24\,\text{cm}$, $d = 10\,\text{cm}$ und $\alpha = 115°$.

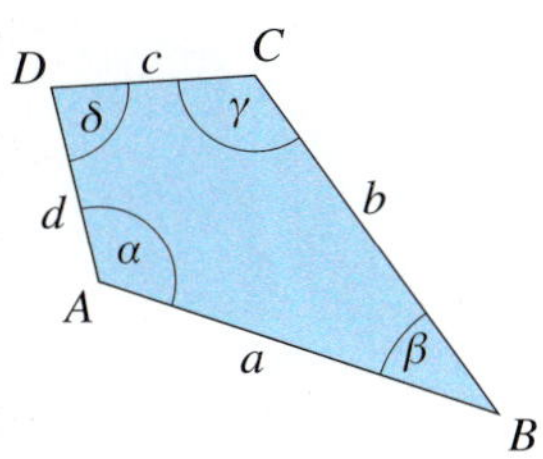

7 Im Zuge von Straßenbauarbeiten soll vom Grundstück der Familie Schmidt ein dreieckiges Stück Land abgetrennt werden.

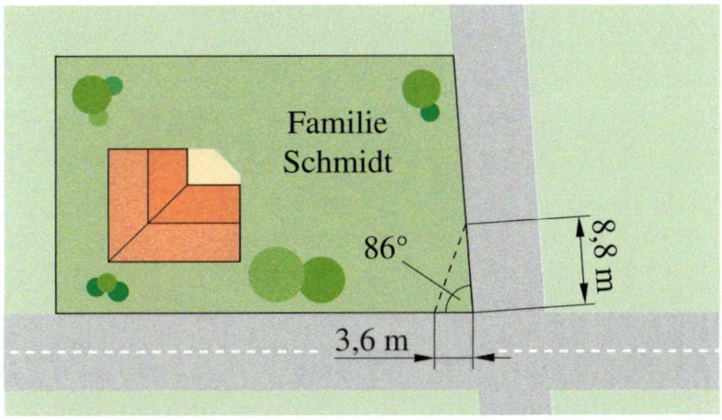

Welchen Betrag erhält Familie Schmidt, wenn pro m^2 Fläche eine Entschädigung von 12 € gezahlt wird?

8 Eine Schleppdachgaube soll an den Seiten mit Schieferplatten verkleidet werden.

Bekannt sind die Höhe an der Fensterseite mit 1,60 m, die Länge entlang des eigentlichen Hausdaches mit 3,87 m und der Winkel zwischen Fensterseite und eigentlichem Hausdach mit 40°.
Wie viel m^2 Schiefer werden für die Verkleidung der Dachgaube benötigt? Welche Materialkosten entstehen, wenn Schiefer 134 € pro m^2 kostet und man mit 10 % Verschnitt rechnet?

9 Konstruiere das Dreieck ABC mit $a = 6{,}4\,\text{cm}$, $c = 7{,}5\,\text{cm}$ und $\beta = 99°$.

a) Schätze den Flächeninhalt des Dreiecks und berechne ihn anschließend. Vergleiche dein Ergebnis.

b) Wie ändert sich der Flächeninhalt des Dreiecks, wenn alle Seitenlängen verdoppelt (verdreifacht) werden?

ZUM WEITERARBEITEN

Suche im Klassenraum zwei Mitschüler. Eure Sitzplätze bilden die Eckpunkte eines Dreiecks.
Schätze zunächst den Flächeninhalt des Dreiecks.
Berechne dann den Flächeninhalt. Miss dazu den Abstand zu dem Sitzplatz deiner Mitschüler und bestimme näherungsweise den Winkel bei dir mit einem Winkelmesser.

10 Die Frontfläche des Daches ist 27,0 m² groß. Bestimme die Dachneigung α.

11 Am Rand einer Kleinstadt soll ein Gebiet für Eigenheime erschlossen werden. Es hat die Form eines Dreiecks mit den Seitenlängen 780 m und 860 m. Diese Seiten schließen einen Winkel von 54,2° ein. 45 % der Fläche werden für Straßen, Gehwege und Grünflächen verplant.

a) Wie viel ha umfasst das gesamte Gebiet?

b) Wie viel Eigenheime können entstehen, wenn die durchschnittliche Grundstücksgröße 800 m² beträgt?

BEACHTE
Nutze in Aufgabe 15 den Innenwinkelsatz.

HINWEIS
1 ha = 10 000 m²

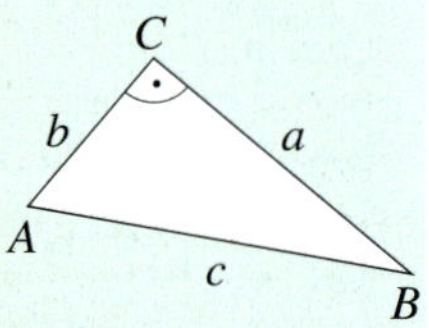

12 Erkläre die Formel zur Berechnung des Flächeninhaltes eines rechtwinkligen Dreiecks als Spezialfall der Formel $A = \frac{1}{2}ab \cdot \sin\gamma$.

13 Ein Haus soll gestrichen werden. Wie viel m² müssen bei der Frontfläche berücksichtigt werden? Der Neigungswinkel des Daches an der langen Dachschräge beträgt 20°. Die Fenster und Türen werden nicht mit einberechnet.

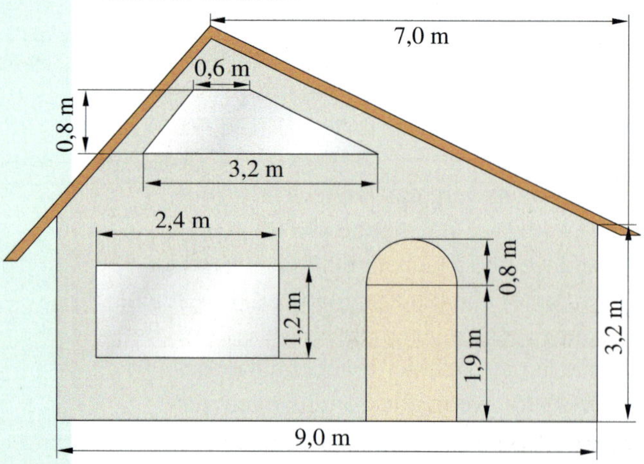

14 Eine Tripac-Versandverpackung ist 61,0 cm lang. Ihre Grundfläche besteht aus einem gleichseitigen Dreieck mit einer Seitenlänge von 13,9 cm. Wie groß ist das Volumen?

15 Ermittle den Flächeninhalt des Dreiecks ABC. Berechne alle fehlenden Größen.

a) $b = 6{,}8\,\text{cm}$, $c = 6{,}4\,\text{cm}$, $\alpha = 42°$

b) $a = 7\,\text{cm}$, $b = 8\,\text{cm}$, $\alpha = 44°$, $\beta = 52{,}6°$

c) $c = 6{,}5\,\text{cm}$, $b = 3{,}4\,\text{cm}$, $\alpha = 58°$

d) $a = 45\,\text{cm}$, $c = 60\,\text{cm}$, $\beta = 38°$

16 Von einer geraden Pyramide mit quadratischer Grundfläche sind $\overline{BS} = 5\,\text{cm}$ und $\varepsilon = 60°$ bekannt.

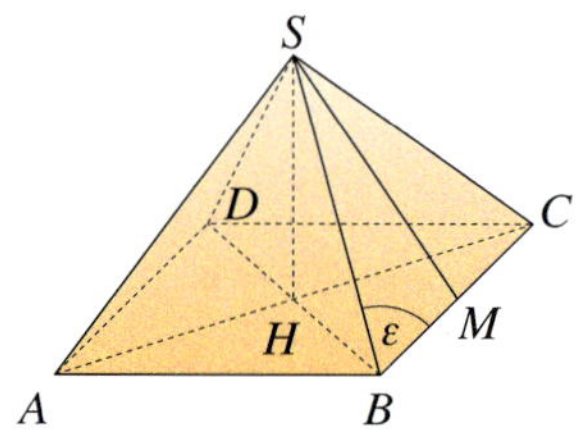

a) Berechne den Mantelflächeninhalt.

b) Berechne den Oberflächeninhalt.

c) Gibt das Volumen an.

17 Berechne den Flächeninhalt des Sechsecks. Miss benötigte Längen und Winkel nach.

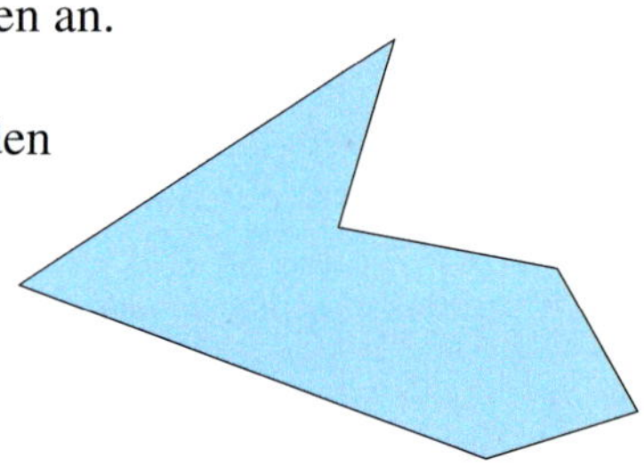

18 Bauer Armin verkauft 10 % seines rautenförmigen Ackers an die Gemeinde. Er möchte dafür ein gleichschenkliges Dreieck seines Grundstücks an der Straßenkreuzung abtrennen. Wie lang sind die Schenkel des gleichschenkligen Dreiecks?

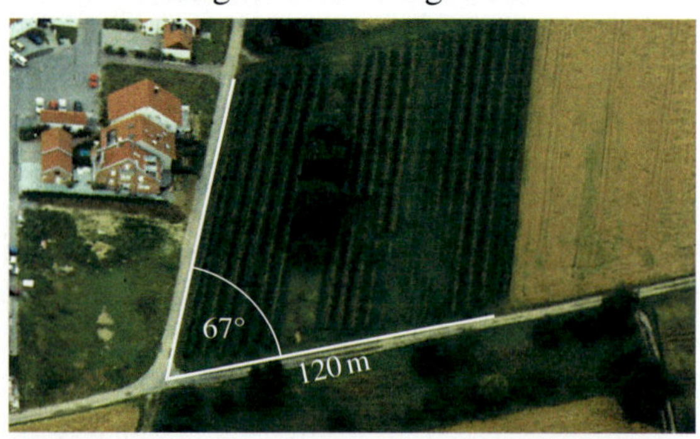

Der Sinussatz

Erforschen und Entdecken

1 Erkunde besondere Verhältnisse in Dreiecken. Zeichne dazu folgende Dreiecke.
Du kannst sie ins Heft oder mit einer dynamischen Geometrie-Software (DGS) zeichnen.
① $a = 5\,\text{cm}$, $b = 6\,\text{cm}$, $\gamma = 90°$
② $a = c = 4\,\text{cm}$, $\alpha = 50°$
③ $a = b = c = 6\,\text{cm}$
④ beliebiges Dreieck
Übertrage die Tabelle in dein Heft und vervollständige sie. Berechne so viel wie möglich.
Miss dann noch fehlende Größen in deinen Zeichnungen nach.
Was fällt dir auf? Vergleicht anschließend eure Ergebnisse im Klassenverband.

Dreieck	a	b	c	α	β	γ	$\sin\alpha$	$\sin\beta$	$\sin\gamma$	$\frac{a}{\sin\alpha}$	$\frac{b}{\sin\beta}$	$\frac{c}{\sin\gamma}$
①	5 cm		6 cm				90°					
②	4 cm		4 cm	50°								
③	6 cm	6 cm	6 cm									
④												

2 Erkunde mit einer dynamischen Geometrie-Software allgemeine Dreiecke.
Nutze dazu den Webcode in der Randspalte.
Das gegebene Dreieck kannst du beliebig verändern. Beobachte dabei die Seitenlängen, Winkelgrößen sowie die angezeigten Verhältnisse.
Was fällt auf? Vergleicht eure Ergebnisse in der Klasse.

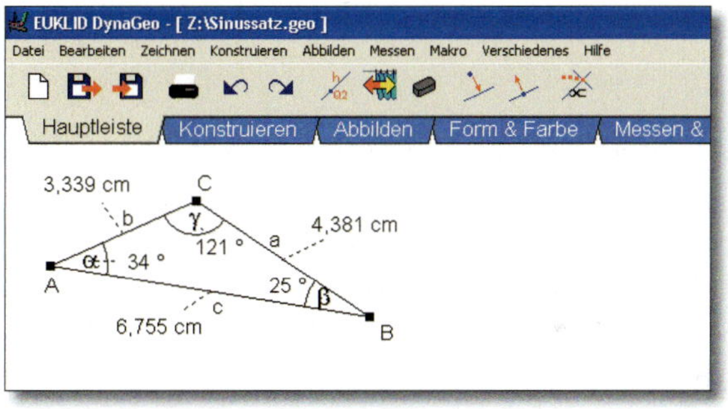

067-1
BEACHTE
Über dem Webcode gelangt man zu einer DynaGeo-Datei zum Bearbeiten der Aufgabe 2.

3 Arbeitet in Gruppen.
Eine Schulklasse aus Madrid soll die Seitenlänge a der Puerta de Europa bestimmen. Dazu haben die Schülerinnen und Schüler vor Ort Messungen vorgenommen. Die Ergebnisse sind auf dem Foto eingetragen. Den grünen Winkel haben sie schon berechnet. Da ihnen rechtwinklige Dreiecke vertraut sind, haben sie auch die Höhe h_b eingezeichnet.

Tipp des Lehrers:
„Stellt zwei Formeln auf, aus denen ihr durch Gleichsetzen eine machen könnt."
Maria hat eine Idee: „Die Höhe h_b können wir über zwei verschiedene Formeln berechnen."
Setzt Marias Idee fort. Nutzt dabei den Tipp des Lehrers. Könnt ihr nun a berechnen?

Lesen und Verstehen

ZUR INFORMATION
Dächer, die mit Ziegeln gedeckt werden, benötigen eine Dachneigung von mindestens 22°.

Für ein Einfamilienhaus ist eine Schleppdachgaube geplant. Der Architekt hat die Raumhöhe, die Fensterhöhe, die beiden Dachneigungen und die Breite der Gaube in einer Zeichnung vorgegeben.
Für die Herstellung des Dachstuhls muss der Zimmermann nun die Sparrenlängen bestimmen.

Jedes Dreieck lässt sich durch eine Höhe h in zwei rechtwinklige Teildreiecke zerlegen.

Im Dreieck ADC gilt: **I** $\sin 45° = \frac{h_c}{1{,}40\,\text{m}}$

Im Dreieck BCD gilt: **II** $\sin 40° = \frac{h_c}{a}$

Löst man beide Gleichungen nach h_c auf, ergibt sich folgendes Gleichungssystem:

I' $h_c = b \cdot \sin\alpha$

II' $h_c = a \cdot \sin\beta$

II' = I' $a \cdot \sin\beta = b \cdot \sin\alpha \quad |:\sin\alpha$

$\frac{a}{\sin\alpha} \cdot \sin\beta = b \quad |:\sin\beta$

$\frac{a}{\sin\alpha} = \frac{b}{\sin\beta}$

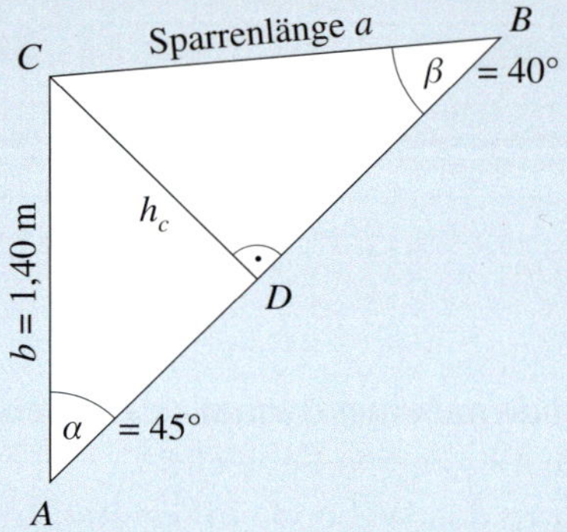

Das Dreieck aus dem Beispiel der Schleppdachgaube ist stumpfwinklig. Die Höhe h_c lag wie bei spitzwinkligen Dreiecken zufällig innerhalb des Dreiecks.

In stumpfwinkligen Dreiecken kann die Höhe aber außerhalb des Dreiecks liegen. Auch dafür gelten die gefundenen Beziehungen, da Folgendes gilt:

$\sin\alpha = \sin(180° - \alpha)$.

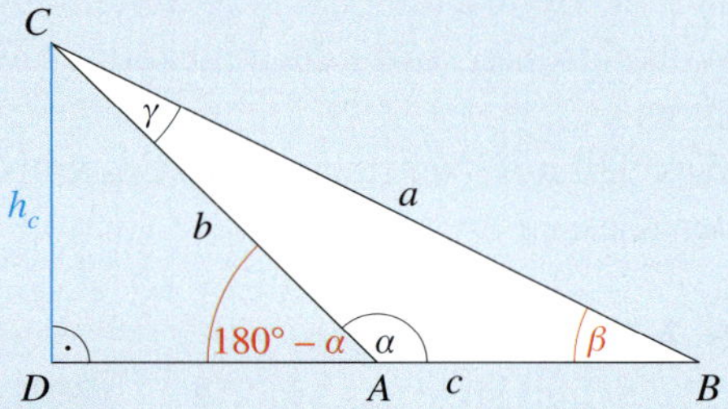

BEACHTE
Durch Umformen des Sinussatzes erhält man:
$\frac{\sin\alpha}{a} = \frac{\sin\beta}{b} = \frac{\sin\gamma}{c}$
oder z. B.:
$\frac{\sin\alpha}{\sin\beta} = \frac{a}{b}$
$\frac{\sin\alpha}{\sin\gamma} = \frac{a}{c}$
$\frac{\sin\beta}{\sin\gamma} = \frac{b}{c}$

Unabhängig von der Dreiecksart gelten spezielle Verhältnisse zwischen Seiten und Sinuswerten von Winkeln. Dies macht die Berechnung mit Hilfe rechtwinkliger Dreiecke überflüssig:

Sinussatz

In jedem Dreieck sind die Quotienten aus einer Seitenlänge und dem Sinuswert des gegenüberliegenden Winkels gleich groß.

$$\frac{a}{\sin\alpha} = \frac{b}{\sin\beta} = \frac{c}{\sin\gamma}$$

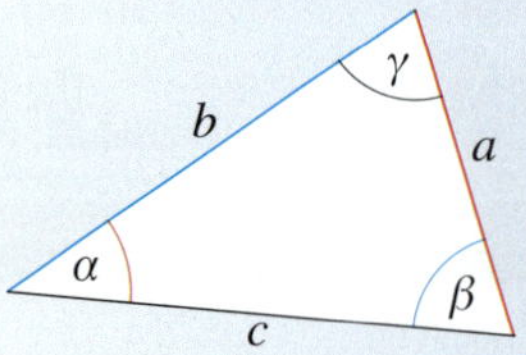

BEISPIEL

Der Zimmermann berechnet die Sparrenlänge a der Dachgaube mit dem Sinussatz.
gegeben: $b = 1{,}40\,\text{m}$, $\alpha = 45°$, $\beta = 40°$

$\frac{a}{\sin\alpha} = \frac{b}{\sin\beta}$

$\frac{a}{\sin 45°} = \frac{1{,}40\,\text{m}}{\sin 40°} \quad |\cdot \sin 45°$

$a = \frac{1{,}40\,\text{m} \cdot \sin 45°}{\sin 40°}$

$a \approx 1{,}54\,\text{m}$

Die Sparrenlänge beträgt ungefähr 1,54 m.

Üben und Anwenden

1 Berechne die markierte Größe.

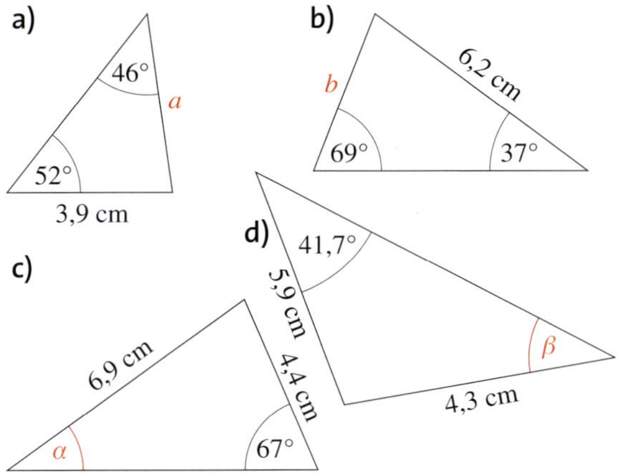

2 Fertige eine Planfigur an. Berechne die Länge der in Klammern angegebenen Seite im Dreieck ABC.

a) $a = 6{,}1\,\text{cm}$, $\alpha = 36°$, $\gamma = 47°$ [c]
b) $b = 7{,}5\,\text{cm}$, $\alpha = 122°$, $\beta = 35°$ [a]
c) $a = 5{,}4\,\text{cm}$, $\alpha = 82°$, $\beta = 75°$ [b]
d) $c = 10\,\text{cm}$, $\alpha = 51°$, $\gamma = 107°$ [a]
e) $b = 3{,}8\,\text{cm}$, $\beta = 72°$, $\gamma = 54°$ [c]

3 Fertige eine Planfigur an. Berechne die Größe des in Klammern angegebenen Winkels im Dreieck ABC.

a) $a = 4{,}0\,\text{cm}$, $c = 5{,}3\,\text{cm}$, $\gamma = 64°$ [α]
b) $a = 4{,}9\,\text{cm}$, $b = 11{,}0\,\text{cm}$, $\beta = 115°$ [α]
c) $b = 8{,}8\,\text{cm}$, $c = 3{,}7\,\text{cm}$, $\beta = 129°$ [γ]
d) $a = 7{,}9\,\text{cm}$, $b = 4{,}1\,\text{cm}$, $\alpha = 51°$ [β]
e) $b = 4{,}2\,\text{cm}$, $c = 8{,}1\,\text{cm}$, $\gamma = 28°$ [β]

4 Berechne alle fehlenden Seiten und Winkel des Dreiecks ABC. Überlege genau, was zuerst zu berechnen ist.

a) $a = 8{,}2\,\text{cm}$, $\alpha = 72°$, $\beta = 54°$
b) $b = 55{,}0\,\text{m}$, $a = 24{,}5\,\text{m}$, $\beta = 104{,}5°$
c) $a = 22{,}5\,\text{cm}$, $c = 3{,}2\,\text{dm}$, $\gamma = 74{,}2°$
d) $c = 3{,}53\,\text{km}$, $\beta = 22{,}3°$, $\gamma = 106{,}8°$
e) $b = 5{,}8\,\text{cm}$, $c = 8{,}0\,\text{cm}$, $\gamma = 62°$

5 Berechne den Flächeninhalt des Dreiecks ABC.

a) $a = 72\,\text{mm}$, $c = 0{,}58\,\text{dm}$, $\alpha = 37°$
b) $a = 580\,\text{mm}$, $b = 0{,}850\,\text{m}$, $\beta = 81°$
c) $b = 0{,}15\,\text{m}$, $c = 0{,}22\,\text{m}$, $\gamma = 22°$

6 Gegeben ist das Parallelogramm $ABCD$.

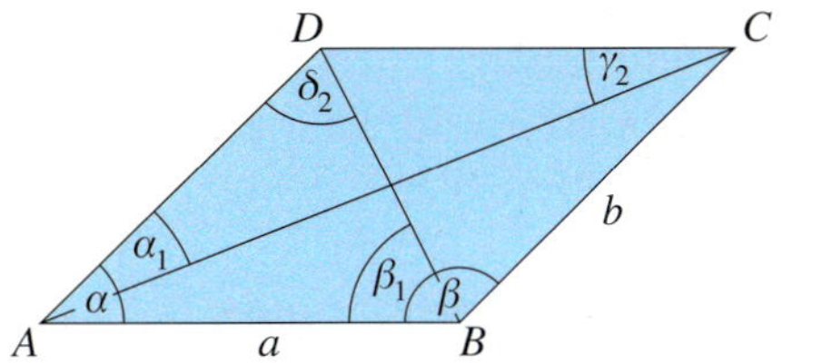

Gib die in Klammern stehenden Größen an.

a) $\overline{BD} = 7{,}2\,\text{cm}$, $\beta_1 = 35°$, $\delta_2 = 71°$ [a, b]
b) $\overline{AC} = 13\,\text{cm}$, $\alpha_1 = 14°$, $\gamma_2 = 10°$ [a, b]
c) $b = 6{,}1\,\text{cm}$, $\overline{AC} = 18{,}5\,\text{cm}$, $\beta = 147°$ [a]

7 Im Dreieck ABC mit $a = 5\,\text{cm}$, $b = 7\,\text{cm}$ und $\alpha = 36°$ sollen Hannes und Marlene den Winkel β berechnen.

Hannes

$\frac{a}{\sin\alpha} = \frac{b}{\sin\beta}$ $\quad | \cdot \sin\beta$

$\frac{a \sin\beta}{\sin\alpha} = b$ $\quad | \cdot \sin\alpha$

$a \sin\beta = b \sin\alpha$ $\quad | : a$

$\sin\beta = \frac{b \sin\alpha}{a}$

$\sin\beta = \frac{7\,\text{cm} \cdot \sin 36°}{5\,\text{cm}}$

$\beta \approx 55°$

Marlene

$\frac{a}{\sin\alpha} = \frac{b}{\sin\beta}$

$\sin\beta = \frac{b \sin\alpha}{a}$

$\sin\beta = \frac{7\,\text{cm} \cdot \sin 36°}{5\,\text{cm}}$

$\sin\beta \approx 0{,}82$

$\beta \approx 55°$

a) Beschreibe ihr Vorgehen mit eigenen Worten. Marlenes Methode nennt man Kreuzprodukt.
b) Vergleiche die Methoden. Welche gefällt dir besser? Begründe.
c) Berechne α mit dem Kreuzprodukt, wenn $\beta = 72°$ beträgt.

HINWEIS
Marlene rechnet mit dem ***Kreuzprodukt****.*
Dies ist eine verkürzte Form, eine Gleichung $\frac{a}{b} = \frac{c}{d}$ nach einer Variable aufzulösen.

Beispiel 1
$\frac{a}{b} = \frac{c}{d}$
$c = \frac{a \cdot d}{b}$

Beispiel 2
$\frac{a}{b} = \frac{c}{d}$
$d = \frac{b \cdot c}{a}$

8 Berechne die in Klammern stehenden Größen beim gleichschenkligen Trapez $ABCD$.

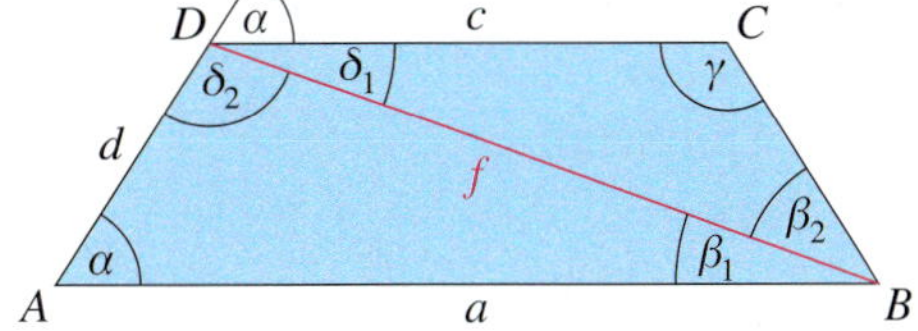

a) $\alpha = 56°$, $\beta_1 = 24°$, $d = 2{,}4\,\text{cm}$ [a, f und c]
b) $f = 7{,}9\,\text{cm}$, $\beta_1 = 38°$, $\delta_2 = 74°$ [a, d und c]
c) $f = 8{,}4\,\text{cm}$, $b = 5{,}3\,\text{cm}$, $\gamma = 124°$ [c und a]

HINWEIS
Die Geschwindigkeit eines Schiffes wird normalerweise in Knoten angegeben. Dabei entspricht $1\frac{km}{h}$ ungefähr einer Geschwindigkeit von 0,540 Knoten, bzw. 1 Knoten einer Geschwindigkeit von $1{,}852\frac{km}{h}$.

TIPP
Beim Aufstellen des Sinussatzes ist es sinnvoll, immer mit der gesuchten Größe zu beginnen. So erspart man sich größere Gleichungsumstellungen.

9 Gegeben ist der Drachen $ABCD$ mit der Symmetrieachse e.
Fertige eine Skizze an und beschrifte den Drachen vollständig.
a) Gegeben sind $\alpha = 72°$, $b = 8{,}5\,\text{cm}$, $a = 5{,}1\,\text{cm}$. Berechne γ, b und e.
b) Gegeben sind $c = 2{,}5\,\text{cm}$, $e = 11{,}5\,\text{cm}$, $\beta = 115°$. Berechne α, γ und d.

10 In einem Stadtplan von Frankfurt beschreiben die Straßen Kennedyallee, Holbeinstraße und Textorstraße annähernd ein dreieckiges Wohngebiet. Der Straßenabschnitt in der Holbeinstraße ist 300 m lang.

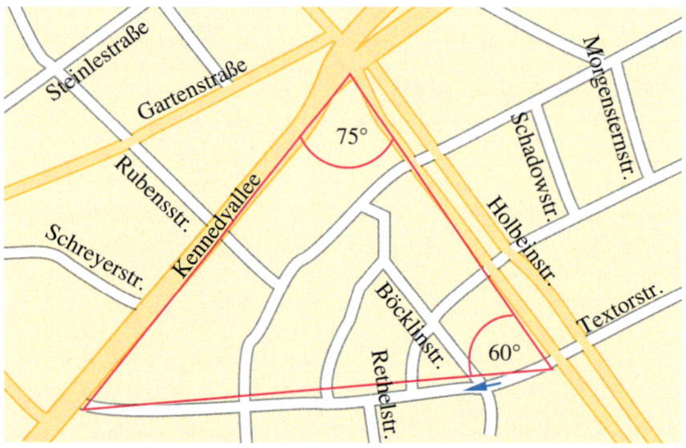

Wie lang ist die Textorstraße zwischen Kennedyallee und Holbeinstraße ungefähr?

11 Die Länge eines Sees ist nicht direkt messbar. Um die Länge zu berechnen, wurden drei andere Maße bestimmt. Wie lang ist der See?

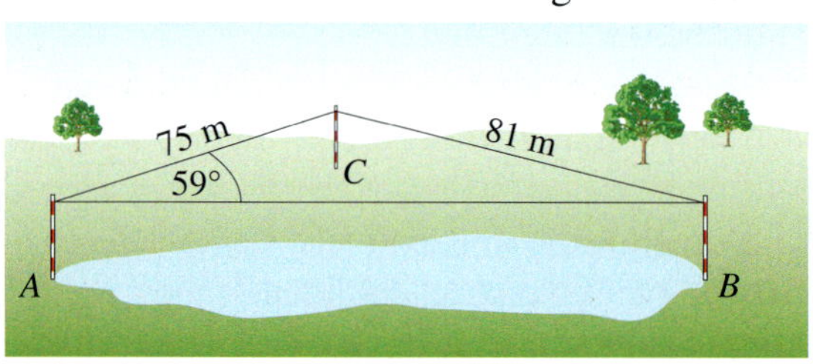

12 Begründe den Sinussatz für ein beliebiges spitzwinkliges Dreieck. Betrachte hierfür die Höhen h_a, h_b und h_c des Dreiecks und nutze die Definition des Sinus.

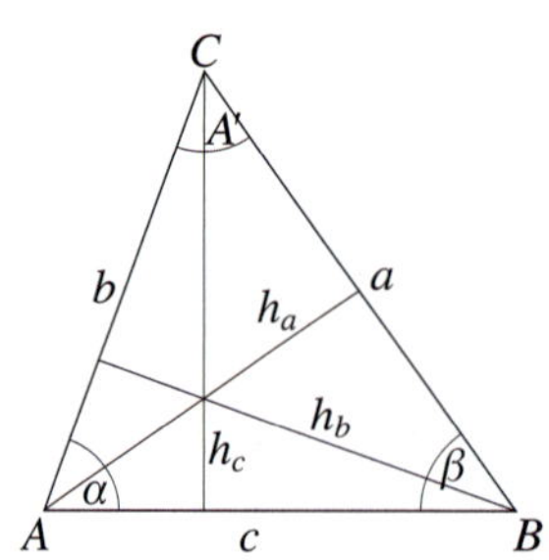

13 Ein Schiff fährt in 9 km Entfernung an einem Leuchtturm vorbei. Der Peilwinkel zwischen der Fahrtrichtung und dem Leuchtturm beträgt 85°. Nach einer halben Stunde beträgt der Peilwinkel 122°.

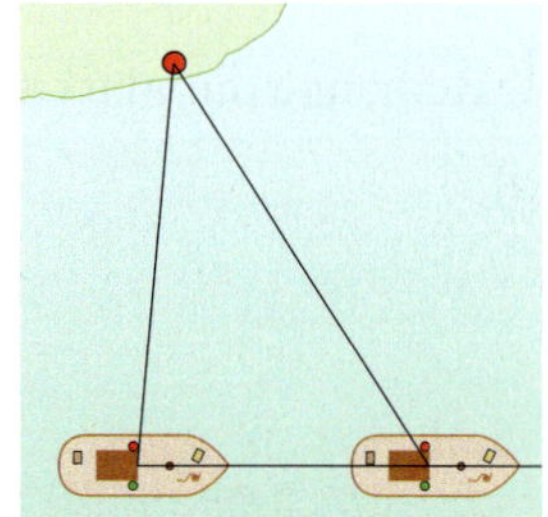

a) Bestimme, wie weit das Schiff in der halben Stunde gefahren ist.
b) Mit welcher Durchschnittsgeschwindigkeit ist das Schiff gefahren? Gib sie in Knoten an. Beachte die Randspalte.

14 Um die Höhe eines Gebäudes zu bestimmen, reicht es, den Winkel α zu messen. Kann man jedoch die Länge der Strecke s nicht messen, setzt man eine Messlatte auf das Gebäude und misst zusätzlich den Winkel β.

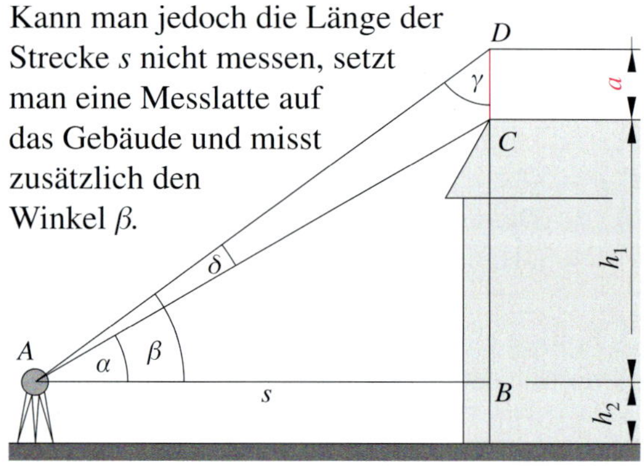

Berechne die Gebäudehöhe h.
a) $\alpha = 72°$, $\beta = 76{,}5°$, $a = 4\,\text{m}$, $h_2 = 1{,}5\,\text{m}$
b) $\alpha = 68{,}3°$, $\beta = 71{,}4°$, $a = 5\,\text{m}$, $h_2 = 1{,}5\,\text{m}$
c) $\alpha = 68{,}3°$, $\beta = 71{,}4°$, $a = 4\,\text{m}$, $h_2 = 1{,}4\,\text{m}$

15 Die größere Kuhherde soll mehr Platz haben. Sollte der Bauer die Weiden tauschen?

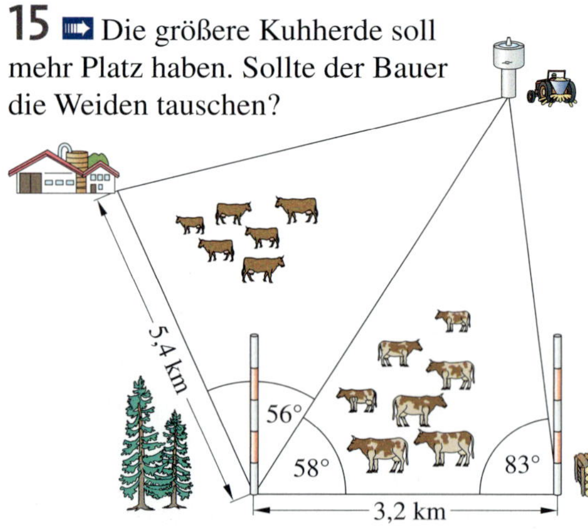

Der Kosinussatz

Erforschen und Entdecken

1 Von fünf Dreiecken sind jeweils drei Größen gegeben.

① $a = 6\,\text{cm}$, $\alpha = 37°$, $\beta = 62°$
② $a = 6\,\text{cm}$, $c = 7\,\text{cm}$, $\alpha = 37°$
③ $c = 7\,\text{cm}$, $\alpha = 37°$, $\beta = 62°$
④ $b = 5\,\text{cm}$, $c = 7\,\text{cm}$, $\alpha = 37°$
⑤ $a = 6\,\text{cm}$, $b = 5\,\text{cm}$, $c = 7\,\text{cm}$

a) Zeichnet zu allen Dreiecken Planfiguren und markiert die gegebenen Größen farbig.
b) Bei welchen Dreiecken könnt ihr alle Seitenlängen und Winkelgrößen leicht bestimmen? Gebt jeweils an, was bei diesen Dreiecken gegeben ist und wie die gegebenen Stücke zueinander liegen. Beschreibt zusätzlich, wie ihr die fehlenden Größen bestimmt.
c) Was ist bei den Dreiecken gegeben, bei denen die Berechnung der fehlenden Stücke nicht oder nur über viele verschiedene Rechenschritte möglich ist?

2 Carports sind offene Garagen. Der Carport im Bild besteht aus Holzpfeilern, die ein Holzdach tragen. Die Pfeiler bilden mit dem Dach einen Winkel von 80°. Ein schräger Stützbalken bildet mit dem Pfeiler und dem Dach ein unregelmäßiges Dreieck.
Wie wird bei der Planung die kürzere Länge c des Kopfbandes berechnet?

ZUR INFORMATION
Mit der vorher berechneten Balkenlänge wird das Kopfband durch den Zimmermann bei der Montage eingepasst.

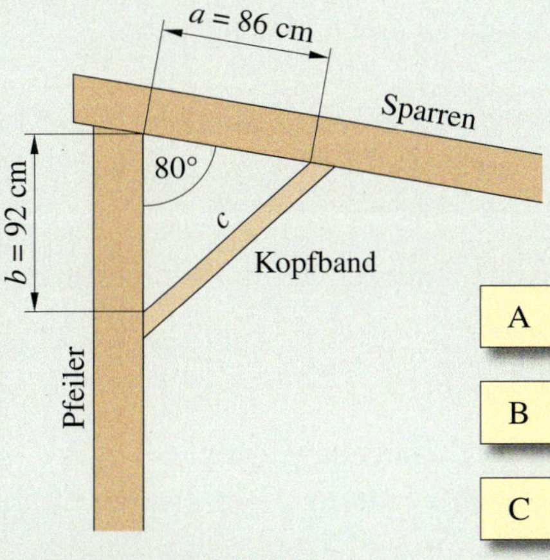

a) Warum kann man mit dem Sinussatz die Seite c nicht berechnen?
b) Skizziere das Dreieck des Carports im Heft und kennzeichne die Seiten a, b und den eingeschlossenen Winkel γ farbig. Zeichne zusätzlich die Höhe h_a ein, die das Dreieck in zwei rechtwinklige Teildreiecke und die Seite a in die Abschnitte a_1 und a_2 zerlegt.
c) Ordne den Lösungsschritten ① bis ⑤ die Gleichungen rechts in der richtigen Reihenfolge zu.
① Gib für die Zerlegung der Seite a eine Formel an. Forme sie nach a_2 um.
② Stelle in beiden Teildreiecken eine Formel für h_a^2 mit dem Satz des Pythagoras auf. Setze beide Formeln gleich.
③ Ersetze a_2 mit der unter ① aufgestellten Formel. Löse die gesamte Gleichung nach c^2 auf. Nutze die binomischen Formeln, um sie soweit wie möglich zusammenzufassen.
④ Neben c^2 bleibt als unbekannte Größe a_1. Man kann a_1 mit Hilfe der Formel für $\cos\gamma$ im rechtwinkligen Teildreieck ersetzen.
⑤ Fertig ist die Formel, mit der die Seitenlänge c berechnet werden kann.

A	$h_a^2 = b^2 - a_1^2$
B	$c^2 = a^2 + b^2 - 2aa_1$
C	$a_1 = b \cdot \cos\gamma$
D	$b^2 - a_1^2 = c^2 - (a - a_1)^2$
E	$a = a_1 + a_2$
F	$c^2 = a^2 + b^2 - 2ab \cdot \cos\gamma$
G	$a_2 = a - a_1$
H	$c^2 = b^2 - a_1^2 + a^2 - 2aa_1 + a_1^2$
I	$\cos\gamma = \frac{a_1}{b}$
J	$h_a^2 = c^2 - a_2^2$
K	$b^2 - a_1^2 = c^2 - a_2^2$

Lesen und Verstehen

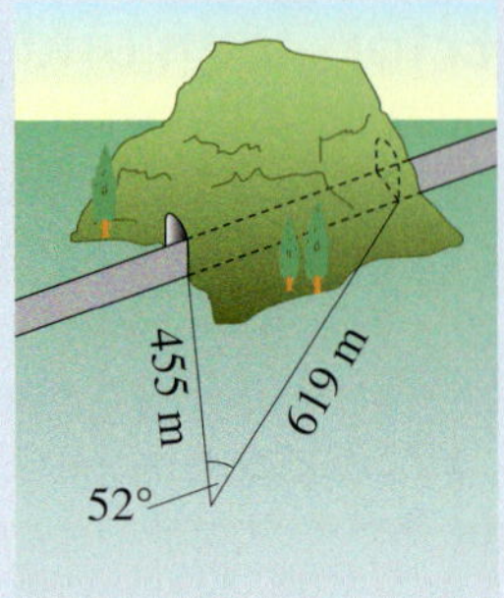

Ein Tunnel wird durch einen Berg geplant. Wie lang wird der Tunnel sein? Die Tunnellänge lässt sich nicht direkt messen, sondern nur berechnen. Dafür misst man von einer weiter entfernten Stelle die Streckenlänge zum Anfangspunkt und zum Endpunkt des Tunnels und bestimmt den eingeschlossenen Winkel.
Zur Berechnung hilft der Sinussatz nicht weiter. Am Beispiel des Tunnels wird gezeigt, wie man das Dreieck in rechtwinklige Dreiecke zerlegen und so eine allgemeine Formel zur Berechnung herleiten kann.

Herleitung des Kosinussatzes

Berechnet werden soll die Seitenlänge a.
Die Höhe h_c wird eingezeichnet.
Die Dreiecke ADC und BCD haben die Höhe h_c gemeinsam.

Im Dreieck ADC gilt: **I** $h_c^2 = b^2 - q^2$
Im Dreieck BCD gilt: **II** $h_c^2 = a^2 - (c-q)^2$

Die Gleichungen werden gleichgesetzt:

I = II $b^2 - q^2 = a^2 - (c-q)^2$

$b^2 - q^2 = a^2 - c^2 + 2cq - q^2 \quad | +q^2$

$b^2 = a^2 - c^2 + 2cq$

$a^2 = b^2 + c^2 - 2cq$

q ist die zweite Unbekannte und kann ersetzt werden:
$\cos\alpha = \frac{q}{b}$, also $q = b \cdot \cos\alpha$

Einsetzen in die Gleichung ergibt:
$a^2 = b^2 + c^2 - 2bc \cdot \cos\alpha$

BEISPIEL 1

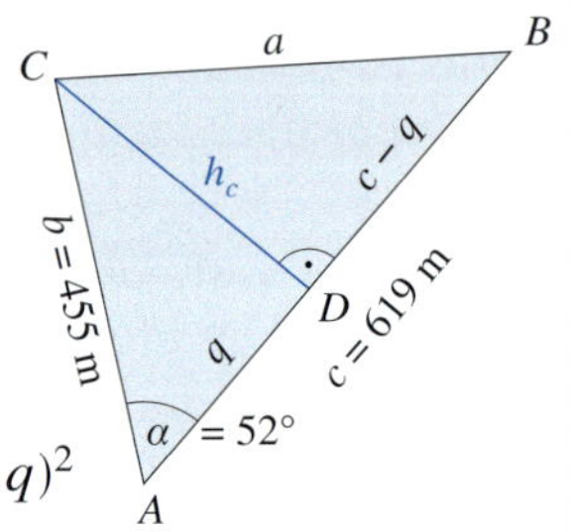

I $h_c^2 = 4552 - q^2$
II $h_c^2 = a^2 - (619 - q)^2$
I = II:
$455^2 - q^2 = a^2 - (619-q)^2$
$455^2 - q^2 = a^2 - 619^2 + 2 \cdot 619 \cdot q - q^2 \quad | +q^2$
$455^2 = a^2 - 619^2 + 1238 \cdot q$
$a^2 = 455^2 + 619^2 - 1238 \cdot q$

q kann ersetzt werden durch:
$\cos 52° = \frac{q}{455}$, also $q = 455 \cdot \cos 52°$

Einsetzen in die Gleichung ergibt:
$a^2 = 455^2 + 619^2 - 1238 \cdot 455 \cdot \cos 52°$
$a^2 \approx 243\,390{,}05$; also $a \approx 493{,}35$
Der Tunnel ist ca. 493,35 m lang.

HINWEIS
Man kann mit Hilfe des Kosinussatzes auch gesuchte Innenwinkel bei drei gegebenen Seitenlängen berechnen. Dazu wird der Kosinussatz umgestellt:
$\cos\alpha = \frac{b^2 + c^2 - a^2}{2bc}$
$\cos\beta = \frac{a^2 + c^2 - a^2}{2ac}$
$\cos\gamma = \frac{a^2 + b^2 - a^2}{2ab}$

Würde man von einem anderen Punkt aus die Entfernung zum Tunneleingang und -ausgang messen, so kann sich ein stumpfwinkliges Dreieck ergeben. Mit Hilfe der Höhe, die evtl. außerhalb des Dreiecks liegt, und der Berechnung der rechtwinkligen Dreiecke gelangt man ebenfalls zum Kosinussatz, da aufgrund der Beziehungen am Einheitskreis Folgendes gilt: $\cos\alpha = -\cos(180° - \alpha)$.
Unabhängig von der Dreiecksart und der gewählten Höhe haben wir eine gemeinsame Beziehung erhalten, die die Berechnung mit Hilfe rechtwinkliger Dreiecke überflüssig macht.

Kosinussatz

In jedem Dreieck gilt:
$a^2 = b^2 + c^2 - 2bc \cdot \cos\alpha$
$b^2 = a^2 + c^2 - 2ac \cdot \cos\beta$
$c^2 = a^2 + b^2 - 2ab \cdot \cos\gamma$

BEISPIEL 2
gegeben: $a = 4\,\text{cm}$, $b = 6\,\text{cm}$, $\gamma = 48°$
gesucht: c
$c^2 = a^2 + b^2 - 2ab \cdot \cos\gamma$
$c^2 = (4\,\text{cm})^2 + (6\,\text{cm})^2 - 2 \cdot 4\,\text{cm} \cdot 6\,\text{cm} \cdot \cos 48°$
$c^2 \approx 19{,}88\,\text{cm}$, also $c \approx 4{,}5\,\text{cm}^2$
Die Seite c ist ca. 4,5 cm lang.

Üben und Anwenden

1 Berechne die Länge der dritten Seite im Dreieck *ABC*.

a) $b = 4{,}9\,\text{cm}$, $c = 8{,}5\,\text{cm}$, $\alpha = 62°$
b) $a = 7{,}1\,\text{cm}$, $c = 11{,}8\,\text{cm}$, $\beta = 18°$
c) $a = 3{,}7\,\text{cm}$, $b = 8{,}5\,\text{cm}$, $\gamma = 56°$

2 Berechne die Länge der fehlenden Seite im Viereck *ABCD*.

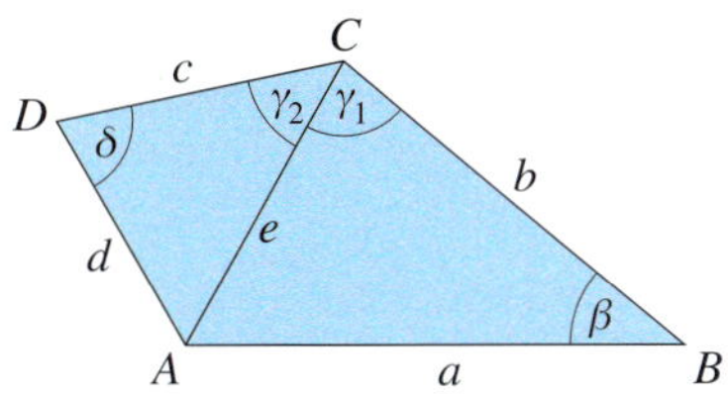

a) $a = 7{,}4\,\text{cm}$, $b = 4{,}7\,\text{cm}$, $c = 4{,}2\,\text{cm}$, $\beta = 39°$, $\gamma_2 = 50°$
b) $b = 7{,}1\,\text{cm}$, $c = 4{,}3\,\text{cm}$, $d = 3{,}3\,\text{cm}$, $\gamma_1 = 103°$, $\delta = 134°$

3 Von einem Beobachtungspunkt aus wurden die Entfernungen zu den Tunnelöffnungen sowie der von diesen Strecken eingeschlossene Winkel bestimmt.

Entnimm der Skizze die nötigen Maße.

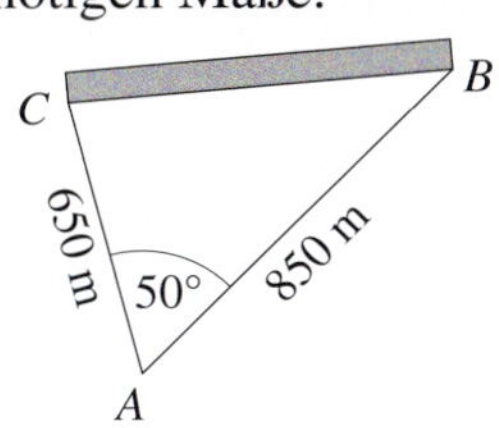

a) Wie lang ist der Tunnel?
b) Ein Zug fährt mit $67\,\frac{\text{km}}{\text{h}}$. Wie lange dauert die Fahrt durch den Tunnel?

4 Eine Konzertbühne ist 30 m breit. Ein Scheinwerfer steht von der einen Bühnenbegrenzung 29 m und von der anderen 25 m entfernt. Um wie viel Grad muss der Scheinwerfer schwenkbar sein?

5 Für einen Rundwanderweg im Wald sollen zwei Schutzhütten mit einem geraden Weg verbunden werden. Von der Gaststätte „Wilder Eber" erreicht man die Schutzhütten auf geraden Wegen, die 4,3 km bzw. 3,4 km lang sind. Die Wege schließen einen Winkel von 38° ein. Wie lang wird der Rundweg nach Fertigstellung des Verbindungsweges sein?

6 Berechne die fehlenden Winkel im Dreieck *ABC*. Bestimme mindestens den ersten Winkel mit dem Kosinussatz.

a) $a = 8{,}2\,\text{cm}$, $b = 4{,}4\,\text{cm}$, $c = 9{,}7\,\text{cm}$
b) $a = 12{,}5\,\text{m}$, $b = 14{,}3\,\text{m}$, $c = 9{,}2\,\text{m}$
c) $a = 6{,}0\,\text{cm}$, $b = 3{,}8\,\text{cm}$, $c = 5{,}4\,\text{cm}$

7 Berechne die Länge der fehlenden Seite, die anderen Winkel, den Umfang und den Flächeninhalt des Dreiecks *ABC*.

a) $b = 4{,}0\,\text{cm}$, $c = 6{,}4\,\text{cm}$, $\alpha = 112°$
b) $a = 8{,}7\,\text{cm}$, $c = 10{,}0\,\text{cm}$, $\beta = 59°$
c) $a = 4{,}8\,\text{cm}$, $b = 8{,}0\,\text{cm}$, $\gamma = 109°$

8 Berechne die fehlenden Seiten- und Diagonalenlängen sowie Winkel im Trapez *ABCD*. Ermittle anschließend den Flächeninhalt.

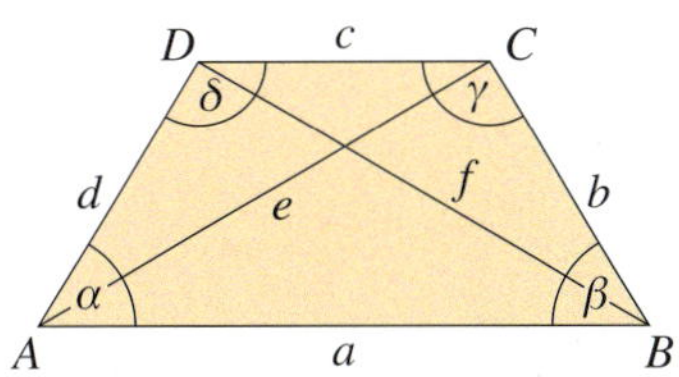

a) $a = 4{,}1\,\text{cm}$, $b = 2{,}3\,\text{cm}$, $c = 0{,}9\,\text{cm}$, $\beta = 81°$
b) $a = 61{,}3\,\text{cm}$, $b = 58{,}2\,\text{cm}$, $c = 19{,}8\,\text{cm}$, $e = 45{,}2\,\text{cm}$

9 Ein Makler verkauft ein Grundstück. Er meint, das Grundstück sei im Mittel 25 m breit und 24 m lang, also 600 m² groß. Da er pro m² 350 € haben möchte, bietet er das Grundstück für 210 000 € an.
Ein Kunde ist skeptisch und misst alle Längen sowie die Diagonale nach. Die Angaben des Maklers stimmen. Ist die Skepsis des Kunden berechtigt? Begründe. Gib nötigenfalls den richtigen Grundstückspreis an.

TIPP
Fertige vor den Berechnungen eine Planfigur an und kennzeichne die gegebenen Werte farbig.

HINWEIS
Mit Hilfe des umgestellten Kosinussatzes kannst du nun auch den Flächeninhalt von unregelmäßigen Dreiecken ermitteln, bei denen drei Seitenlängen gegeben sind.

ZUM WEITERARBEITEN
Warum kann der Satz des Pythagoras als Sonderfall des Kosinussatzes betrachtet werden? Begründe.

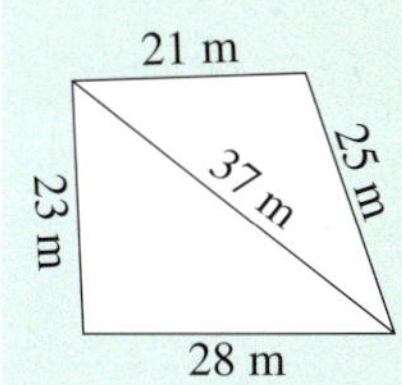

10 Berechne die fehlenden Seitenlängen und Winkel des Dreiecks ABC.

a) $b = 5{,}0\,\text{cm}$; $c = 7{,}4\,\text{cm}$; $\alpha = 69°$
b) $a = 8{,}1\,\text{cm}$; $c = 9{,}5\,\text{cm}$; $\beta = 61°$
c) $a = 3{,}8\,\text{cm}$; $b = 6{,}0\,\text{cm}$; $\gamma = 49°$
d) $b = 65\,\text{dm}$; $c = 39\,\text{dm}$; $\alpha = 37°$

11 Berechne die Winkel des Dreiecks.

a) $a = 7{,}9\,\text{cm}$; $b = 4{,}1\,\text{cm}$; $c = 8{,}9\,\text{cm}$
b) $a = 10{,}3\,\text{cm}$; $b = 6{,}2\,\text{cm}$; $c = 8{,}7\,\text{cm}$
c) $a = 3{,}8\,\text{cm}$; $b = 6{,}9\,\text{cm}$; $c = 5{,}9\,\text{cm}$
d) $a = 4{,}8\,\text{dm}$; $b = 48\,\text{cm}$; $c = 3{,}4\,\text{dm}$

12 Berechne den Flächeninhalt A des Dreiecks ABC mit den jeweils angegebenen Seitenlängen.

a) $a = 5\,\text{cm}$; $b = 6\,\text{cm}$; $c = 4\,\text{cm}$
b) $a = 7{,}5\,\text{cm}$; $b = 5{,}5\,\text{cm}$; $c = 6{,}5\,\text{cm}$
c) $a = 8{,}0\,\text{cm}$; $b = 3{,}5\,\text{cm}$; $c = 8{,}9\,\text{cm}$
d) $a = 9{,}0\,\text{cm}$; $b = 13{,}0\,\text{cm}$; $c = 5{,}9\,\text{cm}$

13 Von einem Dorf gelangt man auf zwei geradlinigen Wegen jeweils zu einer kleinen Badestelle an einem nahe gelegenen Waldsee. Die beiden Wege führen in einem Winkel von 46° auseinander. Jonas ist beide Wege schon gegangen und hat dabei seine Schritte gezählt.

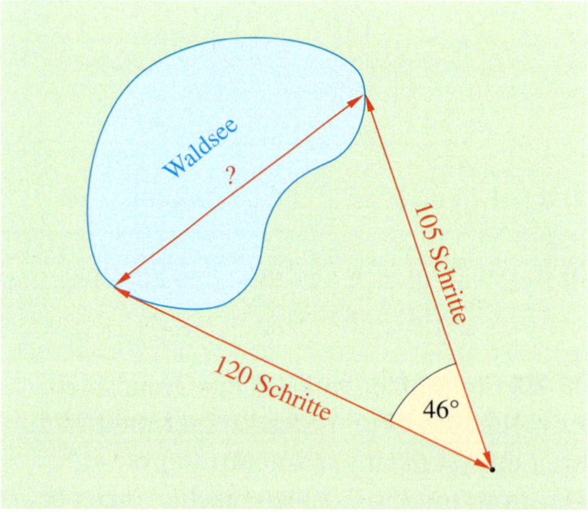

Von der einen Badestelle aus kann man die Badestelle am anderen Ufer sehr gut erkennen. Jonas meint nun, dass die Entfernung zwischen den beiden Badestellen kleiner ist als jeweils die Entfernung zwischen Dorf und Badestelle. Ist sein Eindruck richtig? Begründe.

14 Bei der Sanierung eines Hauses wurde festgestellt, dass der Dachbalken, der den First des Hauses abstützt, morsch ist. Er muss erneuert werden, bevor neue Mieter einziehen können. Welche Länge muss der neue Balken haben?

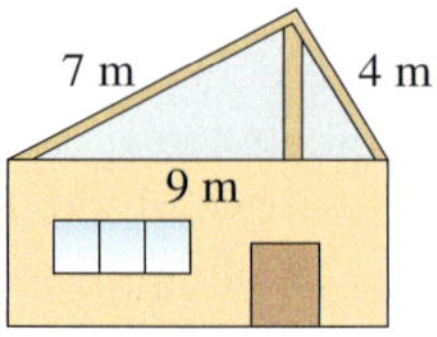

15 Berechne jeweils die fehlenden Seiten- und Diagonalenlängen sowie Winkel in einem Parallelogramm $ABCD$.

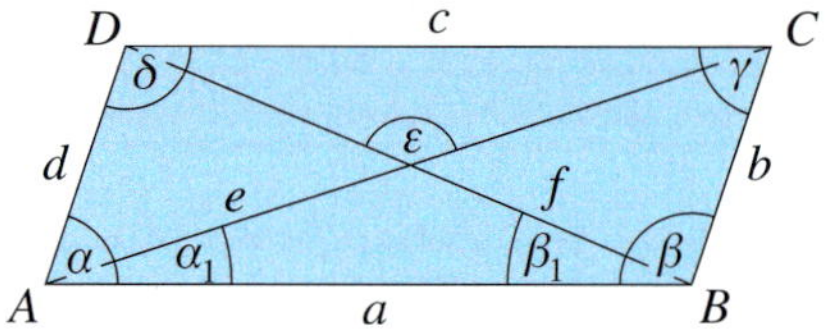

a) $b = 16{,}1\,\text{cm}$; $c = 44{,}2\,\text{cm}$; $\gamma = 99°$
b) $a = 6{,}3\,\text{cm}$; $b = 5{,}1\,\text{cm}$; $e = 9{,}1\,\text{cm}$
c) $a = 23{,}2\,\text{cm}$; $b = 15{,}1\,\text{cm}$; $\alpha = 71°$
d) $a = 9{,}3\,\text{cm}$; $e = 15{,}4\,\text{cm}$; $f = 6{,}3\,\text{cm}$

16 Ein Grundstück soll vermessen werden. Dazu wird das Grundstück von einem Punkt A, der außerhalb des Grundstücks liegt, angepeilt.

Die Vermessung ergibt folgende Werte:

$\overline{AE_1} = 45{,}4\,\text{m}$
$\overline{AE_2} = 35{,}2\,\text{m}$
$\overline{AE_3} = 55{,}9\,\text{m}$
$\overline{AE_4} = 60{,}1\,\text{m}$
$\sphericalangle BAE_1 = 43{,}2°$
$\sphericalangle E_2AB = 45{,}7°$
$\sphericalangle E_3AB = 17{,}1°$
$\sphericalangle BAE_4 = 14{,}9°$

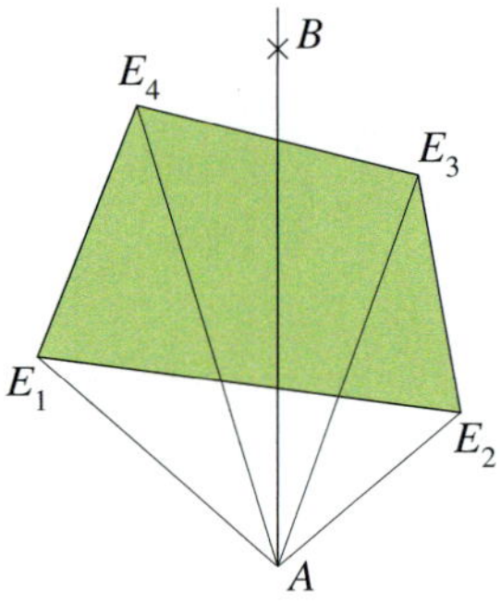

a) Berechne den Umfang und den Flächen-inhalt des Grundstücks.
b) Beschreibe, wie du vorgegangen bist.

17 Ein Dreieck ABC mit der Seite $c = 6\,\text{cm}$ und dem Winkel $\beta = 56°$ hat den Flächeninhalt $A = 15{,}06\,\text{cm}^2$. Bestimme alle fehlenden Seitenlängen und Winkel.

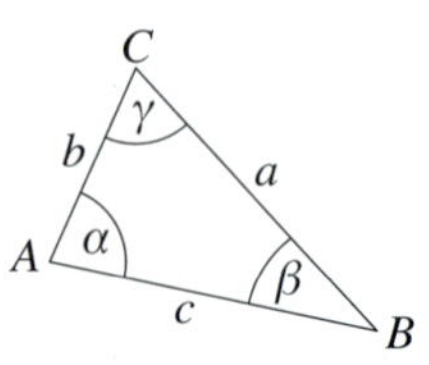

18 Über einen Fluss hinweg wurde von zwei verschiedenen Stellen an der einen Uferseite ein Baum auf der anderen Seite des Ufers angepeilt.
Wie breit ist der Fluss?

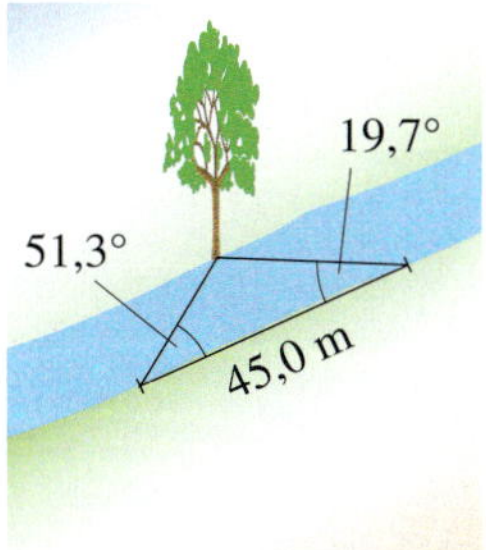

19 Die im Winter auf den Dachflächen liegenden Schneemassen beginnen herunterzurutschen, wenn das Dach in einem Winkel von mehr als 20° geneigt ist.

Der Giebel eines Hauses hat die folgenden Maße: Die Grundseite ist 16 m lang. Die beiden Dachseiten sind 12 m und 6 m lang. Besteht für dieses Haus die Gefahr einer Dachlawine?

20 Berechne die fehlenden Winkel und Seitenlängen der Dreiecke.

a)
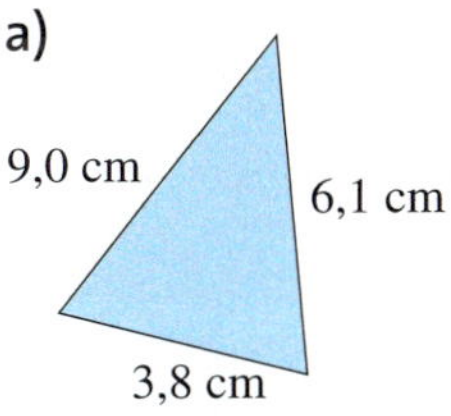

b)
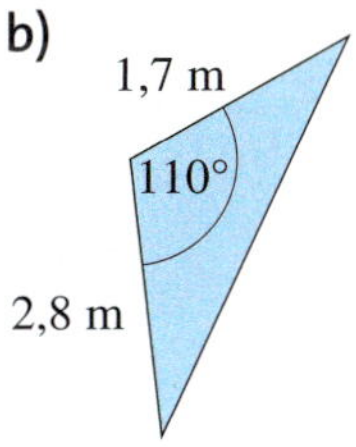

c)
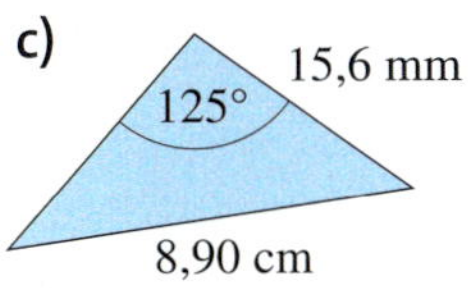

d)
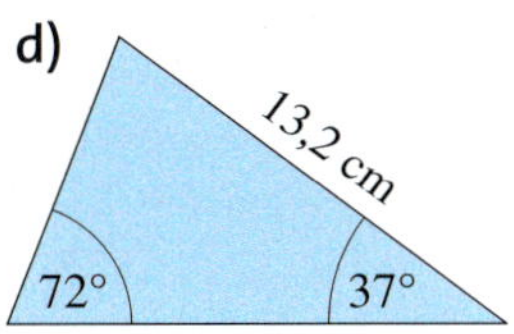

21 In einem Landschaftspark soll eine Brücke über einen See gebaut werden.
Mit Hilfe der angegebenen Messwerte wird der Abstand der Peilstäbe berechnet.

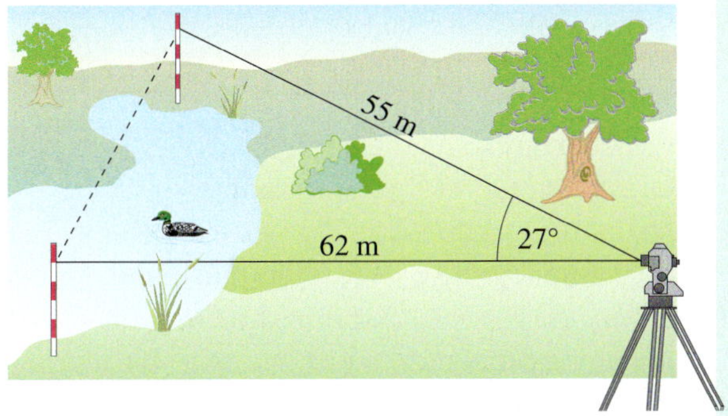

Welche Länge überspannt die fertige Brücke?
Beschreibe dein Vorgehen.

22 Das Bermudadreieck ist ein Seegebiet im westlichen Atlantik. Es wurde durch mysteriöse Vorfälle bekannt. Seit Jahrhunderten sollen in diesem Dreieck ungewöhnlich viele Schiffe und Flugzeuge spurlos verschwunden sein.
Die Eckpunkte des Dreiecks werden durch Miami in Florida, San Juan in Puerto Rico und die Bermudainseln gebildet.

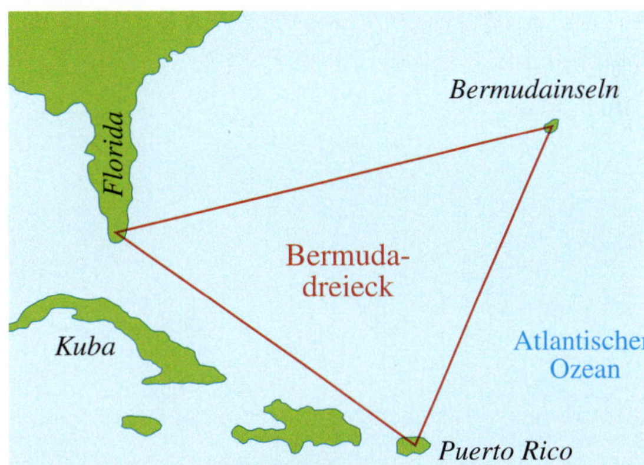

Miami ist 1600 km von den Bermudainseln entfernt. Die Bermudainseln liegen in einer Entfernung von 1500 km von Puerto Rico. Der Winkel bei den Bermudainseln hat eine Größe von 45,4°.

a) Wie groß ist die Entfernung zwischen Miami und Puerto Rico?
b) Berechne die Fläche des Bermudadreiecks.
c) Informiere dich im Internet über das Bermudadreieck.

SCHON GEWUSST?
Dachlawinen können eine Gefahr für Menschen und Gegenstände werden, wenn bei Tauwetter der Schnee vom Dach herunterrutscht. Die Wärme vom Hausinneren kann auch zum Ablösen eines Schneebretts führen.

Treppenbau

In vielen Gebäuden findet man dekorative Holztreppen, die in die einzelnen Etagen führen. Oftmals sind diese Treppen Einzelstücke und sie wurden nach den Wünschen des Bauherren oder gemäß der baulichen Gegebenheiten angefertigt.
Die ersten Entwürfe zum Treppenverlauf fertigt der Architekt an. Er plant die Raumhöhe und legt fest, wo die Treppe enden soll. Dort wird ein Ausschnitt in die Geschossdecke eingepasst.
Eine Treppenstufe aus Holz ist ca. 45 mm dick. Verläuft die Treppe entlang einer geraden Strecke, so sind die Stufen rechteckig. Entlang einer Biegung, einer sogenannten Wendelung, können die Stufen unterschiedliche Grundflächen haben. Meist sind es Trapeze oder allgemeine Vier- und n-Ecke.

Die Treppe muss genau in das Gebäude eingepasst werden. Da beim Bau Unregelmäßigkeiten auftreten können, kann sich der Treppenbauer nicht allein auf die Planskizze des Architekten verlassen. Er misst mit Hilfe eines Lasermessgerätes den Abstand von drei Punkten zueinander und errechnet aus den Werten die zugehörigen Winkel. Zur Berechnung der Winkel wendet er den Kosinussatz an.

Nachdem die tatsächlichen Maße bestimmt wurden, wird mit Hilfe eines Computerprogramms die Treppe entworfen.

①

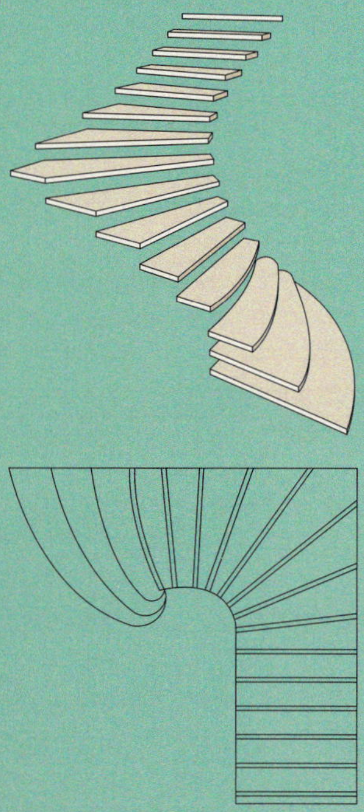

②

1 Um die tatsächlichen Maße für die Treppe zu ermitteln, wurden drei Messpunkte gekennzeichnet und angepeilt. Die Messwerte sind in der Skizze angegeben.
Prüfe anhand der Messwerte, ob der geplante rechte Winkel tatsächlich 90° beträgt.

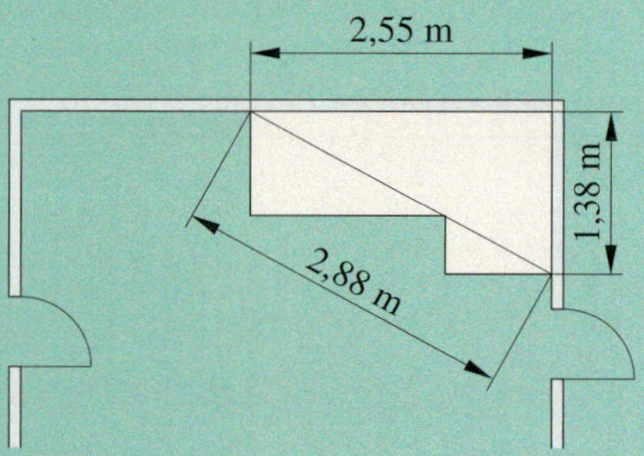

2 In einem Einfamilienhaus soll eine Holztreppe vom Erdgeschoss in das erste Obergeschoss führen. Die Treppe verläuft mit einer 90°-Wendelung. Folgende Stufen werden für die Treppen benötigt:

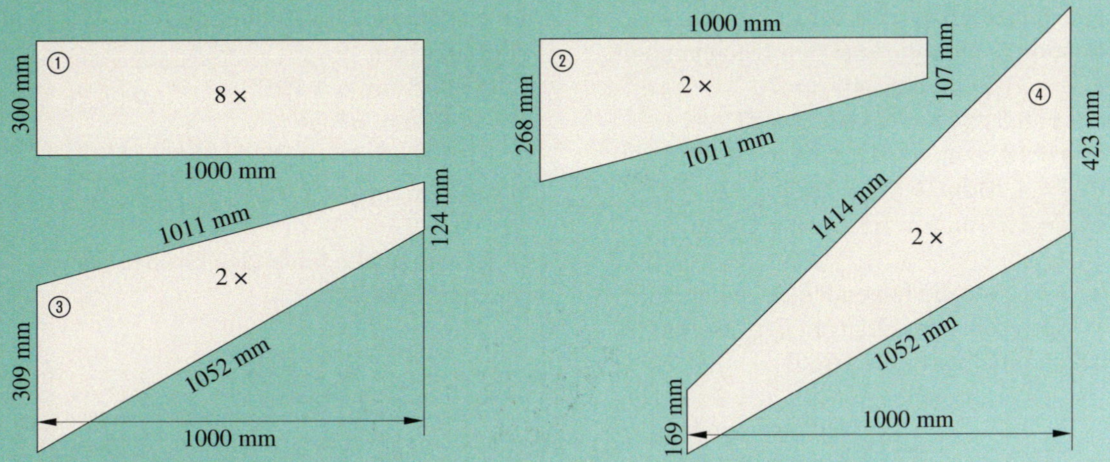

a) Berechne den Flächeninhalt der Vierecke ① bis ④.

b) Die Stufen sollen aus 45 mm dicken Buchenholzplatten angefertigt werden. Wie hoch sind die Materialkosten für alle Treppenstufen, wenn 1 m^3 Buchenholz 2200 € kostet?
Berechne zunächst das Volumen der einzelnen Stufentypen.

c) Vor der Auslieferung der Treppe muss die Transportmasse berechnet werden. Die Dichte von Buchenholz beträgt $650\,\frac{kg}{m^3}$.
Wie groß ist die Transportmasse aller 14 Treppenstufen?

d) Zum Schutz des Holzes werden die Stufen lackiert. Pro m^2 Oberfläche rechnet man mit ca. 160 g Nasslack. Wie viel kg Nasslack werden für die Stufen benötigt, wenn der Lack in zwei Schichten aufgetragen wird?

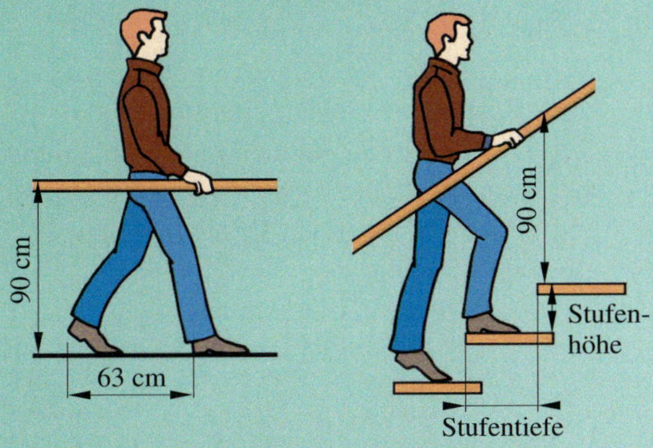

Treppen sollen sicher und bequem begehbar sein. Daher muss beim Bau der Treppe die Schrittlängenregel beachtet werden. Eine Treppe wird als angenehm empfunden, wenn die Summe aus doppelter Stufenhöhe und Stufentiefe unserer Schrittlänge entspricht. Die Schrittlänge eines Erwachsenen beträgt je nach Körpergröße 59 cm bis 65 cm.

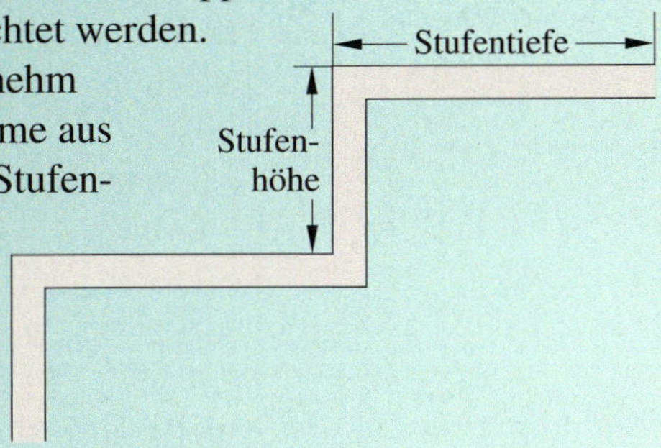

Für die Schrittlängenregel gilt: $59\,cm \leq 2 \cdot \text{Stufenhöhe} + \text{Stufentiefe} \leq 63\,cm$

3 Eine übliche Stufenhöhe beträgt 17 cm, die zugehörige Stufentiefe 29 cm.

a) Gebt drei weitere Beispiele für Treppen an, die nach der Schrittlängenregel bequem begehbar sind. Wählt dazu jeweils unterschiedliche Werte für Stufenhöhe und Stufentiefe. Diskutiert untereinander, ob wirklich jede dieser Treppen bequem begehbar ist.

b) Untersucht verschiedene Treppen in eurer Umgebung. Messt jeweils Stufenhöhe und Stufentiefe und prüft, ob die Schrittlängenregel berücksichtigt wurde.
Empfindet ihr die jeweilige Treppe als bequem begehbar?

Vermischte Übungen

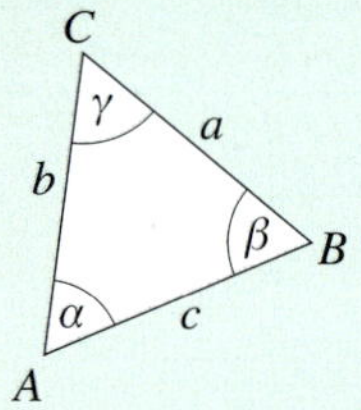

1 Berechne alle fehlenden Seitenlängen und Winkelgrößen im Dreieck ABC. Bestimme anschließend den Flächeninhalt.

a) $a = 31{,}3\,\text{cm}$, $\alpha = 34°$, $\beta = 70°$
b) $c = 8{,}5\,\text{cm}$, $a = 6{,}3\,\text{cm}$, $\beta = 57°$
c) $a = 10{,}3\,\text{cm}$, $b = 12{,}4\,\text{cm}$, $\beta = 68°$
d) $a = 4{,}30\,\text{dm}$, $b = 7{,}8\,\text{cm}$, $\gamma = 92°$
e) $a = 1{,}20\,\text{m}$, $b = 1{,}35\,\text{m}$, $c = 90\,\text{cm}$

2 Berechne die fehlenden Seitenlängen, Winkelgrößen und Längen der Diagonalen des Parallelogramms $ABCD$.

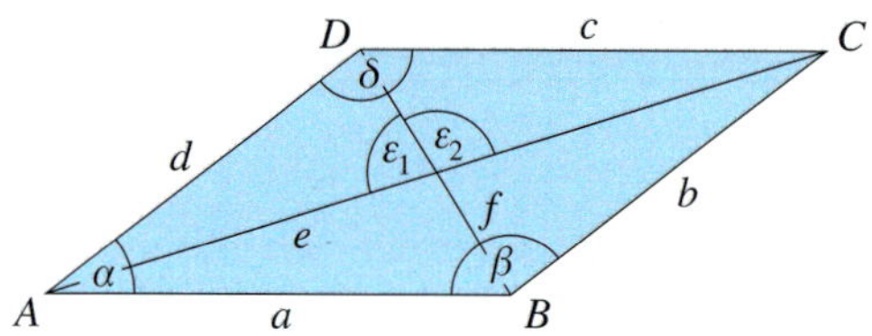

a) $a = 12{,}0\,\text{cm}$, $b = 8{,}5\,\text{cm}$, $\varepsilon = 14{,}5\,\text{cm}$
b) $e = 10{,}4\,\text{cm}$, $f = 7{,}2\,\text{cm}$, $\varepsilon_1 = 65°$
c) $a = 2{,}3\,\text{cm}$, $e = 2{,}6\,\text{cm}$, $\alpha = 38{,}5°$
d) $d = 7{,}5\,\text{cm}$, $f = 8{,}3\,\text{cm}$, $\delta = 104°$

TIPP
Formeln können mit Hilfe von Äquivalenz-Umformungen nach der gesuchten Größe umgestellt werden.

3 Von den Größen a, b, α und A eines Parallelogramms sind jeweils drei gegeben. Bestimme die vierte Größe.
Fertige hierzu eine Skizze an, indem du ein Parallelogramm $ABCD$ in dein Heft zeichnest und a, b und α farbig kennzeichnest.

a) $a = 6{,}2\,\text{cm}$, $b = 9{,}4\,\text{cm}$, $\alpha = 71{,}4°$
b) $A = 84\,\text{cm}^2$, $a = 10{,}3\,\text{cm}$, $\alpha = 43{,}7°$
c) $A = 15{,}4\,\text{m}^2$, $b = 3{,}3\,\text{m}$, $\alpha = 108{,}2°$
d) $A = 20{,}5\,\text{cm}^2$, $a = 8{,}5\,\text{cm}$, $b = 4{,}2\,\text{cm}$

078-1
BEACHTE
Über dem Webcode findest du ein dynamisches Arbeitsblatt, mit dem du arbeiten kannst.

4 Arbeitet in Gruppen. Untersucht mit Hilfe einer dynamischen Geometrie-Software verschiedene Rauten mit
① gleichem Winkel α und
② gleicher Seitenlänge a.

a) Wovon hängt der Flächeninhalt einer Raute ab?
b) Versucht mit Hilfe eurer Kenntnisse über Trigonometrie eine möglichst einfache Formel für den Flächeninhalt einer Raute zu finden.

5 Berechne von der Raute $ABCD$ die markierten Größen und den Flächeninhalt.

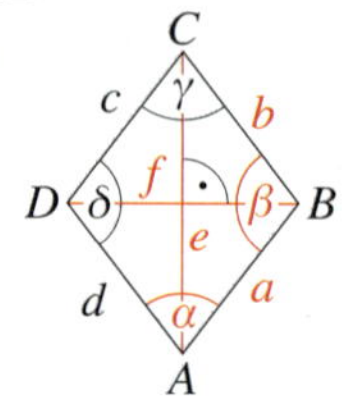

a) $a = 10{,}5\,\text{cm}$, $\alpha = 105°$
b) $b = 4{,}3\,\text{cm}$, $\beta = 56°$
c) $A = 64\,\text{cm}^2$, $a = 8\,\text{cm}$
d) $e = 12{,}6\,\text{cm}$, $f = 7{,}4\,\text{cm}$

6 Berechne alle fehlenden Größen des Drachens $ABCD$.

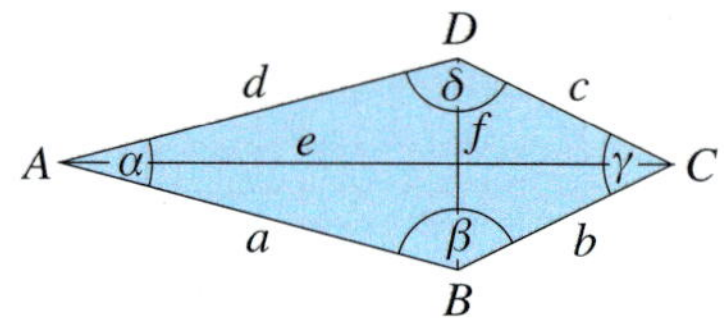

a) $a = 9{,}4\,\text{cm}$, $f = 5\,\text{cm}$, $\beta = 116°$
b) $c = 8{,}7\,\text{cm}$, $e = 13{,}9\,\text{cm}$, $\delta = 125°$
c) $e = 11{,}4\,\text{cm}$, $f = 3{,}8\,\text{cm}$, $\alpha = 42°$

7 Rick baut für seinen Bruder einen Drachen. Dafür nutzt er je zwei 50 cm und 80 cm lange Leisten und eine 75 cm lange Querstrebe.

a) Wie lang muss die Längsstrebe des Drachens sein?
b) Wie viel Papier benötigt er mindestens zum Bespannen des Drachens?
c) Der Drachen ist an einer 34 m langen Schnur befestigt. Rick, der 18 m von seinem Bruder entfernt steht, sieht den Drachen genau über sich fliegen.
Wie hoch fliegt der Drachen?

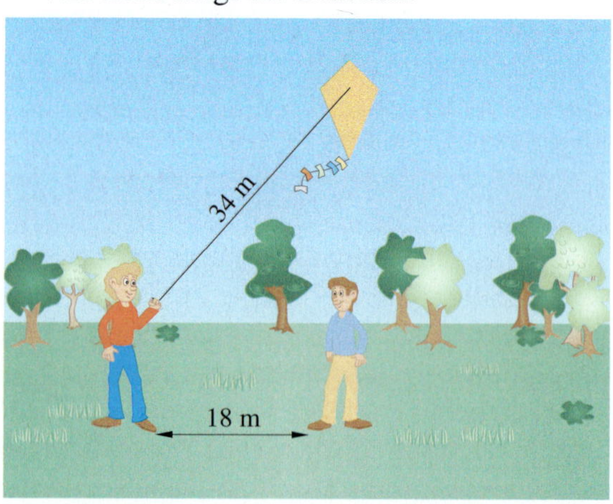

8 Berechne alle fehlenden Größen sowie den Flächeninhalt des Vierecks *ABCD*. Beachte, dass die Innenwinkel durch die Diagonalen in Teilwinkel, z. B. $\beta = \beta_1 + \beta_2$, zerlegt werden.

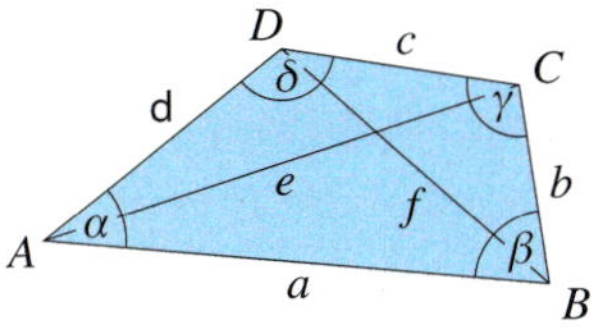

a) $a = 6\,\text{cm}$, $b = 9\,\text{cm}$, $c = 15\,\text{cm}$, $d = 12\,\text{cm}$, $\alpha = 121{,}9°$
b) $a = 6{,}00\,\text{cm}$, $b = 3{,}86\,\text{cm}$, $d = 3{,}00\,\text{cm}$, $e = 2{,}80\,\text{cm}$, $\alpha = 136{,}4°$
c) $a = 5{,}8\,\text{cm}$, $d = 3{,}9\,\text{cm}$, $\alpha = 100{,}6°$, $\beta = 109{,}2°$, $\delta = 87{,}4°$

9 Auf einer ebenen Straße werden zwei Punkte *A* und *B* im Abstand von 200 m markiert. Von dort wird jeweils die Spitze eines Berges angepeilt.

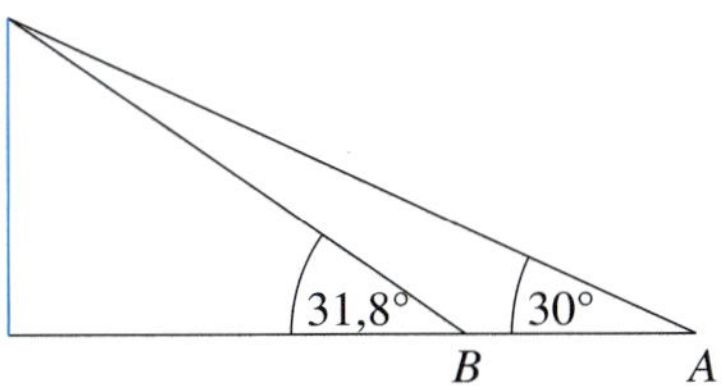

Wie hoch ist der Berg, wenn die Straße 172 m über dem Meeresspiegel verläuft?

10 Ein beliebtes Urlaubsziel ist die Insel Teneriffa mit dem hoch aufragenden Vulkan Pico de Teide.
Ein Segler sieht den Berg unter einem Höhenwinkel von 21,9°. Eine Seemeile weiter misst er nochmals und ermittelt einen Höhenwinkel von 26,7°.
Ermittle aus diesen Angaben die Höhe des Pico de Teide. Vergleiche anschließend mit der Angabe im Atlas. Womit kann man eventuelle Unterschiede erklären? Diskutiert darüber in der Klasse.

11 Berechne alle fehlenden Größen des gleichschenkligen Trapezes *ABCD*.

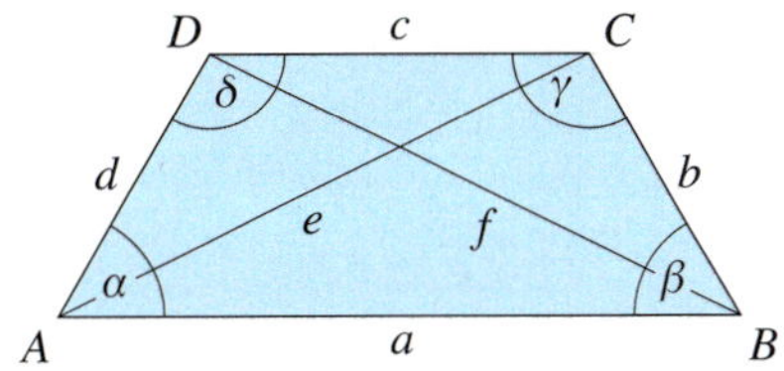

a) $a = 9{,}5\,\text{cm}$, $b = 5{,}2\,\text{cm}$, $\alpha = 71{,}4°$
b) $c = 4{,}5\,\text{cm}$, $\gamma = 112°$, $f = 6{,}3\,\text{cm}$
c) $b = 3{,}4\,\text{m}$, $c = 3{,}8\,\text{m}$, $\gamma = 98{,}8°$
d) $b = 0{,}60\,\text{m}$, $c = 82\,\text{cm}$, $\alpha = 63°$

12 Das Ende einer Markise ist an einem 1,20 m langen Stützarm befestigt. Der Stützarm ist 1,30 m unterhalb der eingerollten Markise in der Wand verankert.
Beim Ausrollen der Markise fällt der Stützarm bis er einen maximalen Winkel von 70° mit der Wand bildet.
a) Wie weit lässt sich die Markise ausrollen?
b) Wie groß ist der Winkel zwischen dem Stützpfeiler und dem senkrechten Pfeiler, wenn 1 m der Markise ausgerollt sind?

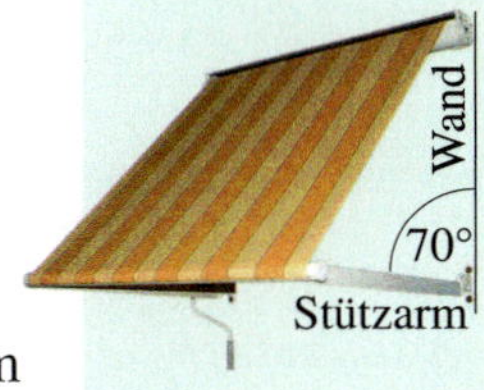

13 Herr Schmidt baut sich einen neuen Schuppen mit unterschiedlichen Dachneigungen. Der Schuppen ist 7,0 m lang und 5,2 m breit.

Wie lang müssen die Dachsparren sein, wenn sie an beiden Seiten jeweils 60 cm überstehen?
Ein Quadratmeter Dachziegel kostet 30 €. Mit welchen Materialkosten muss Herr Schmidt für das Eindecken des Daches rechnen?

HINWEIS
Eine Seemeile (sm) oder auch nautische Meile entspricht 1852 m.

14 Für eine Tür sollen vom Glaser Fensterscheiben angefertigt werden.

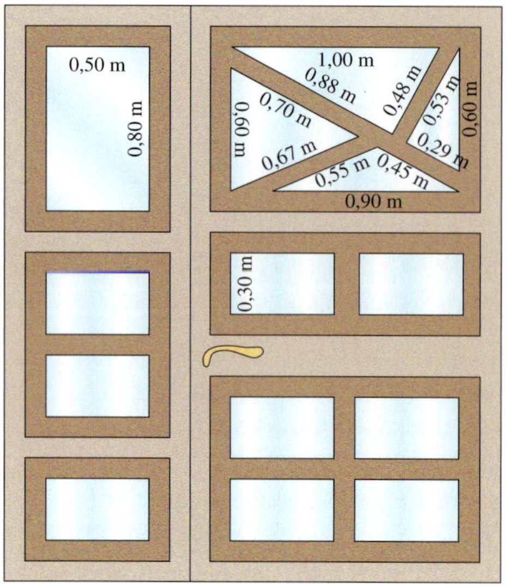

a) Benenne die Formen der einzelnen Glasflächen.

b) Der Glaser macht dem Fensterbauer einen Kostenvoranschlag. Pro m^2 zugeschnittenes Glas berechnet er 45,55 €.
Wie teuer wird das Glas für die Tür, wenn auch noch die Mehrwertsteuer in Höhe von 19 % berücksichtigt werden muss?

HINWEIS
Überlege bei Prozentaufgaben genau, was als Grundwert eingesetzt wird.

ZUM WEITERARBEITEN
Was versteht man unter einer Mehrwertsteuer? Wie hoch ist sie in Deutschland und anderen Ländern? Nutze dazu das Internet.

15 Ein bekannter Küchenhersteller verarbeitet in seinen Produkten 1,2 m lange Leisten mit dreieckigem Querschnitt.

a) Berechne das Volumen der Leiste. Beschreibe, wie du die Grundfläche der Leiste berechnest.

b) Der Küchenhersteller erhält vom Händler eine Ladung mit 1500 Leisten.
Die Leisten bestehen aus Spanplatten mit einer Dichte von $\varrho \approx 0{,}65\,\frac{\text{g}}{\text{cm}^3}$.
Welche Masse hat die gesamte Ladung?

c) Die beiden größeren Seitenflächen werden mit Furnier beklebt.
Wie viel m^2 Furnier wird für die 1500 Leisten benötigt?

TIPP
Die Leiste hat die Form eines dreiseitigen Prismas.

16 Berechne den Flächeninhalt des Drachens. Verwende dabei die Eigenschaften von Drachenvierecken.

17 Herr Winkler möchte in seinem neu erbauten Haus überprüfen, ob die Ecken seines Wohnzimmers tatsächlich rechtwinklig sind. Dafür hat er nur ein Maßband zur Verfügung

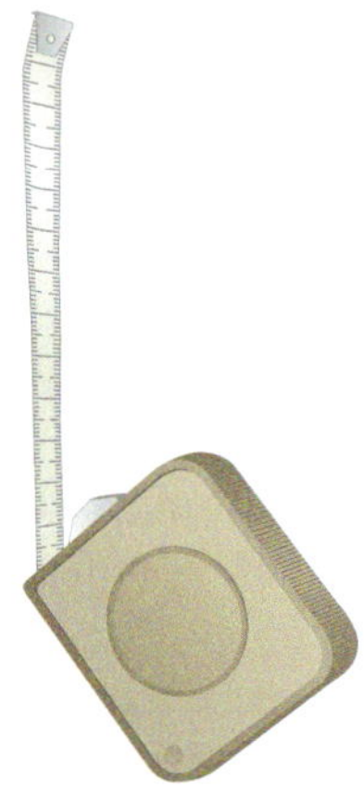

a) Versucht Möglichkeiten zu finden, wie Herr Winkler vorgehen könnte. Stellt eure Ergebnisse in der Klasse vor.

b) Überprüft selbst die Ecken eures Klassenraums auf rechte Winkel.

18 Der abgebildete Parkplatz soll bis zum Fluss hin erweitert werden.

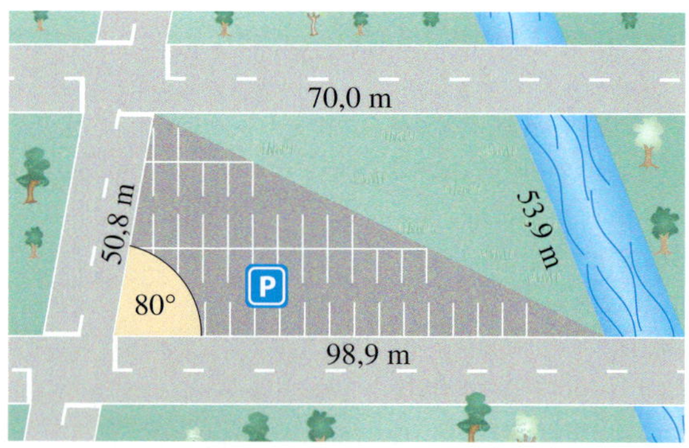

a) Wie viel m^2 umfasst die Parkfläche nach der Erweiterung?

b) Um wie viel % vergrößert sich die Parkfläche?

c) 58 % der gesamten Parkfläche stehen für Pkw-Stellplätze zur Verfügung. Pro Pkw ist eine Stellfläche von 2,5 m × 5,0 m vorgesehen. Wie viele Pkw können auf dem neuen Parkplatz maximal parken?

Teste dich!

a

1 Konstruiere das Dreieck *ABC* und miss die fehlenden Seitenlängen und Winkelgrößen. Kontrolliere mit Hilfe einer Rechnung.
a) $a = 6{,}0\,\text{cm}$, $c = 8{,}5\,\text{cm}$, $\beta = 61°$
b) $c = 5{,}5\,\text{cm}$, $\alpha = 104°$, $\beta = 24°$

2 Berechne den Flächeninhalt des Parallelogramms *ABCD*.

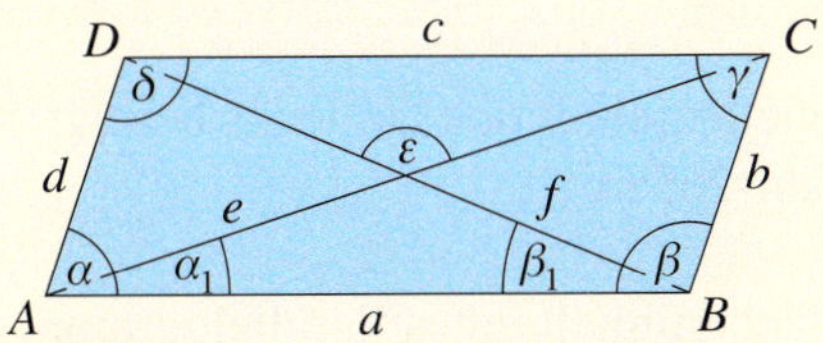

a) $b = 8{,}5\,\text{cm}$, $c = 12{,}0\,\text{cm}$, $\alpha = 39°$
b) $c = 18{,}0\,\text{cm}$, $d = 9{,}8\,\text{cm}$, $e = 24{,}0\,\text{cm}$
c) $e = 11\,\text{cm}$, $f = 5\,\text{cm}$, $\varepsilon = 104°$

3 Berechne die fehlenden Seitenlängen, Winkelgrößen und den Flächeninhalt des Dreiecks *ABC*.
a) $a = 6\,\text{cm}$, $b = 7\,\text{cm}$, $\alpha = 28°$
b) $a = 7{,}0\,\text{cm}$, $b = 5{,}5\,\text{cm}$, $\beta = 41°$
c) $c = 28\,\text{cm}$, $\beta = 38°$, $\gamma = 82°$
d) $a = 18\,\text{cm}$, $b = 20\,\text{cm}$, $c = 25\,\text{cm}$

b

1 Konstruiere das Dreieck *ABC* und miss die fehlenden Seitenlängen und Winkelgrößen. Kontrolliere mit Hilfe einer Rechnung.
a) $a = 6{,}3\,\text{cm}$, $\gamma = 53°$, $\beta = 76°$
b) $a = 5{,}4\,\text{cm}$, $b = 7{,}8\,\text{cm}$, $c = 4\,\text{cm}$

2 Berechne den Flächeninhalt des Drachenvierecks *ABCD*.

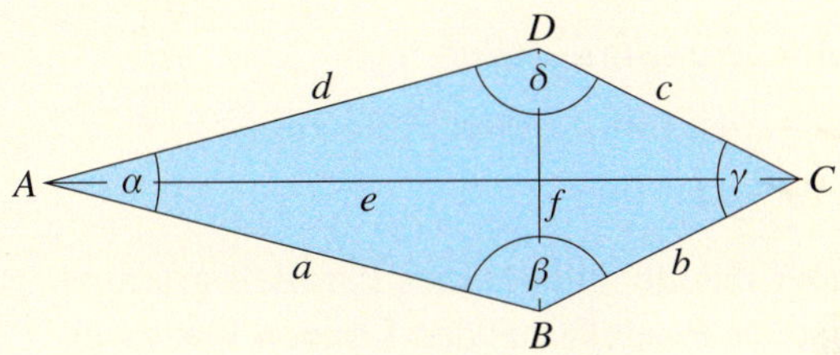

a) $c = 4{,}6\,\text{cm}$, $e = 12{,}6\,\text{cm}$, $\alpha = 42{,}6°$
b) $b = 2{,}4\,\text{cm}$, $d = 5{,}2\,\text{cm}$, $e = 6\,\text{cm}$
c) $d = 0{,}30\,\text{m}$, $c = 1{,}2\,\text{dm}$, $\gamma = 112°$

3 Berechne die fehlenden Seitenlängen, Winkelgrößen und den Flächeninhalt des Dreiecks *ABC*.
a) $b = 13{,}4\,\text{cm}$, $c = 8{,}3\,\text{cm}$, $\beta = 76{,}5°$
b) $a = 0{,}60\,\text{m}$, $c = 75\,\text{cm}$, $\beta = 102{,}5°$
c) $a = 13{,}0\,\text{cm}$, $b = 14{,}4\,\text{cm}$, $c = 21{,}8\,\text{cm}$
d) $A = 105{,}4\,\text{cm}^2$, $a = 12{,}5\,\text{cm}$, $\beta = 28{,}6°$

4 In der Zeichnung ist die Fassade eines Hauses zu sehen.
a) Wie groß sind die Neigungswinkel α und β des Daches?
b) Die Fassade soll neu gestrichen werden.
Pro m^2 Wandfläche werden 0,4 l Farbe verbraucht.
Wie viel Farbe wird für die gesamte Fassade benötigt?

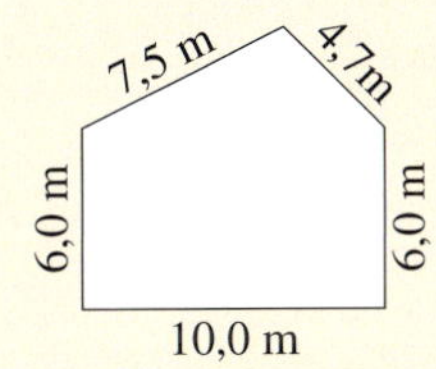

5 Der Besitzer eines Autohauses möchte ein dreieckiges Eckgrundstück als Ausstellungsfläche nutzen.
Der Mietpreis beträgt jährlich 5,75 € pro m^2.
Der Autohausbesitzer schließt zunächst einen Mietvertrag über $1\frac{1}{2}$ Jahre ab.
Wie viel Miete muss er für die $1\frac{1}{2}$ Jahre zahlen?

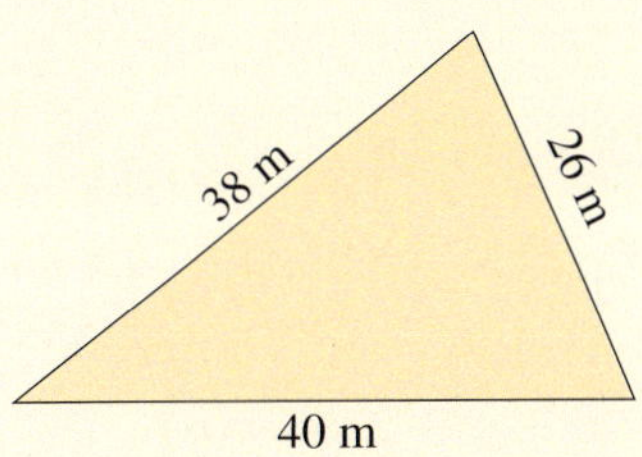

Gold: 21 – 19 Punkte, Silber: 18 – 16 Punkte, Bronze: 15 – 13 Punkte

Punkteverteilung		
Aufgabe	a	b
1	4	5
2	3	4
3	4	5
4	3	
5	4	

HINWEIS
Brauchst du noch Hilfe, so findest du auf den angegebenen Seiten ein Beispiel oder eine Anregung zum Lösen der Aufgaben. Überprüfe deine Ergebnisse mit den Lösungen auf Seite 193.

Aufgabe	Seite
1	64
2	64
3	68
4	72
5	72

Zusammenfassung

→ Seite 64

Flächeninhalte von Dreiecken und Vielecken

Ist die Höhe eines Dreiecks bekannt, so kann der Flächeninhalt des Dreiecks mit Hilfe folgender Formel berechnet werden:

$A = \frac{1}{2}c \cdot h_c$ (bzw. $A = \frac{1}{2}a \cdot h_a$; $A = \frac{1}{2}b \cdot h_b$).

Ist die Höhe des Dreiecks nicht bekannt, so kann diese über trigonometrische Beziehungen berechnet werden.
Somit kann der Flächeninhalt wie folgt bestimmt werden:

$A = \frac{1}{2}bc \cdot \sin a$ oder
$A = \frac{1}{2}ac \cdot \sin\beta$ oder
$A = \frac{1}{2}ab \cdot \sin\gamma$

Der Flächeninhalt eines Parallelogramms ist das Produkt aus den Längen von zwei benachbarten Seiten und dem Sinus eines der vier Winkel.
Es gilt z. B.: $A = a \cdot b \cdot \sin\beta$

Berechne den Flächeninhalt eines Dreiecks mit $b = 6{,}5\,\text{cm}$ und $h_b = 4{,}0\,\text{cm}$.

$A = \frac{1}{2}b \cdot h_b = \frac{1}{2} \cdot 6{,}5\,\text{cm} \cdot 4\,\text{cm} = 13\,\text{cm}$

Der Flächeninhalt beträgt $13\,\text{cm}^2$.

Bestimme den Flächeninhalt eines Dreiecks mit $b = 20\,\text{m}$, $c = 32\,\text{m}$ und $\alpha = 63°$.

$A = \frac{1}{2}bc \cdot \sin\alpha$
$A = \frac{1}{2} \cdot 20\,\text{m} \cdot 32\,\text{m} \cdot \sin 63°$
$A \approx 285{,}1\,\text{m}^2$

Der Flächeninhalt des Dreiecks beträgt ungefähr $285\,\text{m}^2$.

Der Flächeninhalt eines Parallelogramms mit $a = 32\,\text{m}$, $b = 8\,\text{m}$ und $\beta = 80°$ ist gesucht.
$A = ab \cdot \sin\beta = 32\,\text{m} \cdot 8\,\text{m} \cdot \sin 80°$
$\approx 252{,}1\,\text{m}^2$
Der Flächeninhalt des Parallelogramms beträgt ungefähr $252\,\text{m}^2$.

→ Seite 68

Der Sinussatz

In jedem Dreieck sind die Quotienten aus einer Seitenlänge und dem Sinuswert des gegenüberliegenden Winkels gleich groß.

Es gilt:
$\frac{a}{\sin\alpha} = \frac{b}{\sin\beta} = \frac{c}{\sin\gamma}$

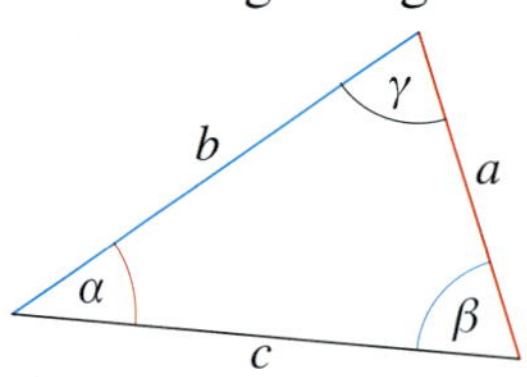

Ein Zimmermann berechnet die Sparrenlänge a einer Dachgaube mit dem Sinussatz.
gegeben: $b = 1{,}4\,\text{m}$, $\alpha = 45°$, $\beta = 40°$

$\frac{a}{\sin\alpha} = \frac{b}{\sin\beta}$

$\frac{a}{\sin 45°} = \frac{1{,}40\,\text{m}}{\sin 40°}$ $\quad | \cdot \sin 45°$

$a = \frac{1{,}40\,\text{m} \cdot \sin 45°}{\sin 40°}$

$a \approx 1{,}54\,\text{m}$

Die Sparrenlänge beträgt ungefähr 1,54 m.

→ Seite 72

Der Kosinussatz

In jedem Dreieck ABC gilt:
$a^2 = b^2 + c^2 - 2bc \cdot \cos\alpha$
$b^2 = a^2 + c^2 - 2ac \cdot \cos\beta$
$c^2 = a^2 + b^2 - 2ab \cdot \cos\gamma$

Berechne die Länge der Seite c des Dreiecks ABC mit $a = 4\,\text{cm}$, $b = 6\,\text{cm}$, $\gamma = 48°$.
$c^2 = a^2 + b^2 - 2ab \cdot \cos\gamma$
$c^2 = 4^2 + 6^2 - 2 \cdot 4 \cdot 6 \cdot \cos 48°$
$c^2 \approx 19{,}88$; also $c \approx 4{,}5$
Die Seite c ist ca. 4,5 cm lang.

Potenzen und Potenzfunktionen

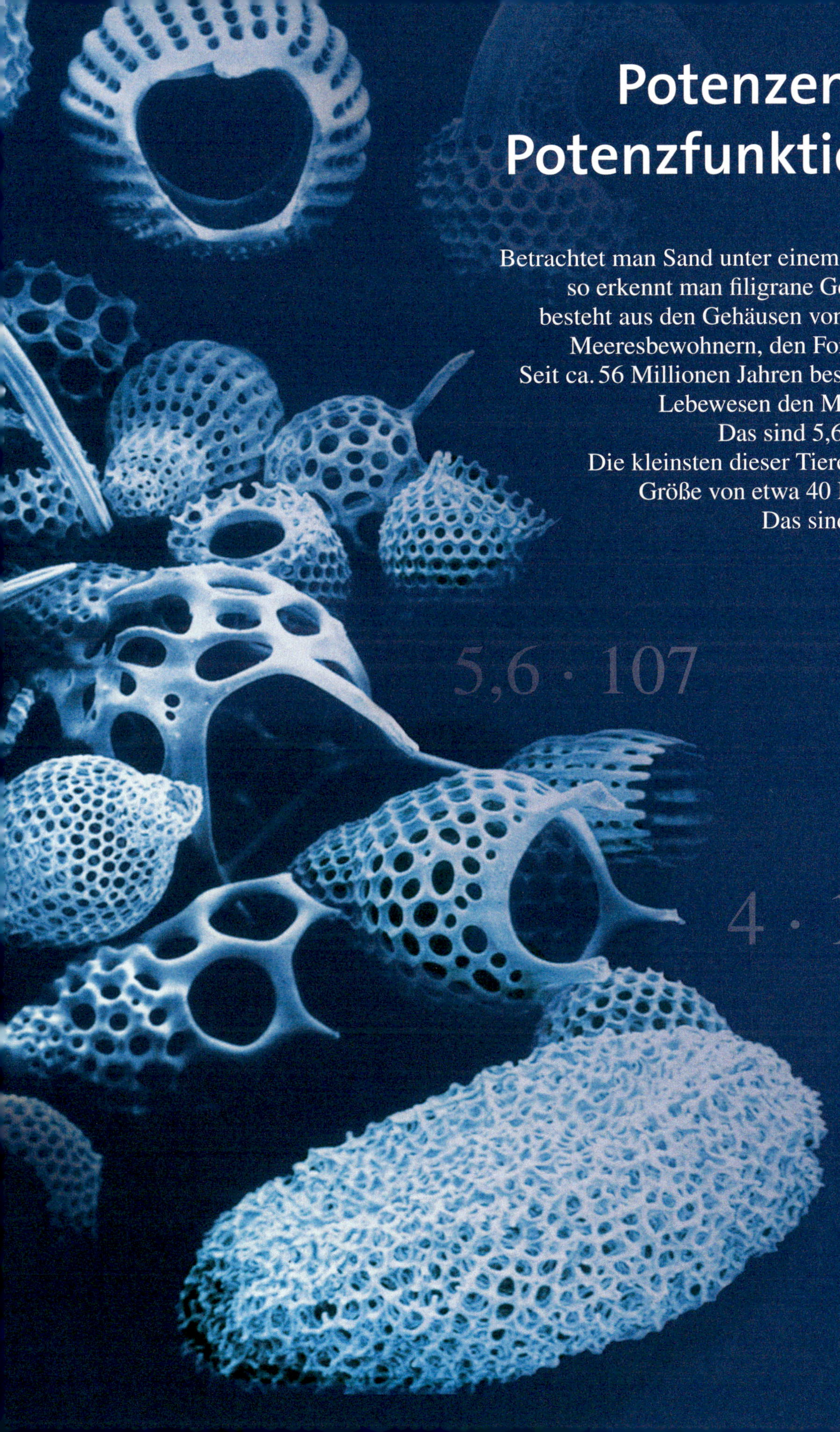

Betrachtet man Sand unter einem Mikroskop, so erkennt man filigrane Gebilde. Sand besteht aus den Gehäusen von einzelligen Meeresbewohnern, den Foraminiferen. Seit ca. 56 Millionen Jahren besiedeln diese Lebewesen den Meeresboden. Das sind $5{,}6 \cdot 10^7$ Jahre. Die kleinsten dieser Tiere haben eine Größe von etwa 40 Mikrometer. Das sind $4 \cdot 10^{-5}$ m.

Noch fit?

1 Zeichne das Schrägbild eines Würfels mit der Kantenlänge $a = 3\,\text{cm}$.

a) Welche Zeichenvorschriften gelten für Schrägbilder? Notiere sie.
b) Berechne das Volumen des Würfels.
c) Wie lang sind alle Kanten zusammen?

2 Berechne geschickt ohne Taschenrechner.

a) $2 \cdot 47 \cdot 50 =$
b) $8 \cdot 40 \cdot 125 \cdot 25 =$
c) $250 \cdot 17 \cdot 40 \cdot 2 =$
d) $36 \cdot 25 : 9 =$
e) $625 \cdot 8 : 5 : 5 =$
f) $600 \cdot 15 : 12 =$

3 Vereinfache die Terme durch Ausklammern.

a) $ab + ac + a^2 + a^2bc$
b) $x^2y^2z + xyz^2$
c) $35xy + 7xz + 42xyz$
d) $7{,}5ab + 3ac - 9bc$
e) $\frac{1}{3}x^2y + \frac{2}{6}x^2y^2$
f) $144uv^2 - 12u^2v - 72uv^2$

4 Ergänze die Wertetabellen.

a)

x	0,1	1		2			12,5
$f(x) = x^2$			2,89		30,25	121	

b)

x	0,001	2,7			10,1	100,1	1000,01
$f(x) = 2{,}7x$			22,95	24,3027			

c)

x	1	5	6				
$f(x) = 2{,}5x^2$				140,625	250	1000	1210

d)

x	1	2				7,1	
$f(x) = 2{,}5x + 4$			11,5	15,25	18		29

5 Löse die folgenden quadratischen Gleichungen.

a) $x^2 + 0{,}4x = 5{,}25$
b) $x^2 + 5{,}2x = -2{,}35$
c) $2x^2 + 132x = -2178$

6 Subtrahiert man von einer Zahl x die Zahl 4 und multipliziert diese Differenz mit der Zahl x, so erhält man 12. Gib x an.

7 Addiert man zu einer Zahl x die Zahl 6 und multipliziert die Summe mit dem Vierfachen der Zahl, so erhält man 288. Wie lautet x?

8 Quadriert man eine Zahl und addiert dazu 3, erhält man 147. Welche Zahl ist gemeint?

Kurz und knapp

1. Bei Verdopplung der Seitenlänge eines Quadrates … sich der Flächeninhalt.
2. Das Kommutativgesetz ist gültig bei …
3. Das Distributivgesetz lautet …
4. Eine Zahl quadrieren heißt …
5. Bei einer Funktion wird einem Wert x …
6. Ein Tetraeder ist ein …

Potenzgesetze

Erforschen und Entdecken

1 Jeweils drei gelbe und zwei grüne Kärtchen lassen sich einander zuordnen.

$\frac{6 \cdot 6 \cdot 6 \cdot 6 \cdot 6}{6 \cdot 6 \cdot 6}$ $(a^m)^n$ a^{m+n} 6^{15} 6^8 a^{m-n} $\frac{6^5}{6^3}$ $6^5 \cdot 6^3$

$6 \cdot 6 \cdot 6 \cdot 6 \cdot 6 \cdot 6 \cdot 6 \cdot 6 \cdot 6 \cdot 6 \cdot 6 \cdot 6 \cdot 6 \cdot 6 \cdot 6$ $\frac{a^m}{a^n}$ 6^2

$a^m \cdot a^n$ $(6^5)^3$ $a^{m \cdot n}$ $6 \cdot 6 \cdot 6 \cdot 6 \cdot 6 \cdot 6 \cdot 6 \cdot 6$

a) Findet die 5er-Gruppen. Vergleicht eure Zuordnungen untereinander und begründet eure Entscheidungen.

b) Hinter den drei Paaren mit Variablen stecken Gesetze. Versucht sie mit Hilfe der zugeordneten Beispiele zu erläutern und in eigene Worte zu fassen.

085-1

BEACHTE
Unter dem Webcode befindet sich ein Arbeitsblatt mit den Kärtchen.

2 Berechne mit Hilfe des Taschenrechners. Überprüfe, ob ein „=“ gesetzt werden kann.

① $4^3 \cdot 5^3$ ____ $4 \cdot 5^3$ ② $6^4 \cdot 7^4$ ____ $(6 \cdot 7)^4$ ③ $10^2 \cdot 10^3$ ____ 10^6

④ $2^5 \cdot 3^2$ ____ $(2 \cdot 3)^7$ ⑤ $5^4 \cdot 2^4$ ____ $(5 + 2)^4$ ⑥ $10^3 \cdot 10^5$ ____ 10^8

❶ $\frac{6^5}{3^2}$ ____ $\left(\frac{6}{3}\right)^3$ ❷ $\frac{5^2}{7^2}$ ____ $\frac{5}{7^2}$ ❸ $\frac{10^4}{10}$ ____ $\left(\frac{10}{10}\right)^3$

❹ $\frac{9^3}{6^3}$ ____ $\left(\frac{9}{6}\right)^3$ ❺ $\frac{8^2}{6^2}$ ____ $(8 - 6)^2$ ❻ $\frac{10^5}{10^2}$ ____ 10^3

a) Überprüfe anhand weiterer Beispiele, ob Regeln vorliegen.

b) Erarbeite aus deinen Beobachtungen je eine Formel für die Multiplikation und die Division von Potenzen. Benutze in den Formeln die Variablen *a* und *b*.

BEACHTE
Summen, Differenzen, Produkte und Quotienten im Exponenten müssen bei der Eingabe in den Taschenrechner in Klammern gesetzt werden.
Bsp.: 10^{5+4} wird eingegeben als
[1] [0] [x^y] [(] [5] [+] [4] [)].

3 Fülle die Wertetabellen aus und zeichne die zugehörigen Graphen. Berechne die Werte mit Hilfe des Taschenrechners. Was fällt dir auf?

n	1	2	3	4	5	6	7	8
2^{-n}	0,5							

n	1	2	3	4	5	6	7	8
$\frac{1}{2^n}$		0,25						

n	1	2	3	4	5	6	7	8
$\sqrt[n]{100}$								

n	1	2	3	4	5	6	7	8
$100^{\frac{1}{n}}$								

Lesen und Verstehen

Dieses würfelförmige Haus steht in der Stadt Graz in Österreich. Es hat ein Volumen von $V = 5832\,\text{m}^3$. Um aus dem Volumen eines Würfels die Seitenlänge a zu bestimmen, muss aus dem Volumen die 3. Wurzel gezogen werden. $a = \sqrt[3]{V} = \sqrt[3]{5832\,\text{m}^3} = 18\,\text{m}$

Das Wurzelziehen ist die Umkehrung des Potenzierens.

HINWEIS
Da das Wurzelziehen die Umkehrung des Potenzierens ist, kann über die jeweilige Wurzel die ursprüngliche Zahl bestimmt werden.

$a^n = c$ | n-te Wurzel ziehen

$\sqrt[n]{a^n} = \sqrt[n]{c}$ | umformen

$a = \sqrt[n]{c}$

$\sqrt[n]{c}$ heißt n-te Wurzel aus c. Es gilt:

$$a^n = \underbrace{\sqrt[n]{c} \cdot \sqrt[n]{c} \cdot \sqrt[n]{c} \cdot \ldots \cdot \sqrt[n]{c}}_{n \text{ Faktoren}} = c$$

BEISPIEL 1

$x^4 = 81$ | 4. Wurzel ziehen

$\sqrt[4]{x^4} = \sqrt[4]{81}$ | umformen

$x = \sqrt[4]{81} = 3$

Mit dem Taschenrechner z. B.:

8 1 $\sqrt[x]{y}$ 4 oder 4 $\sqrt[x]{y}$ 8 1

Potenzen mit gleicher Basis werden **multipliziert**, indem man die Exponenten addiert und die Basis beibehält:
$a^m \cdot a^n = a^{m+n}$.

Sie werden **dividiert**, indem man die Exponenten subtrahiert und die Basis beibehält: $a^m : a^n = \frac{a^m}{a^n} = a^{m-n}$ für $a \neq 0$.

Daraus ergibt sich
$a^{-n} = \frac{1}{a^n}$,
$a^1 = a$ und $a^0 = 1$.

Potenzen werden **potenziert**, indem man die Basis mit dem Produkt der Exponenten potenziert: $(a^m)^n = a^{m \cdot n}$.

Jede Wurzel lässt sich als Potenz schreiben:

$\sqrt[n]{a^m} = a^{\frac{m}{n}}$ für $a \geq 0$ und $n \geq 2$

$\sqrt[n]{a} = a^{\frac{1}{n}}$ für $a \geq 0$ und $n \geq 2$

BEACHTE
$0^1 = 0$, aber 0^0 ist nicht definiert.

BEISPIEL 2

$$5^3 \cdot 5^4 = \underbrace{5 \cdot 5 \cdot 5}_{3 \text{ Faktoren}} \cdot \underbrace{5 \cdot 5 \cdot 5 \cdot 5}_{4 \text{ Faktoren}} = 5^{3+4} = 5^7 = 78\,125$$

$$8^5 : 8^3 = \frac{8 \cdot 8 \cdot 8 \cdot 8 \cdot 8}{8 \cdot 8 \cdot 8} = 8^{5-3} = 8^2$$

$$10^{-3} = \frac{1}{10^3}$$

$3^1 = 3$ und $4^0 = 1$

$$(5^2)^4 = 5^2 \cdot 5^2 \cdot 5^2 \cdot 5^2 = \underbrace{(5 \cdot 5) \cdot (5 \cdot 5) \cdot (5 \cdot \overbrace{5) \cdot (5}^{2 \text{ Faktoren}} \cdot 5)}_{4 \text{ Faktoren}} = 5^{4 \cdot 2} = 5^{2 \cdot 4} = 5^8$$

$$\sqrt[3]{7^6} = 7^{\frac{6}{3}} = 7^2 = 49$$

Potenzen mit gleichen Exponenten werden **multipliziert**, indem man die Basen multipliziert und das Produkt mit dem Exponenten potenziert:
$a^m \cdot b^m = (a \cdot b)^m$. Sie werden **dividiert**, indem man die Basen dividiert und den Quotienten mit dem Exponenten potenziert: $a^m : b^m = \frac{a^m}{b^m} = \left(\frac{a}{b}\right)^m$ für $b \neq 0$.

BEISPIEL 3

$6^4 \cdot 7^4 = (6 \cdot 7)^4 = 42^4 = 3\,111\,696$

$6^7 : 3^7 = \frac{6^7}{3^7} = \left(\frac{6}{3}\right)^7 = 2^7 = 128$

$\frac{x+y}{2}$

Üben und Anwenden

1 Bestimme die folgenden Wurzeln.

a) $\sqrt[3]{512}$ b) $\sqrt[5]{32}$ c) $\sqrt[4]{256}$
d) $\sqrt[4]{246}$ e) $\sqrt[7]{128}$ f) $\sqrt[6]{729}$
g) $\sqrt[5]{243}$ h) $\sqrt[8]{6561}$ i) $\sqrt[4]{2401}$

2 Welche Zahlen sind jeweils gleich?

a) $32; 2^5; 4^4; \sqrt{1024}; \sqrt[3]{32768}; 2 \cdot 2^4$
b) $5 \cdot 100; 10^5; 10^4 + 10; \sqrt[5]{10000}; \sqrt[4]{10000}$
c) $\sqrt[4]{81}; 3^2 \cdot 3^2; \sqrt[6]{729}; \frac{\sqrt[4]{6561}}{\sqrt[5]{243}}$
d) $\sqrt[4]{4096}; \sqrt[2]{64} \cdot \sqrt[2]{64}; 2 \cdot \sqrt[4]{256}$

3 Berechne.

a) $\sqrt[8]{256}$ b) $\sqrt[4]{6561}$ c) $\sqrt[4]{1296}$
d) $\sqrt[7]{2187}$ e) $\sqrt[5]{3125}$ f) $\sqrt[6]{64}$
g) $\sqrt[9]{512}$ h) $\sqrt[7]{128}$ i) $\sqrt[4]{1024}$

4 Bestimme die Wurzeln. Runde auf eine Stelle nach dem Komma.

a) $\sqrt[4]{18}$ b) $\sqrt[5]{12}$ c) $\sqrt[4]{9}$
d) $\sqrt[7]{21}$ e) $\sqrt[5]{25}$ f) $\sqrt[6]{24}$

5 Schätze das Ergebnis der Wurzeln. Überprüfe anschließend dein Ergebnis mit dem Taschenrechner.

a) $\sqrt[4]{16}$ b) $\sqrt[5]{12}$
c) $\sqrt[5]{32}$ d) $\sqrt[4]{81}$
e) $\sqrt[4]{0{,}0016}$ f) $\sqrt[4]{0{,}0081}$

6 Ein Würfel hat ein Volumen von $216\,\text{cm}^3$. Welche Länge haben seine Kanten? Wenn sich das Volumen verdreifacht, wie ändert sich dann die Länge der Kanten? Runde auf zwei Nachkommastellen.

7 Schreibe zunächst als Quotient und berechne den Wert der Potenz. Runde das Ergebnis an einer geeigneten Stelle.

a) 15^{-2} b) 9^{-3} c) 7^{-6}
d) 29^{-1} e) 36^{-2} f) 2^{-16}

8 Schreibe als Potenz mit negativem Exponenten. Überschlage den Wert der Potenz.

a) $\frac{1}{32}$ b) $\frac{1}{81}$ c) $\frac{1}{121}$
d) $\frac{1}{625}$ e) $\frac{1}{1000}$ f) $\frac{1}{1600}$
g) $\frac{1}{256}$ h) $\frac{1}{289}$ i) $\frac{1}{2025}$

9 Schreibe als Potenz. Überprüfe das Ergebnis, indem du den Wurzelausdruck und die Potenz mit dem Taschenrechner berechnest.

a) $\sqrt{324}$ b) $\sqrt[8]{256}$
c) $\sqrt[3]{4410{,}944}$ d) $\sqrt[4]{731{,}1616}$
e) $\sqrt[5]{371\,293}$ f) $\sqrt[6]{887{,}503\,681}$

10 Schreibe das Produkt als eine Potenz.

a) $4^5 \cdot 4^6$ b) $7^5 \cdot 7^2$
c) $(-3)^5 \cdot (-3)^2$ d) $(-2{,}5)^3 \cdot (-2{,}5)^8$
e) $a^2 \cdot a^5$ f) $u^3 \cdot u^{15}$
g) $\left(\frac{1}{3}\right)^5 \cdot \left(\frac{1}{3}\right)^2$ h) $\left(\frac{2}{x}\right)^7 \cdot \left(\frac{2}{x}\right)^5$

11 Überprüfe anhand der folgenden Beispiele, ob die Regel $a^m \cdot a^n = a^{m+n}$ auch für mehr als zwei Faktoren gilt. Setze ein „=“ oder ein „≠“ und erkläre anschließend das Ergebnis.

a) $3^2 \cdot 3^5 \cdot 3^3$ ____ 3^{10}
b) $2^4 \cdot 2^2 \cdot 2^5$ ____ 2^{11}
c) $4^1 \cdot 4^3 \cdot 4^2 \cdot 4^5$ ____ 4^{11}
d) $5^{10} \cdot 5^0 \cdot 5^4$ ____ 5^{14}

12 Schreibe als Produkt zweier Potenzen.

a) 3^{2+4} b) $(-7)^{5+2}$ c) a^{x+y}
d) 4^8 e) -2^6 f) $(-5)^9$
g) a^{3n+1} h) a^{4+x} i) a^{11}

13 Berechne den Wert der Potenz.

a) $2^3 \cdot 2^7$ b) $3^2 \cdot 3^3$ c) $5^4 \cdot 5^{-2}$
d) $10^4 \cdot 10^3$ e) $0{,}1^5 \cdot 0{,}1^3$ f) $6^3 \cdot 6^{-6}$

14 Schreibe den Quotienten als Potenz.

a) $\frac{2^9}{2^5}$ b) $\frac{(-5)^4}{(-5)^2}$ c) $\left(\frac{2}{3}\right)^7 : \left(\frac{2}{3}\right)^4$
d) $\frac{8^x}{8^5}$ e) $2{,}3^u : 2{,}3^v$ f) $\frac{a^{47}}{a^{36}}$
g) $\frac{2^3}{2^{-5}}$ h) $\frac{x^y}{x^{-y}}$ i) $\frac{4^9}{4^{-7}}$

15 Berechne den Wert der Potenz.

a) $\frac{3^5}{3^3}$ b) $\frac{7^4}{7^2}$
c) $0{,}1^7 : 0{,}1^4$ d) $4^2 : 4^{-3}$
e) $625 : 5^2$ f) $4^7 : 6^4$
g) $\left(\frac{1}{3}\right)^4 : \left(\frac{1}{3}\right)^2$ h) $5^3 : 5^5$

ZUM WEITERARBEITEN
Ein Zentimeter ist der hundertste Teil eines Meters. Schreibe als Potenz.

16 Löse die Gleichungen.

a) $x^4 = 1296$ b) $x^5 = 243$
c) $x^7 = 128$ d) $x^4 = 0{,}0001$
e) $x^5 = 0{,}00032$ f) $x^6 = 0{,}000729$
g) $x^8 = 65536$ h) $x^6 = 0{,}015625$

17 Schreibe als Wurzel.

a) $6^{\frac{2}{3}}$ b) $0{,}5^{\frac{1}{2}}$ c) $9^{\frac{1}{4}}$
d) $7^{\frac{4}{5}}$ e) $25^{-\frac{5}{7}}$ f) $2x^{-0{,}1}$
g) $9^{\frac{2}{7}}$ h) $3{,}5^{-0{,}2}$ i) $12^{1{,}6}$

18 Berechne, indem du die Potenzgesetze anwendest.

a) $9^3 \cdot 7^3$ b) $3^4 \cdot (-5)^4$
c) $(-5)^4 \cdot (-6)^4$ d) $0{,}5^5 \cdot (4)^5$
e) $(3^3)^4 \cdot 8^{12}$ f) $9^2 \cdot 0{,}5^2$
g) $5^5 : 9^5$ h) $3^{-4} \cdot 4^{-4}$
i) $81 : 9^2$ j) $\frac{16^3}{4^3}$
k) $36^6 : 12^6$ l) $\frac{16^3}{4^3}$

19 Verfasse einen Eintrag in dein Lerntagebuch, indem du die Potenzgesetze aufführst.

20 Gib die Lösungsmenge der folgenden Gleichungen an.

a) $x^4 + 220 = 1076$ b) $x^5 - 43 = 200$
c) $x^7 - 50 = 78$ d) $x^4 + 10 = 10{,}0001$
e) $20 + x^5 = 52$ f) $-32 + x^6 = 32$
g) $x^8 - 60000 = 5536$ h) $x^6 - 0{,}2 = 63{,}8$

HINWEIS
Bei der Beweisführung gilt: $p, q, n \in \mathbb{N}$ und $q > p$. Wähle für p und q jeweils einen Wert geschickt.

21 Steffen meint: „Die n-te Wurzel ist immer kleiner als die $(n-1)$-te Wurzel." Überprüfe, ob seine Aussage wahr oder falsch ist. Begründe deine Entscheidung.

22 Welche der folgenden Zahlen sind 4-te Wurzeln?
1; 49; 81; 100; 145; 625; 1000; 2157; 6561

23 Wende die Potenzgesetze an und berechne.

a) $3^3 : 3^4$ b) $2^5 \cdot (-5)^5$
c) $(-3)^4 : (-6)^4$ d) $0{,}1^3 \cdot (0{,}1)^5$
e) $(2^3)^5 \cdot 4^{15}$ f) $5^{\frac{2}{3}} \cdot 0{,}5^{\frac{2}{3}}$
g) $4^7 : 6^7$ h) $8^{-6} \cdot 4^{-6}$

24 Vereinfache die Ausdrücke indem du die Potenzgesetze anwendest.

a) $9^{\frac{1}{3}} \cdot 9^{\frac{1}{3}}$ b) $8^{\frac{1}{4}} \cdot 3^{\frac{1}{4}}$
c) $12^5 : 8^5$ d) $7^3 : 21^3$
e) $3^{\frac{1}{4}} \cdot 6^{\frac{1}{4}}$ f) $10^{-\frac{1}{3}} \cdot 3^{-\frac{1}{3}}$
g) $2^{-\frac{1}{6}} : 5^{-\frac{1}{6}}$ h) $0{,}5^{-\frac{2}{5}} : 3^{-\frac{2}{5}}$

25 Berechne mit Hilfe des Potenzgesetzes. Überlege vorher, ob der Wert kleiner oder größer als eins sein wird.

a) $(2^3)^2$ b) $-(2^4)^3$ c) $(5^2)^2$
d) $((-3)^4)^2$ e) $(4^2)^{-3}$ f) $(-2^3)^{-4}$
g) $((-2)^3)^{-4}$ h) $(0{,}1^{-3})^2$ i) $(2^{-3})^{-2}$

26 Berechne mit Hilfe der Potenzgesetze.

a) $7^2 \cdot 3^2$ b) $5^2 \cdot (-6)^2$
c) $(-5)^3 \cdot \left(\frac{1}{2}\right)^3$ d) $0{,}1^3 \cdot 0{,}01^3$
e) $(2^3)^2 \cdot 3^6$ f) $7^2 \cdot 0{,}1^2$
g) $4^4 : 2^4$ h) $625 : 25^2$
i) $\frac{15^3}{5^3}$ j) $4^{-2} \cdot 2^{-2}$
k) $33^7 : 11^7$ l) $5^2 \cdot 4^{4-2}$

27 Hat die Gleichung $a^4 = -81$ eine Lösung? Begründe.

28 Bringe die einzelnen Zeilen in die richtige Reihenfolge.
Zeige, dass gilt: $a^{-n} = \frac{1}{a^n}$

a^{-n}	$= \frac{1}{a^n}$	$= a^p / a^q$
$= a^{p-q}$	$= \frac{1}{\underbrace{a \cdot a \ldots \cdot a}_{n\text{-mal}}}$	$= \frac{\overbrace{a \cdot a \ldots \cdot a}^{p\text{-mal}}}{\underbrace{a \cdot a \ldots \cdot a}_{q\text{-mal}}}$

29 Begründe die folgenden Umformungen.

a) $\frac{8x}{\sqrt{2}} = \sqrt{32x}$
b) $\frac{2+\sqrt{2}}{\sqrt{2}} = \sqrt{2} + 1$
c) $\frac{\sqrt{27x}}{3} = \sqrt{3x}$
d) $3x^2 + \frac{\sqrt{3x^2}}{\sqrt{3x^2}} = \sqrt[x]{3} + 1$
e) $\frac{\sqrt{125x}}{5} = \sqrt{5x}$

Potenzfunktionen

Erforschen und Entdecken

1 Im Koordinatensystem sind die Graphen der Funktionen $f(x) = x^{-1}$, $g(x) = x^{-2}$, $h(x) = x^2$ und $i(x) = x^3$ eingezeichnet.

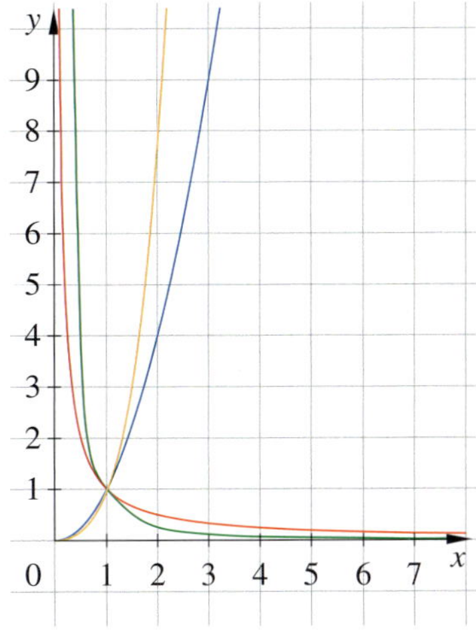

a) Ordne den Funktionsgraphen die zugehörigen Funktionsgleichungen zu. Begründe deine Entscheidung.

b) Ergänze die folgende Wertetabelle im Heft:

x	0	$\frac{1}{4}$	$\frac{1}{2}$	$\frac{3}{4}$	1	2	3
$f(x) = x^{-1}$	–		2				
$g(x) = x^{-2}$	–						
$h(x) = x^2$							
$i(x) = x^3$							

c) Julia behauptet, dass die Funktionswerte der Funktion $i(x) = x^3$ für positive x immer größer sind als die der Funktion $h(x) = x^2$. Ist Julias Aussage richtig? Begründe.

d) Zeichne die Graphen der Funktionen im Intervall $[-4|4]$ in dein Heft, ohne eine zusätzliche Wertetabelle für negative x zu erstellen.
Beschreibe den Verlauf der Graphen. Nenne Unterschiede und Gemeinsamkeiten.

2 Ein Quadrat mit einem Flächeninhalt von $64\,\text{cm}^2$ soll in ein flächengleiches Rechteck verwandelt werden.

a) Zeichne zwei verschiedene Rechtecke mit einem Flächeninhalt von $64\,\text{cm}^2$.
Vergleiche deine Lösungen mit denen deines Nachbarn.
Wie viele unterschiedliche Rechtecke gibt es insgesamt?

b) Gib die Funktionsvorschrift für die folgende Zuordnung an:
Länge der einen Rechteckseite → Länge der zweiten Rechteckseite
Fertige eine Wertetabelle an und zeichne den Graphen der Funktion.

3 Untersuche mit Hilfe eines Funktionenplotters den Einfluss der Faktoren a und b auf die Graphen der Funktionen $f(x) = a \cdot x^3$ und $g(x) = b \cdot x^{-2}$.

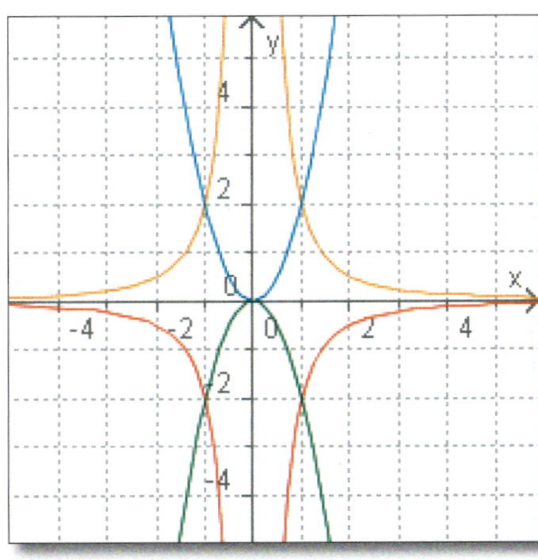

a) Beantworte die folgenden Fragen und formuliere Regeln.
- Wie muss a gewählt werden, damit der Funktionsgraph durch den Punkt $(1|3)$ [durch den Punkt $(2|1)$] verläuft?
- Was geschieht, wenn für a eine negative Zahl eingesetzt wird?
- Wie muss b gewählt werden, damit der Funktionsgraph durch den Punkt $(2|1)$ verläuft?
- Was geschieht, wenn für b ein negativer Wert eingesetzt wird?

b) Mit einem Funktionenplotter wurde die Grafik rechts gezeichnet.
Welche Funktionen wurden benutzt?

c) Denke dir ein eigenes Bild aus und zeichne es mit einem Funktionenplotter.

089-1
NACHGEDACHT
Wie verändert sich der Funktionsgraph, wenn der Exponent immer kleiner bzw. immer größer wird? Untersuche dies mit Hilfe eines Funktionenplotters und teile die Graphen in Gruppen ein.
Eine entsprechende DGS-Datei findest du unter dem Webcode.

089-2
BEACHTE
Unter dem Webcode findest du eine DGS-Datei mit den links abgebildeten Graphen.

Lesen und Verstehen

090-1

BEACHTE
Unter dem Webcode findest du die Beispieldatei.

Mit einem Funktionenplotter kann beobachtet werden, wie sich der Verlauf des Graphen der Funktion $f(x) = a \cdot x^n$ ändert, wenn der Faktor a und der Exponent n geändert werden. Dabei fällt auf, dass es einige immer wiederkehrende Formen von Graphen gibt.

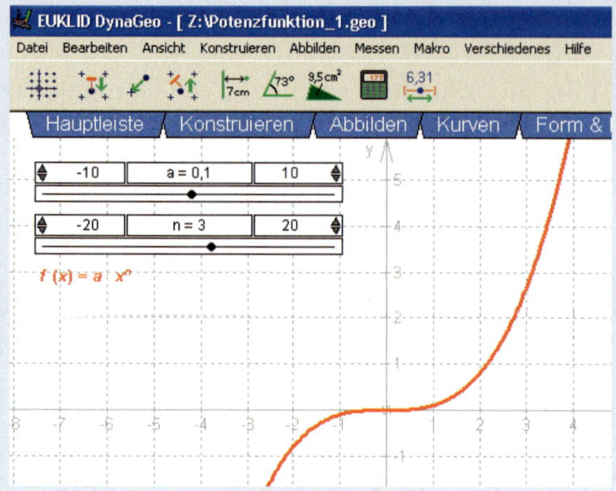

> Funktionen der Form $f(x) = a \cdot x^n$ $(a \neq 0)$ nennt man Potenzfunktionen. Dabei ist der Exponent n eine ganze Zahl und bestimmt den Verlauf des Funktionsgraphen.

HINWEIS
Der Graph einer Potenzfunktion mit positivem Exponenten wird Parabel genannt, der Graph einer Potenzfunktion mit negativem Exponenten Hyperbel.

Positiver Exponent ($n > 0$)		**Negatiber Exponent** ($n < 0$)	
Gerader Exponent:	Ungerader Exponent:	Gerader Exponent:	Ungerader Exponent:
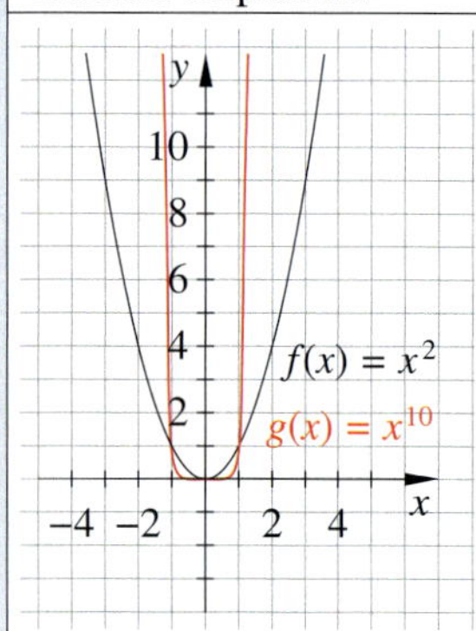	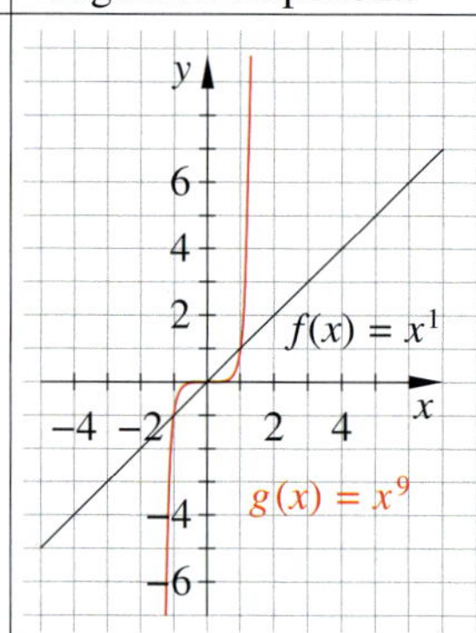	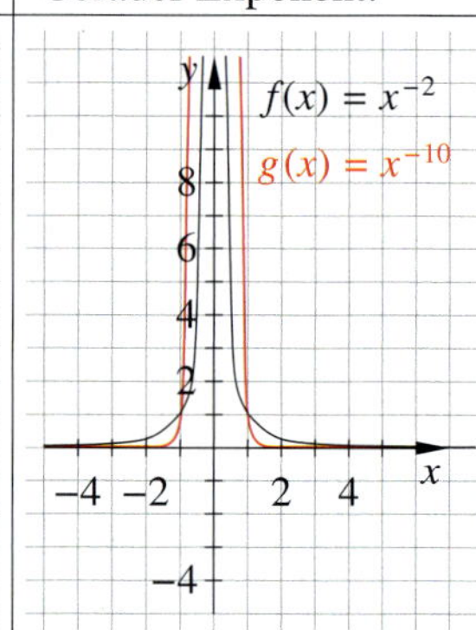	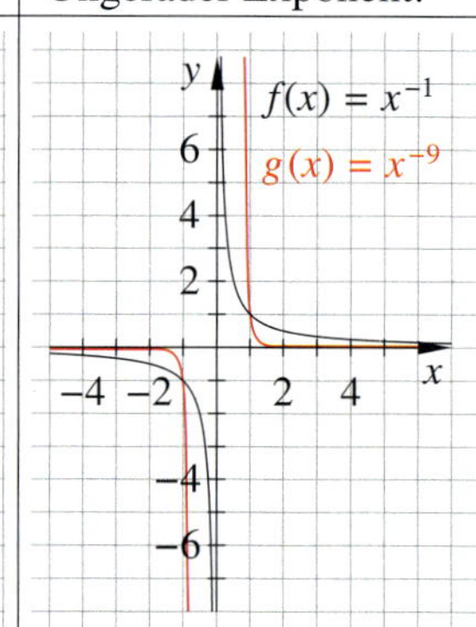
$D = \mathbb{R}$, $W = \mathbb{R}^+$ Die Funktionen sind für $-\infty < x \leq 0$ **streng monoton fallend** und für $0 \leq x < \infty$ **streng monoton wachsend**. Die Graphen sind achsensymmetrisch und verlaufen durch den Koordinatenursprung.	$D = \mathbb{R}$, $W = \mathbb{R}$ Die Funktionen sind für $-\infty < x < \infty$ **streng monoton wachsend**. Die Graphen sind punktsymmetrisch und verlaufen durch den Koordinatenursprung.	$D = \mathbb{R}\backslash\{0\}$, $W = \mathbb{R}^+\backslash\{0\}$ Die Funktion ist für $-\infty < x < 0$ **streng monoton wachsend** und für $0 < x < \infty$ **streng monoton fallend**. Die Graphen sind achsensymmetrisch und schmiegen sich an die Koordinatenachsen an.	$D = \mathbb{R}\backslash\{0\}$, $W = \mathbb{R}\backslash\{0\}$ Die Funktionen sind für $-\infty < x < 0$ und für $0 < x < \infty$ **streng monoton fallend**. Die Graphen sind punktsymmetrisch und schmiegen sich an die Koordinatenachsen an.

HINWEIS
Verläuft der Funktionsgraph enger als der Graph der Funktion $y = x^n$, so ist er gestreckt, verläuft er weiter, so ist er gestaucht.

> Je nach Eigenschaft des Faktors a ändern sich Form und Richtung des Funktionsgraphen.

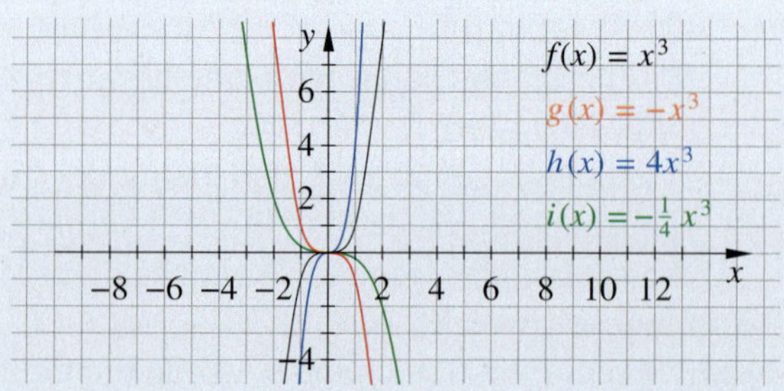

Für $|a| > 1$ ist der Funktionsgraph gegenüber dem der Funktion $y = x^n$ **gestreckt**, für $0 < |a| < 1$ ist er **gestaucht**. Ist a negativ, so ist der Funktionsgraph zusätzlich an der x-Achse gespiegelt. Der Faktor a wird **Streckungsfaktor** genannt.

Üben und Anwenden

1 Welche der folgenden Funktionen sind Potenzfunktionen? Gib gegebenenfalls den Streckungsfaktor an.

a) $f(x) = 7x^3$
b) $f(x) = \frac{1}{3}x^{-2}$
c) $f(x) = 4x^3 - 1$
d) $f(x) = x^{-1}$
e) $f(x) = \frac{1}{x}$
f) $f(x) = 8x - 9$
g) $f(x) = 2x$
h) $f(x) = \frac{1}{4x^2}$
i) $f(x) = \frac{-3}{x^2}$
j) $f(x) = x^2 + 4x - 1$
k) $f(x) = 2$
l) $f(x) = (2x)^3$
m) $f(x) = (4x)^{-1}$
n) $f(x) = (x-1)^2$

2 Gegeben sind die Faktoren a einer quadratischen Funktion $f(x) = a \cdot x^2$. Entstehen daraus gestauchte oder gestreckte Parabeln? In welche Richtung ist die Parabel geöffnet?

a) $a = 3$
b) $a = -2$
c) $a = \frac{1}{2}$
d) $a = 1{,}25$
e) $a = -0{,}75$
f) $a = -\frac{1}{2}$
g) $a = 1{,}02$
h) $a = -\frac{7}{6}$
i) $a = \frac{4}{5}$

3 Ordne den Funktionsgraphen jeweils die zugehörige Funktionsgleichung zu. Begründe deine Zuordnung.

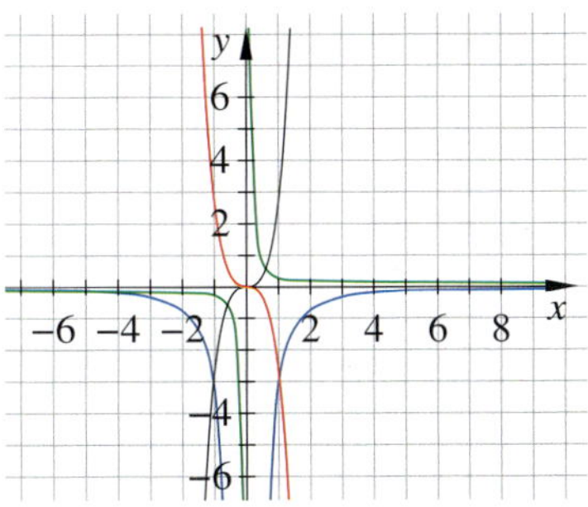

$f(x) = 3x^3$
$f(x) = \frac{1}{3}x^3$
$f(x) = -3x^3$
$f(x) = 3x^{-1}$
$f(x) = \frac{1}{3}x^{-1}$
$f(x) = -3x^{-1}$
$f(x) = 3x^{-2}$
$f(x) = \frac{1}{3}x^{-2}$
$f(x) = -3x^{-2}$

4 Ergänze die Wertetabelle im Heft und zeichne die zugehörigen Funktionsgraphen. Beschreibe die Graphen. Welche Unterschiede und Gemeinsamkeiten haben sie?

x	−3	−2	−1	0	1	2	3
$y = \frac{1}{2}x$							
$y = \frac{1}{2}x^2$							
$y = \frac{1}{2}x^3$							

5 Skizziere die Graphen der Potenzfunktionen $f(x) = \frac{1}{3}x^3$ und $g(x) = 3x^3$ in einem Koordinatensystem.
Worauf musst du hierbei achten?

6 Untersuche die Eigenschaften der Potenzfunktionen $y = a \cdot x^{-1}$.

a) Ergänze die Wertetabelle im Heft.

x	−3	−2	−1	0	1	2	3
$y = -2x^{-1}$							
$y = -x^{-1}$							
$y = -\frac{1}{2}x^{-1}$							
$y = \frac{1}{2}x^{-1}$							
$y = x^{-1}$							
$y = 2x^{-1}$							

b) Zeichne die Graphen der Funktionen in ein gemeinsames Koordinatensystem.
c) Vergleiche die Graphen. Beschreibe Unterschiede und Gemeinsamkeiten.
d) Welche Aussagen kannst du nun über den Faktor a der Funktion $y = a \cdot x^{-1}$ machen?

7 Zeichne den Graphen der Funktion $y = 4x^{-2}$.
Verläuft der Funktionsgraph durch die Punkte $P(-2|1)$ und $Q(-0{,}2|0{,}16)$? Überprüfe auch durch Rechnung.

8 Welche Aussagen passen zu den Graphen der folgenden Funktionen?

a) $y = x$
b) $y = x^1$
c) $y = x^2$
d) $y = x^3$
e) $y = x^{-1}$
f) $y = x^{-2}$

I verläuft durch den Punkt (1 | 1)

II verläuft durch den Punkt (0 | 0)

III verläuft nicht durch den Ursprung

IV verläuft durch den Punkt (− 1 | 1)

V verläuft durch den Punkt (1 | − 1)

VI punktsymmetrisch zum Ursprung

VII achsensymmetrisch zur y-Achse

VIII schneidet keine Koordinatenachse

HINWEIS
Die Funktion $y = a \cdot x^{-1}$ entspricht der Funktion $y = a \cdot \frac{1}{x} = \frac{a}{x}$.

TIPP
Zu Nr. 12 a): Wähle im Koordinatensystem für die Längeneinheit der x-Achse 5 cm, für die der y-Achse 1 cm.

9 Windkraftanlagen nutzen Windenergie, um elektrische Energie zu erzeugen.

HINWEIS
Berechne die elektrische Leistung ohne Einheit.

Messungen an einer Windkraftanlage haben ergeben, dass sich die Zuordnung *Windgeschwindigkeit → elektrische Leistung* annähernd durch die Funktionsgleichung $y = 0{,}067\,x^3$ beschreiben lässt, falls die Windgeschwindigkeit zwischen $2\,\frac{\text{m}}{\text{s}}$ und $10\,\frac{\text{m}}{\text{s}}$ liegt.

a) Berechne die Leistung einer Windkraftanlage bei einer Windgeschwindigkeit von $3\,\frac{\text{m}}{\text{s}}$ $\left(5\,\frac{\text{m}}{\text{s}};\ 6{,}5\,\frac{\text{m}}{\text{s}}\right)$.

b) Zeichne den Graphen der Funktion im Intervall von 2 bis 10.

c) Die Leistung einer anderen Windkraftanlage kann mit Hilfe der Formel $y = 0{,}12\,x^3$ berechnet werden. Beschreibe, wie sich der Funktionsgraph von dem Graphen aus Aufgabenteil b) unterscheidet.

NACHGEDACHT
Wie lauten jeweils die Funktionsgleichungen der Graphen, die durch Punkt- bzw. Achsenspiegelung der Graphen aus Aufgabe 10 hervorgehen?

10 Zeichne die Funktionsgraphen der folgenden Funktionen jeweils im Intervall von -3 bis 3.
Gib an, ob die Graphen gestaucht oder gestreckt sind.

a) $y = \frac{1}{2}x^2$
b) $y = -\frac{1}{10}x^2$
c) $y = 2x^{-1}$
d) $y = -\frac{1}{5}x^3$
e) $y = 1{,}5\,x^{-2}$
f) $y = \frac{1}{80}x^4$
g) $y = -\frac{1}{100}x^5$
h) $y = 4\,x^1$

11 Zeichne den Graphen der Funktion $f(x) = x^{-2}$ in ein Koordinatensystem. Skizziere, ohne eine Wertetabelle anzulegen, die Graphen der Funktionen $g(x) = 10x^{-2}$, $h(x) = 0{,}1\,x^{-2}$ und $i(x) = -x^{-2}$ in das gleiche Koordinatensystem.

12 Untersuche das Volumen einer Kugel mit dem Radius r und das Volumen eines Würfels mit der Kantenlänge $2\,r$.

a) Die Funktion $V = \frac{4}{3} \cdot \pi \cdot r^3$ beschreibt das Volumen einer Kugel in Abhängigkeit vom Radius.
Zeichne den Funktionsgraphen im Intervall von 0 bis 2 in ein Koordinatensystem.

b) Gib die Funktionsgleichung der Funktion an, die das Volumen des Würfels in Abhängigkeit vom Radius beschreibt.
Vervollständige dazu zunächst die folgende Wertetabelle in deinem Heft.

r (in cm)	0,25	0,5	0,75	1	1,5	2
2r (in cm)						
V (in cm³)	0,125					

c) Zeichne den Graphen der in Aufgabenteil b) erarbeiteten Funktion in das Koordinatensystem aus Aufgabenteil a).

d) Vergleiche die Volumina bei gleichem r. Deute das Ergebnis anschaulich.

13 Ordne die Punkte den Funktionen zu, auf deren Graphen sie liegen.

$f(x) = x^{-2}$ $\quad g(x) = 4x^{-1}$ $\quad h(x) = \frac{1}{4}x^3$

$P(-2|-2)$ $\quad Q(0|0)$ $\quad R(0{,}2|20)$

$S(2|2)$ $\quad T(-1|1)$ $\quad U(0{,}5|4)$

14 Welche Aussagen kannst du über den Faktor a und den Exponenten n der drei Funktionen machen?

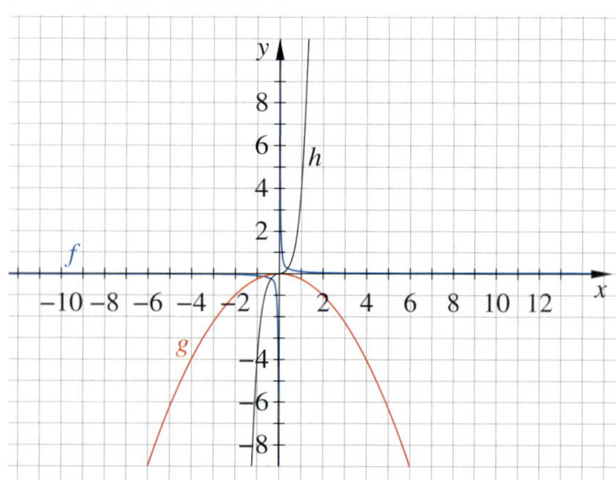

15 Untersuche die Funktion $y = x^n$ für natürliche, ungerade Exponenten n.
Beachte den Hinweis in der Randspalte.

a) Ergänze die Wertetabelle im Heft.

x	−3	−2	−1	0	1	2	3
$y = x$							
$y = x^3$							
$y = x^5$							

b) Welche Punkte haben die drei Potenzfunktionen gemeinsam?

c) Welches Symmetrieverhalten weisen die drei Funktionen auf?

d) Welche Funktion hat in der Nähe des Ursprungs die größten Werte?
Übertrage dazu die folgende Tabelle ins Heft und fülle sie aus.

x	0,1	0,3	0,5	0,7	0,9
$y = x$					
$y = x^3$					
$y = x^5$					

e) Zeichne die Graphen der drei Funktionen in ein gemeinsames Koordinatensystem.

16 Untersuche die Funktion $y = x^n$ für natürliche, gerade Exponenten n.

a) Ergänze die Wertetabelle im Heft.

x	−3	−2	−1	0	1	2	3
$y = x^2$							
$y = x^4$							
$y = x^6$							

b) Welche Punkte haben die drei Potenzfunktionen gemeinsam?

c) Welches Symmetrieverhalten weisen die drei Funktionen auf?

d) Welche Funktion hat in der Nähe des Ursprungs die größten Werte?
Übertrage dazu die folgende Tabelle ins Heft und fülle sie aus.

x	0,1	0,3	0,5	0,7	0,9
$y = x^2$					
$y = x^4$					
$y = x^6$					

e) Zeichne die Graphen der drei Funktionen in ein gemeinsames Koordinatensystem.

17 Untersuche die Funktion $y = x^{-n}$ für natürliche Exponenten n.

a) Ergänze die Wertetabelle im Heft.

x	−3	−2	−1	0	1	2	3
$y = x^{-1}$				–			
$y = x^{-3}$				–			
$y = x^{-2}$				–			
$y = x^{-4}$				–			

b) Begründe, warum man an der Stelle $x = 0$ keinen Funktionswert berechnen kann.

c) Gibt es gemeinsame Punkte? Beschreibe.

d) Welche Symmetrieverhalten gibt es?

e) Welche Funktion hat in der Nähe des Ursprungs die größeren Werte?

f) Zeichne die vier Funktionsgraphen in ein gemeinsames Koordinatensystem.

g) Stelle deine Ergebnisse zu den untersuchten Potenzfunktionen zusammenfassend in einer Übersicht dar.

18 Je größer der Exponent n einer Potenzfunktion $y = x^n$ ist, desto mehr nähert sich der Funktionsgraph dem Punkt $(1|0)$ an.

a) Wie muss n gewählt werden, damit der Graph der Funktion $y = x^n$ unterhalb des Punktes $(0{,}9|0{,}1)$ verläuft?

b) Findest du ein n, so dass der Graph der Funktion $y = x^n$ unterhalb des Punktes $(0{,}99|0{,}01)$ verläuft?

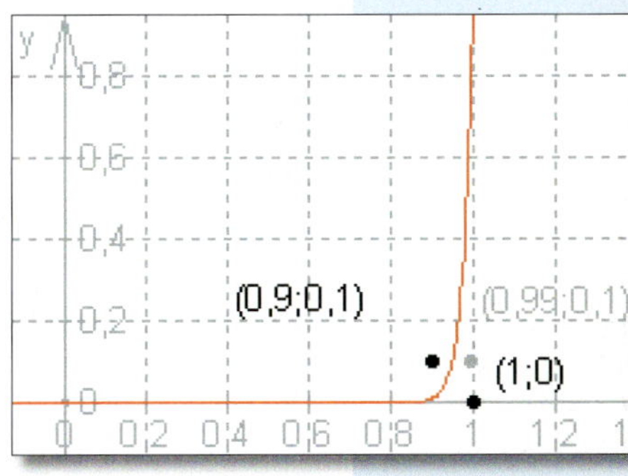

19 Paul behauptet: „Der Graph der quadratischen Funktion $y = 2x^2$ ist wegen des Streckungsfaktors 2 steiler als die Normalparabel. Also sieht er so ähnlich aus wie eine Parabel 4-ter Ordnung.“
Skizziere beide Funktionsgraphen und nimm Stellung zu Pauls Behauptung.

20 Zeichne den Graphen der Funktion $f(x) = x^{\frac{1}{2}}$ in ein Koordinatensystem.

HINWEIS
Die Aufgaben 15 und 16 können arbeitsteilig in Kleingruppen gelöst werden. Stellt eure Ergebnisse in der Klasse vor. Welche Gemeinsamkeiten und Unterschiede fallen euch auf?

093-1
HINWEIS
Löse die Aufgabe 18, indem du mit Hilfe eines Funktionenplotters probierst und annäherst. Eine entsprechende Datei gibt es unter dem Webcode.

Mikrokosmos und Makrokosmos

Im Vergleich zum Weltall, dem Makrokosmos, ist die Welt des Menschen winzig. Vergleicht man sie dagegen mit dem Mikrokosmos der Kleinstlebewesen und der physikalischen Teilchen, ist die Welt des Menschen riesig.

Längen in unserem Universum	
Durchmesser der Milchstraße	10^{20} m
Entfernung zwischen Sonne und Pluto	$5{,}9 \cdot 10^{12}$ m
Sonnendurchmesser	$1{,}4 \cdot 10^{9}$ m
Erddurchmesser	$1{,}3 \cdot 10^{7}$ m
Durchmesser eines Regentropfens	10^{-3} m
Wellenlänge des sichtbaren Lichts	$4 \cdot 10^{-7}$ m bis $8 \cdot 10^{-7}$ m
Atomradius	10^{-10} m

1 Überlege dir drei Dinge, deren Längen größer als der Durchmesser eines Regentropfens und kleiner als der Erddurchmesser sind. Gib die Dinge wie in der Tabelle in m an. Rechne die in der Tabelle angegebenen Größenangaben in km bzw. mm um.

Unser nächster Stern ist die Sonne. Sie ist ungefähr 150 Mio. km von der Erde entfernt. Unser nächstes Sonnensystem heißt Alpha Centauri. Der zentrale Stern Alpha Centauri C ist ca. 40 Billionen km von der Erde entfernt. Für solch große Entfernungsangaben wurde das **Lichtjahr** eingeführt. Ein Lichtjahr ist keine Zeiteinheit, sondern die Strecke, die das Licht in einem Jahr zurücklegt. Ein Lichtjahr misst etwa 9,46 Billionen km. Die Lichtgeschwindigkeit beträgt $c = 2{,}997\,924\,58 \cdot 10^{8}\,\frac{\text{m}}{\text{s}}$.

2 Gib einen gerundeten Wert in $\frac{\text{km}}{\text{s}}$ für die Lichtgeschwindigkeit an.

Eine andere Entfernungsangabe ist die Astronomische Einheit (AE). Die AE beträgt 149 597 870 691 m. Das entspricht fast genau dem mittleren Abstand zwischen dem Erdmittelpunkt und dem Zentrum der Sonne. Entfernungen innerhalb des Sonnensystems werden meist in AE angegeben.

3 Gib die AE in wissenschaftlicher Schreibweise an.

4 Wäre die Erde in einem Modell ein Ball mit 50 cm Durchmesser, wie groß müssten dann in diesem Modell Merkur, Jupiter und die Sonne sein?

5 Um eine Vorstellung für die Lichtgeschwindigkeit zu bekommen, kann man folgendes Gedankenexperiment durchführen. Stell dir vor, dass sich ein Lichtstrahl um den Äquator der Erde wickelt.
Wie oft würde das Licht theoretisch in einer Sekunde den Äquator umkreisen?
Finde andere Vergleiche für unvorstellbare Größenangaben.

Der Äquator hat eine Länge von 40 075,016 686 km.

6 Im Jahr 2006 wurde entschieden, dass Pluto nicht mehr zu den Planeten gezählt wird. Recherchiere die Gründe.

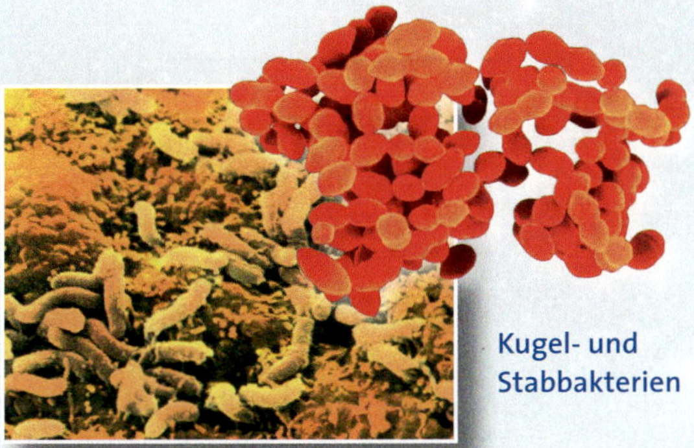

Kugel- und Stabbakterien

Bakterien zählen zu den einzelligen Lebewesen. Sie haben verschiedene Formen.
Es gibt zum Beispiel kugelförmige Bakterien, die einen mittleren Durchmesser von 0,15 µm haben. Es gibt auch stäbchenförmige Bakterien, die durchschnittlich 50 µm lang und 5 µm breit sind.
1000 µm (Mikrometer) = 1 mm

7 Für sehr kleine und sehr große Einheiten werden Vorsilben wie Kilo (k) oder Mikro (µ) benutzt. Erstelle eine Übersicht über die Vorsilben für Maßeinheiten. Gib jeweils die zugehörige Zehnerpotenz an.

Viren werden nicht zu den Lebewesen gezählt, da sie sich nicht selbstständig reproduzieren können. Um Viren sichtbar zu machen, reicht ein Lichtmikroskop nicht mehr aus. Dazu müssen Elektronenmikroskope verwendet werden.

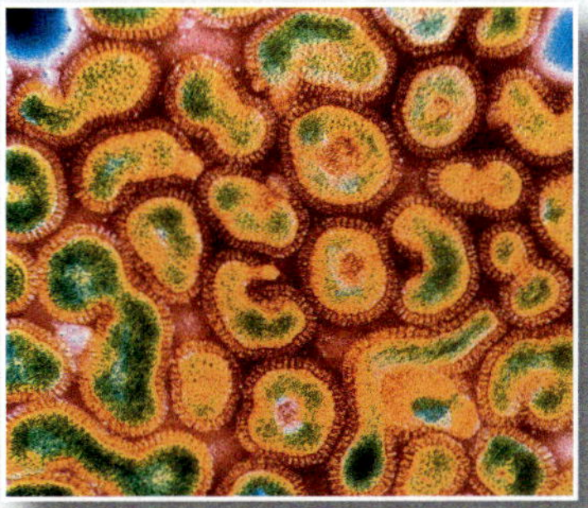

Viren

8 Viren sind um ein Vielfaches kleiner als Bakterien. Informiere dich über die Größe und rechne sie gegebenenfalls in mm um.
Recherchiere, wie sich Viren reproduzieren.

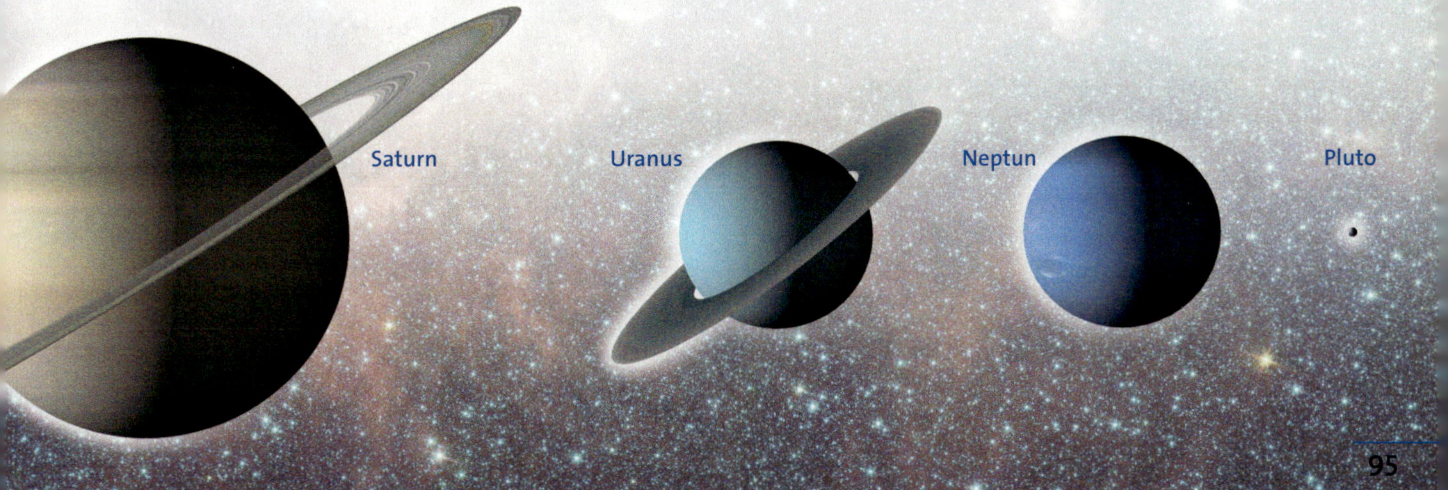

Vermischte Übungen

1 Dem Erfinder des Schachspiels, einem gewissen Sessa Ibn Daher, soll der indische König Sheram für seine geniale Erfindung einen Wunsch gewährt haben. Der Erfinder wünschte sich für das erste Schachbrettfeld ein Reiskorn, für das zweite Feld zwei Reiskörner, für das dritte Feld vier Reiskörner, für das vierte Feld acht Reiskörner usw.
Er bat also für jedes Feld um doppelt so viele Reiskörner wie für das vorangehende.
Der König stimmte dieser scheinbar bescheidenen Bitte zu. Er ahnte nicht, dass diese Bitte für ihn unerfüllbar sein würde.

a) Wie viele Reiskörner lägen auf dem letzten, dem 64. Feld des Schachbretts?
b) Wie viele t Reis wären das, wenn 40 Körner eine Masse von ca. 1 g haben?
c) Insgesamt wurden im Jahr 2005 weltweit 618,4 Mio. t Reis geerntet. Berechne, wie viele Jahre geerntet werden müsste, um Sessa Ibn Daher bezahlen zu können.

HINWEIS
Das Schneeballprinzip ist eine beliebte Art, Gäste zum Tanzen aufzufordern. Ein Paar beginnt, teilt sich und sucht jeweils einen neuen Partner. Die neuen Paare trennen sich wieder, suchen neue Partner usw.

2 Bestimme die folgenden Wurzeln.
a) $\sqrt[3]{216}$ b) $\sqrt[5]{7776}$ c) $\sqrt[4]{2401}$
d) $\sqrt[4]{16}$ e) $\sqrt[7]{2187}$ f) $\sqrt[6]{729}$
g) $\sqrt[5]{32}$ h) $\sqrt[8]{256}$ i) $\sqrt[4]{1296}$

3 Welche Zahlen sind jeweils gleich?
a) $4;\ 2^2;\ 4^2;\ \sqrt{16};\ \sqrt[3]{8};\ 2\cdot 2^2$
b) $100\cdot 100;\ 10^4;\ 10^3+100;\ \sqrt[4]{10\,000}$
c) $\sqrt[4]{6561};\ 3^2+3^2;\ \sqrt[6]{10\,029};\ \frac{\sqrt[3]{729}}{\sqrt[2]{81}}$
d) $\sqrt[4]{15\,625};\ \sqrt[2]{25}\cdot\sqrt[2]{25};\ 2\cdot\sqrt[4]{625}$

4 Berechne.
a) $\sqrt[8]{6561}$ b) $\sqrt[4]{625}$ c) $\sqrt[4]{2401}$
d) $\sqrt[7]{2187}$ e) $\sqrt[5]{243}$ f) $\sqrt[6]{4096}$

5 In einem Stammbaum sind alle Mitglieder einer Familie dargestellt. In diesem Beispiel hat jedes Elternpaar die gleiche Anzahl an Kindern wie das Elternpaar aus der ersten Generation.

a) Die erste Generation bekommt drei Kinder. Wie viele Kinder gibt es insgesamt in der fünften Generation?
b) Wie viele Kinder hat die dritte Generation, wenn die erste Generation fünf Kinder bekam?
c) Wie viele Kinder hat die sechste Generation, wenn die zweite Generation insgesamt 16 Kinder bekam?
d) Verfolgt eure Familie bis auf eure Urgroßeltern zurück. Erstellt euren eigenen Stammbaum.
Wie viele Kinder leben mit euch in eurer Generation, die direkte Nachfahren dieses Paares sind?

6 Bestimme die Wurzeln. Runde auf eine Stelle nach dem Komma.
a) $\sqrt[4]{8}$ b) $\sqrt[5]{22}$ c) $\sqrt[4]{36}$
d) $\sqrt[7]{121}$ e) $\sqrt[5]{225}$ f) $\sqrt[6]{324}$
g) $\sqrt[9]{57}$ h) $\sqrt[7]{1028}$ i) $\sqrt[4]{524}$

7 Schreibe als Potenz.
a) $\sqrt[4]{625}$ b) $\sqrt[5]{16\,807}$
c) $\sqrt[5]{0{,}000\,01}$ d) $\sqrt[4]{0{,}0625}$
e) $\sqrt[4]{0{,}0256}$ f) $\sqrt[6]{1{,}771\,561}$

8 Schreibe als Potenz mit negativen Exponenten.
a) $\frac{1}{8}$ b) $\frac{1}{64}$ c) $\frac{1}{144}$
d) $\frac{1}{225}$ e) $\frac{1}{289}$ f) $\frac{1}{576}$

9 Berechne und setze das richtige Zeichen (<; >; =) in die Lücke.

a) $5^3 \cdot 20^3$ ____ 10^4
b) $(2^{-3})^2$ ____ $(2^{-2})^3$
c) $4^{-3} \cdot 4^3$ ____ 20^0
d) 32^2 ____ 2^{11}
e) 100^{-3} ____ 10^2
f) $(4^2 \cdot 3^2)^3$ ____ 144^2
g) $24^2 : 6^2$ ____ $4^2 \cdot 2^0$
h) $-(2^4)^3$ ____ $((-2)^4)^{-3}$

10 Übersetze und berechne.
a) Potenziere die zweite Potenz von fünf mit drei.
b) Potenziere drei mit vier und teile das Ergebnis durch drei hoch fünf.
c) Potenziere drei mit vier und multipliziere das Ergebnis mit sieben hoch vier.
d) Potenziere vier mit sieben und teile das Ergebnis durch zwei hoch sieben.
e) Multipliziere vier hoch vier mit dem Produkt aus – Klammer auf – zwei mal zwei – Klammer zu – hoch minus fünf.

11 Berechne mit Hilfe des Potenzgesetzes. Überlege vorher, ob der Wert kleiner oder größer als eins sein wird.
a) $(5^3)^2$ b) $-(3^4)^3$ c) $(6^2)^2$
d) $((-2)^4)^2$ e) $(5^2)^{-3}$ f) $(-8^3)^{-4}$
g) $((-7)^3)^{-4}$ h) $(0{,}01^{-3})^2$ i) $(3^{-3})^{-2}$

12 Berechne mit Hilfe der Potenzgesetze.
a) $4^2 \cdot 3^2$ b) $4^2 \cdot (-3)^2$
c) $(-3)^3 \cdot \left(\frac{1}{2}\right)^3$ d) $0{,}01^3 \cdot 0{,}001^3$
e) $(4^3)^2 \cdot 3^6$ f) $5^2 \cdot 0{,}1^2$
g) $6^4 : 3^4$ h) $3125 : 25^2$
i) $\frac{10^3}{5^3}$ j) $8^{-2} \cdot 4^{-2}$
k) $44^7 : 11^7$ l) $6^2 \cdot 4^{4-2}$
m) $4^5 \cdot 2^3 \cdot 2^2$ n) $16^5 : (4^{10} : 4^5)$

13 Schreibe als Potenz. Berechne die Werte mit dem Taschenrechner.
Überprüfe die Ergebnisse mit den Werten in der Randspalte.
a) $\sqrt[3]{44^9}$ b) $\sqrt[9]{44^3}$ c) $\sqrt[5]{10^6}$
d) $\sqrt[6]{2^{-7}}$ e) $\sqrt{10^{10}}$ f) $\sqrt[8]{5^{-4}}$

14 Richtig oder falsch?
a) Wenn die Basis positiv ist, so ist jede Potenz wieder positiv.
b) Wenn der Exponent negativ ist, so ist die Potenz negativ.
c) Wenn der Exponent negativ ist, so ist die Potenz kleiner eins.
d) Wenn die Basis negativ ist, so ist die Potenz negativ.
e) Wenn die Basis und der Exponent negativ sind, so ist die Potenz positiv.
f) Wenn die Basis negativ und der Exponent gerade sind, so ist die Potenz positiv.

15 Ist das möglich? Begründe.
a) $x^3 = -8$ b) $x^6 = -64$ c) $x^3 = \frac{1}{3}$
d) $x^3 = -\frac{1}{8}$ e) $x^3 = 0{,}01$ f) $x^4 = -0{,}0016$

16 Sonja betrachtet die Zahlenfolge $0^3 = 0$; $0^2 = 0$; $0^1 = 0$ und schlussfolgert, dass auch $0^0 = 0$ gilt.
Christoph ist anderer Meinung. Er betrachtet die Reihe $3^0 = 1$; $2^0 = 1$; $1^0 = 1$ und behauptet, dass $0^0 = 1$ sei.
a) Überprüfe mit dem Taschenrechner.
b) Erkläre, wie Sonja und Christoph auf ihre verschiedenen Ergebnisse kommen.
c) Begründe, warum 0^0 nicht definiert ist. Benutze hierfür das Potenzgesetz $a^m : a^n = \frac{a^m}{a^n} = a^{m-n}$.

17 Welche Aussagen kannst du über den Faktor a und den Exponenten n der drei Funktionen machen?

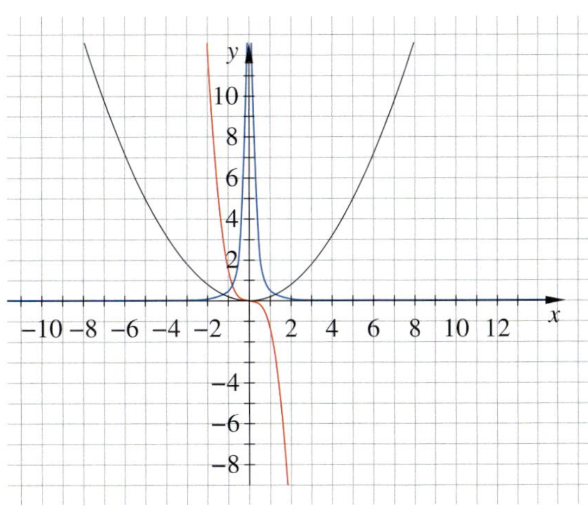

HINWEIS
Die Ergebnisse von Aufgabe 10 findest du unter diesen Werten:
125
194 481
15 625
0,25
$\frac{1}{3}$
9
128

BEACHTE
Unter den folgenden Werten findest du die Lösungen zu Aufgabe 13:
100 000
15,848 931 92
0,445 449 359
1 000 000
85 184
3,530 348 335
0,447 213 595

NACHGEDACHT
Gib die Gleichung einer Funktion an, deren Graph punktsymmetrisch ist und die x-Achse im Koordinatenursprung schneidet.

ZUM WEITERARBEITEN
Erstelle einen Steckbrief zu Umkehrfunktionen.

18 Welche der Funktionen sind Potenzfunktionen?

a) $y = -3x^5$ b) $y = 2x^2 + 1$
c) $y = (x+3)^3$ d) $y = (3x)^{-1}$

19 Ordne jedem Graphen eine der angegebenen Funktionsgleichungen zu.

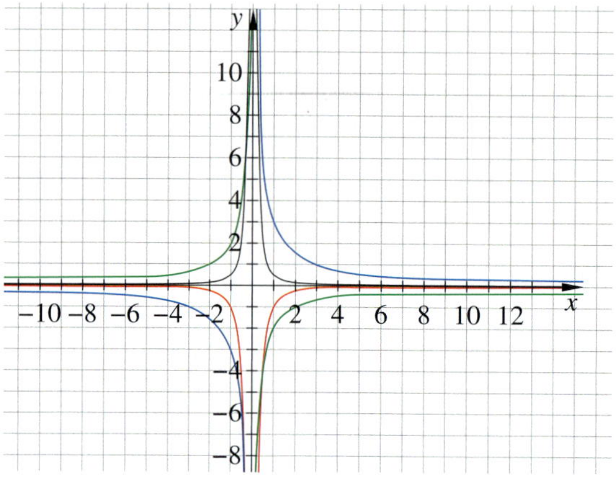

a) $f(x) = \frac{1}{2}x^{-2}$ b) $g(x) = -x^{-2}$
c) $h(x) = -2x^{-1}$ d) $k(x) = 3x^{-1}$

20 Ergänze die Wertetabellen im Heft und zeichne die Graphen.
Gib jeweils an, ob die Graphen gestaucht oder gestreckt sind.

a)

x	-2	-1	$-0{,}5$	$0{,}5$	1	2
$y = \frac{1}{4}x^2$						

b)

x	-2	-1	$-0{,}5$	$0{,}5$	1	2
$y = -\frac{1}{4}x^3$						

21 Finde jeweils die drei zusammengehörenden Kärtchen.

- $y = -8x^{-2}$
- $y = -x^2$
- Der Funktionsgraph ist punktsymmetrisch.
- Der Funktionsgraph ist gestreckt.
- $Q(2|-2)$
- $P(2|4)$
- Die Parabel ist nach unten geöffnet.
- $R(2|-4)$
- $y = \frac{1}{2}x^3$

22 Zeichne die Funktionsgraphen im Intervall von -2 bis 2 in ein gemeinsames Koordinatensystem. Beschreibe, woran man erkennt, ob die Graphen gestaucht oder gestreckt sind. Gib den Streckungsfaktor an.

a) $y = 2x^1$ b) $y = -x^2$
c) $y = 0{,}5x^2$ d) $y = 1{,}5x^{-2}$
e) $y = \frac{1}{8}x^3$ f) $y = -\frac{1}{4}x^{-1}$

23 Zeichne den Graphen der Funktion $f(x) = x^2$ in ein Koordinatensystem. Skizziere, ohne eine Wertetabelle anzulegen, die Graphen der Funktionen $g(x) = -x^2$, $h(x) = \frac{1}{2}x^2$ und $k(x) = -2x^2$ in demselben Koordinatensystem.

24 Spiegelt man den Graphen einer Potenzfunktion $f(x) = x^n$ mit natürlichem $n \geq 2$ und $x \geq 0$ an der Ursprungsgeraden, erhält man die Umkehrfunktion $f(x)^{-1} = \sqrt[n]{x}$.

a) Bestimme die Umkehrfunktion von $f(x) = x^2$ und $g(x) = x^3$ für $x \geq 0$ zeichnerisch.
b) Spiegel die Funktion $f(x) = x^n$ an der Ursprungsgeraden für $x < 0$. Unterscheide dabei gerade und ungerade n. Lies die Funktionsgleichung für gerade und ungerade n ab.

25 Gib wenn möglich die Umkehrfunktion und den dazugehörigen Definitionsbereich an.

a) x^6 b) $\sqrt[5]{x}$ c) $x^{\frac{1}{3}}$
d) $\sqrt[8]{x}$ e) x^4 f) $2x^5$

26 Für den elektrischen Widerstand R (in Ω), die Stromstärke I (in A) und die Spannung U (in V) gilt der Zusammenhang $U = R \cdot I$. Finde mögliche Lösungen der Gleichung $1\,\text{V} = \text{x}\,\Omega \cdot \text{y}\,\text{A}$.
Eine Wertetabelle hilft. Wie hängen die Werte von I von den Werten von R ab?

27 Der Oberflächeninhalt einer Kugel lässt sich mit folgender Formel berechnen: $A_o = 4 \cdot \pi \cdot r^2$.

a) Ist durch die Gleichung eine Potenzfunktion bestimmt? Begründe deine Antwort.
b) Stelle die Funktion grafisch dar.

Teste dich!

a

1 Bestimme die folgenden Wurzeln.

a) $\sqrt[3]{64}$ b) $\sqrt[5]{32}$
c) $\sqrt[4]{256}$ d) $\sqrt[4]{1296}$
e) $\sqrt[7]{2187}$ f) $\sqrt[6]{64}$
g) $\sqrt[5]{243}$ h) $\sqrt[8]{6561}$

b

1 Bestimme die Wurzeln. Runde auf eine Stelle nach dem Komma.

a) $\sqrt[4]{9}$ b) $\sqrt[5]{30}$
c) $\sqrt[4]{66}$ d) $\sqrt[7]{152}$
e) $\sqrt[5]{1025}$ f) $\sqrt[6]{432}$

2 Schreibe als Potenz.

a) $\sqrt[3]{64}$ b) $\sqrt[3]{125}$ c) $\sqrt[5]{1024}$ d) $\sqrt{121}$ e) $\sqrt[6]{1\,000\,000}$ f) $\sqrt[4]{16}$
g) $\sqrt[4]{625}$ h) $\sqrt[4]{256}$ i) $\sqrt[6]{729}$ j) $\sqrt[7]{2187}$ k) $\sqrt[5]{7776}$ l) $\sqrt[7]{16\,384}$

3 Schreibe als Potenz mit negativen Exponenten.

a) $\frac{1}{64}$ b) $\frac{1}{81}$ c) $\frac{1}{256}$ d) $\frac{1}{216}$ e) $\frac{1}{125}$ f) $\frac{1}{243}$

4 Vervollständige die Potenzgesetze.

a) $a^m \cdot a^n =$ ________ b) ________ $= a^{m-n}$ c) $(a^m)^n =$ ________
d) ________ $= (a \cdot b)^m$ e) ________ $= \left(\frac{a}{b}\right)^m$ f) $\sqrt[n]{a^m} =$ ________

5 Ordne jedem Graphen eine der angegebenen Funktionsgleichungen zu.

$f(x) = 2x^2$
$g(x) = -3x^2$
$h(x) = \frac{1}{5}x^3$
$i(x) = -10x^3$

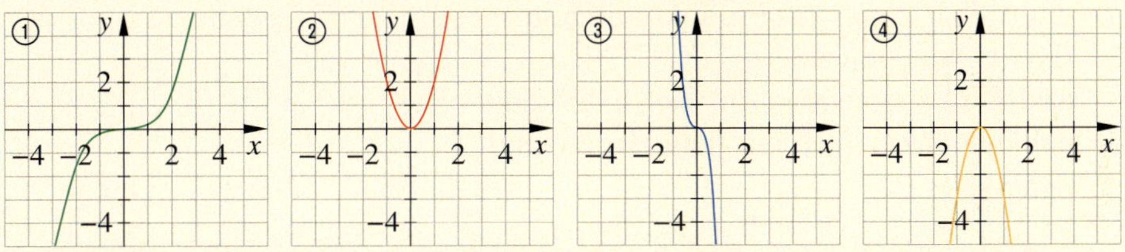

a

6 Fülle die Wertetabelle aus und zeichne die beiden Graphen.

x	−2	−1	−0,5	0	0,5	1	2
$y = x^2$							
$y = -x^3$							

b

6 Zeichne die Graphen der Funktionen $y = \frac{1}{4}x^{-2}$ und $-\frac{1}{4}x^{-2}$ im Intervall von −2 bis 2 in ein Koordinatensystem.
Gib jeweils an, ob der Graph gestreckt oder gestaucht ist.

Gold: 45–43 Punkte, Silber: 42–36 Punkte, Bronze: 35–27 Punkte.

Punkteverteilung

Aufgabe	a	b
1	8	9
2	12	
3	6	
4	6	
5	4	
6	6	8

HINWEIS
Brauchst du noch Hilfe, so findest du auf den angegebenen Seiten ein Beispiel oder eine Anregung zum Lösen der Aufgaben. Überprüfe deine Ergebnisse mit den Lösungen auf Seite 194.

Aufgabe	Seite
1	86
2	86
3	86
4	86
5	90
6	90

Zusammenfassung

→ Seite 86

Potenzgesetze

Die Umkehrung des Potenzierens ist das Wurzelziehen.

$a^n = c$ | n-te Wurzel ziehen

$\sqrt[n]{a^n} = \sqrt[n]{c}$ | umformen

$a = \sqrt[n]{c}$

Potenzen mit gleicher Basis werden
- **multipliziert**, indem man die Exponenten addiert und die Basis beibehält.
- **dividiert**, indem man die Exponenten subtrahiert.

$a^m \cdot a^n = a^{m+n}$

$a^m : a^n = \frac{a^m}{a^n} = a^{m-n}$ für $a \neq 0$

Potenzen werden **potenziert**, indem man die Basis mit dem Produkt der Exponenten potenziert.

$(a^m)^n = a^{m \cdot n}$

Für $a \neq 0$ gilt: $a^0 = 1$ und $a^{-n} = \frac{1}{a^n}$

Jede Wurzel lässt sich als Potenz schreiben.

$\sqrt[n]{a^m} = a^{\frac{m}{n}}$ für $a \geq 0$ und $n \geq 2$

$\sqrt[n]{a} = a^{\frac{1}{n}}$ für $a \geq 0$ und $n \geq 2$

Potenzen mit gleichen Exponenten werden
- **multipliziert**, indem man die Basen multipliziert und das Produkt mit dem Exponenten potenziert.
- **dividiert**, indem man die Basen dividiert und den Quotienten mit dem Exponenten potenziert.

$a^m \cdot b^m = (a \cdot b)^m$

$a^m : b^m = \frac{a^m}{b^m} = \left(\frac{a}{b}\right)^m$ für $b \neq 0$

→ Seite 90

Potenzfunktionen

Funktionen der Form $y = a \cdot x^n$ $(a \neq 0)$ nennt man **Potenzfunktionen**. Dabei ist n eine ganze Zahl.

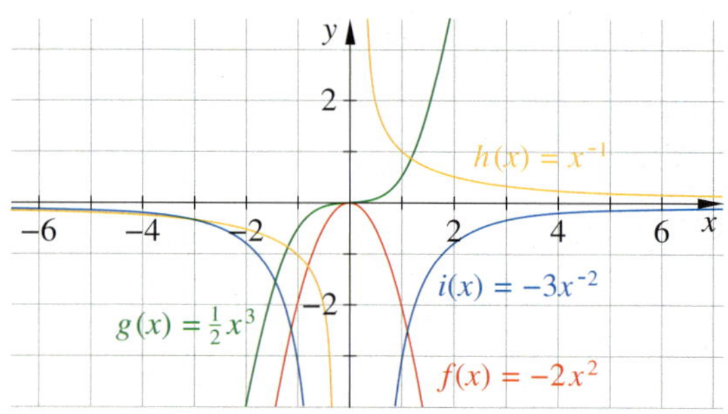

Je nach Eigenschaft des Exponenten n und des Faktors a ändert sich der Verlauf des Funktionsgraphen.

Für $|a| > 1$ ist der Funktionsgraph gegenüber dem der Funktion $y = x^n$ **gestreckt**, für $0 < |a| < 1$ ist er **gestaucht**.

Ist a negativ so ist der Funktionsgraph zusätzlich an der x-Achse gespiegelt. Der Faktor a wird **Streckungsfaktor** genannt.

Wachstum

Jedes Leben beginnt mit einer einzigen Zelle, die sich nach und nach immer wieder teilt. Beim Menschen beginnt die Zellteilung sofort nach der Befruchtung der Eizelle. Nach ca. 30 Stunden ist die erste Teilung abgeschlossen. Aus den zwei Zellen entstehen vier, nach ca. drei Tagen sind es bereits 16 Zellen. So wächst das neu entstandene Leben immer weiter …

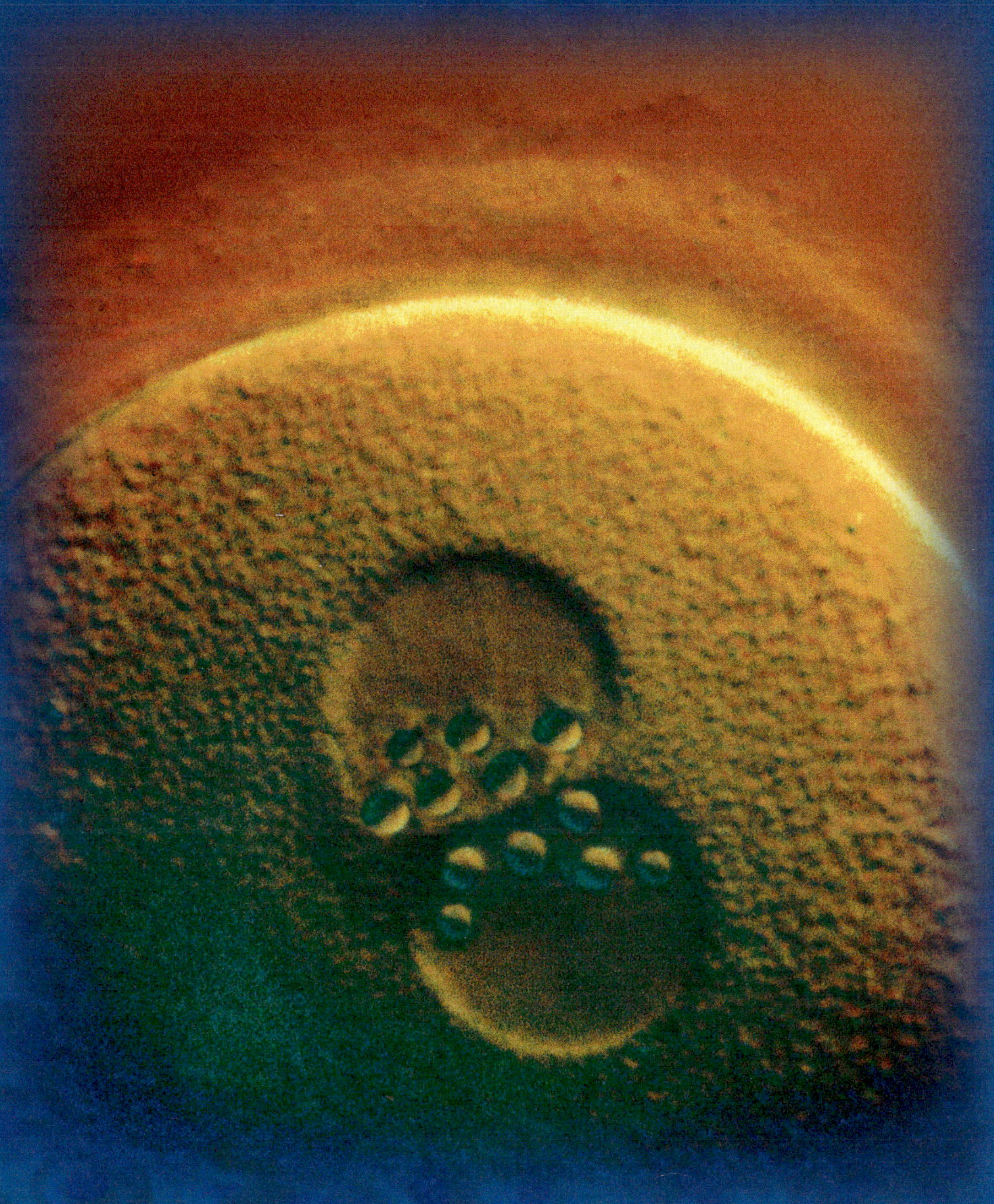

Noch fit?

1 Betrachte die einzelnen Graphen der linearen Funktionen.

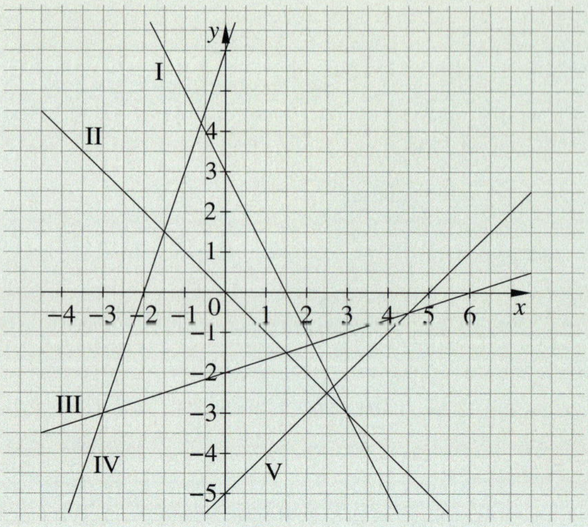

a) Gib die allgemeine Form einer linearen Funktion an.

b) Notiere die Funktionsgleichungen zu den abgebildeten Graphen.

c) Welcher Graph hat die größte Steigung?

d) Woran ist die Steigung in der Gleichung ablesbar?

e) Welche Graphen haben eine negative Steigung? Wie ist das in der Zeichnung, woran in der Gleichung zu erkennen? Beschreibe.

f) Zeichne die Graphen zu folgenden Funktionsgleichungen in dein Heft.

① $f_1(x) = 2x + 5$ ② $f_2(x) = 1{,}5x - 3$ ③ $f_3(x) = -\frac{1}{2}x + 4{,}5$

2 Berechne den Wert der Potenzen.

a) 3^4 b) 5^3 c) 6^4 d) $3{,}7^3$ e) $0{,}01^5$ f) $0{,}35^6$

3 Schreibe in wissenschaftlicher Schreibweise.

a) 3 600 000 000 b) 460 000 000 c) 0,000 054 d) 0,000 000 52

4 Schreibe in kürzerer Form und berechne.

a) $5^2 \cdot 5^3$ b) $6^4 : 6^2$ c) $(2^3)^2$ d) $4^3 \cdot 5^3$ e) $4^2 : 8^2$

5 Einige Kleidungsstücke aus der Winterkollektion werden im Februar 30 % billiger angeboten. Berechne die reduzierten Preise. Die ursprünglichen Preise lauten:

a) Jacke: 98 € b) Skianzug: 235 € c) Pullover: 65 €
d) Mantel: 189 € e) Handschuhe: 8 € f) Schal: 12 €

6 Ein Automobilkonzern bietet 4000 € Preisnachlass auf alle Modelle beim Kauf eines Neuwagens. Berechne den Preisnachlass in Prozent.
Die ursprünglichen Preise lauten:

a) Kombi: 28 500 € b) Van: 32 400 € c) Cabrio: 31 700 €

7 Rechne um in Dezimalbrüche.

a) $\frac{1}{3}$ b) $\frac{234}{1000}$ c) $\frac{2}{7}$ d) $1\frac{1}{6}$ e) $\frac{26}{125}$

Kurz und knapp

1. Berechne die Quadrate der Zahlen 11 bis 20.
2. Die mittlere Entfernung von der Erde zum Mond beträgt $3{,}84401 \cdot 10^8\,\text{m}$ = ________ km.
3. Das Volumen einer Kugel berechnet man nach der folgenden Formel: ________
4. Berechne den Wert der Funktion $f(x) = 3x^2 + 5$ für $x = 3$ und $x = -2$.

Absolutes und prozentuales Wachstum

Erforschen und Entdecken

1 Informiere dich im Internet und im Lexikon über den Begriff „Wachstum".
a) In welchen Bereichen trifft man auf diesen Begriff?
b) Welche Arten von Wachstum gibt es? Beschreibe sie mit eigenen Worten.
c) Welche Wachstumsarten würdest du dem mathematischen Bereich zuordnen? Begründe deine Auswahl.
d) Welches Wachstum ist dir bereits aus dem vorangegangenen Mathematikunterricht, aber unter einem anderen Begriff, bekannt? Beschreibe.
e) Tragt eure Ergebnisse aus dem mathematischen Bereich zusammen und erstellt eine Übersicht (z. B. ein Plakat). Notiert dazu jeweils eine Situation, zu der ihr einen zugehörigen Funktionsgraphen angebt.

2 In der Grafik ist die Entwicklung der Mobilfunkanschlüsse in Deutschland in den Jahren 1998 bis 2008 dargestellt.
a) In welchem Jahr liegt der zahlenmäßig größte Zuwachs vor?
b) Wann war der zahlenmäßig geringste Zuwachs zu verzeichnen?
c) Berechne die absoluten Zuwächse von 1998 bis 1999 und von 2006 bis 2007.
Vergleiche die Angaben in Prozent mit den absoluten Zahlen. Was fällt dir auf?
Welche Angaben hältst du für aussagekräftiger? Diskutiere mit deinen Mitschülerinnen und Mitschülern und begründe deine Meinung.

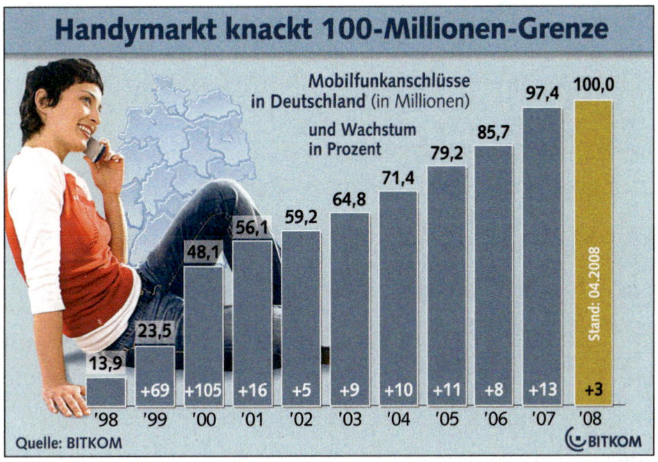

3 Ein Süßwarenhersteller erhöht den Inhalt seiner Verpackungen um 14,3 %.
a) Die alte Verpackung enthielt 175 g. Wie viel g enthält die neue Verpackung?
b) Maya hat folgendermaßen gerechnet:

175 g · 1,143 = 200,025 g

Vergleiche ihre Überlegungen und ihren Rechenweg. Eine Berechnung über den Dreisatz siehst du in der Randspalte. Wie hängen die beiden Lösungen zusammen?
c) Erläutere, wo man bei Mayas Rechnung die Prozentzahl erkennt?
d) Eine Schachtel Pralinen kostete bisher 3,99 €. Der Preis für Kakao ist gesunken. Deshalb kann der Süßwarenhersteller seine Pralinen günstiger anbieten. Jede Schachtel wird nun mit einem Preisnachlass von 11 % verkauft. Der neue Preis lässt sich auch hier in einem Rechenschritt ermitteln. Wie viel kostet eine reduzierte Schachtel? Mit welchem Faktor muss der ursprüngliche Preis multipliziert werden?
e) Wie ist bei einem Nachlass die Prozentzahl im Faktor sichtbar? Beschreibe.

ERINNERE DICH
Beim Dreisatz werden in beiden Tabellenspalten die gleichen Rechenoperationen ausgeführt: Division durch 100 und Multiplikation mit 114,3.

Anteil	Masse
100 %	175 g
1 %	1,75 g
114,3 %	200,03 g

Lesen und Verstehen

Eine Firma stellt ihre Jahresumsätze in einem Diagramm dar. Sie interessiert, wann sie Zuwächse, also positives Wachstum, und wann sie Abnahmen, also negatives Wachstum, zu verzeichnen hatte. Im Diagramm wurden die absoluten Umsätze und damit das absolute Wachstum dargestellt. Das prozentuale Wachstum kann in diesem Fall aus den absoluten Werten berechnet werden.

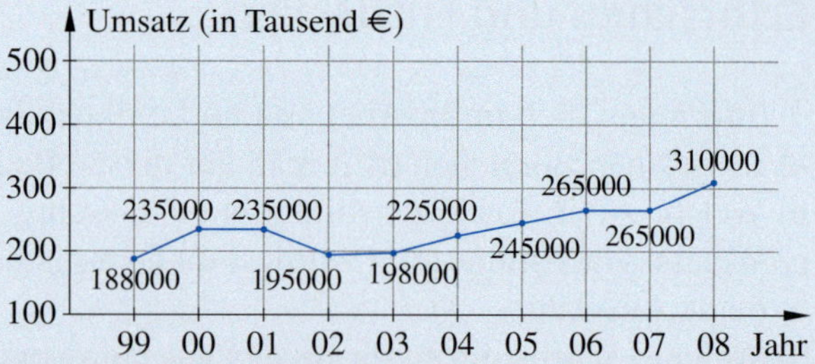

BEISPIEL
Von 1999 bis 2000 verzeichnete die Firma mit 47 000 € ein positives Wachstum.
Von 2001 bis 2002 liegt negatives Wachstum mit einem Verlust von 40 000 € vor.

Bei **positivem Wachstum**, also der Zunahme einer Größe, ist in gleichen Zeitspannen der jeweils folgende Wert größer als der vorherige.
Es gilt: $x_1 < x_2$ und $f(x_1) < f(x_2)$

Bei **negativem Wachstum**, also der Abnahme einer Größe, ist in gleichen Zeitspannen der jeweils folgende Wert kleiner als der vorherige.
Es gilt: $x_1 < x_2$ und $f(x_1) > f(x_2)$

Beim **absoluten Wachstum** werden Zu- oder Abnahme in **absoluten Zahlen** angegeben.

Positives lineares Wachstum (lineare Zunahme) liegt vor, wenn in gleichen Zeitspannen der jeweils nachfolgende Wert um immer den gleichen Betrag $m > 0$ zunimmt. Ist $m < 0$, handelt es sich um **negatives lineares Wachstum** (lineare Abnahme).

Lineares Wachstum lässt sich durch eine Funktion der Form $\boldsymbol{f(x) = m \cdot x + w_0}$ beschreiben. Dabei ist w_0 der Wert zu Beginn eines Wachstumsprozesses.

BEISPIEL 1

Von 2004 bis 2006 liegt lineares Wachstum vor. Der Umsatz der Firma stieg pro Jahr um $m = 20\,000$ €.
2004 wird hier als Startpunkt festgesetzt, somit ist $w_0 = 225\,000$ €.

$f(x) = \quad m \quad \cdot x + \quad w_0$
$f(0) = 20\,000\,€ \cdot 0 + 225\,000\,€ = 225\,000\,€$
$f(1) = 20\,000\,€ \cdot 1 + 225\,000\,€ = 245\,000\,€$
$f(2) = 20\,000\,€ \cdot 2 + 225\,000\,€ = 265\,000\,€$

Beim **prozentualen Wachstum** werden die Zu- oder Abnahmen **in Prozent** angegeben.

HINWEIS
Von 2000 auf 2001 erfolgt keine Änderung, $p = 0$ und $q = 1$.

HINWEIS
Man kann auch erst p % und dann q berechnen: 2002 sank der Umsatz um 40 000 €.
$\frac{-40\,000\,€}{235\,000\,€} \approx -17\,\%$
$q \approx 1 - 0{,}17 \approx 0{,}83$

Positives oder negatives prozentuales Wachstum wird mit positiver oder negativer **Wachstumsrate** $\boldsymbol{p\,\%}$ ausgedrückt.

Aus der Wachstumsrate ergibt sich der **Wachstumsfaktor** $\boldsymbol{q}$ mit $\boldsymbol{q = 1 + p\,\% = 1 + \frac{p}{100}}$.

Bei positivem Wachstum ist $q > 1$, bei negativem Wachstum gilt $0 < q < 1$.
Für die Berechnung des nachfolgenden Wertes w_1 ergibt sich die Gleichung $w_1 = w_0 \cdot q$, durch Umstellen lässt sich q berechnen.

BEISPIEL 2

2009 erwartet die Firma 8 % mehr Umsatz:
$q = 1 + 8\,\% = 1 + 0{,}08 = 1{,}08$; für w_{09} folgt
$w_{09} = w_{08} \cdot q = 310\,000\,€ \cdot 1{,}08 = 334\,800\,€$.
Es wird ein Umsatz von 334 800 € erwartet.

Der Umsatz für 2001 betrug 235 000 €, für 2002 betrug er 195 000 €.

$q = \frac{195\,000\,€}{235\,000\,€} \approx 0{,}83 = 1 - 0{,}17 = 1 - 17\,\%$

$p\,\% \approx -17\,\%$

Der Wachstumsfaktor betrug $q \approx 0{,}83$; die Wachstumsrate betrug $p\,\% \approx -17\,\%$.

Üben und Anwenden

1 Stelle folgende Daten in einem geeigneten Diagramm dar.
Wo liegt positives, wo liegt negatives Wachstum vor?

x	1	2	3	4	5	6
y	1,5	4	6,5	6	4	2

2 In der Tabelle wurde die Anzahl der Schulen, der Schülerinnen und Schüler und der Lehrkräfte an Gesamtschulen in Brandenburg zusammengestellt.

Jahrgang	Schulen	Schüler	Lehrer
06/07	39	21 924	1954
07/08	38	18 825	1759
08/09	30	15 642	1398
09/10	27	14 202	1363
Quelle: Amt für Statistik Berlin-Brandenburg			

a) Berechne die absoluten Zunahmen und Abnahmen der Schülerinnen und Schüler von den Jahrgängen 06/07 bis 09/10.
b) Runde die Anzahl der Lehrerinnen und Lehrer auf Hunderter. Liegt dann in dieser Rubrik lineares Wachstum vor?
c) Stelle die Anzahl der Schülerinnen und Schüler pro Jahrgang in einem Diagramm dar.
Runde die Werte vorher auf Tausender.
d) Ist in diesem Diagramm lineares Wachstum ablesbar?
Wenn ja, in welchen Zeiträumen?

3 Überlege dir ein Thema, das dich interessiert. Suche dazu Daten im Internet, die über einen längeren Zeitraum erhoben wurden, wie z. B. die Anzahl der Internetnutzer oder Ausbildungsbetriebe in deiner Stadt.
Nutze den Tipp in der Randspalte.
Übertrage diese Daten in ein Diagramm und beschreibe den Verlauf.
Stelle deine Daten in der Klasse vor.

4 Erstellt im Team ein Lernplakat zum absoluten und prozentualem Wachstum. Präsentiert anschließend eure Ergebnisse eurer Klasse.

5 Betrachte die abgebildeten Diagramme.

①
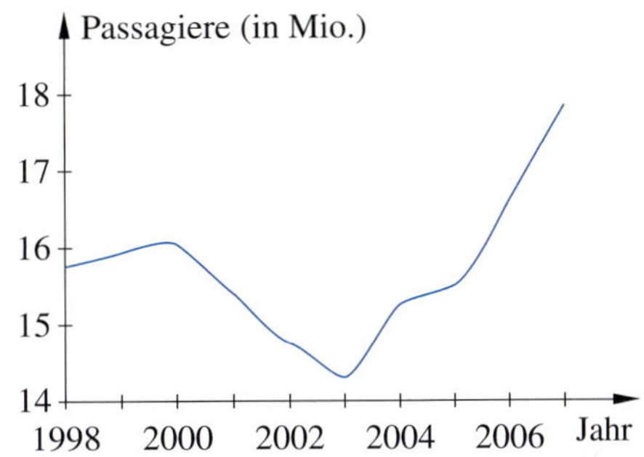

②
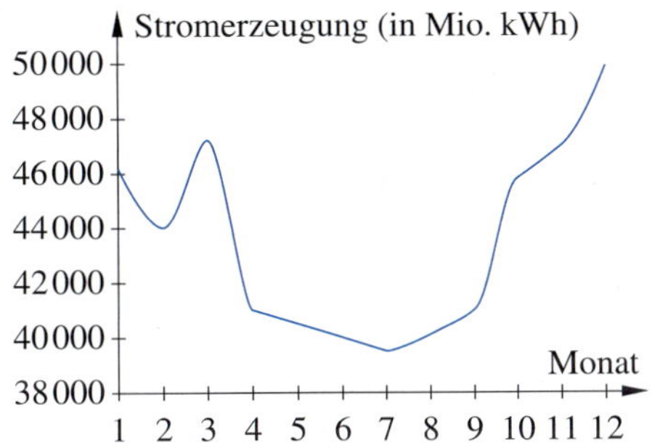

a) In welchen Zeiträumen lag negatives Wachstum bei ① vor? Wo erkennst du negatives Wachstum bei ②?
b) Prüfe, ob in Teilbereichen beider Diagramme lineares Wachstum vorliegt.
c) Finde Ursachen für den Anstieg bzw. die Abnahme der Stromerzeugung. Gibt es eine Erklärung für den Rückgang der Passagierzahlen und den erneuten Anstieg? Stelle Vermutungen an.

6 Eine Gruppe von Jugendlichen trinkt in einem Café Kiba für 2 € pro Glas. Sie trinken unterschiedlich viel.

a) Gib die zugehörige Funktionsgleichung an, die die Kosten beschreibt. Um was für eine Funktion handelt es sich?
b) Zeichne ein Säulendiagramm zu dieser Gleichung für $x = 0; 1; \ldots; 10$.
c) Gib den Zuwachs der Säulen jeweils in Prozent an. Was fällt dir auf?

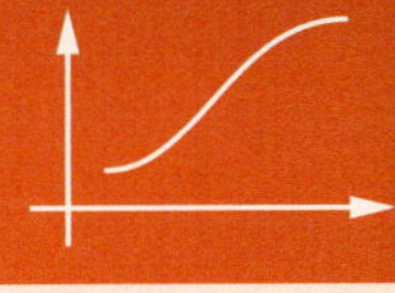

www 105-1

TIPP
Viele Daten findet man auf der Webpage des Statistischen Bundesamts.

SCHON GEWUSST?
Kiba ist ein Mixgetränk aus Kirsch- und Bananensaft.

7 Laut Angabe der „Deutschen Stiftung Weltbevölkerung“ lebten 2008 ca. 6,67 Mrd. Menschen auf der Erde. Die Zuwachsrate wird mit 1,2 % pro Jahr angegeben.

a) Gib den Wachstumsfaktor an.

b) Berechne die Weltbevölkerungszahl für 2009. Überprüfe die errechnete Zahl mit Hilfe des Internets.

106-1

BEACHTE

Unter dem Webcode findest du einen Link zu Bevölkerungsstatistiken.

8 In der abgebildeten Tabelle sind Daten über die Bevölkerungszahl einzelner Länder im Jahr 2008 und die jährliche Wachstumsrate angegeben.

Land	Bevölkerung in Mio.	Wachstumsrate
Brasilien	195,1	1,3 %
China	1324,7	0,5 %
Deutschland	82,2	−0,2 %
Frankreich	62,0	0,4 %
Guatemala	13,7	2,8 %
Indien	1149,3	1,6 %
Kenia	38,0	2,8 %
Litauen	3,4	−0,4 %
USA	304,5	0,6 %
Quelle: Deutsche Stiftung Weltbevölkerung		

a) Berechne die Bevölkerungszahlen der einzelnen Länder für das kommende Jahr.

b) In welchem Land gab es das größte absolute Bevölkerungswachstum? In welchem Land gab es das kleinste?

c) Informiere dich, wie eine solche Wachstumsrate ermittelt wird.

9 2009 lebten in Afghanistan 33,55 Mio. Menschen. 2008 waren es erst 32,7 Mio. Menschen.

a) Welcher Wachstumsfaktor ergibt sich aus dem Bevölkerungszuwachs?

b) Wie hoch ist die Wachstumsrate in %? Beschreibe, wie man sie berechnet.

10 Forme die Gleichung $w_1 = w_0 \cdot q$ um.

a) Stelle nach w_0 um.

b) Löse nach q auf.

c) Welche Werte kann q annehmen, wenn w_0 größer ist als w_1? Sowohl w_0 als auch w_1 sollen positiv sein.

BEACHTE

w_0 steht für den Ausgangswert, w_1 für den darauf folgenden Wert.

11 Eine Firma stellte einen großen Teil ihres Schriftverkehrs auf E-Mail um. Daraufhin sank die Anzahl der Briefe von 12 500 auf 9600 Briefe pro Monat.

a) Bestimme den Wachstumsfaktor.

b) Um wie viel Prozent sank die Anzahl der mit der Post versandten Briefe?

12 Von 2006 bis 2007 sind die Anmeldezahlen für Gesamtschulen von 44 017 auf 46 925 gestiegen. Im Jahr 2008 wurden 44 435 Schülerinnen und Schüler angemeldet.

a) Berechne die Zuwachsrate von 2006 auf 2007 in Prozent.

b) Gib den Wachstumsfaktor für das Jahr 2008 an. Wie hoch ist die Abnahme der Anmeldezahlen in Prozent?

13 Eine Gesamtschule feiert alle fünf Jahre ein großes Fest und lädt alle Einwohner aus der Stadt dazu ein. Der Erlös des Schulfestes geht an eine Partnerschule in Südamerika. Um den Erlös zu erhöhen, wollen die Schülerinnen und Schüler auf Plakaten Werbung machen. Sie recherchieren im Internet, dass sie so die Einnahmen um ca. 30 % erhöhen können. Der Aufwand kostet allerdings etwa 100 € bis 200 €.

a) Der Erlös aus dem letzten Fest betrug 5480 €. Mit welchem Erlös rechnet der Berater in diesem Jahr?

b) Lohnt sich ein Werbespot im Radio, wenn 30 s Sendezeit 138 € kosten und sich der Erlös dann noch einmal um 5 % erhöht? Schätze ab.

14 Ein Sportverein hatte im Jahr 2000 genau 300 Mitglieder. Bis zum Jahr 2008 nahmen die Mitgliederzahlen jährlich um durchschnittlich 10 % ab.

a) Wie viele Mitglieder hatte der Verein im Jahr 2008? Stelle den jährlichen Mitgliederschwund in einer Tabelle dar. Runde sinnvoll.

b) Liegt ein positives oder negatives Wachstum vor?

c) Handelt es sich um ein lineares Wachstum? Begründe.

Exponentielles Wachstum

Erforschen und Entdecken

1 Übertrage die drei Tabellen in dein Heft. Berechne die fehlenden Werte im Kopf oder mit Hilfe des Taschenrechners und notiere die Ergebnisse.

①

$2 \cdot 0$	$2 \cdot 1$	$2 \cdot 2$	$2 \cdot 3$	$2 \cdot 4$	$2 \cdot 5$	$2 \cdot 6$	$2 \cdot 7$

②

0^2	1^2	2^2	3^2	4^2	5^2	6^2	7^2

③

2^0	2^1	2^2	2^3	2^4	2^5	2^6	2^7

a) Ordne den Tabellen die verschiedenen Funktionsvorschriften aus der Randspalte zu und zeichne die Kurven in ein gemeinsames Koordinatensystem.
b) Beschreibe den Verlauf der einzelnen Funktionsgraphen im Vergleich zueinander.
c) Ist der Verlauf in den Funktionsvorschriften schon erkennbar? Begründe.

NACHGEDACHT
Nenne Beispiele, die durch die Gleichungen $f(x) = 2^x$ $f(x) = 2 \cdot x$ $f(x) = x^2$ beschrieben werden.

2 Bei einer Stiftung wird Geld zu einem bestimmten Zinssatz angelegt. Damit das Kapital erhalten bleibt, werden nur die Zinserträge für gemeinnützige Zwecke ausgegeben. Einer Schulstiftung stehen 50 000 € zur Verfügung. Das Geld soll zu einem Zinssatz von 4,5 % p. a. für fünf Jahre angelegt werden. Die Zinsen können jährlich ausgezahlt werden (①) oder erst nach Ablauf der fünf Jahre (②). Untersuche mit Hilfe einer Tabellenkalkulation, wie das Kapital bei den beiden Anlagemodellen wächst.

Laufzeit (in a)	① Kapital (in €)	② Kapital (in €)
0	50 000	50 000
1	52 250	52 250
2	…	…
3		
4		
5		
10		
Zinsgewinn nach 5 a		
Zinsgewinn nach 10 a		

a) Welcher Zinsgewinn steht der Stiftung nach fünf Jahren bei den beiden Anlagemodellen zur Verfügung?
b) Wie groß ist der Unterschied nach 10 Jahren?
c) Wie sollte man mit diesem Geld nun verfahren? Diskutiert darüber in der Klasse und begründet eure Meinung.

HINWEIS
p. a. steht für „per anno" und bedeutet „pro Jahr".

3 Bei Fieber oder akuten Schmerzen hilft ein Medikament mit dem Wirkstoff Paracetamol. Der Wirkstoff aus einer Tablette gelangt schnell ins Blut. Von dort wird er nach und nach in die einzelnen Zellen abgegeben, sodass die Wirkstoffkonzentration im Blut langsam absinkt. Nach jeweils einer Stunde sinkt die Konzentration auf ca. 80 % des vorherigen Wertes.

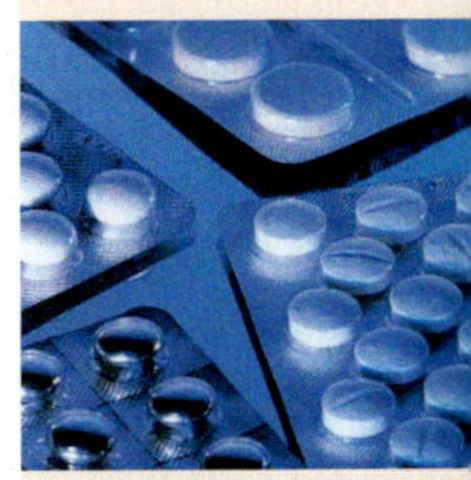

a) Ergänze die Tabelle im Heft. Stelle die Wirkstoffkonzentration im Blut in einem Koordinatensystem dar.

Zeit nach der Einnahme in h	1	2	3	…
Wirkstoffkonzentration im Blut in %	80	64	…	…

b) Was hast du für eine Rechnung an der Stelle $x = 4$ Stunden ($x = 7$ Stunden) durchgeführt? Notiere und verkürze die Schreibweise, wenn du kannst.
c) Finde eine allgemeine Gleichung zur Berechnung des Wertes für die n-te Stelle.
d) Die Konzentration im Blut beträgt 30 % des ursprünglichen Wertes. Wie hoch war die Konzentration eine Stunde vorher?

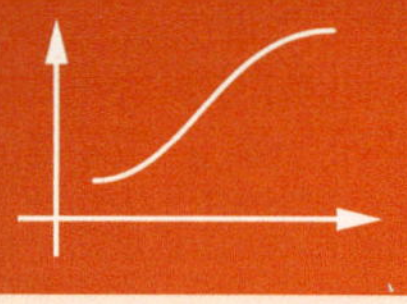

Lesen und Verstehen

108-1

BEACHTE

Unter dem Webcode findest du einen Link zur Weltbevölkerungsuhr.

Wissenschaftler erstellen jährlich Prognosen zur Entwicklung der Weltbevölkerung. Dazu liegen ihnen Daten aus vergangenen Jahren vor, auf die sie ihre Prognosen stützen. Zurzeit wächst die Anzahl der Menschen jedes Jahr um 1,2%. Für die Zukunft wird diese Anzahl also pro Jahr mit dem Wachstumsfaktor $q = 1{,}012$ multipliziert. Im Internet gibt es eine Weltbevölkerungsuhr, die nach dieser Rechnung die aktuelle Bevölkerungszahl anzeigt.

Ändert sich eine Größe in gleich bleibenden Zeitspannen um einen konstanten Wachstumsfaktor q, so spricht man von **exponentiellem Wachstum**.

SCHON GEWUSST?

Die Weltbevölkerung wächst jährlich um 1,2% an. Die Einwohnerzahl von Deutschland nimmt jährlich um 0,2% ab.

Gilt für den Wachstumsfaktor $q > 1$, liegt **exponentielle Zunahme** vor.

Gilt für den Wachstumsfaktor $0 < q < 1$, liegt **exponentielle Abnahme** vor.
Bei $q = 1$ erfolgt keine Änderung.

BEISPIEL 1

Exponentielle Zunahme weltweit:

Jahr	2008	2009	2010
Weltbevölkerung (in Mrd.)	6,70	6,78	6,86

$\cdot 1{,}012$ $\quad \cdot 1{,}012$

Exponentielle Abnahme in Deutschland:

Jahr	2008	2009	2010
Bevölkerung Deutschland (in Mio.)	82,20	82,03	81,87

$\cdot 0{,}998$ $\quad \cdot 0{,}998$

Bei einem konstanten Wachstumsfaktor q wächst bzw. sinkt eine Größe w_0 nach x gleichen Zeitspannen auf die Größe $f(x)$, wobei gilt: $\boldsymbol{f(x) = w_0 \cdot q^x}$

BEISPIEL 2

Bei dem Wachstumsfaktor $q = 1{,}012$ ergibt sich folgende Gleichung zur Berechnung der Weltbevölkerung im Jahr 2018:
$f(10) = 6{,}70 \text{ Mrd.} \cdot 1{,}012^{10} = 7{,}55 \text{ Mrd.}$
Entsprechend wird die Bevölkerung Deutschlands für das Jahr 2018 berechnet:
$f(10) = 82{,}20 \text{ Mio.} \cdot 0{,}998^{10} = 80{,}57 \text{ Mio.}$

HINWEIS

Der Exponent x zur Basis q gibt die Anzahl der gleichen Zeitspannen an.

Diese Funktion nennt man **Exponentialfunktion**, da die Variable x im Exponenten steht.

Kennt man den Wachstumsfaktor q und war dieser über die Jahre unverändert, so lassen sich auch Werte aus der Vergangenheit ermitteln.

HINWEIS

Für alle Werte q gilt $q^0 = 1$ und $q^{-x} = \frac{1}{q^x}$.

BEISPIEL 3

Ausgehend von der Bevölkerungszahl aus dem Jahr 2009 lassen sich die Werte sowohl für die Zukunft als auch für die Vergangenheit berechnen. Voraussetzung ist die Gültigkeit der Wachstumsrate $p\,\% = 1{,}2\,\%$ mit dem dazugehörigen Wachstumsfaktor $q = 1{,}012$.

Jahr	2005	2006	2007	2008	2009	2010
Bevölkerung in Mrd.	$f(-4) = 6{,}44$	$f(-3) = 6{,}51$	$f(-2) = 6{,}59$	$f(-1) = 6{,}67$	$\boldsymbol{f(0) = 6{,}75}$	$f(1) = 6{,}83$
Term zur Berechnung	$w_0 \cdot q^{-4}$	$w_0 \cdot q^{-3}$	$w_0 \cdot q^{-2}$	$w_0 \cdot q^{-1}$	$\boldsymbol{w_0 \cdot q^0}$	$w_0 \cdot q^1$

Üben und Anwenden

1 Wird ein Kapital zu einem festen Zinssatz angelegt und wird zwischendurch kein Geld abgehoben, so wächst das Kapital immer weiter an.

a) Wächst das Kapital exponentiell oder linear? Begründe.

b) Ein Kapital von 6000 € wird zehn Jahre lang bei einem Zinssatz von 5,5 % p. a. angelegt. Berechne die Zinsen nach zehn Jahren.

2 Genauso wie ein Kapital kann auch ein Schuldenberg schnell anwachsen.
Auf Kredit wurde für 2500 € eine Stereoanlage gekauft. Bisher wurde noch keine Rückzahlung geleistet.

a) Wie hoch ist der Schuldenberg nach drei Jahren bei jährlich 11 % Zinsen?

b) Welche Summe muss nach fünf Jahren zurückgezahlt werden?

c) Berechne den prozentualen Anteil der Zinsen am Wert der Stereoanlage nach drei Jahren. Wie hoch ist der prozentuale Anteil nach fünf Jahren?

3 Verfasse einen Eintrag in deinem Lerntagebuch zu verschiedenen Wachstumsarten. Stelle dazu lineares, quadratisches und exponentielles Wachstum gegenüber. Beschreibe jeweils Besonderheiten. Ergänze passende Funktionsgraphen und finde zu jeder Wachstumsart ein Beispiel.

4 Die Tabelle zeigt die Bevölkerungszahlen der Länder USA, Italien und Japan aus dem Jahr 2008 und eine Prognose für das Jahr 2050.
Welcher Wachstumsfaktor q liegt den Berechnungen für das Jahr 2050 jeweils zugrunde? Schätze zunächst ab.
Überprüfe durch eine Rechnung und erläutere deinen Lösungsweg.

	USA	Italien	Japan
Bevölkerung 2008	305 Mio.	60 Mio.	128 Mio.
Bevölkerung 2050	438 Mio.	62 Mio.	95 Mio.

5 Löse die Gleichung $w_x = w_0 \cdot q^x$ nach dem Wachstumsfaktor q auf.
Beschreibe dein Vorgehen.

6 Überprüfe, ob bei der unten abgebildeten Kurve exponentielles Wachstum vorliegt.

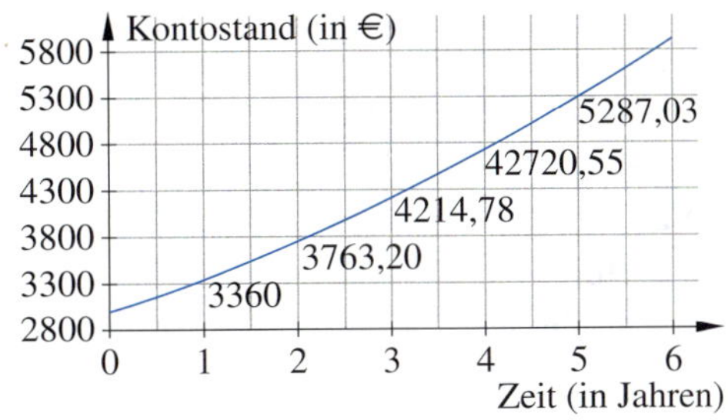

a) Wie gehst du dabei vor? Beschreibe und begründe.

b) Woran ist exponentielles Wachstum erkennbar?

7 Die Elfenbeinwilderei hat Elefanten in vielen Ländern bereits ausgerottet. Der Bestand in Afrika sank von 1,2 Mio. Tieren im Jahr 1981 auf nur noch 472 000 bis maximal 689 000 Tiere im Jahr 2008.

Berechne für den oberen und unteren Schätzwert von 2008 den jeweils zugehörigen Wachstumsfaktor q.

8 Entscheide, ob in den Wertetabellen exponentielles Wachstum vorliegt.

a)

x	0	1	2	3
y	200	150	100	50

b)

x	−1	0	1	4
y	10 000	12 000	14 400	20 736

c)

x	−1	0	1	2
y	128	160	200	250

109-1

BEACHTE
Unter dem Webcode findest du eine Linkliste zum Thema Schulden.

ZUM WEITERARBEITEN
Überlege dir zu Aufgabe 8 a) eine reale Situation.

110-1
HINWEIS
Unter dem Webcode findest du eine Linkliste mit Tipps zum Thema Lernen.

9 Wissenschaftler untersuchten den Einfluss der Zeit nach dem Schulabschluss auf das Vergessen von erworbenen Fertigkeiten und Fähigkeiten. An einem Versuch dazu haben insgesamt 1743 Freiwillige teilgenommen, von denen nur ein Teil in Mathematik einen Leistungskurs (LK) belegt hatte. Es stellte sich heraus, dass Personen mit LK Mathematik im Durchschnitt jährlich ca. 0,45 % ihres Schulwissens vergessen. Personen ohne LK vergessen sogar 2,38 % pro Jahr.
Die Tabelle zeigt, über welchen prozentualen Anteil ihres Schulwissens die Personen in den Jahren nach dem Schulabschluss noch verfügen.

Jahre	0	10	20	30	40	50
mit LK	100 %	95,6 %				
ohne LK	100 %	78,6 %				

a) Vervollständige die Tabelle im Heft. Runde auf eine Nachkommastelle.
b) Zeichne beide Vergessens-Kurven in ein gemeinsames Koordinatensystem.

HINWEIS
Aktuelle Wirtschaftsdaten findest du in der Tagespresse. Darüber hinaus wird über die allgemeine Wirtschaftslage fast täglich in den Nachrichten informiert.

10 Im Jahr 1999 lag die Wachstumsrate in Nigeria bei 2,5 %. Auf dieser Grundlage lässt sich die Bevölkerungszahl für das Jahr 2009 berechnen. Beachte die Angaben in der Tabelle.

Jahr	1999	2009
Bevölkerungszahl in Mio.	108,945	139,459

a) Wie berechnet sich die Bevölkerungszahl für das Jahr 2009?
b) Wie wird der Wert für 1999, ausgehend vom Wert für 2009, berechnet? Gib eine entsprechende Funktionsgleichung an.
c) Wie unterscheidet sich die Gleichung aus Aufgabenteil b) von einer Gleichung zur Berechnung einer exponentiellen Abnahme?
d) Tatsächlich lag die Bevölkerungszahl 2008 schon bei 148,071 Mio. Wie muss die korrigierte Wachstumsrate für Nigeria lauten? Welche Gründe könnte es für die Erhöhung der Wachstumsrate geben?

ZUM WEITERARBEITEN
Überprüfe deine Prognosen für 2010 mit Hilfe des Internets.

11 Im Jahr 2009 lebten ca. 6,75 Mrd. Menschen auf der Erde. Die Zuwachsrate beträgt 1,2 % pro Jahr.
a) Wie viele Menschen werden voraussichtlich 2020 auf der Erde leben?
b) In welchem Jahr wird die 7-Mrd.-Marke überschritten? Schätze ab und erläutere deinen Lösungsweg.
c) Wie hoch war die Weltbevölkerungszahl rein rechnerisch 20 Jahre bevor die 7-Mrd.-Grenze überschritten wurde?

12 Ein Stahlblock wird zur Bearbeitung auf eine Temperatur von 950 °C erhitzt. Stündlich kühlt er um etwa 18 % ab.
Welche Temperatur besitzt der Stahlblock acht Stunden nach Bearbeitungsbeginn?

13 Oftmals wird in den Medien vom Exportweltmeister Deutschland gesprochen. Die Tabelle zeigt, in welchem Wert die zehn exportstärksten Länder der Welt in den Jahren 1980, 1990 und 2000 Waren exportierten. Alle Werte sind in Mrd. US-$ angegeben.

Land	1980	1990	2000
Deutschland	192,860	421,100	551,818
USA	225,566	393,592	781,125
VR China	18,099	62,091	249,203
Japan	130,441	287,581	479,249
Frankreich	116,030	216,588	327,616
Niederlande	73,960	131,775	233,133
Großbritannien	110,134	185,172	285,429
Italien	78,104	170,304	240,521
Kanada	67,734	127,629	276,635
Belgien	54,289	114,155	188,374

a) Erstelle für die ersten drei Länder eine Wachstumsprognose für die Jahre 2010 und 2020. Begründe deine Prognose anhand der vorliegenden Zahlen.
Vergleiche z. B. ein lineares und ein exponentielles Wachstumsmodell.
b) Stelle die Exportentwicklung von drei weiteren Ländern deiner Wahl in einer Kurve dar. Führe die Kurven jeweils bis 2010 als Prognose fort. Lies den Wert für 2010 ab und berechne daraus deine prognostizierte Wachstumsrate.

Bakterienwachstum und radioaktiver Zerfall

Erforschen und Entdecken

1 Ordne die Kärtchen in zwei Gruppen an.

Verdopplungszeit

Radioaktivität

$f(x) = w_0 \cdot 2^x$

Zerfall

verdoppeln

Wachstum

Escherichia coli

Halbwertszeit

halbieren

$f(x) = w_0 \cdot 0{,}5^x$

Bakterien

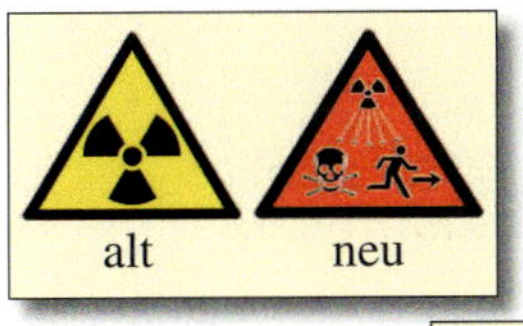

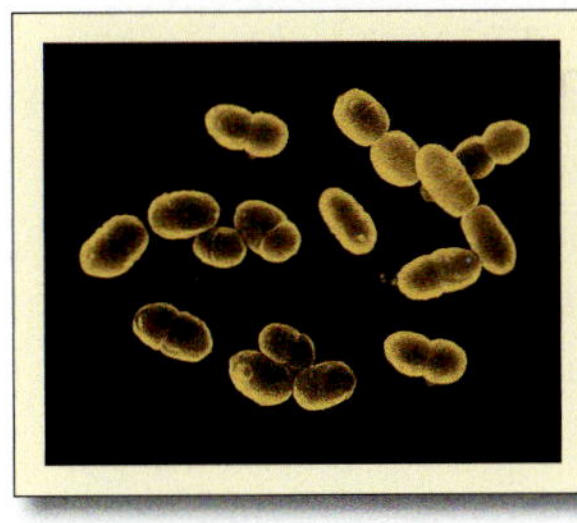

Biologie

Uran

Fortpflanzung

Isotope

a) Schlage diejenigen Begriffe nach, die dir unbekannt sind.
b) Beschreibe die beiden Gruppen, die du gebildet hast. Versuche, die Zusammenhänge innerhalb der beiden Gruppen zu erklären.
c) Beschreibe, was die jeweilige Funktionsgleichung aussagt.

111-1
BEACHTE
Unter dem Webcode findest du die Kärtchen auf einem Arbeitsblatt zum Ausschneiden.

2 *Rätselfrage:* Auf einem See wachsen Seerosen, die ihre Anzahl jährlich verdoppeln. Nach acht Jahren ist der halbe See zugewachsen. Wie lange dauert es noch, bis der ganze See damit bedeckt ist?
Die meisten Leute beantworten die Frage folgendermaßen: „In weiteren acht Jahren ist der See zugewachsen."

a) Wie lautet die richtige Antwort?
b) Wo ist der Denkfehler bei der oben genannten Antwort?
c) Gib eine Funktionsgleichung an, mit der dieses Phänomen berechnet werden kann.
d) Zu welchem Teil war der See nach drei Jahren bedeckt?
Erläutere deinen Lösungsweg.
e) Zeichne ein Modell des Sees nach sechs Jahren. Das Modell soll die Fläche eines Kreises mit dem Radius $r = 5\,\text{cm}$ haben. Wie groß ist der Mittelpunktswinkel der bewachsenen Fläche?

3 Untersuche die beiden Funktionen $f(x) = 2^x$ und $g(x) = 0{,}5^x$.
a) Lege für $f(x)$ und $g(x)$ jeweils eine Wertetabelle an.
b) Zeichne die zugehörigen Funktionsgraphen in ein gemeinsames Koordinatensystem. Vergleiche den Verlauf der beiden Graphen miteinander.
c) Überprüfe deine Zeichnung mit Hilfe eines Funktionenplotters. Informiere dich vorher, wie ein Exponent am Computer eingetippt wird.

Lesen und Verstehen

In der Natur können verschiedene Wachstums- und Zerfallsprozesse beobachtet werden. Bakterienwachstum und radioaktiver Zerfall lassen sich durch spezielle Exponentialfunktionen beschreiben. Diese Exponentialfunktionen zeichnen sich durch ihren Wachstumsfaktor q aus.

SCHON GEWUSST?
Salmonellen sind Bakterien. Sie kommen z. B. in rohen Eiern oder abgestandenem Wasser vor und können Krankheiten hervorrufen.

Viele Bakterien bestehen aus nur einer Zelle. Bei der Vermehrung teilt sie sich in zwei Zellen. Teilung und Zellwachstum dauern je nach Bakterienart eine bestimmte Zeit. Diese Zeitspanne nennt man Verdopplungszeit.

Nach jeder Verdopplungszeit hat sich die Anzahl der Bakterien verdoppelt. Die zugehörige Funktionsgleichung lautet $\boldsymbol{f(x) = w_0 \cdot 2^x}$. Der Wachstumsfaktor ist $q = 2$. Der Exponent x gibt die Anzahl der Verdopplungszeiten an.

BEISPIEL 1

Salmonellen verdoppeln sich ca. alle 20 min. Ihre Anzahl nimmt exponentiell zu.

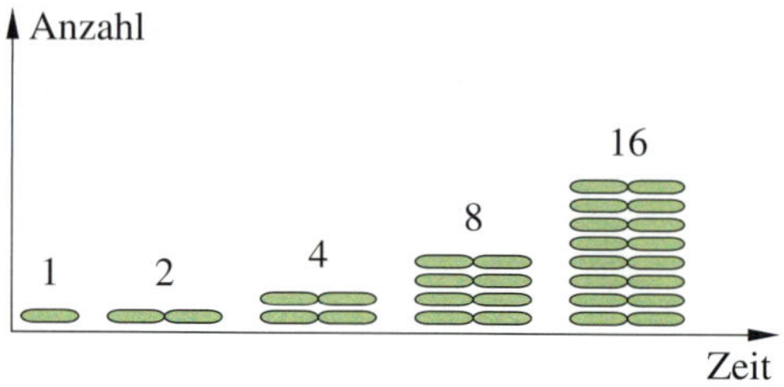

BEACHTE
Wird x um eins erhöht, so verdoppelt sich f(x).

In einer Speiseprobe wurden zu Beginn einer Untersuchung 120 Salmonellen gefunden. Die Tabelle zeigt, wie die Salmonellenanzahl zu einer bestimmten Zeit berechnet werden kann.

Zeit (in min)	−40	−20	0	20	40	50
Anzahl der Verdopplungszeiten x	−2	−1	0	1	2	2,5
Bakterienzahl $f(x)$	$f(-2) = 30$	$f(-1) = 60$	$f(0) = 120$	$f(1) = 240$	$f(2) = 480$	$f(2{,}5) = 679$
Term	$120 \cdot 2^{-2}$	$120 \cdot 2^{-1}$	$120 \cdot 2^{0}$	$120 \cdot 2^{1}$	$120 \cdot 2^{2}$	$120 \cdot 2^{2,5}$

SCHON GEWUSST?
^{13}N (lies: N 13) ist ein Isotop des Stickstoffs. Sein Kern enthält 1 Neutron weniger als nicht radioaktiver Stickstoff.

Radioaktive Stoffe wandeln sich in andere Stoffe um. Dabei zerfallen ihre Atomkerne durch Strahlung nach einer bestimmten Zeit. Diese Zeitspanne nennt man Halbwertszeit.

Nach jeder Halbwertszeit hat sich die Anzahl der radioaktiven Atomkerne halbiert. Die zugehörige Funktionsgleichung lautet $\boldsymbol{f(x) = w_0 \cdot 0{,}5^x}$. Der Wachstumsfaktor ist 0,5. x gibt die Anzahl der Halbwertszeiten an.

BEISPIEL 2

Atomkerne von ^{13}N zerfallen nach 10 min. Ihre Anzahl nimmt exponentiell ab.

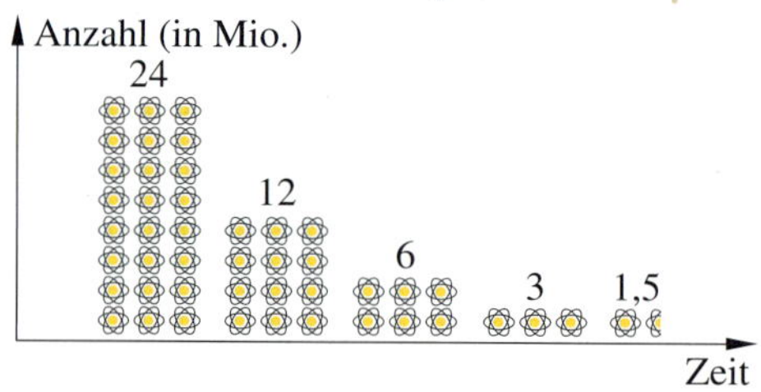

BEACHTE
Wird x um eins erhöht, so halbiert sich f(x).

Zu Beginn einer Messung liegen 6 g radioaktiver Stickstoff ^{13}N vor. Die Atomkerne von ^{13}N zerfallen. Somit nimmt die Masse des radioaktiven Stickstoffs laut der Tabelle ab.

Zeit (in min)	−20	−10	0	10	20	25
Anzahl der Halbwertszeiten x	−2	−1	0	1	2	2,5
Masse (in g)	$f(-2) = 24$	$f(-1) = 12$	$f(0) = 6$	$f(1) = 3$	$f(2) = 1{,}5$	$f(2{,}5) \approx 1{,}1$
Term	$6 \cdot 0{,}5^{-2}$	$6 \cdot 0{,}5^{-1}$	$6 \cdot 0{,}5^{0}$	$6 \cdot 0{,}5^{1}$	$6 \cdot 0{,}5^{2}$	$6 \cdot 0{,}5^{2,5}$

Üben und Anwenden

1 Das radioaktive Element Protactinium hat eine Halbwertszeit von ca. 1 min.

a) Stelle die Anzahl der radioaktiven Atomkerne in einem Diagramm dar. Beginne bei 1000 Atomkernen.

b) Wie groß ist die Wachstumsrate q pro Minute?

2 In Schul-Mensen werden täglich Proben der gekochten Speisen eingefroren. Im Fall einer Erkrankung mehrerer Schüler kann anhand dieser Proben festgestellt werden, ob das Essen z. B. Salmonellen enthielt.
Bei der Untersuchung eines Hähnchens werden 90 Salmonellen in einer Probe gefunden. Die Anzahl der Bakterien verdoppelt sich im Labor alle 20 min.

a) Stelle das Anwachsen der Salmonellenzahl bis fünf Verdopplungszeiten nach Untersuchungsbeginn in einer Tabelle und in einem Diagramm dar.

b) Wie viele Salmonellen enthielt die Hähnchenprobe drei Verdopplungszeiten vor Untersuchungsbeginn?

c) Berechne die Salmonellenzahl $2\frac{1}{2}$ Stunden nach Untersuchungsbeginn.

3 Eines der am besten erforschten Lebewesen ist das Bakterium *Escherichia coli* (*E. coli*). *E. coli* ist ein natürlicher Darmbewohner, kann aber auch Erkrankungen hervorrufen. E. coli verdoppelt sich nach 20 min.
Eine Probe mit *E.-coli*-Bakterien wird im Labor untersucht. Nach drei Stunden befinden sich 768 000 Bakterien in der Probe.

a) Wie viele Bakterien waren es zu Untersuchungsbeginn?

b) Wie viele waren es $1\frac{1}{2}$ Stunden vor Untersuchungsbeginn?

c) Wie viele Bakterien enthält die Probe 24 Stunden nach Untersuchungsbeginn. Gehe davon aus, dass genügend Nährstoffe für die Bakterien vorhanden sind.

d) Wie viel Zeit ist ungefähr vergangen, wenn die Bakterienzahl 10 000 überschreitet? Schätze ab.

4 Milchsäurebakterien sind in Milchprodukten wie z. B. Joghurt oder Käse zu finden. Sie bewirken, dass die Milch sauer wird. Je nach Temperatur liegen ihre Verdopplungszeiten zwischen 20 min und 60 min.

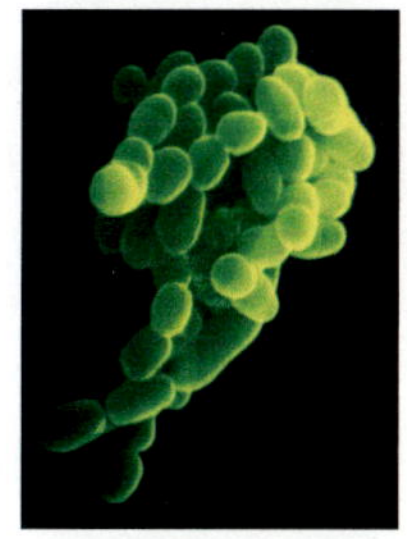

a) Wie viele Bakterien sind nach zwölf Stunden aus einem einzigen Bakterium entstanden? Berechne die Anzahl der Bakterien für die Verdopplungszeiten 60 min (30 min, 20 min).

b) Wie hoch ist die Bakterienzahl nach acht Stunden bei einer Verdopplungszeit von 50 min? Beschreibe, wie du den Exponenten ermittelst.

5 Der Erreger *Mycobacterium tuberculosis* kann beim Menschen, aber auch bei Tieren die Lungenkrankheit Tuberkulose hervorrufen. Die Vermehrung dauert bei dieser Bakterienart relativ lange. Die Verdopplungszeit beträgt 18 Stunden.

a) In einer Probe wurden 44 Erreger gezählt. Lege eine Tabelle an und trage die Anzahl der Bakterien nach den ersten drei Verdopplungszeiten ein.

b) Wie viele Erreger enthielt die Probe zwei Verdopplungszeiten (fünf Verdopplungszeiten) vor Beginn der Messung?

c) Informiere dich über die Krankheit und ihre Verbreitung. In welchen Ländern tritt sie noch auf? Was wird getan, um eine Ausbreitung zu verhindern?

6 Zu Beginn einer Messung liegen 5 g radioaktives Francium ^{223}Fr vor. Die Halbwertszeit von ^{223}F beträgt ca. 22 min.

a) Wie viel g radioaktives Francium enthält die vorliegende Probe nach 110 min?

b) Auf wie viel g hat sich die Masse nach fünf Stunden reduziert? Schreibe die zugehörige Funktionsgleichung auf.

c) Schätze ab, wann die Probe nur noch 1 g radioaktives Francium enthält. Wie bist du dabei vorgegangen?

HINWEIS
In der Biologie wird für die Verdopplungszeit der Fachbegriff „Generationszeit“ benutzt.

113-1
BEACHTE
Unter dem Webcode findest du eine Linkliste zum Thema Tuberkulose.

NACHGEDACHT
Wann hast du eine Glatze, wenn dir dein Friseur jeden Tag die Haare um die Hälfte kürzt?

Altersbestimmung mit Hilfe der Radiocarbon-Methode

Die älteste bekannte Höhlenmalerei befindet sich in der Grotte Chauvet im Vallon Pont d'Arc in Südfrankreich.

Die Eigenschaften von radioaktivem Kohlenstoff werden in der Archäologie zur Altersbestimmung genutzt. Mit Hilfe der sogenannten Radiocarbon-Methode (lat. radio für „strahlen“, carboneum für „Kohlenstoff“) kann das Alter von Fundstücken berechnet werden. Z. B. ließ sich das Alter der Höhlenmalerei im Hintergrund auf 31 500 Jahre berechnen.

Die Radiocarbon-Methode basiert auf den folgenden vier Voraussetzungen:

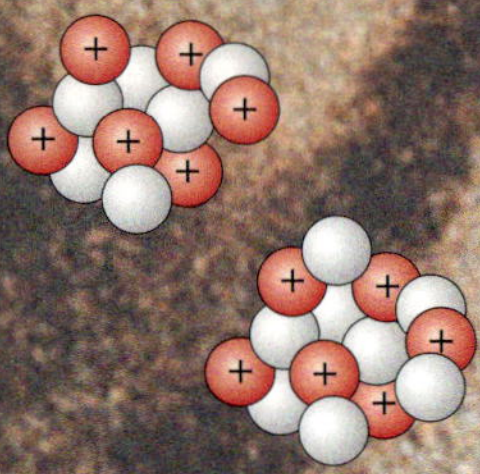

1. Kohlenstoff (C) liegt in verschiedenen Formen vor
Jedes C-Atom enthält im Kern sechs positiv geladene Teilchen, die Protonen. Zusätzlich gibt es neutrale Teilchen, die Neutronen. Fast 99 % der C-Atome besitzen sechs Neutronen, es gibt aber auch C-Atome mit z. B. acht Neutronen.
Atomkerne, die sich durch die Anzahl ihrer Neutronen voneinander unterscheiden, nennt man **Isotope**. Sie werden nach der Anzahl ihrer Kernteilchen benannt. Es gibt z. B. ^{12}C und ^{14}C. ^{14}C ist radioaktiv. Seine Atomkerne zerfallen und senden dabei Strahlung aus.

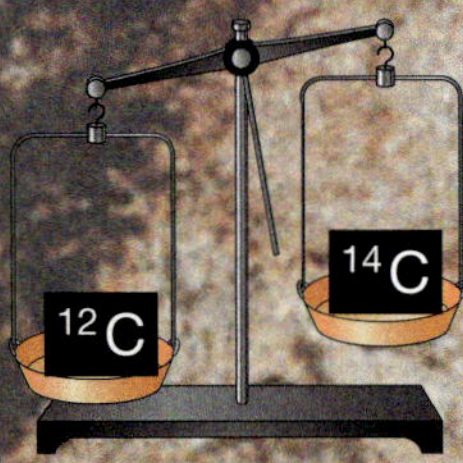

2. ^{12}C und ^{14}C stehen in einem konstanten Verhältnis zueinander
Radioaktives ^{14}C wird in der Atmosphäre ständig neu gebildet. Es entsteht bei der Reaktion von Luftstickstoff mit Neutronen, die durch kosmische Strahlung freigesetzt werden. Andererseits zerfallen ständig radioaktive ^{14}C-Kerne. Neubildung und Zerfall gleichen sich aus. Daher ist der Anteil von ^{14}C in der Atmosphäre konstant.
Das Verhältnis von ^{14}C und ^{12}C beträgt ca. 1 : 1012. Auf ein radioaktives ^{14}C-Atom kommen also ca. 1 Billion ^{12}C-Atome. Ein g Kohlenstoff eines Lebewesens enthält ca. $5 \cdot 10^{10}$ ^{14}C-Atome.

3. Radioaktives ^{14}C ist in allen Kohlenstoffverbindungen enthalten
^{14}C ist auch ein Bestandteil von Kohlenstoffdioxid (CO_2). Grüne Pflanzen nehmen CO_2 bei der Fotosynthese aus der Luft auf. Somit enthalten Pflanzen radioaktives ^{14}C. Über die Nahrungskette wird ^{14}C auch von Menschen und Tieren aufgenommen. Aber nicht nur Lebewesen enthalten ^{14}C, sondern auch alle pflanzlichen und tierischen Produkte.

4. Die Kohlenstoff-Stoppuhr wird aktiviert
In einem lebenden Organismus entspricht das Verhältnis zwischen ^{14}C und ^{12}C genau dem der Atmosphäre. Stirbt das Lebewesen, so wird kein neues ^{14}C mehr aufgenommen und die „^{14}C-Stoppuhr“ beginnt zu laufen. Durch den radioaktiven Zerfall nimmt der Anteil des ^{14}C mit der Zeit immer weiter ab. Somit ist der 14C-Anteil am gesamten Kohlenstoff des Lebewesens ein Maß für den Zeitpunkt des Sterbens. Die Halbwertszeit von ^{14}C beträgt ca. 5730 Jahre. Mit der Tabelle kann das Alter von Fundstücken bestimmt werden.

Zeit in a	0	5730	11 460	30 000
Anzahl x der Halbwertszeiten	0	1	2	$\frac{30000}{5730} \approx 5{,}24$
Aktivität in %: $f(x) = 100 \cdot 0{,}5^x$	100	50	25	2,65
Term zur Berechnung	$100 \cdot 0{,}5^0$	$100 \cdot 0{,}5^1$	$100 \cdot 0{,}5^2$	$100 \cdot 0{,}5^{5,24}$

1 Das Turiner Grabtuch halten gläubige Katholiken für das Tuch, in dem Jesus nach der Kreuzigung begraben wurde. Mit Hilfe der ^{14}C-Analyse untersuchten 1988 drei unabhängige Institute aus Zürich, Oxford und Arizona die Echtheit des Tuches.

a) Wie hoch hätte die Aktivität des ^{14}C in Prozent sein müssen, damit das Tuch tatsächlich ein Grabtuch Jesu hätte sein können?
b) Die drei Institute stellten Aktivitäten von 91,6 %, 93 % und 92,3 % der üblichen Aktivität fest. In welchem Jahrhundert muss der Stoff gewebt worden sein?
c) Die erste gesicherte Erwähnung des Grabtuches fällt in das Jahr 1357. Passt dies mit den Untersuchungsergebnissen zusammen?

2 Nahe der nordrhein-westfälischen Stadt Erkelenz wurde im Jahr 1991 der älteste erhaltene Brunnen der Welt freigelegt. Zum Bau des Brunnens wurde Eichenholz verwendet.
Wissenschaftler ermittelten im Eichenholz mit Hilfe der Radiocarbon-Methode eine Aktivität von 42 % eines noch lebenden Baums.
a) Ermittle durch Probieren, wie viele Halbwertszeiten vergangen sind, seit die Eichen gefällt wurden.
b) In welchem Jahrhundert wurde der Brunnen ungefähr errichtet?

3 Im Jahr 1991 haben Wanderer in den Ötztaler Alpen eine Gletscherleiche gefunden. Der Fundort brachte der Leiche sehr schnell den Namen Ötzi.
Mit Hilfe der Radiocarbon-Methode wurde das Alter von Ötzi bestimmt. Demnach war der Fund ca. 5200 Jahre alt.

a) Wie viele ^{14}C-Atome lagen in einem g Kohlenstoff dieses Leichnams noch vor?
b) Wie viele Atome werden noch nach 10 000 Jahren vorliegen?
c) Wie alt ist ein Organismus ungefähr, wenn noch 25 % der ursprünglichen ^{14}C-Atome vorliegen? Erläutere deinen Lösungsweg.

4 Rechts abgebildet ist der Backenzahn eines Wollhaarmammuts. Die Aktivität des Kohlenstoffs im Zahn wurde in einem Labor untersucht. Das errechnete Alter des Zahns beträgt 20 000 Jahre.

a) Wie hoch war die Aktivität des Kohlenstoffs im Backenzahn im Vergleich zu einem lebenden Zahn?
b) Bestimme die Anzahl der ^{14}C-Atome, die in 1 g Kohlenstoff, entnommen aus diesem Zahn, noch vorhanden sind.
c) In welchem Erdzeitalter haben Mammuts gelebt? Informiere dich z. B. im Internet und überprüfe so deine Rechnung.

Methode: Logarithmus und Logarithmenfunktion

Um die Gleichung $3^x = 243$ zu lösen, muss man die Zahl 243 als Potenz von 3 schreiben. Da gilt $3^5 = 243$, ist $x = 5$. Der Exponent lässt sich mit Hilfe des Logarithmus bestimmen. In der Gleichung $a^x = y$ ist **x der Logarithmus von y zur Basis a**. Man schreibt $x = \log_a y$.

Mit dem Taschenrechner lässt sich der Logarithmus zur Basis 10, mit der Taste log bestimmen.
Der Logarithmus zur Basis 10 wird auch **dekadische Logarithmus** genannt.

1 Bestimme den Logarithmus x.

a) $\log_4 64 = x$
b) $\log_2 32 = x$
c) $\log_3 27 = x$
d) $\log_6 216 = x$
e) $\log_5 625 = x$
f) $\log_{10} 100 = x$
g) $\log_8 512 = x$
h) $\log_7 343 = x$

2 Bestimme den Logarithmus zur Basis 10 mit Hilfe des Taschenrechners. Runde auf drei Nachkommastellen.

a) $10^x = 28$
b) $10^x = 121$
c) $10^x = 144$
d) $10^x = 853$
e) $10^x = 999$
f) $10^x = 0{,}005$
g) $10^x = \sqrt{8}$
h) $10^x = -2$
i) $10^x = \pi$
j) $10^x = 1$
k) $10^x = \sqrt{4}$
l) $10^x = -5$

ZUR INFORMATION
Die Abbildung zeigt den Schnitt einer Nautilus-Schale. Die Spirale der Schale ist eine logarithmische Spirale, da der Winkel logarithmisch vom Radius abhängt.

3 Bestimme die Lösung der Gleichung.

a) $\log_2 x = 3$
b) $\log_2 x = 5$
c) $\log_2 x = 2$
d) $\log_2 x = 1$
e) $\log_2 x = 0$
f) $\log_2 x = -3$
g) $\log_2 x = 3$
h) $\log_2 x = 3$

4 Bestimme x.

a) $\log_2 \sqrt{2} = x$
b) $\log_{\frac{1}{4}} 0{,}0625 = x$
c) $\log_a \sqrt{a} = x$
d) $\log_x 16 = 2$
e) $\log_3 9 = x$
f) $\log_x \sqrt[3]{5} = \frac{1}{3}$

5 Zwischen welchen ganzen Zahlen liegen die Logarithmen?

BEISPIEL: $4 < \log_2 20 < 5$, da $2^4 < 20 < 2^5$

a) $\log_2 9$
b) $\log_3 244$
c) $\log_7 8$
d) $\log_{10} 50$
e) $\log_3 \frac{1}{8}$
f) $\log_8 7$
g) $\log_3 82$
h) $\log_{12} 0{,}524$

ZUR INFORMATION
El Salvador ist ein Staat in Zentralamerika. Er liegt in einem Erdbebengebiet im Pazifik und ist wenn man die Fläche betrachtet der kleinste Staat Südamerikas.

6 Die Stärke von Erdbeben wird nach der Richter-Skala angegeben. Sie ist logarithmisch zur Basis 10 eingeteilt. Ein Erdbeben der Stärke 5 ist zehnmal so stark wie ein Erdbeben der Stärke 4, denn es gilt $5 = \log_{10} 100\,000$ und $4 = \log_{10} 10\,000$.

a) 1993 gab es in Japan ein Erdbeben der Stärke 7,6 und acht Jahre später eines in El Salvador der Stärke 7,9. Vergleiche die beiden Erdbeben miteinander.
b) Das stärkste je gemessene Erdbeben wurde 1960 in Chile gemessen. Es hatte eine Stärke von 9.5. Vergleiche es mit den Erdbeben aus Aufgabenteil a).
c) Erkundige dich über den Begriff Richter-Skala. Präsentiere deine Ergebnisse in der Klasse.

7 Luisa meint, dass für $x = \log_a y$ mit $a > 0$, $y > 0$ auch $a \neq 1$ gelten muss. Nimm Stellung zu Luisas Aussage und begründe.

Der Logarithmus einer Zahl y zu einer Basis a kann mit Hilfe von Zehneralgorithmen bestimmt werden: $\mathbf{\log_a y = \frac{\log_{10} y}{\log_{10} a}}$.

8 Bestimme den Logarithmus.

a) $2^x = 2048$
b) $7^x = 16\,807$
c) $0{,}5^x = 22{,}8$
d) $3{,}4^x = 39{,}304$
e) $24^x = 0{,}376$
f) $0{,}04^x = 14\,695$
g) $0{,}5^x = 0{,}031\,25$
h) $0{,}3^x = 0{,}002\,43$
i) $67{,}2^x = 17{,}39$

9 In welcher Zeit verdoppelt sich ein Kapital von 1500 € bei einer jährlichen Verzinsung von 3,5 %?

10 In einer Tasse Tee nimmt die Temperatur des Tees alle 5 Minuten um 12 % ab. In welcher Zeit hat sich die Temperatur des Tees von 62 °C auf die Hälfte abgekühlt?
In welcher Zeit hat sich die Temperatur auf ein Viertel abgekühlt?

Eine Funktion mit der Funktionsgleichung $f(x) = a \cdot \log_b x$ und $x > 0$, $b > 0$ sowie $b \neq 1$ wird Logarithmusfunktion genannt.

11 Die Höhe über dem Meeresspiegel kann annähernd über den Luftdruck mit der Logarithmusfunktion $h = f(p) = 18\,400 \cdot \log_{10}\left(\frac{1013}{p}\right)$ bestimmt werden.
Betrachte die Tabelle.

Luftdruck in hPa	895	790	695	615	540	4480
Höhe in m	990	1987	3011	3988	5027	5968

a) Stelle für die in der Tabelle angegebenen Werte die Höhe in Abhängigkeit vom Luftdruck in einem Koordinatensystem grafisch dar.
b) Lies aus der grafischen Darstellung die Höhe für den Luftdruck 500 hPa, 650 hPa und 850 hPa ab.
c) Berechne die Höhe für den Luftdruck 200 hPa, 320 hPa und 450 hPa.

12 Stelle die Funktion $f(x) = a \cdot \log_{10} x$ für $a = 1$, $a = 2$ und $a = 5$ grafisch dar.

13 Erstelle für die Funktion $f(x) = \frac{2}{3} \cdot \log_2 x$ für $0 < x \leq 10$ eine Wertetabelle und zeichne den Funktionsgraphen in ein Koordinatensystem.

14 Am 1. Mai 2010 lebten 6,9 Milliarden Menschen auf der Welt. Experten rechnen mit einem jährlichen Wachstum von 1,1 %. In welchem Jahr überschreitet die Weltbevölkerung die 10 Milliardengrenze?
Wann wird die 5 Milliardengrenze erreicht?

15 In einer Nährbodenschale befinden sich 50 Bakterien. Die Bakterienkultur vermehrt sich täglich mit 15 %.
Nach wie vielen Tagen überschreitet die Bakterienkultur die Tausendergrenze?
Vor wie vielen Tagen wurde die Kultur mit 10 Bakterien angesetzt?

Vermischte Übungen

1 In asiatischen und afrikanischen Ländern ist die Bevölkerungszunahme meist größer als in westlichen Industrieländern.

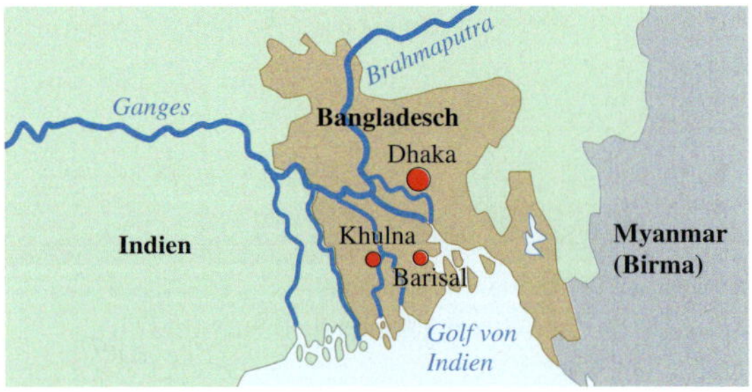

In dem südasiatischen Staat Bangladesch betrug 2008 die Wachstumsrate 1,7 % bei einer Bevölkerung von 147,3 Mio.
Berechne nach diesen Vorgaben die voraussichtliche Bevölkerungszahl Bangladeschs für das Jahr 2020.

2 In China waren Mehr-Kind-Familien seit Jahrhunderten Tradition, und es galt das Motto: „Viele Kinder, großes Glück". Dies führte zu einer explosionsartigen Zunahme der Bevölkerung. Der Staat griff regulierend ein. Jede Familie durfte nur noch ein Kind haben. Beim zweiten Kind wurden schon hohe Geldstrafen verhängt und Sozialleistungen gestrichen. Durch diese Maßnahmen sank die Wachstumsrate auf nur noch 0,5 %.

a) Gib den Wachstumsfaktor an.
b) 2008 lebten in China etwa 1,324 Mrd. Menschen. Berechne die Bevölkerungszahl für die Jahre 2009 bis 2020 bei einer unveränderten Wachstumsrate.
c) Stelle das Bevölkerungswachstum in einem Balkendiagramm dar.

NACHGEDACHT
Tim und Tom haben jeweils 100 €. Tim gibt jeden Tag 8 € aus, Tom gibt jeden Tag 20 % seines Geldes aus. Wer ist schneller pleite?

HINWEIS
Raumtemperatur beträgt ca. 22 °C.

3 Der folgende Artikel wurde 2008 im Internet veröffentlicht.
Lies den Artikel und bearbeite die Aufträge.

Das magere Autojahr

Im Gesamtjahr 2007 fiel die Nachfrage nach Neuwagen dem Verband [der Automobilindustrie] zufolge in Deutschland um 9 % auf 3,149 Mio. Fahrzeuge. Als Ursachen gelten neben der Mehrwertsteuererhöhung auch die Klimadebatte und die allgemeine Teuerung, speziell die hohen Benzinpreise.
Die Autoindustrie erreichte beim Export und der Produktion dagegen neue Rekordwerte. Drei von vier Autos gehen inzwischen ins Ausland. Im Dezember ging jedoch auch der Export zurück und lag mit 284 900 Pkw 2 % unter Vorjahresniveau.

Quelle: manager-magazin.de

a) Suche aus dem Text alle Werte zur Berechnung der Vorjahreszahlen heraus. Ordne ihnen die entsprechenden Fachbegriffe aus diesem Kapitel zu.
b) Berechne anhand der Angaben die Zahlen für das Jahr 2006.
c) Welche weiteren Faktoren können das Wachstum einer Branche hemmen oder fördern?

4 In einer Thermoskanne befindet sich heißes Wasser mit einer Temperatur von 85 °C. Stündlich nimmt die Temperatur des Wassers in der Kanne um etwa 5 % ab.
a) Bestimme den Wachstumsfaktor q. Stelle eine passende Funktionsgleichung zur Berechnung der Temperatur auf.
b) Welche Temperatur hat das Wasser nach vier Stunden?
c) Bestimme grafisch, wann das Wasser bis auf Raumtemperatur abgekühlt ist. Zeichne dazu den Funktionsgraphen z. B. mit Hilfe eines Funktionenplotters und lies ab.

5 Wie lautet die Funktionsgleichung zur Temperaturabnahme der Flüssigkeit?

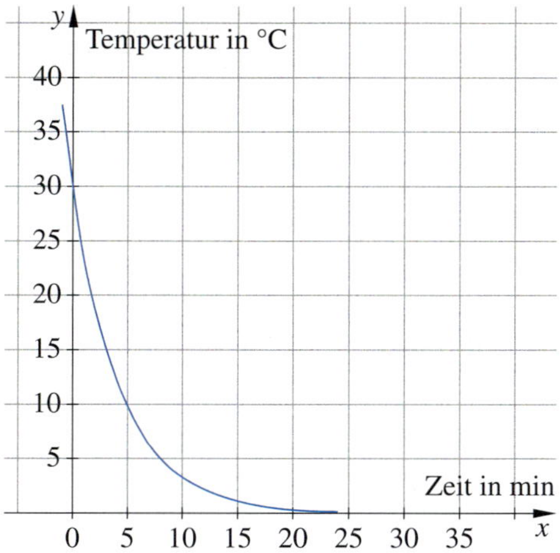

6 Zu Beginn einer Messung liegen 24 g radioaktives Kupfer ^{64}Cu vor.
Übertrage die Tabelle in dein Heft und fülle die entsprechenden Felder aus.

Zeit (in h)	−26	−13	0	13	26	45
Anzahl der Halbwertszeiten		−1	**0**			
Masse (in g)			**24**	12		

7 Eine kleine Tasse Espresso (30 ml) enthält ungefähr 40 mg Koffein. Nach dem Trinken dauert es etwa 45 min, bis die gesamte Koffeinmenge in der Blutbahn aufgenommen ist. Das Koffein wird dann in Stoffwechselprozessen abgebaut. Die biologische Halbwertszeit von Koffein liegt bei gesunden Erwachsenen zwischen 2,5 Stunden und 4,5 Stunden.

a) Berechne die mittlere Halbwertszeit von Koffein im Blutkreislauf. Diese soll für die weiteren Berechnungen zugrunde gelegt werden.
b) Wie viel mg Koffein ist im Körper nach fünf Stunden noch enthalten?
c) Bis zu welcher Uhrzeit kann Espresso getrunken werden, wenn um 22:00 Uhr nur noch 10 mg (15 mg) Koffein im Blut enthalten sein sollen?

8 Führt den Bierschaumversuch in Dreiergruppen durch.
Versuchsmaterial:
- verschiedene Sorten alkoholfreies Bier
- ein Bierglas mit zylindrischer Form
- ein langes Lineal
- eine Stoppuhr
- Stift und Papier

Versuchsdurchführung:
Verteilt untereinander die Aufgaben „Höhe messen“, „Zeit messen“ und „Messdaten notieren“. Ihr benötigt die folgende Tabelle für eure Messdaten.

Zeit (in s)	0	10	20	30	40	...
Höhe (in cm)						

Wenn ihr soweit vorbereitet seid, gießt das Bier in das Glas. Messt sofort die Höhe der Schaumkrone und wiederholt die Messung in einem Rhythmus von 10 s, bis der Schaum nicht mehr oder fast nicht mehr da ist.

a) Übertragt eure Werte in ein Koordinatensystem. Zeichnet daraus eine Kurve.
b) Findet eine Funktionsgleichung, die dem Kurvenverlauf annähernd entspricht. Beschreibt euer Vorgehen. Wie seid ihr mit eventuellen Schwierigkeiten umgegangen?
c) Ermittelt den Wachstumsfaktor q bezogen auf 10 s für eure Biersorte. Vergleicht euren Wert mit den Werten der anderen Gruppen.

SCHON GEWUSST?
Die Schaumkrone besteht aus vielen kleinen Bläschen, die Kohlenstoffdioxid (CO_2) enthalten.

9 Im Jahr 1986 ereignete sich in einem Kernkraftwerk in der Ukraine eine der größten Umweltkatastrophen. Im Reaktor nahe der Stadt Tschernobyl gab es eine Explosion. Dabei wurde z. B. das radioaktive Cäsium ^{137}Cs freigesetzt. Die Halbwertszeit von ^{137}Cs beträgt ca. 30,2 Jahre.

a) Wie viele Halbwertszeiten sind seit der Katastrophe vergangen?
b) Um wie viel Prozent ist die Radioaktivität des Cäsiums seitdem gesunken?
c) Wie lange wird es ungefähr dauern, bis die Aktivität unter 1 % liegt?

HINWEIS
Aufgabe 9 c) kann grafisch gelöst werden.

HINWEIS
Kreditsicherheiten, wie z. B. Bürgschaften, Grundpfandrechte oder Mobilien, sind eine Garantie für die Rückzahlung eines Kredites.

10 Der effektive Jahreszinssatz für einen Privatkredit über 10 000 € bei einer Laufzeit von fünf Jahren lag 2008 bei verschiedenen Banken bei etwa 7,9 %. Die Banken benötigen Sicherheiten. Wer diese Sicherheiten nicht bieten kann, kann bei einem unseriösen Kreditinstitut zu einem Zinssatz von 16 % Geld aufnehmen.

a) Wie hoch sind die Schulden jeweils für beide Zinssätze nach zwei Jahren (drei Jahren, fünf Jahren)? Gehe bei der Berechnung davon aus, dass es für den Schuldner nicht möglich ist, auch nur eine einzige Rate zu bezahlen.

b) Welche Gründe gibt es, die Menschen dazu veranlassen, einen Kredit zu so ungünstigen Konditionen aufzunehmen?

SCHON GEWUSST?
*Man spricht von **Wucher**, wenn der effektive Jahreszins um mehr als 91 % über dem üblichen Zinssatz liegt und die Notlage des Kreditnehmers ausgenutzt wird. Wucher kann sogar strafbar sein.*

11 Ein Möbelhaus bietet seinen Kunden an, dass eine Küche über 72 Monate in Raten abbezahlt werden kann.
Die Küche kostet 14 200 € bei Barzahlung. Die Monatsraten betragen 243,85 €.

a) Wie hoch ist der effektive Jahreszinssatz, der hinter diesem Ratenangebot steht?

b) Warum ist der Kredit des Möbelhauses deutlich günstiger als der Privatkredit einer Bank? Überlege dir Gründe dafür. Berücksichtige dabei die Interessen der verschiedenen Kreditgeber.

c) Informiere dich über Ratenkreditangebote. Das Internet und die Werbung bieten dir dazu Möglichkeiten.

120-1
BEACHTE
Unter dem Webcode findest du Informationen zu Geldanlagemöglichkeiten.

12 Ein Tagesgeldkonto ist ein verzinstes Konto. Es gibt keine Kündigungsfrist, der Kontoinhaber kann also täglich über sein Guthaben verfügen.
Es werden 60 000 € von einer Erbengemeinschaft auf einem Tagesgeldkonto angelegt. Der Zinssatz beträgt 3,6 % p. a.

a) Wie hoch sind die Zinsen, wenn das Geld für drei Jahre (fünf Jahre) auf dem Tagesgeldkonto bleibt?

b) Das Geld wird nach zehn Monaten abgehoben. Berechne die Zinsen.

c) Informiere dich über eine sichere Anlagemöglichkeit für weitere fünf Jahre.

13 Im Jahr 2005 wurden weltweit Waren im Wert von über 10 Billionen US-$ exportiert. Die Tabelle zeigt weitere Daten.

Jahr	Export (in Mrd. US-$)
1950	62,040
1955	94,520
1960	130,460
1965	190,060
1970	316,920
1975	876,900
1980	2034,137
1985	1953,753
1990	3448,747
1995	5161,652
2000	6446,210
2005	10 431,000

a) In welchem 5-Jahres-Zeitraum gab es die höchste Wachstumsrate?

b) Wie hoch ist die durchschnittliche Wachstumsrate für den gesamten Zeitraum? Wie wird sie berechnet?

c) Entspricht der Durchschnittswert der einzelnen Wachstumsraten dem Wachstum, das du mit Hilfe der beiden Werte von 1950 und 2005 direkt berechnest? Prüfe nach und erkläre deine Beobachtung.

d) Zeichne mit Hilfe eines Tabellenkalkulationsprogramms eine Kurve zu den angegebenen Werten. Zeichne eine weitere Kurve für $x = 0, 5, \ldots, 55$ zu folgender Funktionsvorschrift: $f(x) = 62{,}04 \cdot 1{,}09766^x$.
Diese entspricht dem Wachstum von 1950 bis 2005. Vergleiche beide Kurven miteinander.

e) In welchem Jahr würden die Waren-Exporte 20 000 Mrd. US-$ übersteigen, wenn man von einer gleich bleibenden Wachstumsrate von 9,766 % ausgeht?
Erläutere deinen Lösungsweg.

f) Verfasse einen Text für ein Wirtschaftsmagazin, der einen Überblick über die Entwicklung des Welthandels von 1950 bis 2005 gibt.

Teste dich!

a | **b**

1 Beim Bergsteigen stellt man fest, dass der Luftdruck mit zunehmender Höhe um ca. 12 % pro km abnimmt. Beim Tauchen dagegen steigt der Wasserdruck alle 10 m um ca. 1 bar. Welche Art von Wachstum bzw. Abnahme liegt beim Luft- und Wasserdruck vor?

2 Ein Unternehmen hat eine Wachstumsrate von jährlich 3,75 % bezogen auf den Umsatz.
a) Gib den zugehörigen Wachstumsfaktor q an.
b) Im Jahr 2009 betrug der Umsatz des Unternehmens 3,5 Mio. €. Berechne den Umsatz für das Jahr 2010. Wie hoch wird er bei gleich bleibender Entwicklung 2020 sein? Notiere die zugehörige Funktionsgleichung.

3 (a) Die Wachstumsrate der Bevölkerung von Äthiopien beträgt 2,5 % pro Jahr.
a) 2008 lebten dort 79,1 Mio. Menschen. Wie viele werden es auf dieser Grundlage im Jahr 2018 sein?
b) Wie viele Menschen lebten dort 1998?
c) Gib die zugehörige Funktionsgleichung an.

3 (b) Die Wachstumsrate der Bevölkerung der Russischen Föderation beträgt –0,3 % pro Jahr.
a) 2008 lebten dort 141,9 Mio. Menschen. Wie viele werden es auf dieser Grundlage im Jahr 2018 sein?
b) Wie viele Menschen lebten dort 1998?
c) Gib die zugehörige Funktionsgleichung an.

4 (a) 2008 lebten in Frankreich 62 Mio. Menschen. 2050 werden es nach heutigen Schätzungen 72 Mio. Menschen sein. Stelle die zugehörige Gleichung nach dem Wachstumsfaktor q um und berechne.

4 (b) Forme die Gleichung $w_x = w_0 \cdot q^x$ um.
a) Löse nach w_0 auf.
b) Stelle nach q um.

5 (a) Von 1990 bis 2000 ist der Waren-Export der Niederlande von 131,775 Mrd. US-$ auf 233,133 Mrd. US-$ gestiegen.
a) Wie hoch ist die Wachstumsrate bezogen auf diesen Zeitraum?
b) Welche Exportzahlen werden für 2010 und 2020 erwartet?

5 (b) Von 1990 bis 2000 ist der Waren-Export der Niederlande von 131,775 Mrd. US-$ auf 233,133 Mrd. US-$ gestiegen.
a) Wie hoch ist die Wachstumsrate bezogen auf diesen Zeitraum?
b) In welchem Jahrzehnt wird die Grenze von einer Billion US-$ überschritten?

6 Die Verdopplungszeit des Bakteriums *Treponema pallidum* lässt sich nur sehr ungenau angeben. Die Verdopplungszeit reicht je nach den äußeren Faktoren von vier bis 18 Stunden. Zu Beginn der Messung liegen 23 Erreger vor.
Berechne die Anzahl der Bakterien nach einem Tag (zwei Tagen, drei Tagen) jeweils mit dem oberen und dem unteren Wert.

Gold: 25–24 Punkte, Silber: 23–20 Punkte, Bronze: 19–15 Punkte

Punkteverteilung

Aufgabe	a	b
1	4	
2	4	
3	3	
4	2	4
5	4	5
4	6	

HINWEIS
Brauchst du noch Hilfe, so findest du auf den angegebenen Seiten ein Beispiel oder eine Anregung zum Lösen der Aufgaben. Überprüfe deine Ergebnisse mit den Lösungen auf Seite 195.

Aufgabe	Seite
1	104, 108
2	104, 108
3	108
4	108
5	104, 108
6	112

Zusammenfassung

→ Seite 104

Absolutes und prozentuales Wachstum

Wachstum kann in absoluten Zahlen angegeben werden. Erhöht sich der Anfangswert w_0 je Zeitspanne immer um den gleichen Wert m, liegt **lineares Wachstum** vor: $\boldsymbol{f(x) = mx + w_0}$

In einen Sportverein mit 100 Mitgliedern treten pro Jahr 20 neue Mitglieder ein.
$f(0) = 20 \cdot 0 + 100 = 100$
$f(1) = 20 \cdot 1 + 100 = 120$
$f(7) = 20 \cdot 7 + 100 = 240$

Wachstum kann auch in Prozent angegeben werden.

Die Mietkosten in Höhe von 800 € für das Vereinshaus steigen pro Jahr um 2 %.

$800\,€ \cdot (1 + 2\,\%) = 800\,€ \cdot \left(1 + \frac{2}{100}\right)$
$= 800\,€ \cdot 1{,}02 = 816\,€$

→ Seite 108

Exponentielles Wachstum

Ändert sich eine Größe in gleich bleibenden Zeitspannen um einen konstanten Wachstumsfaktor q, so sprechen wir von **exponentiellem Wachstum**.

Die Weltbevölkerung wächst exponentiell an. 2008 lebten 6,7 Mrd. Menschen auf der Erde. 2009 waren es 6,78 Mrd. Menschen, 2010 waren es 6,86 Mrd.

Zwischen der Wachstumsrate $p\,\%$ und dem Wachstumsfaktor q besteht der folgende Zusammenhang:
$q = 1 + p\,\% = 1 + \frac{p}{100}$

Der Wachstumsfaktor für den Zuwachs der Weltbevölkerung beträgt pro Jahr $q = 1 + 1{,}2\,\% = 1{,}012$.

Mit einem konstanten Wachstumsfaktor q wächst (für $q > 1$) oder sinkt (für $0 < q < 1$) eine Größe w_0 nach x Zeitspannen auf die Größe $\boldsymbol{f(x) = w_0 \cdot q^x}$.

Mit dem Wachstumsfaktor $q = 1{,}012$ ergibt sich die folgende Funktionsgleichung für die Berechnung der Weltbevölkerung in zehn Jahren: $f(10) = 6{,}7$ Mrd. $\cdot\ 1{,}012^{10} = 7{,}55$ Mrd.

→ Seite 112

Bakterienwachstum und radioaktiver Zerfall

Bakterienwachstum und radioaktiver Zerfall zeichnen sich durch besondere Wachstumsfaktoren aus.

Beim Bakterienwachstum verdoppelt sich die Anzahl der Bakterien nach einer **Verdopplungszeit**. Mit $\boldsymbol{q = 2}$ ergibt sich die Exponentialgleichung: $\boldsymbol{f(x) = w_0 \cdot 2^x}$.

Salmonellen haben eine Verdopplungszeit von ca. 20 min. In dieser Zeit verdoppelt sich ihre Anzahl. Bei guten Bedingungen enthält eine Probe mit 60 Salmonellen nach 80 min bereits 960 Bakterien:
$f(4) = 60 \cdot 2^4 = 960$.

Beim radioaktiven Zerfall halbiert sich die Anzahl der radioaktiven Atomkerne nach einer **Halbwertszeit**. Mit $\boldsymbol{q = 0{,}5}$ ergibt sich die Exponentialgleichung: $\boldsymbol{f(x) = w_0 \cdot 0{,}5^x}$.

Die Halbwertszeit des Elements Cäsium liegt bei etwa 30 Jahren. Liegen zu Beginn 2 g dieses Stoffes vor, so sind es nach 90 Jahren nur noch 0,25 g: $f(3) = 2\,\text{g} \cdot 0{,}5^3 = 0{,}25\,\text{g}$.

Veränderungen mit Funktionen beschreiben

Die zurückgelegte Strecke und die Geschwindigkeit eines Kurzstreckenläufers lässt sich mit einer Funktion beschreiben. In unserer Umwelt gibt es viele weitere Abläufe, die sich mit Hilfe von Funktionen beschreiben lassen.

Noch fit?

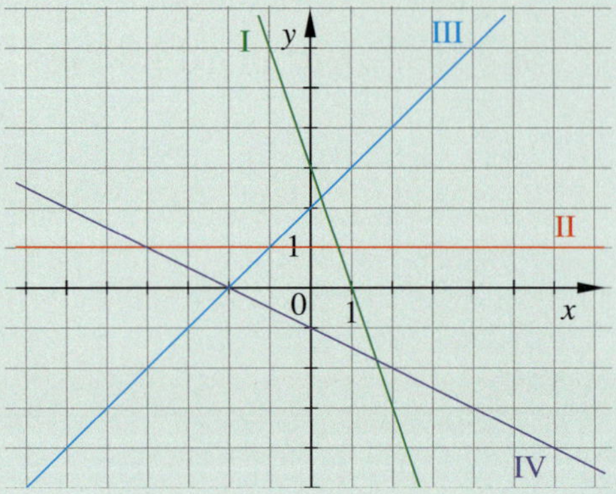

1 Gib die Funktionsgleichungen der abgebildeten Funktionsgraphen an und beschreibe ihren Verlauf. Lies die Schnittpunkte mit den Achsen ab. Bestimme rechnerisch die Schnittpunkte der Graphen.

2 Beschreibe die folgenden Funktionsgraphen möglichst genau.
Gib Definitions- und Wertebereich, Scheitelpunkt, Öffnungsrichtung, Form (gestaucht, gestreckt) und Anzahl der Nullstellen an.

a) $f(x) = (x-4)^2 + 5$ **b)** $f(x) = (x-3)^2$ **c)** $f(x) = -x^2 + 7$
d) $f(x) = -(x+1{,}5)^2 + 1$ **e)** $f(x) = 2x^2 + 4$ **f)** $f(x) = 0{,}25\,(x-3)^2 + 6$

3 Ergänze die Wertetabelle im Heft und zeichne die zugehörigen Funktionsgraphen. Welche Unterschiede und Gemeinsamkeiten haben sie?

x	-3	-2	-1	0	1	2	3
$y = 2x$							
$y = 2x^2$							
$y = 2x^3$							

4 Finde jeweils zwei Winkel im Intervall von $-360°$ bis $+360°$ mit demselben Sinuswert zu α.

a) $\alpha = 250°$ **b)** $\alpha = 473°$ **c)** $\alpha = -523°$
d) $\alpha = 375°$ **e)** $\alpha = -236°$ **f)** $\alpha = 847°$

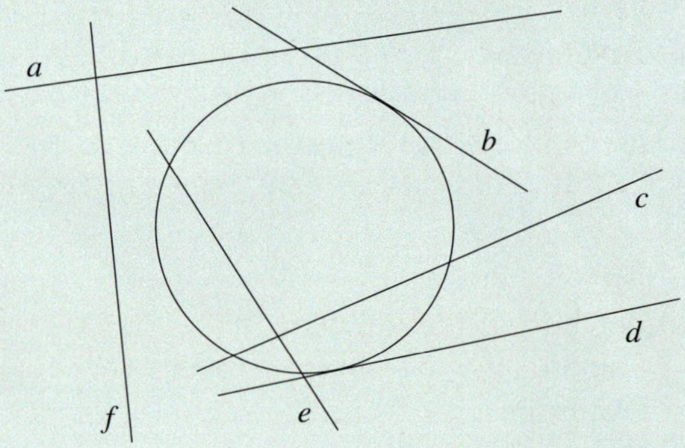

5 Betrachte die Abbildung rechts. Welche der Geraden sind Tangenten an dem Kreis?

6 Welche quadratische Funktion hat ihren Scheitelpunkt bei $S(2|1)$ und ihre Nullstellen bei $x_1 = 1$ und $x_2 = 3$?

7 Für welche Werte von x steigt bzw. fällt der Graph? Bestimme jeweils das Minimum bzw. Maximum der Funktion.

a) $f(x) = (x+2)^2 + 6$ **b)** $f(x) = (x-3)^2 + 4$ **c)** $f(x) = -(x-4)^2 + 1$
d) $f(x) = -x^2 + 3$ **e)** $f(x) = -2\,(x+1)^2$ **f)** $f(x) = 0{,}5\,(x+3{,}5)^2 - 1$

Kurz und knapp

1. Erkläre den Begriff *Monotonie*.
2. Was ist ein Intervall?
3. Gib die allgemeine Funktionsgleichung von Potenzfunktionen an.
4. Erkläre den Begriff *Periode* und gib eine periodische Funktion an.
5. Wann ist ein Graph achsensymmetrisch bzw. punktsymmetrisch?

Verlauf ganzrationaler Funktionen

Erforschen und Entdecken

1 Beantwortet zu zweit die folgenden Fragen.

a) Sind quadratische Funktionen immer auch Potenzfunktionen? Welche Beziehungen bestehen zwischen diesen Funktionenklassen?

b) Sind lineare Funktionen immer auch Potenzfunktionen? Erläutert eure Antwort.

c) Sind lineare Funktionen Spezialfälle quadratischer Funktionen? Begründet eure Antwort.

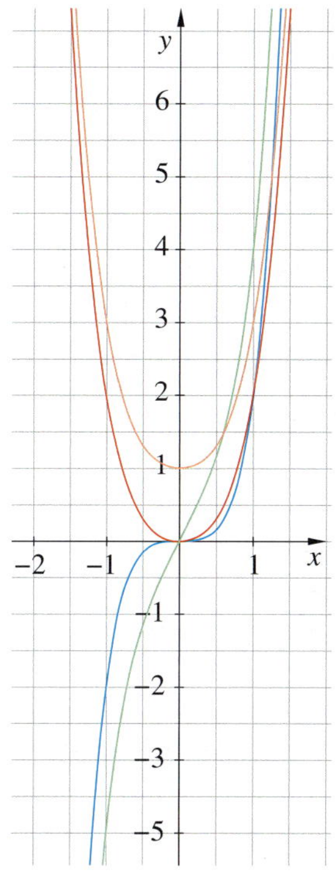

2 Im Koordinatensystem sind die Graphen der folgenden Funktionen abgebildet. $f(x) = x^5 + x^3$, $g(x) = x^4 + x^2$, $h(x) = x^5 + x^3 + 2x$ und $i(x) = x^4 + x^2 + 1$

a) Ergänze die Wertetabelle im Heft.

x	−1,5	−1	−0,5	0	0,5	1
$f(x) = x^5 + x^3$						
$g(x) = x^4 + x^2$						
$h(x) = x^5 + x^3 + 2x$						
$i(x) = x^4 + x^2 + 1$						

b) Ordne jedem Funktionsgraphen die passende Funktionsgleichung zu. Begründe deine Wahl.

c) Welches Symmetrieverhalten haben die Funktionen? Welchen Zusammenhang gibt es zwischen dem Symmetrieverhalten der Funktion und den auftretenden Exponenten von x?

d) Beschreibe das Monotonieverhalten der Funktionen.

e) Setze in die Funktionen beliebig große x-Werte ein. Mache eine Aussage darüber, wie sich die Funktionen für immer größer werdende x-Werte verhalten? Wie verhält sich die Funktion für immer kleiner werdende x-Werte?

3 Arbeitet zu zweit.

a) Zeichnet die Graphen der Funktionen $f(x) = x^n + x^m$ mit einem Funktionenplotter in ein gemeinsames Koordinatensystem. Wählt für m und n verschiede positive ganze Zahlen. Beschreibt den Verlauf des Funktionsgraphen und wie die Wahl von m und n diesen verändert.

b) Das abgebildete Koordinatensystem wurde mit einem Funktionenplotter erstellt. Es zeigt zwei Graphen von Funktionen der Form $f(x) = x^n + x^m$. Für m und n wurden verschiede positive ganze Zahlen gewählt. Welche Eigenschaften der Exponenten m und n könnt ihr an der Zeichnung ablesen?

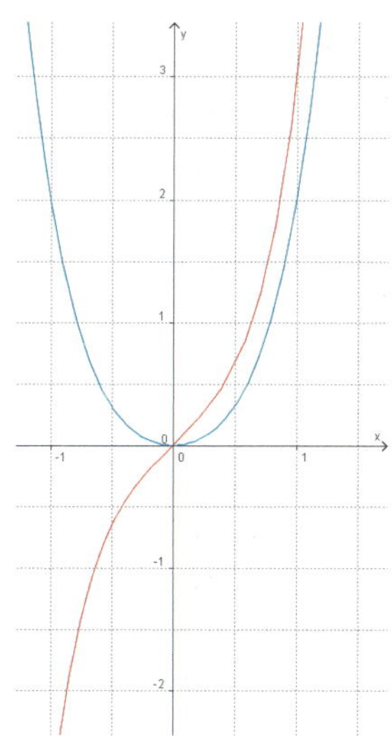

c) Zeichnet die Graphen der Funktionen $f(x) = x^n + x^m$ und $g(x) = x^n$ mit einem Funktionenplotter in ein gemeinsames Koordinatensystem. Wählt die positiven ganze Zahlen m und n so, dass $m < n$ gibt. Vergleicht den Verlauf der Funktionsgraphen f und g.

WWW 125-1

BEACHTE
Über dem angegebenen Webcode findest du Links zu Online-Funktionenplottern bzw. zum Download von Freewareplottern.

Lesen und Verstehen

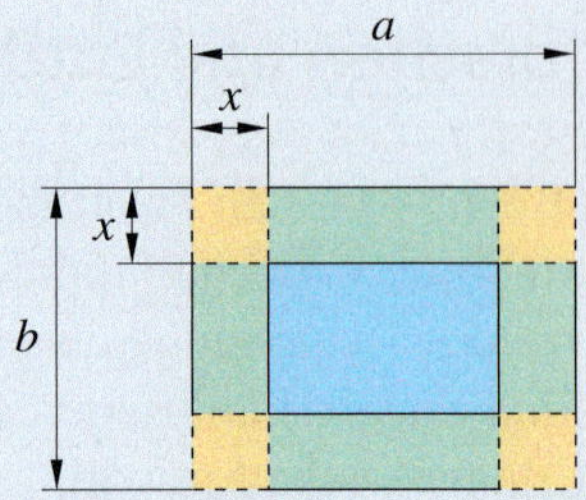

Stefan möchte aus einem rechteckigen Stück Pappe eine Schachtel ohne Deckel basteln. Er schneidet die Länge und Breite x Zentimeter ein und faltet die Pappe zur Schachtel. Er möchte wissen, wie das Volumen der Schachtel von der Höhe x abhängt.
Diese Abhängigkeit lässt sich mit der Funktion $V(x) = 4x^3 - 2(a+b)x^2 + abx$ beschreiben.

Eine Funktion der Form $f(x) = a_n x^n + a_{n-1}x^{n-1} + \ldots + a_2 x^2 + a_1 x + a_0$ heißt **ganzrationale Funktion**. Dabei ist n eine natürliche Zahl und heißt **Grad** der ganzrationalen Funktion. Die Koeffizienten $a_0, a_1, a_2, \ldots, a_n$ sind reelle Zahlen ungleich null.

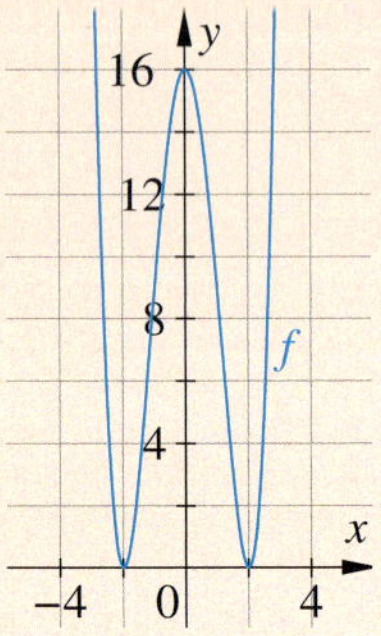

BEISPIEL 1
Die Funktion $V(x) = 4x^3 - 2(a+b)x^2 + abx$ ist eine ganzrationale Funktion vom Grad $n = 3$.

Der Graph einer ganzrationalen Funktion ist achsensymmetrisch zur y-Achse, wenn die Funktion nur gerade Exponenten hat. Der Graph ist punktsymmetrisch zum Ursprung, wenn sie nur ungerade Exponenten hat.

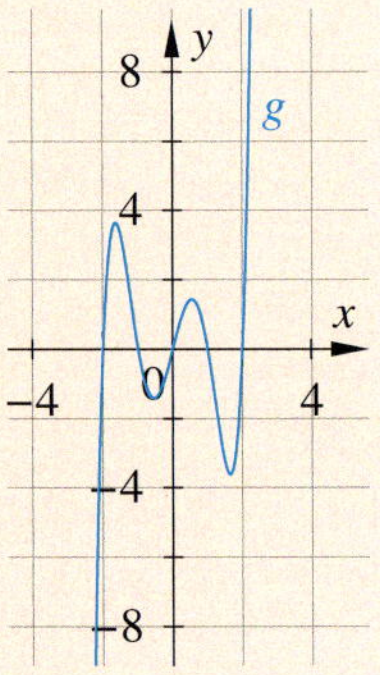

BEISPIEL 2
Die Funktion $f(x) = x^4 - 8x^2 + 16$ hat nur gerade Exponenten. Sie ist achsensymmetrisch zur y-Achse. Die Funktion $g(x) = x^5 - 5x^3 + 4x$ hat nur ungerade Exponenten und ist somit punktsymmetrisch zum Ursprung.

Um den Verlauf einer ganzrationalen Funktion zu beschreiben, betrachtet man den Verlauf der Funktion in Intervallen.

HINWEIS
Wählt man im Intervall $(-\infty, \infty)$ immer größer werdende bzw. kleiner werdende x-Werte, so sagt man auch x geht gegen unendlich bzw. minus unendlich.

Eine ganzrationale Funktion f ist im Intervall $[a; b]$ **monoton steigend**, wenn für größer werdende x-Werte des Intervalls auch die Funktionswerte $f(x)$ größer werden. Werden für größer werdende x-Werte die Funktionswerte $f(x)$ kleiner, so heißt f **monoton fallend**. Werden für immer größer werdende x-Werte die Funktionswerte $f(x)$ beliebig groß, so sagt man der **Graph steigt gegen $+\infty$**. Werden die Funktionswerte $f(x)$ für immer kleiner werdende x-Werte beliebig klein, so sagt man der **Graph fällt gegen $-\infty$**.

BEACHTE
Manchmal werden steigende Funktionen auch wachsend genannt.

BEISPIEL 3

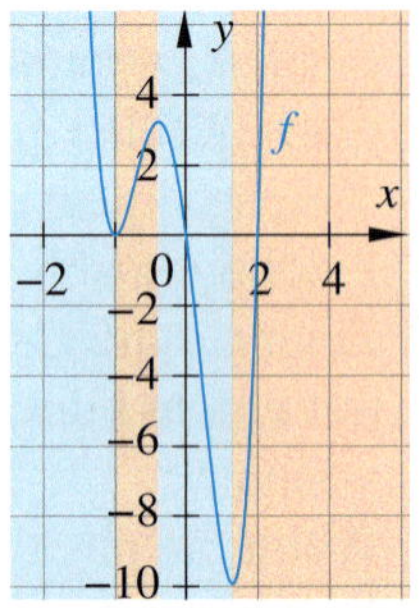

Die Funktion $f(x) = x^4 + 2x^3 - 4x^2 - 8x$ ist in dem roten Bereich monoton steigend und in dem blauen monoton fallend. Für gegen ∞ gehende x-Werte werden die Funktionswerte $f(x)$ beliebig groß. Der Graph steigt gegen $+\infty$. Für gegen $-\infty$ gehende x-Werte werden die Funktionswerte $f(x)$ ebenfalls beliebig groß. Der Graph steigt gegen $+\infty$.
Um zu bestimmen, wie sich die Funktion im Unendlichen verhält, setzt man für den Summanden der Funktion mit der höchsten Potenz sehr kleine bzw. sehr große x-Werte ein.

Üben und Anwenden

1 Welche der folgenden Funktionen sind ganzrationale Fun ktionen? Begründe deine Wahl.

a) $f(x) = x^2 + 1$
b) $f(x) = x^3 - 9x$
c) $f(x) = x^{-2} + 4x + 15$
d) $f(x) = x^4 - 5x^2 + 7x + 1$
e) $f(x) = 3x^3 + 2x^2 + x^{\frac{1}{2}}$
f) $f(x) = \frac{1}{3}x^7 + 12x^5 + x^4$
g) $f(x) = \frac{1}{x^3} + 12x$
h) $f(x) = (x + 2)^2$

2 Bestimme den Grad der Funktionen.

a) $f(x) = x^2 + 3$
b) $f(x) = x^6 - 4x$
c) $f(x) = 3x^2 + 15x + 5$
d) $f(x) = x^3 - 7x^2 + 6x + 10$
e) $f(x) = 8x^4 + 12x^2 + 3x$
f) $f(x) = x^9 - 2x^7 + 10x^5 + 3x^3$

3 Welche anderen Bezeichnungen für die ganzrationalen Funktionen vom Grad 0, vom Grad 1 und vom Grad 2 kennst du?

4 Betrachte die folgenden Funktionsgleichungen und beschreibe die Symmetrieeigenschaften der dazugehörigen Funktionsgraphen.

a) $f(x) = x^2 + 10$
b) $f(x) = x^5 - 8x$
c) $f(x) = 5x^2 + 10x + 15$
d) $f(x) = x^3 - 4x$
e) $f(x) = 18x^4 + 2x^2 + 6$
f) $f(x) = -2x^7 + 3x^5 + 11x^3 + 8x$
g) $f(x) = 12x^9 + 6x^4 + x^2 + 9x + 18$

5 Betrachte die abgebildeten Funktionsgraphen und beschreibe ihr Monotonieverhalten. Bestimme anschließend, welche Symmetrieeigenschaften die Funktionsgraphen haben.

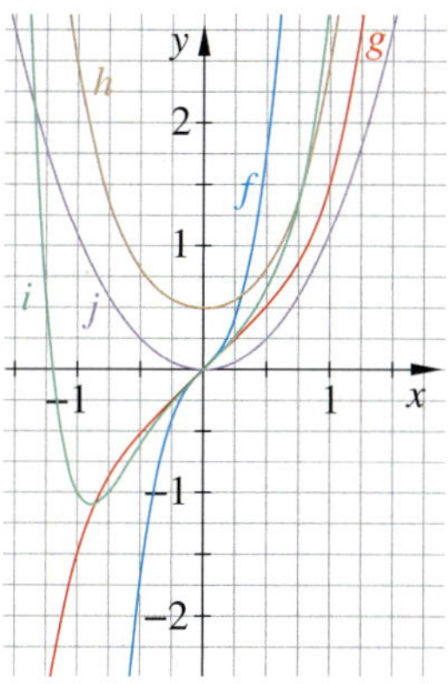

6 Ordne den Funktionsgraphen jeweils die passende Funktionsgleichung zu. Begründe deine Zuordnung.

$f(x) = x^3 + x$
$g(x) = x^5 + 3x^2 + 4x$
$h(x) = x^3 + 5x$
$i(x) = x^2 + 2x$
$j(x) = x^5 + 3x^3 + 4x$
$k(x) = 2x^6 + 1$
$l(x) = x^2 + 1$
$m(x) = x^4 + x^3 + x$
$n(x) = x^6 + 1$
$o(x) = x + 2$
$p(x) = x^2 + x$
$q(x) = x^5 + x^3 + 2x$
$r(x) = x^4 - 5x^2$

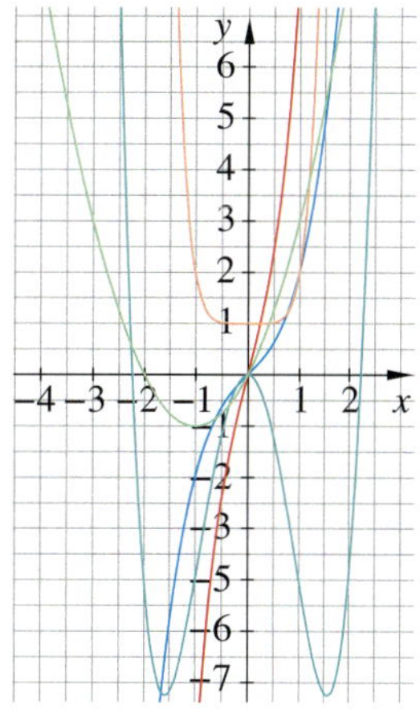

7 Betrachte die Funktionen $f(x) = x^4 + x^2$, $g(x) = x^3 + x$ und $h(x) = x^3 + x^2 + x$.

a) Ergänze die Wertetabelle für die Funktionen im Heft. Runde auf eine Nachkommastelle.

x	–1,5	–1	–0,5	0	0,5	1	1,5
$f(x)$							
$g(x)$							
$h(x)$							

b) Zeichne die Funktionsgraphen der Funktionen im Intervall [– 1,5; 1,5] in ein gemeinsames Koordinatensystem.
c) Beschreibe die Unterschiede und Gemeinsamkeiten der Funktionen. Vergleiche die Schnittpunkte mit den Achsen, das Monotonieverhalten, die Symmetrieeigenschaften und das Verhalten im Unendlichen.

d) Erläutere, wie du bei der Bestimmung des Verhaltens im Unendlichen in c) vorgegangen bist.

8 Welchen Grad haben die Funktionen? Welche Symmetrieeigenschaften der Funktionsgraphen kannst du daraus folgern?

a) $f(x) = 15x^6 + 12x^5$
b) $f(x) = 2x^9 - 7x$
c) $f(x) = 3x^4 + 11x + 1$
d) $f(x) = x^{10} - 4x^8$
e) $f(x) = \frac{1}{6}x^7 - 10x^5 - x$

9 Wie verhalten sich die Funktionen im Unendlichen?

a) $f(x) = x^3 + 4x - 2$
b) $f(x) = x^4 - 18x$
c) $f(x) = 15x^4 + 12x + 25$
d) $f(x) = -x^3 + 4x^2 - 5x$
e) $f(x) = 8x^4 + 12x^3 + 2x^2 + 7$
f) $f(x) = -3x^7 + x^5 + 15x^3 + 9x$
g) $f(x) = 4x^9 + 13x^4 + x^2 + 12x + 8$
h) $f(x) = -6x^5 + 16x^4 - x^3 + 7x + 6$

10 Welches Monotonieverhalten haben die Funktionen in den angegebenen Intervallen?

a) $(-\infty; 0]$, $[0; \infty)$

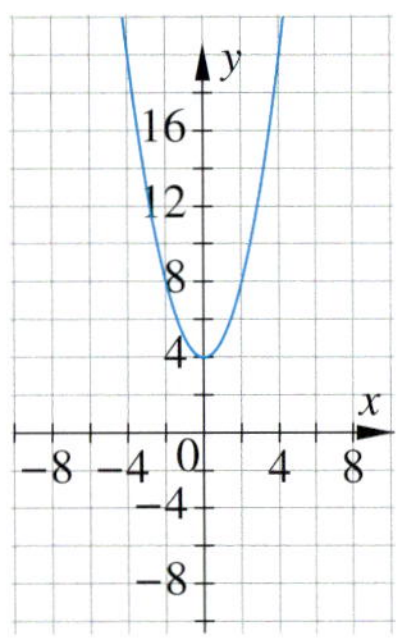

b) $(-2; 0]$, $[0; \infty)$

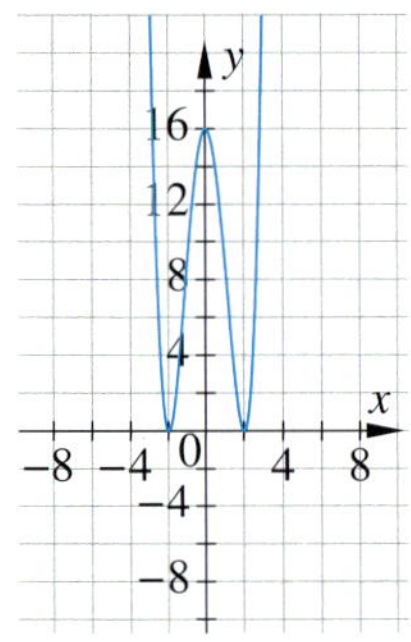

c) $(-\infty; -2]$, $[2; \infty)$

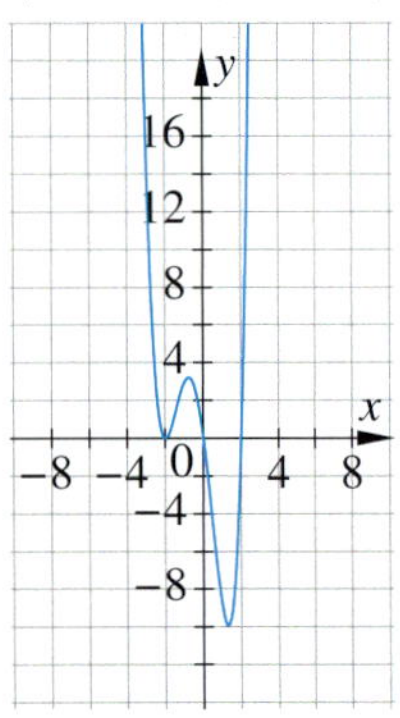

d) $(-1{,}5; -1]$, $[-1; \infty)$

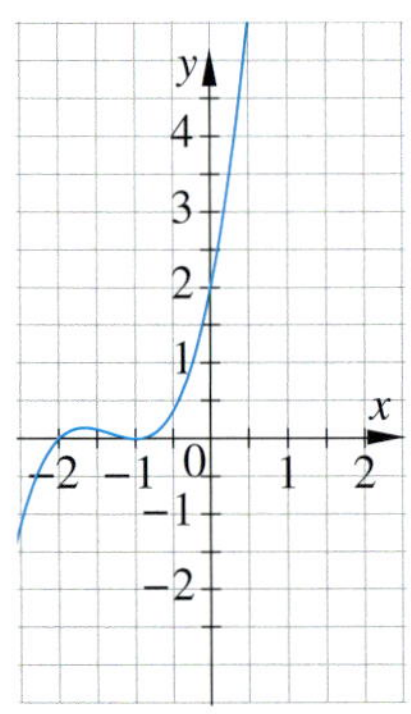

11 Untersuche die folgenden Funktionen. Bestimme den Grad, die Symmetrieeigenschaften und das Verhalten im Unendlichen.

a) $f(x) = x^3 + 4x - 2$
b) $f(x) = 2x^4 - 8x^2$
c) $f(x) = 4x^7 - 2x^5 + 6x^3 - x$
d) $f(x) = -10x^5 + 7x^2 - 15x$
e) $f(x) = 12x^8 - 4x^5 + 3x^2 - 10$
f) $f(x) = -4x^9 + x^7 + 11x^5 + 5x^3 - x$
g) $f(x) = x^9 + 14x^4 - 5x^2 + 2x + 7$
h) $f(x) = -x^8 + 6x^6 - 11x^4 + 9x^2 + 4$

12 In das abgebildete Diagramm wurden Messdaten aus Brandenburg eingezeichnet.

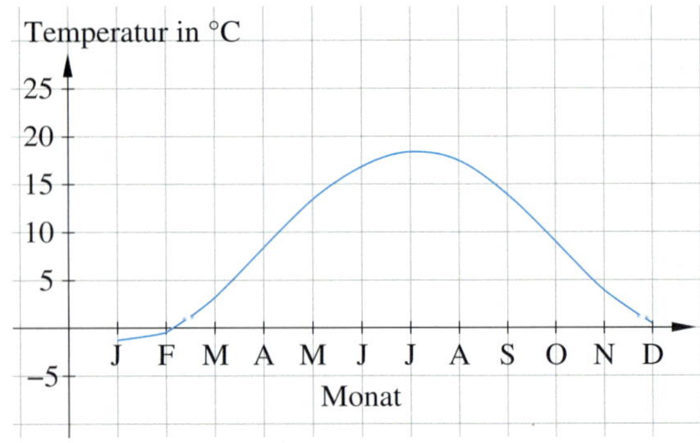

a) Was zeigt das Diagramm?
b) Beschreibe den Verlauf des abgebildeten Graphen mit mathematischen Begriffen. Erläutere anschließend, was diese Begriffe in der Wirklichkeit bedeuten.

13 Sandra hat die Symmetrieeigenschaften der Funktion $f(x) = x^3 + 2x$ wie folgt bestimmt.

$f(-x) = (-x)^3 + 2(-x) = -x^3 - 2x$
$f(x) = x^3 + 2x$
$f(-x) \neq f(x)$, also ist f nicht achsensymmetrisch
$-f(x) = -(x^3 + 2x) = -x^3 - 2x$
$-f(x) = f(-x)$, also ist f punktsymmetrisch

a) Erkläre den Lösungsweg von Sandra.
b) Zeichne den Graphen der Funktion im Intervall von -1 bis 1. Bestimme die Symmetrieeigenschaft der Funktion und vergleiche deine Lösung mit der Lösung von Sandra.
c) Bestimme die Symmetrieeigenschaften der folgenden Funktionen auf diese Weise.
① $f(x) = x^4 - 8x^2$
② $f(x) = x^4 + 2$
③ $f(x) = x^3 + 3x$
④ $f(x) = 2x^3 + x^2 - 1$

Nullstellen ganzrationaler Funktionen

Erforschen und Entdecken

1 Betrachte die ganzrationale Funktion $f(x) = x^3 + 4x^2 + x - 6$.

a) Bestimme den Grad der ganzrationalen Funktion.

b) Multipliziere den Term $(x - 1) \cdot (x^2 + 5x + 6)$ aus. Was fällt dir auf?

c) Löse die Gleichungen $(x - 1) \cdot (x^2 + 5x + 6) = 0$ und $x^3 + 4x^2 + x - 6 = 0$.
Wie viele Nullstellen haben die Gleichungen? Erläutere deine Vorgehensweise.

d) Zeichne die Funktion $f(x)$ mit einem Funktionenplotter und lies die Nullstellen ab.
Überprüfe dein Ergebnis durch eine Rechnung.

e) Untersuche, wie die Anzahl der Nullstellen mit dem Grad der ganzrationalen Funktion zusammenhängt.

2 Dividiere schriftlich 2556 : 12 und vergleiche deine Rechnung mit den folgenden Rechnungen.

$$\begin{array}{l}
(2 \cdot 10^3 + 5 \cdot 10^2 + 5 \cdot 10 + 6) : (10 + 2) = 2 \cdot 10^2 + 10 + 3 \\
\underline{-(2 \cdot 10^3 + 4 \cdot 10^2)} \\
\qquad\qquad 10^2 + 5 \cdot 10 \\
\qquad\quad \underline{-(10^2 + 2 \cdot 10)} \\
\qquad\qquad\qquad 3 \cdot 10 + 6 \\
\qquad\qquad\quad \underline{-(3 \cdot 10 + 6)} \\
\qquad\qquad\qquad\qquad 0
\end{array}$$

$$\begin{array}{l}
(2 \cdot x^3 + 5 \cdot x^2 + 5 \cdot x + 6) : (x + 2) = 2 \cdot x^2 + x + 3 \\
\underline{-(2 \cdot x^3 + 4 \cdot x^2)} \\
\qquad\qquad x^2 + 5 \cdot x \\
\qquad\quad \underline{-(x^2 + 2 \cdot x)} \\
\qquad\qquad\qquad 3 \cdot x + 6 \\
\qquad\qquad\quad \underline{-(3 \cdot x + 6)} \\
\qquad\qquad\qquad\qquad 0
\end{array}$$

3 Bestimmung der Nullstellen ganzrationaler Funktionen

a) Löse die folgenden Gleichungen.

① $(x + 1) \cdot (x^2 - 1) = 0$ ② $(x + 5) \cdot (x^2 - 4x - 12) = 0$ ③ $(x - 7) \cdot (x^2 + x - 6) = 0$

④ $(x + 1) \cdot (x^2 + 2x + 1) = 0$ ⑤ $(x - 2) \cdot (x^2 + 2x - 3) = 0$ ⑥ $(x - 2) \cdot (x^2 + 3x - 4) = 0$

b) Versuche den quadratischen Term der Gleichungen ③, ④, ⑤ und ⑥ aus a) als Produkt linearer Terme zu schreiben.
Kontrolliere anschließend dein Ergebnis, indem du die linearen Terme wieder ausmultiplizierst.

4 Ermittle durch Probieren die Lösungen der angegebenen Gleichungen.

a) $x^4 = 16$ **b)** $x^4 - 4x^2 = 0$ **c)** $x^4 - 8x^2 - 9 = 0$

5 Überprüfe, ob die angegebenen Werte Nullstellen der Funktion sind.

a) $f(x) = x^3 - 3x^2 - 13x + 15$ $x_1 = 1, x_2 = 5$ und $x_3 = -3$

b) $f(x) = x^3 - 3x^2 - x + 3$ $x_1 = 1, x_2 = 3$ und $x_3 = -1$

c) $f(x) = x^3 - 6x^2 - 13x + 42$ $x_1 = 2, x_2 = 7$ und $x_3 = -3$

d) $f(x) = x^3 + 2x^2 - 0{,}25x - 0{,}5$ $x_1 = 0{,}5,\ x_2 = -0{,}5$ und $x_3 = -2$

Lesen und Verstehen

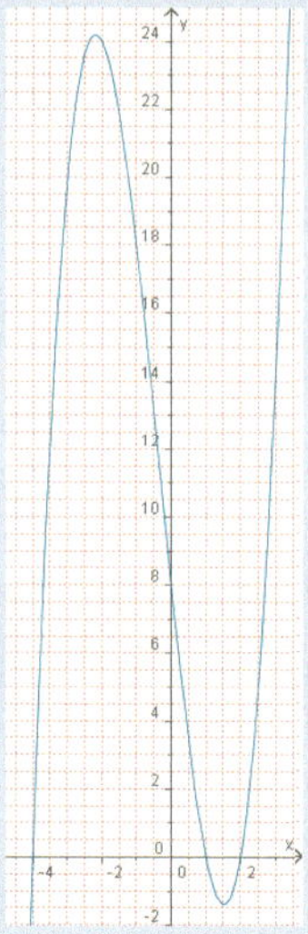

Simon hat mit einem Funktionenplotter die Funktion $f(x) = x^3 + x^2 - 10x + 8$ gezeichnet. Ihm fällt auf, dass diese Funktion drei Nullstellen hat: $x_1 = 2$, $x_2 = 1$ und $x_3 = -4$.

> Eine ganzrationale Funktion vom Grad $n \geq 1$ hat höchstens n Nullstellen. Wenn die ganzrationale Funktion ganzzahlige Nullstellen besitzt, so teilen diese das Absolutglied a_0.

BEISPIEL 1
Die Funktion $f(x) = x^3 + x^2 - 10x + 8$ hat den Grad $n = 3$.
Die drei Nullstellen teilen das absolute Glied $a_0 = 8$.

Eine ganzrationale Funktion f mit $f(x) = a_n x^n + a_{n-1} x^{n-1} + \ldots + a_1 x + a_0$ hat die Nullstelle x_n, wenn $f(x_n) = 0$ ist. Neben gezieltem Probieren und der grafischen Bestimmung der Nullstellen gibt es die im Folgenden vorgestellten Lösungsverfahren.
Die Wahl des Verfahrens hängt von der jeweiligen Funktion ab.

HINWEIS
Da man den Funktionsterm in Linearfaktoren zerlegt, wird das Verfahren auch Linearfaktorzerlegung genannt.

> Häufig kann man den Funktionsterm einer ganzrationalen Funktion als Produkt $f(x) = (x - x_1) \cdot (x - x_2) \ldots (x - x_n)$ schreiben. Die Faktoren der Form $(x - x_j)$ heißen **Linearfaktoren**. Die Nullstellen der Funktion lassen sich dann bestimmen, indem man die Faktoren null setzt.
> Die Nullstelle x_1 wird durch Probieren bestimmt und mittels **Polynomdivision** die Funktion $g(x)$ mit $f(x) = g(x) \cdot (x - x_1)$ vom Grad $n - 1$ gebildet.
> Die Polynomdivision führt man so lange durch, bis $g(x)$ vom Grad 2 ist und die Nullstellen mit Hilfe der Lösungsformel für quadratische Gleichungen bestimmt werden können.

BEISPIEL 2
Mittels Probierens bestimmt man die Nullstelle $x_1 = 2$ der Funktion $f(x) = x^3 + x^2 - 10x + 8$.
Die Polynomdivision wird nach dem gleichen Schema wie die schriftliche Division durchgeführt.
Die Funktion $f(x)$ entspricht dem Produkt $(x^2 + 3x - 4) \cdot (x - 2)$.

$$
\begin{array}{l}
(x^3 + x^2 - 10x + 8) : (x - 2) = x^2 + 3x - 4 \\
\underline{-(x^3 - 2x^2)} \\
\quad 3x^2 - 10x \\
\quad \underline{-(3x^2 - 6x)} \\
\qquad -4x + 8 \\
\qquad \underline{-(-4x + 8)} \\
\qquad\quad 0
\end{array}
$$

Die Lösungen der Gleichung $x^2 + 3x - 4 = 0$ lassen sich mit Hilfe der Lösungsformel bestimmen: $x_2 = 1$ und $x_3 = -4$.

ZUR INFORMATION
Biquadratisch bedeutet zweifach quadratisch, z. B. $x^4 = (x^2)^2$

> Eine Gleichung der Form $ax^4 + bx^2 + c = 0$ heißt **biquadratisch**. Ersetzt man x^2 durch y, so erhält man die quadratische Gleichung $ay^2 + by + c = 0$. Diese löst man mit Hilfe der Lösungsformel und ersetzt anschließend y durch x^2.

BEISPIEL 3
$2x^4 - 26x^2 + 72 = 0$
Für $y = x^2$ ergibt sich $2y^2 - 26y + 72 = 0$
$y_1 = 9$, $y_2 = 4$
$9 = x^2$, also $x_1 = 3$, $x_2 = -3$
$4 = x^2$, also $x_3 = 2$, $x_4 = -2$
Die Probe ergibt $L = \{-3; -2; 2; 3\}$

Üben und Anwenden

1 Lies die Nullstellen ab und überprüfe sie durch eine Rechnung.

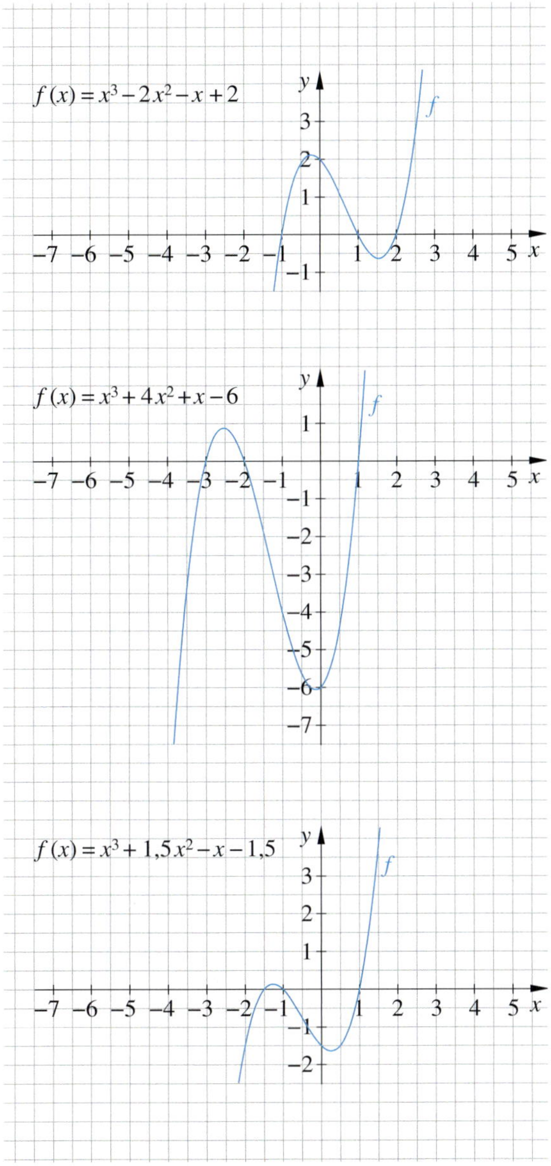

2 Bestimme die maximale Anzahl der Nullstellen der folgenden ganzrationalen Funktionen. Begründe.

a) $f(x) = x^3 + 2x - 15$
b) $f(x) = 5x^3 - 4x^2$
c) $f(x) = 10x^6 - 3x^5 + 5x^2 - x$
d) $f(x) = -x^5 + 8x^2 - 5x$
e) $f(x) = 2x^9 - 9x^7 + 12x^2 - 1$
f) $f(x) = -3x^5 + 11x^4 + 5x^3 + 4x^2 - x + 16$
g) $f(x) = -x^4 + 2{,}5x^3 + 5{,}5x^2 + x - 6$

3 Welche ganzen Zahlen könnten Nullstellen der ganzrationalen Funktionen sein? Begründe.

a) $f(x) = 2x^4 + 3x + 15$
b) $f(x) = 5x^3 - 4x^2 + 4$
c) $f(x) = 2x^4 - 5x^3 + 6x^2 - x + 6$
d) $f(x) = -x^9 + 3x^5 - 8x$
e) $f(x) = x^6 + 2x^5 - 4x^2 - 8$
f) $f(x) = 2x^7 + 5x^5 - 17x^3 + 3x^2 - 4x - 6$

4 Bestimme die Nullstellen mittels gezielten Probierens.

a) $f(x) = x^2 + 3x - 4$
b) $f(x) = x^3 - 6x^2 + 11x - 6$
c) $f(x) = x^3 - 5x^2 + 2x + 8$
d) $f(x) = x^3 - x^2 - 6x + 6$
e) $f(x) = x^4 + 3x^3 - 7x^2 - 29x + 30$
f) $f(x) = x^4 - 8x^3 + 4x^2 - 52x - 48$

5 Zerlege die Funktionen in ihre Linearfaktoren.

a) $f(x) = x^2 + 2x - 15$
b) $f(x) = x^3 - 5x^2 - x + 5$
c) $f(x) = x^3 + 3x^2 - 6x - 8$
d) $f(x) = x^3 - 8x^2 + 17x - 10$
e) $f(x) = x^4 - 4x^3 - 17x^2 + 24x + 36$
f) $f(x) = x^3 - 6x^2 - 9x + 14$
g) $f(x) = x^4 - 10x^2 + 9$

6 Zeichne die Graphen der Funktionen mit einem Funktionenplotter und lies die Nullstellen ab.

a) $f(x) = x^3 - 6x^2 - 9x + 14$
b) $f(x) = x^3 - 1{,}5x^2 - 5{,}5x + 3$
c) $f(x) = x^4 + 3x^3 - 13x^2 - 27x + 36$
d) $f(x) = x^4 + 8x^3 - 21x^2 - 8x + 20$
e) $f(x) = x^4 - 82x^2 + 81$

7 Wende die Polynomdivision an.

a) $(x^3 - 4x^2 + 5x - 2) : (x - 1)$
b) $(x^3 - x^2 - 8x + 12) : (x - 2)$
c) $(x^3 - 12x + 16) : (x + 4)$
d) $(x^3 - 15x - 126) : (x - 6)$
e) $(x^3 - 4x^2 - 15x + 18) : (x + 3)$
f) $(x^4 + 3x^3 - 3x^2 - 7x + 6) : (x - 1)$
g) $(x^3 - 19x + 30) : (x + 5)$
h) $(x^4 - 6x^3 + 10{,}25x^2 - 2{,}25x - 4{,}5) : (x - 2)$

HINWEIS
Überprüfe deine Polynomdivision, indem du dein Ergebnis mit dem Teilerpolynom multiplizierst.

8 Bestimme die Nullstellen.

a) $f(x) = x^3 + 5x^2 - 4x - 20$
b) $f(x) = x^3 - 21x + 20$
c) $f(x) = x^3 - 9x^2 - 34x - 24$
d) $f(x) = x^3 - 5x^2 - 22x + 56$
e) $f(x) = x^3 - x^2 - 81x + 81$
f) $f(x) = x^3 - 0{,}5x^2 - x + 0{,}5$
g) $f(x) = x^3 - 0{,}2x^2 - 9x + 1{,}8$

HINWEIS
Der Begriff Substitution kommt aus dem Lateinischen von substituere: dahinstellen, ersetzen.
In der Mathematik versteht man darunter das Ersetzen von x^2 durch y.

9 Löse die biquadratischen Gleichungen mittels Substitution.

a) $x^4 - 10x^2 + 9 = 0$
b) $x^4 - 29x^2 + 100 = 0$
c) $x^4 - 25x^2 + 144 = 0$
d) $x^4 - 9{,}81x^2 + 7{,}29 = 0$
e) $x^4 - 40x^2 + 144 = 0$
f) $3x^4 - 12{,}75x^2 + 3 = 0$
g) $2x^4 - 19{,}62x^2 + 14{,}58 = 0$

10 Gib zu den angegebenen Nullstellen jeweils eine ganzrationale Funktion an.

a) $x_1 = 1,\ x_2 = 2$ und $x_3 = -3$
b) $x_1 = 1,\ x_2 = 5$ und $x_3 = -1$
c) $x_1 = 3,\ x_2 = -2$ und $x_3 = -6$
d) $x_1 = 2,\ x_2 = 4$ und $x_3 = -4$
e) $x_1 = 2,\ x_2 = 3,\ x_3 = 4$ und $x_4 = -3$
f) $x_1 = 2,\ x_2 = 4,\ x_3 = -2$ und $x_4 = -4$
g) $x_1 = 0{,}5,\ x_2 = 2,\ x_3 = 3$ und $x_4 = -0{,}25$
h) $x_1 = 0{,}5,\ x_2 = 4,\ x_3 = -0{,}5$ und $x_4 = -4$

11 Bestimme eine Nullstelle durch Probieren und weitere mit Hilfe von Polynomdivision.

a) $f(x) = x^3 - 3x^2 - 6x + 8$
b) $f(x) = x^3 - 12x + 16$
c) $f(x) = 2x^3 - 6x - 4$
d) $f(x) = x^3 - 6x^2 + 5x + 12$
e) $f(x) = 0{,}5x^3 + 4{,}5x^2 + 13x + 12$
f) $f(x) = 2x^3 - 2x^2 - 50x - 50$

12 Die folgende Wertetabelle gehört zu einer ganzrationalen Funktion dritten Grades. Wie viele Nullstellen kann die Funktion höchstens haben?
Wo vermutetest du die Nullstellen? Gib in Intervallen an.

x	−3	−1	0	1,5	2,5
f(*x*)	−44	6	4	−0,875	3,375

13 Beschreibe den Graphen der Funktion (Grad, Symmetrieeigenschaften, Verhalten im Unendlichen) und bestimme die Nullstellen der Funktion.

a) $f(x) = x^3 + 8x^2 + 17x + 10$
b) $f(x) = x^3 - 12x^2 + 41x - 30$
c) $f(x) = x^3 - 0{,}5x^2 - x + 0{,}5$
d) $f(x) = x^4 + 6x^3 + x^2 - 24x - 20$
e) $f(x) = x^4 + 1{,}5x^3 - 17x^2 - 11x - 84$
f) $\mathrm{f}(x) = x^4 - 20x^2 - 64$
g) $f(x) = 2x^4 - 20x^2 + 18$

14 Bestimme die Linearfaktoren der folgenden Funktion.

a) $f(x) = x^3 - 3x^2 - 118x + 120$
b) $f(x) = x^3 - 73x - 72$
c) $f(x) = 0{,}5x^3 + 4{,}5x^2 - 53x - 120$
d) $f(x) = 2x^3 - 10x^2 - 184x - 312$
e) $f(x) = x^4 - 8x^3 - 19x^2 + 98x - 72$
f) $f(x) = x^4 - 9x^3 - 14x^2 + 216x - 320$
g) $f(x) = x^4 - 10{,}5x^3 + 3x^2 + 24{,}5x - 18$
h) $f(x) = x^4 - 17x^3 - 85x^2 + 425x + 1500$

15 Überprüfe, ob die angegebenen Stellen Nullstellen der Funktion sind.

a) $f(x) = x^4 + 3x^3 - 26x^2 - 368x + 160$
$x_1 = 2;\ x_2 = 4;\ x_3 = -4;\ x_4 = -5$
b) $f(x) = x^3 - 13x^2 - 15x + 27$
$x_1 = 1;\ x_2 = 9;\ x_3 = -3$
c) $f(x) = x^4 + 3x^3 - 22{,}25x^2 - 12{,}25x + 147$
$x_1 = 2;\ x_2 = 3{,}5;\ x_3 = -3{,}5;\ x_4 = -5$
d) $f(x) = x^4 - 2{,}2x^3 - 20{,}6x^2 - 22{,}2x + 3{,}6$
$x_1 = 0{,}2;\ x_2 = 6;\ x_3 = -1;\ x_4 = -3$
e) $f(x) = 3x^4 + 6x^3 - 57x^2 - 24x + 180$
$x_1 = 2;\ x_2 = 3;\ x_3 = -2;\ x_4 = -5$
f) $f(x) = x^4 + 12x^3 - 25x^2 - 3x + 14$
$x_1 = 1;\ x_2 = 3;\ x_3 = -5;\ x_4 = -8$
g) $f(x) = 6x^4 - x^3 - 2x^2 - 10{,}25x - 7$
$x_1 = 3;\ x_2 = -2{,}5;\ x_3 = -3{,}5;\ x_4 = -6$

16 Bestimme eine ganzrationale Funktion, die die angegebenen Nullstellen hat.

a) $x_1 = 2,\ x_2 = 5{,}5$ und $x_3 = -13$
b) $x_1 = 3{,}5,\ x_2 = 10,\ x_3 = -2$ und $x_4 = -6$
c) $x_1 = 3,\ x_2 = 4,\ x_3 = 9$ und $x_4 = -11$
d) $x_1 = 5,\ x_2 = -1,\ x_3 = -6$ und $x_4 = -8$
e) $x_1 = 1,\ x_2 = 4,\ x_3 = 13,\ x_4 = -2$ und $x_5 = -3$

Mittlere Änderungsraten

Erforschen und Entdecken

1 Der Pilatus ist ein Bergmassiv am Vierwaldstädter See bei Luzern in der Schweiz. Sein höchster Gipfel ist 2185 m hoch. Auf den Berg führt die Pilatusbahn, die steilste Zahnradbahn der Welt.
Die folgende Tabelle gibt Auskunft über einige markante Punkte, den bis zu ihnen zurückgelegten Weg und die dabei erreichte Höhe. Außerdem enthält die Tabelle einen Auszug aus dem Fahrplan.

Station	bis dahin zurückgelegter Weg	erreichte Höhe	Fahrplan aufwärts	Fahrplan abwärts
Alpnachstad	0,0 km	440 m ü. M.	10.50 Uhr	12.05 Uhr
Wolfort	1,3 km	890 m ü. M.		
Aemsingen	2,3 km	1355 m ü. M.	11.02 Uhr	11.42 Uhr
Mattalp	3,3 km	1600 m ü. M.		
Pilatus Kulm	4,6 km	2073 m ü. M.	11.20 Uhr	11.25 Uhr

a) Stell die Höhe in Abhängigkeit vom zurückgelegten Weg grafisch dar.

b) Berechne für jeden der vier Teilabschnitte die durchschnittliche Änderung der Höhe, also das Verhältnis $\frac{\text{Höhenzunahme}}{\text{zurückgelegter Weg}}$. Gib die Ergebnisse auch in Prozent an.

c) Vergleiche die durchschnittliche Änderung der Höhe bei der Pilatusbahn mit denen der Gondelbahn und der Seilbahn, die beide ebenfalls auf den Pilatus führen.
Die Gondelbahn überwindet einen Höhenunterschied von insgesamt 899 m auf zwei Abschnitten mit 2118 m und 2774 m Länge, die Seilbahn einen Höhenunterschied von 647 m bei einer Länge von 1389 m.

d) Berechne für die Zahnradbahn die durchschnittliche Geschwindigkeit auf den Teilstrecken und auf der Gesamtstrecke. Vergleiche die Geschwindigkeiten bergauf und bergab.

2 Victoria, Konstantin und Sylvia verfügten jeder über 1000 € Startkapital. Sie legten dieses Geld nach verschiedenen Modellen an. Nach 10 Jahren vergleichen sie die Entwicklung ihres Kapitals.

a) Erläutere, wie die drei Personen bei ihrer Geldanlage vorgegangen sein könnten.

b) Begründe ohne Rechnung, dass die durchschnittliche Kapitalsteigerung bei allen gleich sein muss.
Berechne diese dann.

ZUR INFORMATION
Der Anstieg der Pilatusbahn ist so steil, dass die zumeist verwendeten vertikalen Zahnstangen den Anforderungen nicht genügen. Daher wurde speziell für die Pilatusbahn ein Antriebssystem mit zwei gegenüberliegenden Zahnrädern entwickelt:

Lesen und Verstehen

Lisa und Franziska planen für die Klassenfahrt der 10b eine Radtour im Harz.
Die Tour soll von der Jugendherberge in Schierke zum Schloss nach Wernigerode entlang der Landstraße L 100 gehen. Mit Hilfe eines Routenplaners ermitteln sie eine Streckenlänge von 19,4 km. Sie wissen, dass der Ausgangspunkt P_1 in einer Höhe von 643 m ü. M. und das Ziel P_2 in einer Höhe von 315 m ü. M. liegt.
Die beiden fragen sich, mit welcher (negativen) mittleren Höhenzunahme, also einer Abnahme pro gefahrenem Kilometer, sie für den Hinweg rechnen können? Mit welcher (positiven) mittleren Höhenzunahme, also einer Zunahme, können sie für den Rückweg rechnen? Die mittlere Höhenzunahme entspricht der Steigung der Geraden durch den Ausgangspunkt in 643 m. ü. M. und den Zielpunkt in 315 m ü. M.

Für zwei Punkte x_1 und x_2 einer Funktion f gibt der Term $\frac{f(x_2) - f(x_1)}{x_2 - x_1}$ die **mittlere Änderungsrate** m der Funktion im Intervall $[x_1; x_2]$ an. Die Funktion f muss dazu im gesamten Intervall $[x_1; x_2]$ definiert sein.
Der Term entspricht der Steigung der Geraden durch die Punkte $P_1(x_1 | f(x_1))$ und $P_2(x_2 | f(x_2))$.

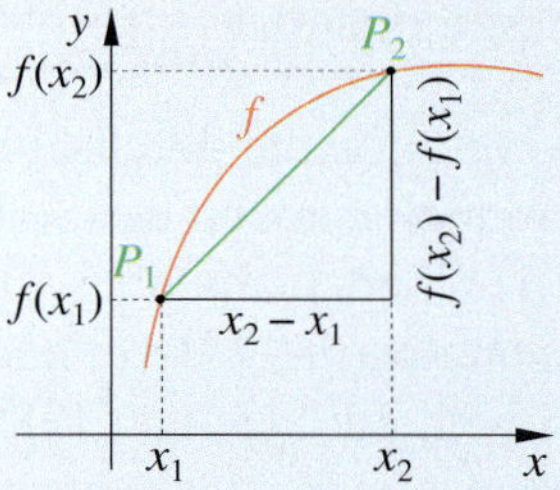

BEACHTE
Bei der Berechnung der mittleren Änderungsrate ist stets auf die richtige „Reihenfolge" der Summanden bei der Differenzbildung in Zähler und Nenner zu achten.

BEISPIEL
Die Funktion $h = f(x)$ mit den Werten $h_1 = f(0) = 643$ und $h_2 = f(19\,400) = 315$ beschreibe die Höhe über dem Meer in Metern in Abhängigkeit vom zurückgelegten Weg in Metern.
Um die mittlere Höhenzunahme der Radtourroute der Hinfahrt zu berechnen, betrachtet man die beiden Punkte $P_1(0|643)$ und $P_2(19\,400|315)$. Die mittlere Änderungsrate beträgt dann

$$m = \frac{f(x_2) - f(x_1)}{x_2 - x_1} = \frac{315 - 643}{19\,400 - 0} = -0{,}017.$$

Dann besagt die mittlere Änderungsrate, dass auf der Strecke von der Jugendherberge bis zum Schloss durchschnittlich bei jedem zurückgelegten Meter die erreichte Höhe um 0,017 m, also um 1,7 cm, abnahm.
Um die mittlere Höhenzunahme der Radtourroute der Rückfahrt zu berechnen, betrachtet man die beiden Punkte $P_1(0|315)$ und $P_2(19\,400|643)$. Die mittlere Änderungsrate beträgt dann

$$m = \frac{f(x_2) - f(x_1)}{x_2 - x_1} = \frac{643 - 315}{19\,400 - 0} = 0{,}017.$$

Durchschnittlich nahm die erreichte Höhe pro Meter also um 0,017 m zu.

Üben und Anwenden

1 Betrachte die Abbildungen.

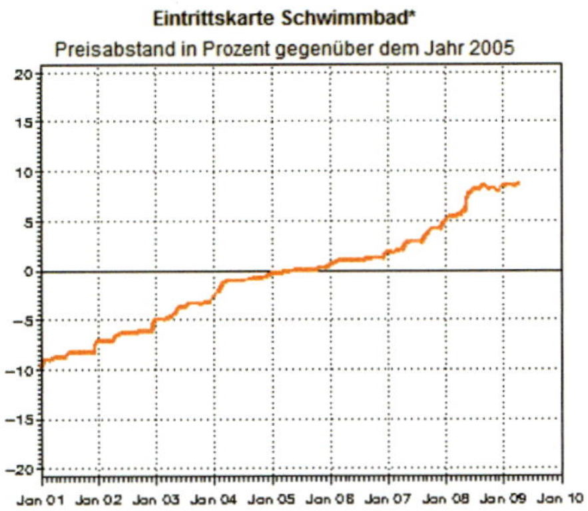

Entwicklung des Preises für eine Eintrittskarte ins Schwimmbad (Mitte 2005 entspricht 100 %)

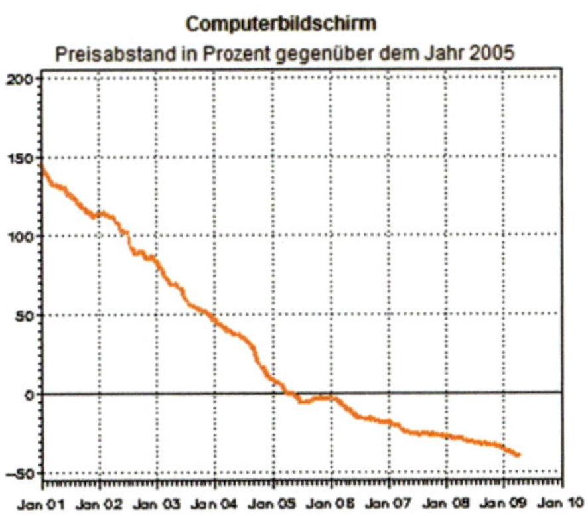

Entwicklung des Preises für einen Computerbildschirm (Mitte 2005 entspricht 100 %)

a) Welche inhaltliche Bedeutung hat die mittlere Änderungsrate in den Beispielen jeweils im Intervall von Januar 2002 bis Januar 2009?

b) Berechne die mittlere Änderungsrate in diesem Intervall.

2 Betrachte die folgende Tabelle. Sie gibt Werte für den Luftdruck p in Hektopascal für drei verschiedene Höhen h an.

h in km	0	2	5
p in hPa	1013	791	537

Deute die mittlere Änderungsrate $m = \frac{537 - 791}{5 - 2}$ in Bezug auf den durch die Tabelle beschriebenen Sachverhalt.
Bestimme die mittlere Änderungsrate der Punkte $P_1(0|1013)$ und $P_2(2|791)$.

3 Betrachte die Funktion $f(x) = (x - 1)^2 - 1$.

a) Zeichne den Graphen der Funktion im Intervall $[-1; 3]$.

b) Bestimme die mittlere Änderungsrate der Funktion f in den folgenden Intervallen $[-1; 0]$, $[0; 1]$, $[1; 2]$ und $[2; 3]$.

4 Die Abbildung stellt die Entwicklung der Zahl der Erwerbstätigen und der Arbeitslosen von 1999 bis 2009 dar.

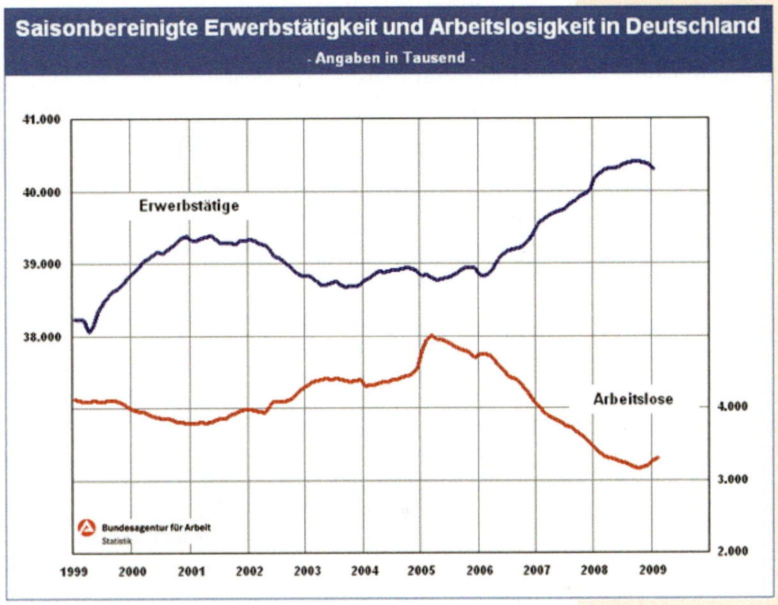

a) Bestimme für die Intervalle $[1999; 2005]$, $[2005; 2008]$ und $[2008; 2009]$ die mittlere Änderungsrate der beiden abgebildeten Funktionen.

b) Interpretiere das Diagramm.

c) Entwickle selbst Aufgaben zur inhaltlichen Interpretation dieses Diagramms, zu deren Beantwortung die mittlere Änderungsrate berechnet werden muss. Gib auch die Lösungen dieser Aufgaben an.

5 Bei einer Funktion f hat die mittlere Änderungsrate für beliebige x_1 und x_2 mit $x_1 \neq x_2$ denselben Wert.
Was kannst du über die Funktion f aussagen?

6 Bestimme die mittlere Änderungsrate der Funktion $f(x) = (x + 1)^2 - 4$ im Intervall $[1; 3]$.
Beschreibe deine Vorgehensweise.

7 Betrachte die Funktion $f(x) = \frac{1}{2}x^2 - 3x$.

a) Bestimme die mittlere Änderungsrate im Intervall $[1; 3]$.

b) Bestimme die Gleichung der Geraden durch die Punkte $P(1|f(1))$ und $Q(5|f(5))$.

c) Zeichne den Graphen der Funktion f und die Gerade aus b) in ein gemeinsames Koordinatensystem.

HINWEIS
Nicht nur wenn ein Kreis in zwei Punkten von einer Geraden geschnitten wird, heißt diese Gerade Sekante, sondern auch wenn ein Funktionsgraph in zwei Punkten geschnitten wird.

8 An einem Tag im März wurde in Cottbus alle zwei Stunden die Lufttemperatur gemessen. Ermittle die mittlere Änderungsrate für die Intervalle $[8; 12]$, $[14; 18]$ und $[10; 16]$. Entnimm die benötigten Werte der Tabelle.

Uhrzeit	Temperatur
8	6 °C
10	7 °C
12	10 °C
14	14 °C
16	11 °C
18	10 °C
20	8 °C

9 Die Abbildung zeigt eine Grafik der Deutschen Stiftung für Weltbevölkerung.

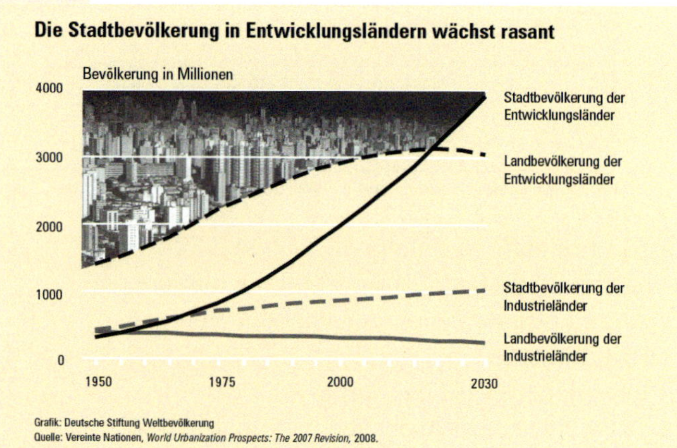

Grafik: Deutsche Stiftung Weltbevölkerung
Quelle: Vereinte Nationen, *World Urbanization Prospects: The 2007 Revision*, 2008.

a) Beschreibe, welche Zusammenhänge dargestellt werden.

b) Berechne jeweils für den Zeitraum 1950 bis 2010 die mittleren Änderungsraten für die Entwicklung der vier Bevölkerungsgruppen.

c) Berechne sowohl für die Entwicklungsländer als auch für die Industrieländer die Änderungsraten, die sich aus den prognostizierten Werten von 2010 bis 2030 ergeben. Was kann aus diesen Änderungsraten abgelesen werden?

136-1
Unter dem Webcode findest du eine Linkliste zu den Einwohnerzahlen von Deutschland.

10 Bestimme die Steigung der Geraden, die den Graph der Funktion in den angegebenen Punkten schneidet.

a) $f(x) = 3x^3 - 2x^2 + 1$
$P(-0{,}5|f(-0{,}5))$, $Q(1|f(1))$

b) $g(x) = x^3 - 4x^2 + x + 5$
$R(1|f(1))$, $S(3|f(3))$

c) $h(x) = 2x^3 + 2x^2 + 3x + 2$
$T(0|f(2))$, $U(-1|f(-1))$

d) $i(x) = 6x^4 - 2x^2 + 1$
$V(0|f(0))$, $W(1|f(1))$

e) $j(x) = x^4 - 3x^3 - 2x^2 + x - 3$
$X(-1|f(-1))$, $Y(1|f(1))$

11 Eine Gerade schneidet die Funktion $f(x) = ax^2$ in den Punkten $P(1|f(1))$ und $Q(3|f(3))$.

a) Wähle die Variable a so, dass die Gerade eine Steigung von $m = 16$ hat.

b) Wähle die Variable a so, dass die Gerade eine Steigung von $m = -24$ hat.

12 Betrachte die Funktion $f(x) = 2x^2 - 34x + 30$.

a) Gib die mittlere Änderungsrate für die Intervalle $[0; 1]$, $[0; 2]$ und $[2; 4]$ an.

b) Stell die Gleichungen der Sekanten aus a) auf.

c) Zeichne den Graphen der Funktion im Intervall $[0; 4]$. Zeichne die Sekanten in dasselbe Koordinatensystem ein.

13 Beschreibe die Bedeutung der mittleren Änderungsrate in den folgenden Abläufen.

a) Die zurückgelegte Strecke eines Autos in Abhängigkeit von der Zeit.

b) Die zurückgelegte Strecke eines Fußballs nach einem Schuss in Abhängigkeit von der Zeit.

c) Die Temperatur des Wassers in einem eingeschalteten Wasserkocher in Abhängigkeit von der Zeit.

14 Emilias Schule ist 4,5 km von ihrer Wohnung entfernt. Sie braucht für die Fahrt zur Schule mit dem Fahrrad 15 Minuten. Berechne ihre durchschnittliche Geschwindigkeit.

Lokale Änderungsraten

Erforschen und Entdecken

1 Der Anlauf für Skispringer erfolgt bis zum Beginn des Schanzentisches annähernd auf einer geneigten Ebene. Für den Zusammenhang zwischen der Zeit t und dem zurückgelegten Weg s gilt deshalb näherungsweise, dass s proportional zu t^2 ist. Für Großschanzen ist der Zusammenhang etwa $s = 1{,}6\,t^2$. Die Bewegung wird in den ersten 6 Sekunden gleichmäßig beschleunigt. Welche Geschwindigkeit hat der Springer am Ende der ersten 4 Sekunden?

a) Stell für die Funktion $s = f(t)$ eine Werteballe auf. Gehe dabei in Schritten von 0,5 Sekunden vor. Stell die Funktion grafisch dar.

b) Berechne die Durchschnittsgeschwindigkeiten des Springers in den Zeitintervallen [0 s; 4 s], [2 s; 4 s], [3 s; 4 s], [3,5 s; 4 s], [3,9 s; 4 s], [3,95 s; 4 s] und [3,99 s; 4 s] und stell die Ergebnisse in einer Tabelle dar. Interpretiere die berechneten mittleren Änderungsraten als Geradenanstiege in der grafischen Darstellung der Funktion. Zeichne die entsprechenden Geraden ein.

c) Bestimme die Momentangeschwindigkeit des Springers nach 4 s.

d) Stell einen Zusammenhang zwischen den Überlegungen aus a) bis c) und dem Tafelbild her.

$s(4) = 1{,}6 \cdot 16 = 25{,}6$

$$\frac{s(4) - s(t)}{4 - t} = \frac{1{,}6 \cdot 1{,}6 - 1{,}6 \cdot t^2}{4 - t} = \frac{1{,}6 \cdot (16 - t^2)}{4 - t} = \frac{1{,}6 \cdot (4 - t) \cdot (4 + t)}{4 - t}$$

$= 1{,}6 \cdot (4 + t)$

Nähert sich t der Zahl 4, dann nähert sich der Differenzenquotient dem Wert 12,8 an.

2 Arbeitet zu zweit. Nutzt eventuell ein Tabellenkalkulationsprogramm.

a) Untersucht, wie sich die Werte des Terms $1{,}6 \cdot (4 + t)$ entwickeln, wenn für t nach und nach die folgenden Werte eingesetzt werden.

① $t_1 = 5,\ t_2 = 4\frac{1}{2},\ t_3 = 4\frac{1}{3},\ t_4 = 4\frac{1}{4},\ t_5 = 4\frac{1}{5}, \ldots$

② $t_1 = 3,\ t_2 = 4 - \frac{1}{2},\ t_3 = 4 - \frac{1}{3},\ t_4 = 4 - \frac{1}{4},\ t_5 = 4 - \frac{1}{5}, \ldots$

③ $t_1 = 5,\ t_2 = 4 - \frac{1}{2},\ t_3 = 4 + \frac{1}{3},\ t_4 = 4 - \frac{1}{4},\ t_5 = 4 + \frac{1}{5}, \ldots$

b) Wie entwickeln sich die Werte des Terms $\frac{4 - t}{|4 - t|}$, wenn für t nach und nach die Werte von ①, ② und ③ aus Teil a) eingesetzt werden?

c) Thomas sagt: „Wenn sich die x-Werte, die in einen Term $t(x)$ eingesetzt werden, einer bestimmten Zahl x_0 immer mehr annähern, dann nähern sich die Werte des Terms t immer mehr einer bestimmten Zahl an. Diese Zahl muss zwar nicht die Zahl $t(x_0)$ sein, aber sie hängt jedenfalls nicht davon ab, auf welche Weise sich die x-Werte der Zahl x_0 annähern." Prüft und beurteilt alle Aussagen von Thomas.

Lesen und Verstehen

ZUM WEITERARBEITEN
Die Weltrekordszeit der Männer im 100-Meter-Lauf liegt derzeit bei 9,58 s. Informiere dich, wer den Rekord aufgestellt hat und ob der Weltrekord noch aktuell ist.

Ein 100-Meter-Läufer beschleunigt auf den ersten 40 m. Dann hält er seine Geschwindigkeit. Auf den letzten 10 m wird er etwas langsamer. Die Strecke des Läufers lässt sich in einem Diagramm darstellen. Lässt sich auch die Geschwindigkeit darstellen?

HINWEIS
Die momentane Änderungsrate der Funktion f an der Stelle x_0 wird auch ***Differentialquotient der Funktion f an der Stelle x_0*** *oder* ***Ableitung der Funktion f an der Stelle x_0*** *genannt.*

Setzt man in den Quotienten $\frac{f(x)-f(x_0)}{x-x_0}$ einer Funktion f für x von x_0 verschiedene Zahlen ein und nähern sich diese immer weiter der Zahl x_0 an, dann werden die Beträge der Differenzen $f(x)-f(x_0)$ im Zähler und $x-x_0$ im Nenner immer kleiner. Wenn dann der Quotient $\frac{f(x)-f(x_0)}{x-x_0}$ dabei gegen eine bestimmte Zahl strebt, dann bezeichnet man diese Zahl als **momentane Änderungsrate der Funktion f an der Stelle x_0**. Wenn der Quotient gegen eine bestimmte Zahl strebt, nennt man die Funktion f **differenzierbar an der Stelle x_0**.
Man schreibt $\lim\limits_{x \to x_0} \frac{f(x)-f(x_0)}{x-x_0} = f'(x_0)$ und spricht „Limes x gegen x_0 von $\frac{f(x)-f(x_0)}{x-x_0}$ ist gleich f Strich von x_0."

BEISPIEL 1
Betrachte die Funktion f mit $f(x) = 1{,}6x^2$ an der Stelle $x_0 = 4$. Werden für x in $\frac{f(x)-f(4)}{x-4}$ Werte eingesetzt, die immer näher an $x_0 = 4$ liegen, dann werden die Beträge der Differenzen $f(x)-f(4)$ und $x-4$ immer kleiner, streben also beide gegen 0. Der Quotient $\frac{f(x)-f(4)}{x-4}$ nähert sich aber der Zahl 12,8. Dies wird besonders deutlich, wenn der Quotient vereinfachend umgeformt und in der Form $1{,}6 \cdot (4 + x)$ geschrieben wird.

Grafisch kann der Differentialquotient als Steigung der Tangente, die den Graphen der Funktion f im Punkt $P_0(x_0|f(x_0))$ berührt, interpretiert werden. Ist die Funktion f an der Stelle x_0 differenzierbar, so lautet die Gleichung der Tangente $y = f'(x_0) \cdot (x - x_0) + f(x_0)$.
Die Ableitung $f'(x_0)$ wird auch als **Steigung des Funktionsgraphen** im Punkt $P_0(x_0|f(x_0))$ bezeichnet.

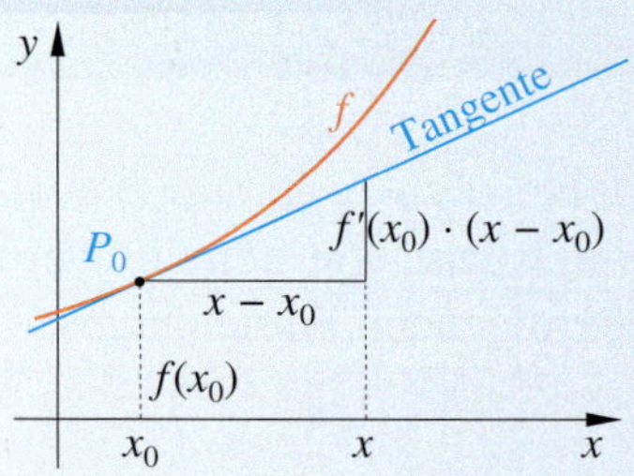

Wird jedem x die an dieser Stelle zugehörige Steigung zugeordnet, so erhält man eine neue Funktion, die **Ableitungsfunktion** f' der Funktion f. Sie gibt die Steigung des Funktionsgraphen von f an.

BEISPIEL 2
Berechne die Steigung der Tangente an den Graphen von $f(x) = 3x^2$ im Punkt $P(2|12)$.

$$\lim_{x \to 2} \frac{f(x)-f(2)}{x-2} = \lim_{x \to 2} (3(x+2)) = 12$$

Üben und Anwenden

1 Berechne jeweils $f'(x_0)$.

a) $f(x) = x^2$ $\quad x_0 = 1$
b) $f(x) = 2x^2$ $\quad x_0 = 2$
c) $f(x) = 5x^2$ $\quad x_0 = -2$
d) $f(x) = 0{,}5x^2$ $\quad x_0 = -4$
e) $f(x) = -x^2$ $\quad x_0 = 1$
f) $f(x) = -0{,}1x^2$ $\quad x_0 = 5$
g) $f(x) = -3x^2$ $\quad x_0 = 4$
h) $f(x) = -1{,}5x^2$ $\quad x_0 = -3$

2 Stelle eine Gleichung der Tangente auf, die den Graphen von f im Punkt $P_0(x_0|f(x_0))$ berührt.

a) $f(x) = x^2$ $\quad x_0 = 4$
b) $f(x) = 2x^2$ $\quad x_0 = 3$
c) $f(x) = 4x^2$ $\quad x_0 = -2$
d) $f(x) = -5x^2$ $\quad x_0 = 6$
c) $f(x) = 0{,}6x^2$ $\quad x_0 = -4$
f) $f(x) = -\frac{1}{4}x^2$ $\quad x_0 = 2$
g) $f(x) = 0{,}2x^2$ $\quad x_0 = -1$
h) $f(x) = x^2$ $\quad x_0 = 0$

3 Beschreibe die beiden Abbildungen und nutze sie, um zu begründen, dass

$$\lim_{x \to 0} \frac{f(x) - f(x_0)}{x - x_0} \text{ und } \lim_{h \to 0} \frac{f(x_0 + h) - f(x_0)}{h}$$

identisch sind.

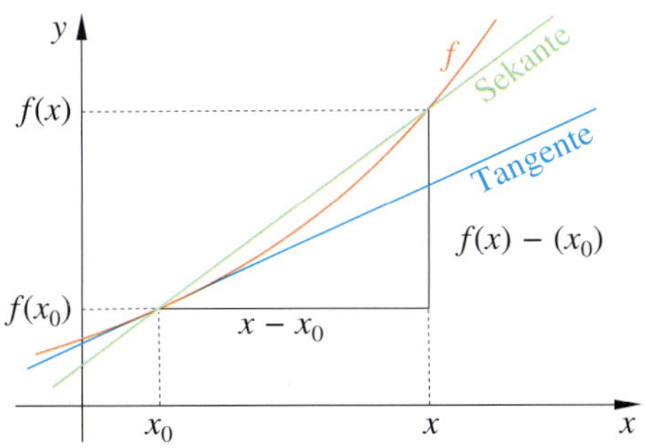

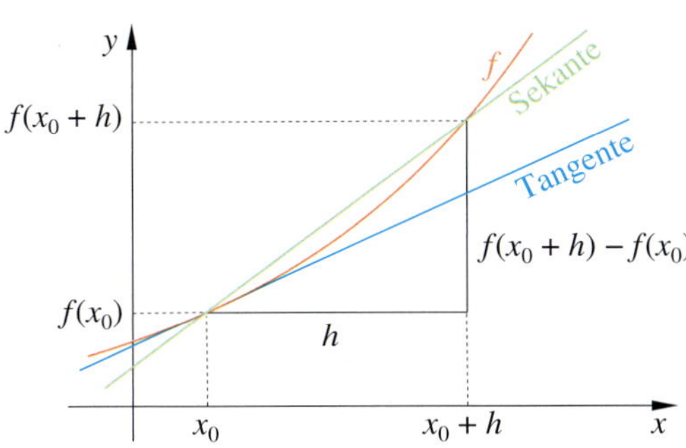

4 Betrachte die Funktion f mit $f(x) = 4x^2$ und $x_0 = 1{,}5$.

a) Begründe, dass die mittlere Änderungsrate für jede Zahl x in den Term $4 \cdot (x + 1{,}5)$ umgeformt werden kann.
b) Berechne den Differentialquotienten von f an der Stelle $x_0 = 1{,}5$.

5 Betrachte die Funktion $f(x) = 0{,}2x^2$.

a) Zeichne den Graphen der Funktion f im Intervall $-1 \le x \le 5$. Wähle für eine Längeneinheit 2 cm.
b) Berechne die mittleren Änderungsraten von f in den Intervallen [1; 3], [2; 3] sowie [3; 4] und [3; 5].
Zeichne in das Koordinatensystem die zugehörigen Sekanten ein.
c) Die Tangente t berührt den Graphen von f im Punkt $P(3|f(3))$.
Versuche, t ohne Rechnung möglicht genau einzuzeichnen.
d) Berechne den Anstieg der Tangente t aus c) und stell eine Gleichung für t auf.
e) Zeichne die in d) ermittelte Tangente in das Koordinatensystem ein und vergleiche mit der Zeichnung aus c).

6 Betrachte die grafische Darstellung von f und die eingezeichneten Tangenten.

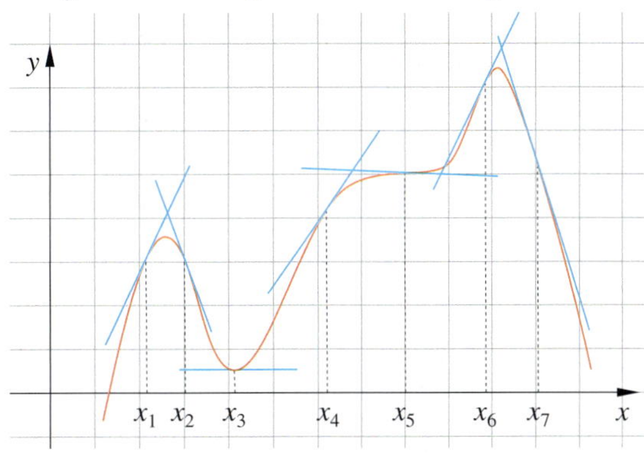

a) Hat die Ableitungsfunktion an den markierten Stellen einen positiven oder einen negativen Wert?
Ordne die zugehörigen Funktionswerte der Ableitungsfunktion der Größe nach.
b) Beschreibe alle Stellen, an denen die Tangentensteigung null ist.

ZUR INFORMATON
Die Bezeichnung „Limes" für den Grenzwert einer Zahlenfolge kommt von dem lateinischen Wort limes = Grenze. Auch der alte römische Grenzwall wird heute Limes genannt.

7 Zeichne den Graphen der Funktion $f(x) = |x|$.

a) Welche Steigung hat der Graph von f in einem beliebigen Punkt $P(x_1|f(x_1))$ mit $x_1 < 0$ bzw. in einem beliebigen Punkt $Q(x_2|f(x_2))$ mit $x_2 > 0$? Welche Steigung hat er im Punkt $R(x_0|f(x_0))$ für $x_0 = 0$?

b) Untersuche, ob der Differentialquotient von f an der Stelle $x_0 = 0$ existiert.

HINWEIS
Existiert der Grenzwert des Differentialquotienten einer Funktion f an einer Stelle x_0 ihres Definitionsbereichs nicht, so heißt diese Funktion nicht differenzierbar.

8 Nicole hat die Ableitung der Funktion f grafisch bestimmt.

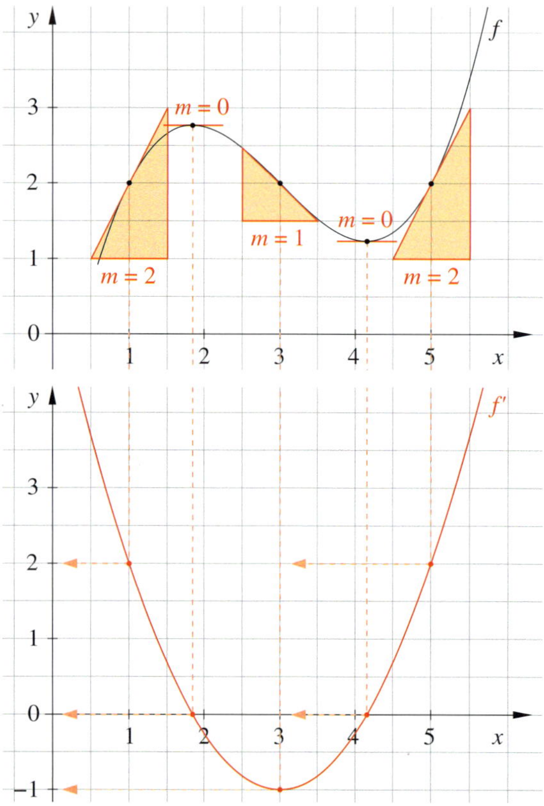

a) Betrachtet ihren Lösungsweg zu zweit und lest die Ableitungsfunktion ab.

b) Bestimmt die Ableitung der Funktion des Funktionsgraphen grafisch.

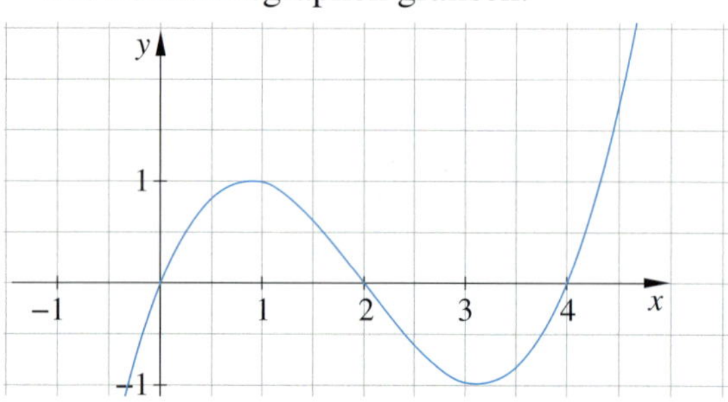

9 Betrachte den Graphen der Funktion f. Welcher der drei Graphen Ⓐ, Ⓑ und Ⓒ gehört zur Ableitungsfunktion f'? Begründe deine Entscheidung.

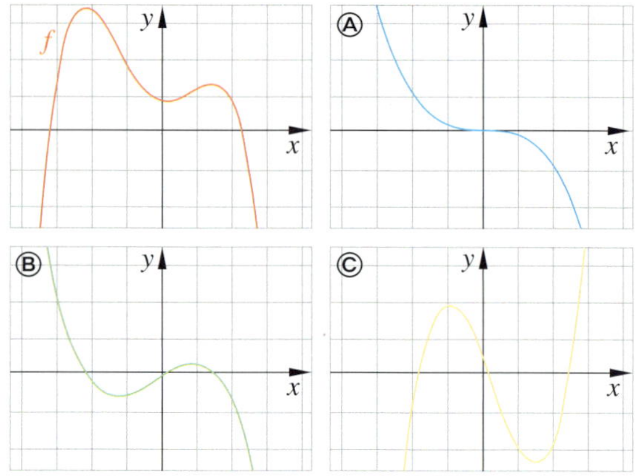

10 Skizziere ganz grob den Graphen der Ableitungsfunktion der dargestellten Funktion.

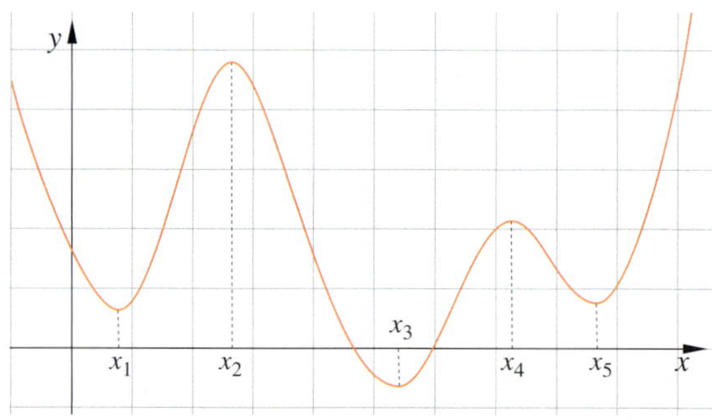

11 Betrachte die beiden Funktionen f mit $f(x) = x^2$ und g mit $g(x) = x^3$.
Berechne für die Funktionen den Differentialquotienten für eine beliebige Stelle $x_0 \in \mathbb{R}$.
Welche Ableitungsfunktion gehört also zu den Funktionen f und g?

12 Berechne die momentane Änderungsrate der Funktion f an der angegebenen Stelle.

a) $f(x) = x^3$; $x_0 = 1$

b) $f(x) = 4x^2$; $x_0 = 5$

c) $f(x) = -2{,}5x^3$; $x_0 = 3{,}5$

d) $f(x) = -3{,}6x^2$; $x_0 = \frac{1}{2}$

13 Erläutere mit eigenen Worten, wie man die Ableitung eines Funktionsgraphen grafisch bestimmt.

Besondere Punkte von Funktionsgraphen

Erforschen und Entdecken

1 Betrachte die Funktion $f(x) = x^3 - 3x$ mit dem Definitionsbereich $2{,}5 \leq x \leq 2{,}5$.

a) Stell die Funktion grafisch dar.

b) An welcher Stelle wird der größte Funktionswert angenommen, an welcher Stelle wird der kleinste Funktionswert angenommen? Wie groß sind diese Werte?

c) An welcher Stelle wird der größte bzw. kleinste Funktionswert angenommen, wenn der Definitionsbereich vergrößert bzw. verkleinert wird?

2 Was kannst du über die größten und kleinsten Funktionswerte quadratischer Funktionen aussagen?
Welchen Unterschied macht es, wenn die Funktion statt für alle reellen Zahlen nur für ein Teilintervall der reellen Zahlen definiert ist?

HINWEIS
$x = 1$ entspricht 1000 Stück

3 Ein Unternehmer stellt eine bestimmte Sorte von Bauteilen her. Die Abbildung zeigt drei Funktionsgraphen, die vereinfacht die folgenden Werte des Unternehmens ausdrücken.
In Abhängigkeit von der produzierten Stückzahl beschreibt die Funktion k die Kosten, die dem Unternehmen entstehen, die Funktion e die Einnahmen des Unternehmens und die Funktion g den Gewinn des Unternehmens.

a) Stell einen Zusammenhang zwischen den drei Funktionen her.

b) Begründe, warum für die Funktion e eine lineare Funktion ein gutes Modell sein kann.

c) Was wird durch den Funktionswert $k(0)$ ausgedrückt? Welche Gründe kann es dafür geben, dass $k(0)$ größer als 0 ist.

d) Zeige, dass $x_1 = 5$ und $x_2 = 15$ Nullstellen der Funktion g sind.

e) Welche Bedeutung hat der Bereich $5 \leq x \leq 15$ für das Unternehmen.

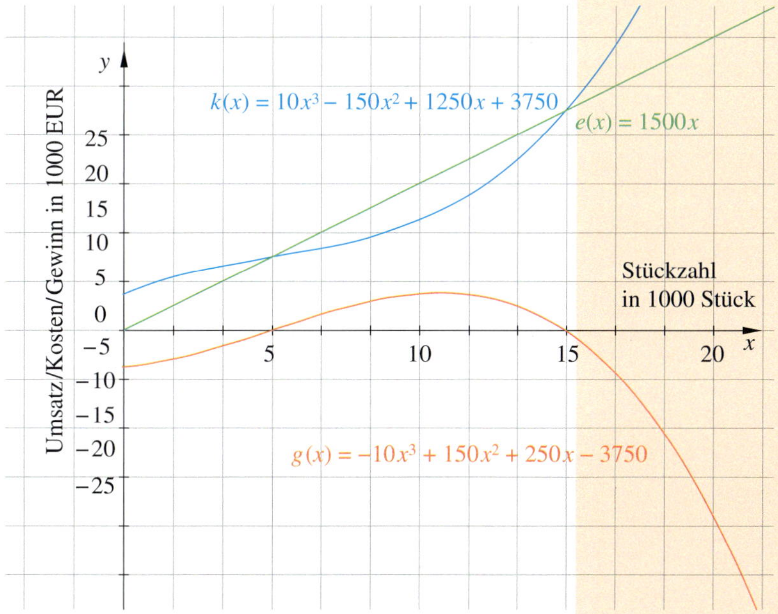

4 Neben den Schnittpunkten mit den Koordinatenachsen gibt es weitere markante Punkte eines Funktionsgraphen, die sich besonders eigenen, um die Eigenschaften eines Graphen zu beschreiben.

a) Beschreibe diese Punkte des Funktionsgraphen.

b) Beschreibe das Monotonieverhalten der rechts dargestellten Funktion f. Verwende dazu Aussagen über bestimmte Intervalle wie z. B. „Im Intervall von x_2 bis x_3 verläuft f monoton fallend".

c) Stell einen Zusammenhang zwischen dem Monotonieverhalten von f und dem Auftreten von markanten Punkten her.

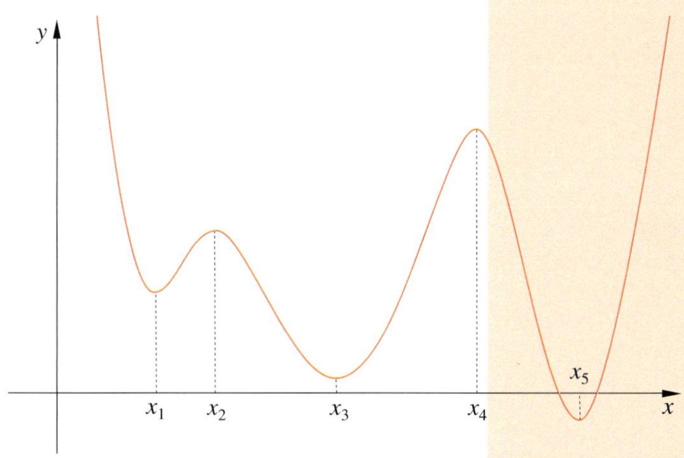

Lesen und Verstehen

Ganzrationale Funktionen haben unterschiedliche markante Punkte. Der Verlauf einer Funktion lässt sich mit Hilfe dieser Stellen beschreiben.

HINWEIS
Maxima und Minima nennt man zusammenfassend auch Extremwerte.

Die größten bzw. kleinsten Funktionswerte einer Funktion bezeichnet man als Maxima bzw. Minima der Funktion.
Ist $f(x) \leq f(x_0)$ für alle x des Definitionsbereichs, so hat die Funktion f an der Stelle x_0 ein **globales Maximum**. Die Funktion f hat an der Stelle x_0 ein **lokales Maximum** genau dann, wenn es ein offenes Intervall $(a; b)$ als Teilmenge des Definitionsbereichs und ein Element x_0 des Intervalls gibt, so dass für alle Elemente x des Intervalls gilt: $f(x) \leq f(x_0)$.

BEISPIEL 1

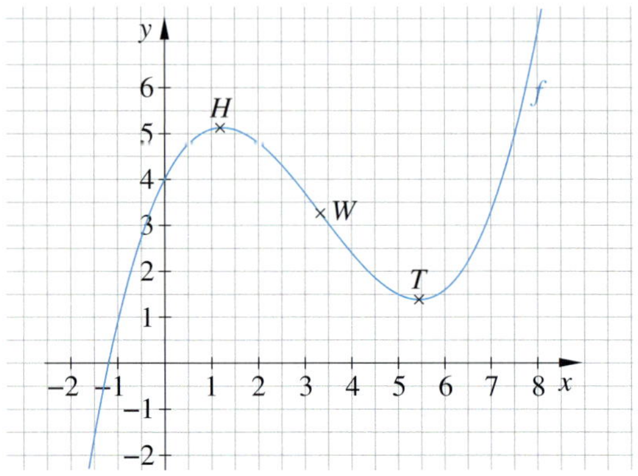

Wenn eine Funktion f, die auf einem abgeschlossenen Intervall definiert ist, an der Stelle x_0 des Intervalls ein globales Extremum hat, so ist diese Stelle x_0 entweder ein Randpunkt des Intervalls, oder eine lokale Extremstelle von f.

Hat eine Funktion f an der Stelle x_0 ein lokales Minimum, dann heißt der Punkt $T(x_0|f(x_0))$ ein **Tiefpunkt** des Graphen der Funktion f.
Hat eine Funktion f an der Stelle x_0 ein lokales Maximum, dann heißt der Punkt $H(x_0|f(x_0))$ ein **Hochpunkt** des Graphen der Funktion f.
Ist $T(x_0|f(x_0))$ ein Tiefpunkt des Graphen der Funktion f, dann wechselt an der Stelle x_0 das Monotonieverhalten der Funktion f von monoton fallend zu monoton steigend.
Ist $H(x_0|f(x_0))$ ein Hochpunkt des Graphen der Funktion f, dann wechselt an der Stelle x_0 das Monotonieverhalten der Funktion f von monoton wachsend zu monoton fallend.

BEACHTE
Anschaulich ist der Wendepunkt der Punkt, in dem die Funktion von einer Linkskurve in eine Rechtskurve übergeht, oder umgekehrt.

Ist eine Funktion f an einer Stelle x_0 differenzierbar und hat an dieser Stelle ein lokales Extremum, so gilt $f'(x_0) = 0$. Eine Funktion f hat bei x_0 einen Hochpunkt, wenn $f'(x_0) = 0$ ist und die Steigung an der Stelle x_0 das Vorzeichen von + nach − wechselt. Eine Funktion f hat bei x_0 einen Tiefpunkt, wenn $f'(x_0) = 0$ ist und die Steigung an der Stelle x_0 das Vorzeichen von − nach + wechselt.

Ändert der Graph einer Funktion f im Punkt W sein Krümmungsverhalten, dann wird W als **Wendepunkt** des Funktionsgraphen bezeichnet.

WWW 142-1
Unter dem Webcode findest du eine Aufgabe, mit der du den Wendepunkt in einer Bewegung wahrnehmen kannst.

BEISPIEL 2

Die Funktion $f(x) = \frac{1}{10}x^3 - x^2 + 2x + 4$ hat den Hochpunkt $H(1{,}2|5{,}1)$, den Tiefpunkt $T(5{,}4|1{,}4)$ und den Wendepunkt $W(3{,}3|3{,}3)$.

Üben und Anwenden

1 Stell die Funktionen $f(x) = 2x^4 - 3x^2$ $(x \in \mathbb{R})$ und $g(x) = \frac{1}{3}x^5 - \frac{1}{2}x^3 - x$ $(x \in \mathbb{R})$ grafisch dar und ermittle die lokalen und globalen Extremwerte der Funktionen so genau wie möglich.

2 Gib Definitionen dafür an, dass eine Funktion f an der Stelle x_0 ein globales bzw. ein lokales Minimum hat.

3 Gegeben ist die Funktion f mit $f(x) = x^3 - 2x^2 + x$. Ermittle für die angegebenen Intervalle, falls möglich, alle globalen und lokalen Extrema.

a) $[-1; 3]$ b) $(0; 0{,}9]$
c) $[0{,}6; 2{,}4)$ d) $\mathbb{R}$

4 Aus einem Meter Draht soll ein Kantenmodell eines Quaders gebastelt werden. Eine Kante sei 10 cm lang. Wie müssen die anderen Kanten gewählt werden, damit ein möglichst großes Volumen erreicht wird?

5 Nimm zu folgender Aussage Stellung: Wenn eine Funktion f in einem Intervall I an der Stelle x_0 ihr Maximum M annimmt, dann nimmt die Funktion g mit $g(x) = c \cdot f(x)$ an derselben Stelle ihr Maximum $c \cdot M$ an.

6 Betrachte den Term $z^2 - 4z$. Für welche Zahl z nimmt er seinen kleinsten Wert an? Nutze dein Ergebnis zur Ermittlung des Minimums der Funktion f mit der Gleichung $f(x) = x^4 - 4x^2 - 3$ im Intervall $[0; 20]$.

7 Entscheide, ob die Funktion f globale oder lokale Extremwerte hat. Gib sie gegebenenfalls an.

a) $f(x) = \frac{1}{x}$; $x > 0$

b) $f(x) = \frac{1}{x}$; $0 < x \leq 2$

c) $f(x) = \frac{1}{x}$; $1 \leq x < 2$

8 Skizziere den Graphen der Funktion $f(x) = x^4 + 3x^2$ und bestimme die Extremwerte.

9 Skizziere, wenn möglich, einen Funktionsgraphen, der zu einer ganzrationalen Funktion gehören könnte, mit den jeweils angegebenen Punkten. Weitere als die angegebenen Hoch- bzw. Tiefpunkte sollen nicht auftreten.

a) Hochpunkte $H_1(-1|4)$, $H_2(3|2)$ und Tiefpunkt $T(0|-2)$
b) Hochpunkte $H_1(-2|3)$, $H_2(2|2)$ und Tiefpunkte $T_1(1|-5)$, $T_2(4|-3)$
c) Hochpunkte $H_1(-3|2)$, $H_2(3|4)$ und Tiefpunkt $T(1|3)$

ZUM WEITERARBEITEN
Überlege, ob sich weitere Lösungsmöglichkeiten ergeben würden, wenn zusätzliche Hoch- oder Tiefpunkte erlaubt wären.

10 Die Abbildung zeigt ein Koordinatenkreuz mit dem Graphen der kubischen Funktion $f(x) = 0{,}05x^3 - 0{,}55x^2 + 1{,}5x + 1$.

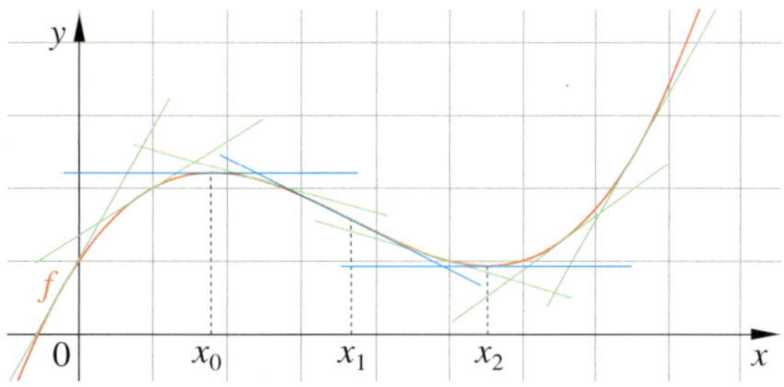

Zeichne den Graphen der Funktion ins Heft und skizziere dazu den Graphen ihrer Ableitungsfunktion f'.

11 Welche der folgenden Aussagen sind wahr, welche sind falsch? Gib gegebenenfalls ein Gegenbeispiel an.

a) Wenn f an der Stelle x_0 einen Hochpunkt hat, dann ist $f'(x_0) = 0$.
b) Wenn f an der Stelle x_0 einen Tiefpunkt hat, dann wechselt das Monotonieverhalten an der Stelle x_0 von fallend zu steigend.
c) Wenn das Monotonieverhalten an der Stelle x_0 von steigend zu fallend wechselt, dann hat f an der Stelle x_0 einen Hochpunkt.
d) Wenn f an der Stelle x_0 den Anstieg 0 hat, also $f'(x_0) = 0$ ist, dann hat f an der Stelle x_0 einen Tiefpunkt.
e) Wenn f an der Stelle x_0 den Anstieg 0 hat, dann hat f an der Stelle x_0 einen Tiefpunkt oder eine Hochpunkt.

12 Der abgebildete Funktionsgraph stellt die Entwicklung einer Größe in Abhängigkeit von der Zeit dar.
Es ist der Ausgangswert für den Zeitpunkt $t = 0$ gegeben.

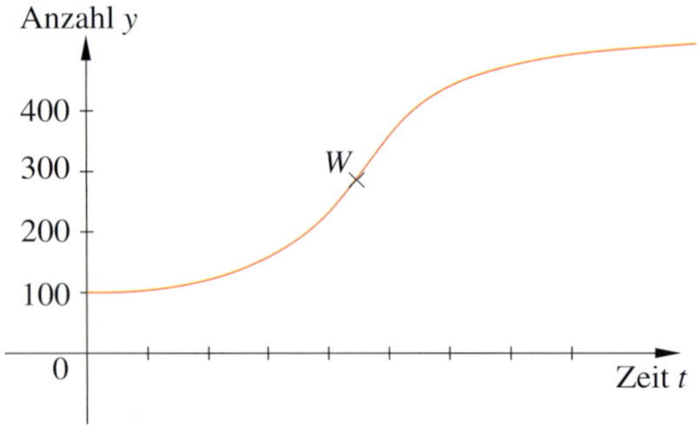

a) Betrachte die drei folgenden Situationen.
① Auf einer einsamen Insel werden 100 Kaninchen ausgesetzt.
② In einer Nährlösung befinden sich 100 Bakterien.
③ Ein Anbieter für Sonnenkollektoren startet eine Verkaufskampagne. In der ersten Woche werden 100 Stück verkauft.
Die Entwicklung der Situationen entspricht dem Verlauf des Graphen. Beschreibe diese Entwicklung und begründe, warum sie so wie dargestellt verlaufen könnte.
b) Beschreibe das Monotonie- und Krümmungsverhalten des Funktionsgraphen.
c) Im Funktionsgraphen wurde der Wendepunkt markiert. Alexander macht dazu folgende Aussage: „An dieser Stelle ist der Anstieg extrem."
Kommentiere seine Aussage.

13 Beschreibe den Verlauf einer Parabel zweiten Grades ($f(x) = (x - a)^2 + b$), einer Parabel dritten Grades ($f(x) = (x - a)^3 + b$) und einer Parabel vierten Grades ($f(x) = (x - a)^4 + b$).
Berücksichtige dabei insbesondere Krümmungsverhalten, Anzahl und Art der Extrempunkte und Anzahl und Art der Wendepunkte.
Beachte die Randspalte.
Präsentiere deine Ergebnisse in der Klasse.

BEACHTE
Überlege dir für Aufgabe 13 zunächst, was die Parameter a und b in den Parabelgleichungen bewirken. Ist für die Aufgabenstellung eine Fallunterscheidung bezüglich dieser Parameter erforderlich?

14 Betrachte die folgende Abbildung und die markierten Punkte des Funktionsgraphen.

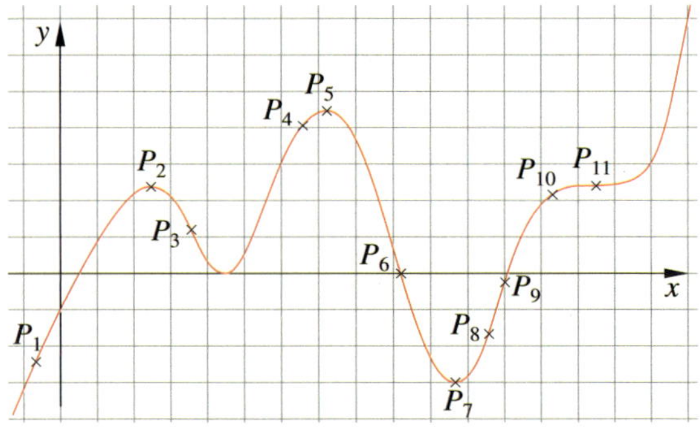

a) Bestimme die Wendepunkte des Funktionsgraphen.
b) Gibt es noch mehr Wendepunkte, die nicht markiert sind?
Wenn ja, gib näherungsweise die Koordinaten dieser Punkte an.

15 Skizziere drei in ihrem Verlauf grundsätzlich verschiedene mögliche Graphen einer Funktion.
Von der Funktion ist nur bekannt, dass ihre Ableitungsfunktion eine Parabel ist.

16 Skizziere jeweils den Graphen der folgenden Funktionen.
a) Die Funktion hat ein globales Maximum und ein globales Minimum, ist aber nicht streng monoton steigend oder fallend.
b) Die Funktion hat kein globales Maximum, aber ein globales Minimum.
c) Das globale Maximum und das globale Minimum der Funktion stimmen überein.
d) Die Funktion hat ein globales Maximum, welches nicht zugleich ein lokales Maximum ist.
e) Die Funktion hat ein lokales Minimum, aber kein globales Minimum.

17 Skizziere zunächst den Graphen der Funktion $f(x) = x^4 - 2x^3$ und bestimme die Wendepunkte.
Bestimme anschließend die Extrempunkte des Graphen.
Beschreibe genau, wie deine einzelnen Schritte aussehen.

Methode: Ganzrationale Funktionen mit einem Funktionenplotter untersuchen

Ein Funktionenplotter liefert einen schnellen Überblick über den Verlauf eines Funktionsgraphen. Die meisten Funktionenplotter geben auch direkt die Nullstellen, Hoch-, Tief- und Wendepunkte sowie die Ableitungsfunktion an.

Die Nullstellen und Extrema lassen sich neben direktem Ablesen auch mit dem entsprechenden Befehl bestimmen.

Ganz rechts neben der Eingabezeile im Befehlsmenü kann man z. B. den Befehl **Nullstelle**, **Extremum** oder **Wendepunkt** auswählen. In der Eingabezeile erscheint dann z. B. Nullstelle []. In die eckigen Klammern [] schreibt man den Funktionsterm. Die Koordinaten der markanten Punkte des Funktionsgraphen lassen sich dann links im Algebrafenster unter „Abhängige Objekte“ ablesen.

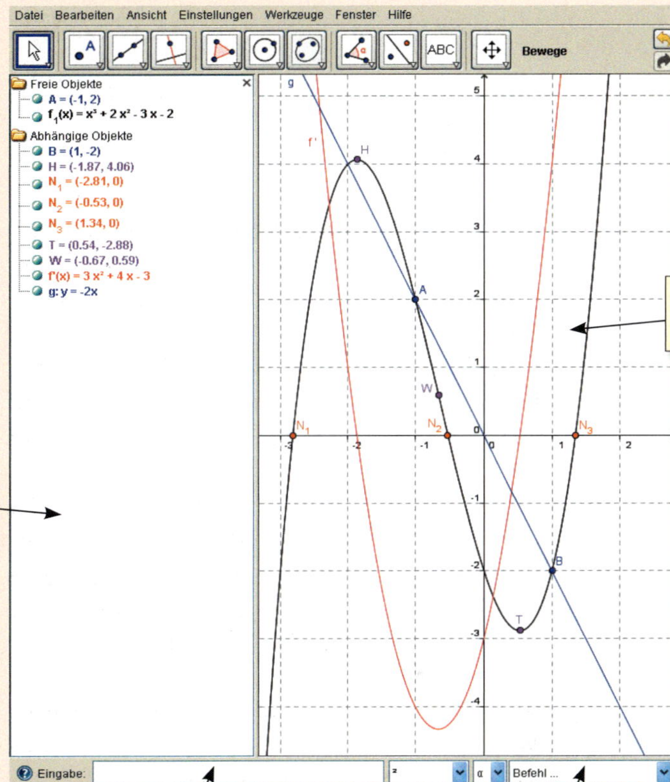

Der Funktionsgraph der Ableitungsfunktion f' einer Funktion f lässt sich mit dem Befehl **Ableitung** bestimmen.

1 Zeichne die ganzrationalen Funktionen mit einem Funktionenplotter.

a) $f(x) = 2x^3 + 3x^2 - 32x + 15$

b) $g(x) = \frac{1}{3}x^3 - \frac{16}{3}x^2 + 17x - 12$

c) $h(x) = 0{,}5x^3 - 2{,}5x^2 - 57x + 180$

2 Bestimme die Nullstellen der Funktionen.

a) $f(x) = x^3 - 19x - 30$

b) $g(x) = 1x^3 + 3x^2 - 4x - 12$

c) $h(x) = 2x^5 - x^3 + 0{,}5x^2 - x + 5$

d) $i(x) = \frac{1}{9}x^3 - \frac{16}{9}x^2 + \frac{17}{3}x - 4$

3 Wo liegen die Hoch- bzw. Tiefpunkte der Funktionsgraphen der angegebenen Funktionen? Bestimme auch die Wendepunkte der Funktionsgraphen.

a) $f(x) = x^4 + x^3 - 7x^2 - x + 6$

b) $g(x) = 0{,}5x^4 - 3{,}5x^3 + 4{,}5x^2 + 3{,}5x - 5$

c) $h(x) = x^4 - 5x^3 - 19x^2 + 29x + 42$

d) $i(x) = x^5 + \frac{1}{3}x^4 - \frac{5}{3}x^3 - \frac{19}{3}x^2 + \frac{29}{3}x + 14$

145-1

HINWEIS
Unter dem Webcode findest du Funktionenplotter.

4 Zeichne die folgenden Funktionen mit einem Funktionenplotter. Bestimme anschließend die Nullstellen, Hoch-, Tief- und Wendepunkte. Zeichne auch den Graphen der Ableitungsfunktion von f.

a) $f(x) = 2x^5 - x^3 + x - 2$

b) $g(x) = x^4 - 2x^3 + 5x^2 - x + 1$

c) $h(x) = 12x^6 - 3x^4 + x - 3$

d) $i(x) = x^4 + 3x^3 - 5x^2 + x - 4$

Vermischte Übungen

1 Welche der folgenden Funktionen sind ganzrationale Funktionen? Begründe deine Wahl.

a) $f(x) = x^4 + 2$
b) $f(x) = 2x^3 - 6x$
c) $f(x) = x^{-3} + 2x - 5$
d) $f(x) = 12x^3 - 4x^2 + x^{\frac{1}{3}}$
e) $f(x) = \frac{1}{4}x^7 - 2x^5 + x^3$
f) $f(x) = \frac{1}{x^2} - 9x$
g) $f(x) = (x + 5)^2$

2 Bestimme den Grad der Funktionen.

a) $f(x) = x^2 + 2$
b) $f(x) = x^5 - 3x$
c) $f(x) = 5x + 4x^3 + 10$
d) $f(x) = x^4 - 6x^2 + 7x - 15$
e) $f(x) = 4x + 12x^2 + 3x^4$
f) $f(x) = 15x^4 - 3x^9 + x^{10} - 6x^3$
g) $f(x) = x^{12} - 5x^{15} - 3$
h) $f(x) = 3x + x^{14} + 17$

3 Betrachte die folgenden Funktionsgleichungen und beschreibe die Symmetrieeigenschaften der dazugehörigen Funktionsgraphen.

a) $f(x) = x^2 - 15$
b) $f(x) = x^7 + 13x$
c) $f(x) = 4x^2 - 2x + 5$
d) $f(x) = x^5 - 8x$
e) $f(x) = 11x^6 + 12x^4 + 3$
f) $f(x) = -x^7 + 7x^5 + 15x^3 - 4x$
g) $f(x) = 2x^9 - 16x^4 + 3x^2 - 9x + 8$

4 Beschreibe das Verhalten der Funktionen im Unendlichen.

a) $f(x) = x^2 - 2x + 4$
b) $f(x) = x^5 + 8x$
c) $f(x) = 5x^4 + 2x + 15$
d) $f(x) = -x^5 + 6^3 - 5x + 12$
e) $f(x) = -3x^4 + 13x^3 + 6x^2 + 10$
f) $f(x) = -3x^9 - 3x^5 + 5x^2 + 6x$

5 Zeichne den Graphen der Funktion $f(x) = x^3 - 3x^2 - x + 3$ mit einem Funktionenplotter und lies die Nullstellen ab. Mache anschließend die Probe.

6 Welche ganzen Zahlen könnten Nullstellen der ganzrationalen Funktionen sein? Begründe.

a) $f(x) = 5x^5 + 10x + 4$
b) $f(x) = 4x^3 - 6x^2 + 6$
c) $f(x) = 12x^4 - 3x^3 + 8x^2 - 2x + 16$
d) $f(x) = -2x^9 + 4x^5 - 9x$
e) $f(x) = x^6 + 12x^5 - 7x^2 - 5$
f) $f(x) = 6x^7 + 3x^5 - 10x^3 + 12x^2 - 8x - 20$

7 Bestimme die Nullstellen mittels gezielten Probierens.

a) $f(x) = x^2 - 3x - 4$
b) $f(x) = 2x^3 - 12x^2 + 22x - 12$
c) $f(x) = x^3 - 4x^2 - 15x + 18$
d) $f(x) = 2x^3 - 2x^2 - 8x + 18$
e) $f(x) = x^4 - 10x^2 + 9$
f) $f(x) = x^4 + 8x^3 + 17x^2 - 2x - 24$

8 Zerlege die Funktionen in ihre Linearfaktoren.

a) $f(x) = x^2 + x - 6$
b) $f(x) = x^3 - 7x^2 + 10x - 8$
c) $f(x) = x^3 - 10x^2 + 7x + 18$
d) $f(x) = x^3 + 6x^2 - x - 30$
e) $f(x) = x^3 - 19x^2 + 96x - 144$
f) $f(x) = 2x^3 + 22x^2 - 28x - 48$

9 Führe die Polynomdivision aus.

a) $(x^3 + 9x^2 - 5x - 93) : (x - 3)$
b) $(x^3 + 11x^2 - 10x - 200) : (x - 4)$
c) $(x^3 - 7x^2 - 21x + 27) : (x + 3)$
d) $(x^3 + 23x^2 + 100x - 300) : (x + 10)$
e) $(x^3 - 6x^2 - 67x + 360) : (x - 5)$
f) $(x^4 - 5x^3 - 43x^2 - 73x + 90) : (x - 9)$
g) $(x^4 + 18x^3 + 63x^2 - 162x - 648) : (x + 12)$
h) $(2x^4 - 13x^3 + 13x^2 + 37x + 13{,}5) : (x + 0{,}5)$

10 Gib zu den angegebenen Nullstellen jeweils eine ganzrationale Funktion an.

a) $x_1 = -1$, $x_2 = -2$ und $x_3 = -3$
b) $x_1 = 1$, $x_2 = -5$ und $x_3 = -6$
c) $x_1 = 3$, $x_2 = -4$ und $x_3 = -8$
d) $x_1 = 4$, $x_2 = 5$ und $x_3 = -3$
e) $x_1 = 5$, $x_2 = -5$ und $x_3 = -8$
f) $x_1 = 1$, $x_2 = 9$, $x_3 = -3$ und $x_4 = -4$
g) $x_1 = -1{,}5$, $x_2 = 1{,}5$, $x_3 = -3$ und $x_4 = -9$

11 Bestimme die Nullstellen.

a) $f(x) = 2x^3 + 10x^2 - 8x - 40$
b) $f(x) = 3x^3 - 63x + 60$
c) $f(x) = 5x^3 - 45x^2 - 170x - 120$
d) $f(x) = 0{,}5x^3 - 2{,}5x^2 - 11x + 28$
e) $f(x) = \frac{1}{3}x^3 - \frac{1}{3}x^2 - 27x + 27$
f) $f(x) = 2x^3 - x^2 - 2x + 2$
g) $f(x) = 4x^3 - 0{,}8x^2 - 36x + 7{,}2$

12 Löse die biquadratischen Gleichungen mittels Substitution.

a) $2x^4 - 20x^2 + 18 = 0$
b) $3x^4 - 57x^2 + 300 = 0$
c) $\frac{1}{5}x^4 - 5x^2 + 28{,}8 = 0$
d) $2x^4 - 8{,}5x^2 + 2 = 0$
e) $\frac{1}{2}x^4 - 20x^2 + 72 = 0$
f) $-0{,}1x^4 + 1{,}3x^2 - 3{,}6 = 0$
g) $\frac{1}{9}x^4 - 1{,}09x^2 + 0{,}81 = 0$

13 Erkläre mit eigenen Worten, was man unter dem Anstieg eines Funktionsgraphen in einem Punkt P versteht, und wie das Steigungsverhalten eines Funktionsgraphen allgemein beschrieben werden kann. Verwende dabei insbesondere die Wörter *mittlere Änderungsrate, Differentialquotient, Ableitungsfunktion*.

14 Beschreibe möglichst genau die mittlere Änderungsrate im Intervall $[-a; a]$ für die folgenden Funktionstypen.

a) gerade Funktion
b) ungerade Funktion

15 Bestimme die mittlere Änderungsrate der Funktion $f(x) = x^4 - 2x^2 + 3$ in den Intervallen $[-1{,}5; 0{,}5]$ und $[0{,}5; 1{,}5]$.

16 Herr Schubert fährt mit seinem Auto 12,5 km zum Supermarkt. Er benötigt für die Hinfahrt 15 Minuten und für die Rückfahrt 25 Minuten. Berechne jeweils seine durchschnittliche Geschwindigkeit.

17 Berechne die Ableitung der Funktion $f(x) = x^2 - 8$ an der Stelle $x_0 = 100$.

18 Skizziere den Graphen der Funktion $f(x) = x^3 + x^2 - 4x + 2$ im Heft. Skizziere den groben Verlauf des Graphen der Ableitungsfunktion f'.

19 Betrachte die Funktion $f(x) = x^n$.

a) Führe zunächst die Polynomdivisionen $(x^3 - x_0^{\ 3}) : (x - x_0)$ und $(x^4 - x_0^{\ 4}) : (x - x_0)$ aus.
Führe anschließend die Polynomdivision $(x^n - x_0^{\ n}) : (x - x_0)$ aus.
b) Nutze das Resultat aus a) zur Berechnung des Differentialquotienten an einer Stelle x_0 für die Funktion $f(x) = x^n$.
c) Gib die Ableitungsfunktion der Funktion $f(x) = x^n$ an.

20 Stell eine Gleichung der Tangente auf, die den Graphen von f im Punkt $P_0(x_0|f(x_0))$ berührt.

a) $f(x) = 3x^2$ $\quad x_0 = 5$
b) $f(x) = -6x^2$ $\quad x_0 = 2$
c) $f(x) = 2x^2$ $\quad x_0 = -4$
d) $f(x) = -7x^2$ $\quad x_0 = -3$
e) $f(x) = 0{,}25x^2$ $\quad x_0 = -8$
f) $f(x) = -\frac{1}{2}x^2$ $\quad x_0 = 2$
g) $f(x) = 0{,}2x^2$ $\quad x_0 = -4$

ZUM WEITERARBEITEN
Verdeutliche deine Erklärung in Aufgabe 13 mit einer Skizze.

21 Stell die Funktion $f(x) = x^4 - 5x^2$ grafisch dar und bestimme die Extremwerte.

22 Skizziere einen Funktionsgraphen, der zu einer ganzrationalen Funktion mit den angegebenen Punkten gehören könnte.
Der Funktionsgraph soll keine weiteren Hoch- bzw. Tiefpunkte als die angegebenen haben.

a) Hochpunkte $H_1(-3|2)$, $H_2(0|4)$ und Tiefpunkt $T_1(-2|-0{,}5)$, $T_2(-2|-0{,}5)$
b) Hochpunkte $H_1(-1{,}5|-1)$, $H_2(-0{,}5|-0{,}9)$ und Tiefpunkte $T_1(-3|-3)$, $T_2(-1|-1{,}5)$
c) Hochpunkte $H_1(-1|1{,}2)$, $H_2(1{,}5|2)$ und Tiefpunkt $T(0{,}2|-0{,}5)$

23 Gegeben ist die Funktion f mit $f(x) = 4x^3 - 8x^2 + 4x - 1$.
Ermittle für die angegebenen Intervalle, falls möglich, alle globalen und lokalen Extrema.

a) $[-0{,}5;\ 2]$ b) $[0;\ 1]$ c) $[-1;\ 1{,}5]$

24 Frau Jördis verfolgt die Wertentwicklung ihrer Aktien in der Zeitung. Sie hat für die letzten Monate eine grafische Darstellung dieser Entwicklung angefertigt.

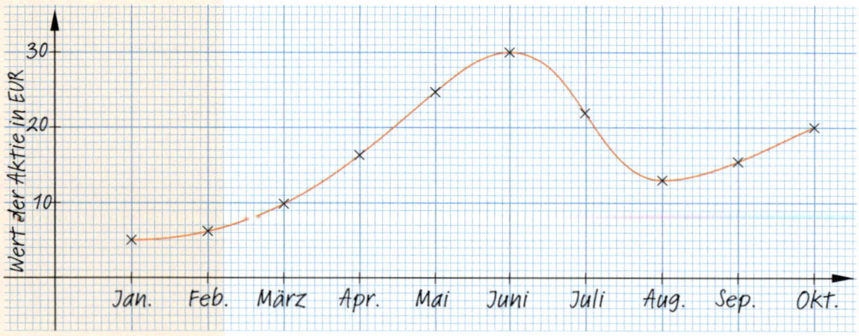

Einige Punkte sind markiert. Betrachte die grafische Darstellung und entscheide, für welche Punkte bzw. Intervalle die folgenden Aussagen zutreffen.

a) „Der Wert der Aktien wächst."
b) „Der Wert der Aktien fällt besonders schnell."
c) „Der Wert der Aktien beginnt wieder zu steigen."
d) „Der Wert der Aktien erhöht sich besonders schnell."
e) „Ab hier fällt der Wert der Aktien."

25 Skizziere den Graphen der folgend näher beschriebenen Funktion.

a) Eine ganzrationale Funktion, deren Werte sowohl für $x \to -\infty$ als auch für $x \to +\infty$ nach $-\infty$ streben. Für die Funktion gilt weiter: Der Graph hat genau einen Hochpunkt, zwei Links-Rechts-Wendepunkte bei x_1 und x_2 und einen Rechts-Links-Wendpunkt bei x_3, wobei $x_1 < x_2 < x_3$ gilt.
b) Eine ganzrationale Funktion, deren Werte sowohl für $x \to -\infty$ als auch für $x \to +\infty$ nach $-\infty$ streben. Für die Funktion gilt weiter: Der Graph hat genau zwei Hochpunkte, zwei Links-Rechts-Wendepunkte bei x_1 und x_2 und einen Rechts-Links-Wendpunkt bei x_3, wobei $x_1 < x_2 < x_3$ gilt.

HINWEIS
Zu einer Funktion dritten Grades mit der Gleichung $f(x) = ax^3 + bx^2 + cx + d$ gehört die Ableitungsfunktion $f'(x) = 3ax^2 + 2bx + c$.

26 Ermittle eine Gleichung für eine Funktion dritten Grades, deren Graph durch den Punkt $(0|0)$ geht, bei $x_1 = -1$ den Hochpunkt $(-1|8)$ und bei $x_2 = 5$ ein lokales Minimum hat.

27 Die folgende Tabelle gibt für einen Ort in Ostdeutschland den ungefähren Temperaturverlauf eines warmen Frühsommertages an.

Uhrzeit	Temperatur in °C
0:00	16,2
1:30	16
3:00	14
4:30	14
6:00	13,5
7:30	15
9:00	17,9
10:30	21
12:00	24,1

Uhrzeit	Temperatur in °C
13:30	27
15:00	30,8
16:30	29,5
18:00	24,3
19:30	20,2
21:00	24
22:30	19,2
24:00	18

a) Stell den Temperaturverlauf in einem Koordinatensystem grafisch dar. Verbinde die Messpunkte zunächst geradlinig.
b) Berechne die mittleren Änderungsraten für die einzelnen Messintervalle. Gibt es Bereiche, in denen die Temperaturänderung annähernd linear verläuft, in denen also eine geradlinige Verbindung der Messpunkte gerechtfertigt ist?
c) Verbinde die Messpunkte nun durch einen Funktionsgraphen, der zu einer ganzrationalen Funktion gehören könnte. An welchen Stellen hat dieser Graph waagerechte Tangenten? Wo sind die Wendepunkte des Funktionsgraphen?
d) Ist etwas ungewöhnlich an diesem Temperaturverlauf? Wenn ja, was? Wie könnte dieser Verlauf erklärt werden? Diskutiert zu zweit.

28 Bestimme die mittlere Änderungsrate der Funktion $f(x) = x^4 - 2x^2 + 2x + 5$ im Intervall $[-0{,}5;\ 0{,}5]$.

29 Begründe folgende Aussage:
Ist f eine differenzierbare Funktion mit der Ableitungsfunktion f', so hat die Funktion g mit $g(x) = a \cdot f(x)$ die Ableitungsfunktion g' mit $g'(x) = a \cdot f'(x)$.

Teste dich!

a

1 Gib, falls möglich, jeweils Gleichungen für drei ganzrationale Funktionen an, die auf ihrem gesamten Definitionsbereich $\mathbb{R}$ die folgenden Eigenschaften haben.
a) Die Funktion ist monoton fallend und hat einen Wendepunkt.
b) Die Funktion hat genau zwei lokale Maxima.
c) Die Funktion hat genau vier Nullstellen.
d) Die Funktion ist streng monoton und hat genau ein lokales Minimum.
e) Die Funktion hat genau zwei lokale Extrema.

2 Berechne die mittlere Änderungsrate der Funktion f in dem angegebenen Intervall.
a) $f(x) = x^5$; $[-2; 2]$
b) $f(x) = x^4$; $[-4; 4]$
c) $f(x) = 2x^2$; $[-3; 2]$

3 Gib die Gleichung einer Funktion an, deren Graph im Punkt $(2|1)$ einen Hochpunkt hat.

4 Berechne die momentane Änderungsrate der Funktion f an der angegebenen Stelle.
a) $f(x) = x^3$; $x = 1$
b) $f(x) = 3x^2$; $x = 5$
c) $f(x) = -5x^3$; $x = 3$
d) $f(x) = -6x^2$; $x = 2$

5 Betrachte den abgebildeten Funktionsgraphen.
a) Beschreiben das Monotonieverhalten des Graphen. Wie verhält sich der Graph vermutlich im Unendlichen? Welche der in dem Funktionsgraphen markierten Punkte sind Extrempunkte, welche sind Wendepunkte?
b) Skizziere im Heft den groben Verlauf des Graphen der Ableitungsfunktion der Funktion f.

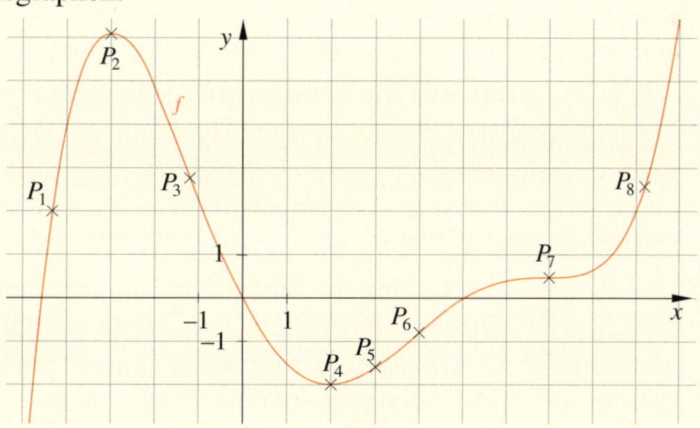

b

2 Berechne die mittlere Änderungsrate der Funktion f in dem angegebenen Intervall.
a) $f(x) = (x-3)^2 + 4$; $[-1; 2]$
b) $f(x) = (x-2)^2 - 3$; $[-1; 5]$
c) $f(x) = 2x^2 + x$; $[-1; 4]$

4 Berechne die momentane Änderungsrate der Funktion f an der angegebenen Stelle.
a) $f(x) = 2x^3$; $x = 4$
b) $f(x) = -5x^2$; $x = 2{,}4$
c) $f(x) = -4{,}5x^3$; $x = 1{,}5$
d) $f(x) = -1{,}6x^2$; $x = -\frac{1}{2}$

Gold: 30–27 Punkte, Silber: 26–24 Punkte, Bronze: 23–18 Punkte

Punkteverteilung

Aufgabe	a	b
1	5	
2	3	6
3	3	
4	4	6
5	10	

HINWEIS
Brauchst du noch Hilfe, so findest du auf den angegebenen Seiten ein Beispiel oder eine Anregung zum Lösen der Aufgaben. Überprüfe deine Ergebnisse mit den Lösungen auf Seite 196.

Aufgabe	Seite
1	126, 130, 134, 138, 142
2	138
3	142
4	134
5	130, 134, 142

Zusammenfassung

→ Seite 126

Verlauf und Nullstellen ganzrationaler Funktionen

Eine Funktion $f(x) = a_n x^n + a_{n-1} x^{n-1} + \ldots + a_2 x^2 + a_1 x + a_0$ heißt **ganzrationale Funktion**, wenn n (der **Grad**) eine natürliche Zahl ist und die Koeffizienten reelle Zahlen ungleich null sind. Eine ganzrationale Funktion f ist in einem Intervall $[a; b]$ **monoton steigend** bzw. **monoton fallend**, wenn für größer werdende x-Werte des Intervalls auch die Funktionswerte $f(x)$ größer werden bzw. kleiner werden. Werden die Funktionswerte $f(x)$ für immer größer werdende x-Werte beliebig groß, so sagt man der **Graph steigt gegen $+\infty$**, werden die $f(x)$ für immer kleiner werdende x-Werte beliebig klein, so sagt man der **Graph fällt gegen $-\infty$**.

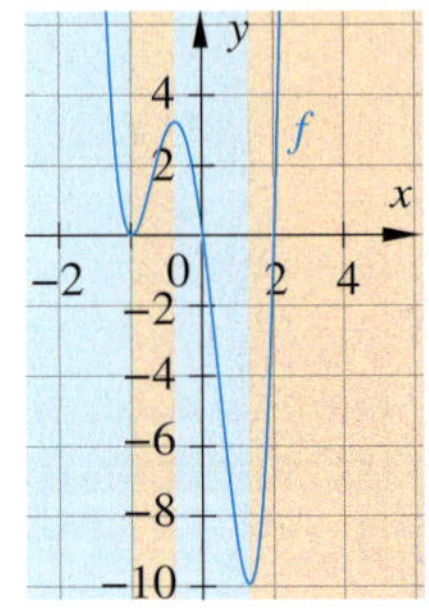

→ Seite 130

Eine ganzrationale Funktion vom Grad $n \geq 1$ hat höchstens n Nullstellen. Wenn die ganzrationale Funktion ganzzahlige Nullstellen besitzt, so teilen diese das absolute Glied a_0. Die Nullstellen werden mittels gezielten Probierens, grafischer Bestimmung, Zerlegung in **Linearfaktoren** oder **Polynomdivision** bestimmt.
Die Nullstellen **biquadratischer** Funktion erhält man mittels Substitution.

Probieren liefert die Nullstelle $x_1 = 2$ der Funktion $f(x) = x^3 + x^2 - 10x + 8$.

$$
\begin{aligned}
&(x^3 + x^2 - 10x + 8) : (x - 2) = x^2 + 3x - 4\\
&\underline{-(x^3 - 2x^2)}\\
&\quad 3x^2 - 10x\\
&\quad \underline{-(3x^2 - 6x)}\\
&\qquad -4x + 8\\
&\qquad \underline{-(-4x + 8)}\\
&\qquad\quad 0
\end{aligned}
$$

Substitution von x^2 durch y in der Gleichung $2x^4 - 26x^2 + 72 = 0$ ergibt $2y^2 - 26y + 72 = 0$
$y_1 = 9 = x^2$, also $x_1 = 3, x_2 = -3$ $\qquad$ $y_2 = 4 = x^2$, also $x_3 = 2, x_4 = -2$
Die Probe ergibt $L = \{-3; -2; 2; 3\}$

→ Seite 134

Mittlere und lokale Änderungsrate sowie besondere Punkte von Funktionsgraphen

Für zwei Punkte x_1 und x_2 einer Funktion f gibt der Term $\frac{f(x_2) - f(x_1)}{x_2 - x_1}$ die **mittlere Änderungsrate** der Funktion auf dem Intervall $[x_1; x_2]$ an. Die Funktion f muss dazu auf dem gesamten Intervall $[x_1; x_2]$ definiert sein. Wenn die mittlere Änderungsrate $\frac{f(x) - f(x_0)}{x - x_0}$ einer Funktion f für $x \to x_0$ gegen eine bestimmte Zahl strebt, dann bezeichnet man diesen Grenzwert an der Stelle x_0 als **Differentialquotienten** oder **Ableitung** der Funktion f an der Stelle x_0. Existiert der Differentialquotient einer Funktion an der Stelle x_0, so heißt f differenzierbar an der Stelle x_0.

→ Seite 138

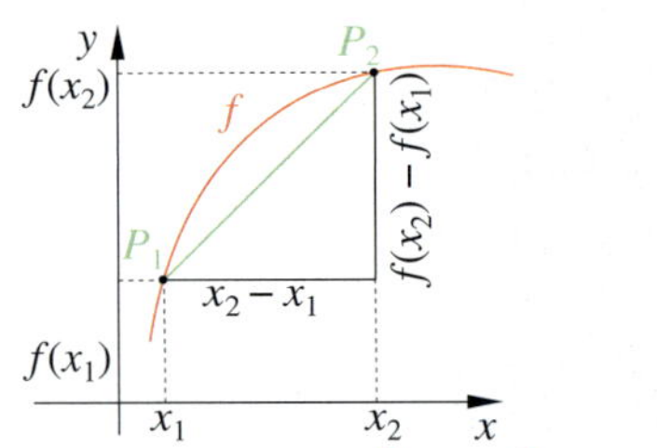

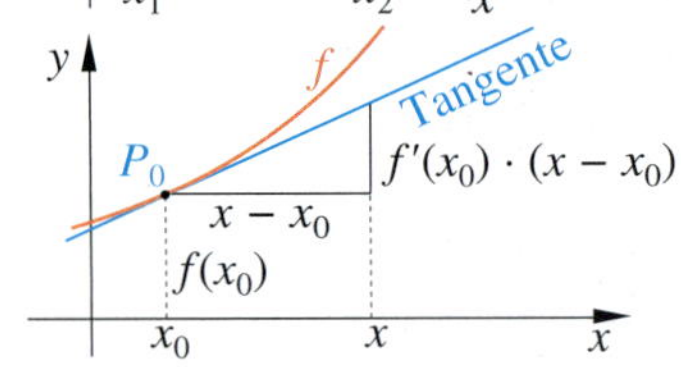

→ Seite 142

Man schreibt: $\lim\limits_{x \to x_0} \frac{f(x) - f(x_0)}{x - x_0} = f'(x_0)$. Die Funktion, die jedem Argument x_0 einer überall differenzierbaren Funktion den Differentialquotienten $f'(x_0)$ zuordnet, heißt **Ableitungsfunktion** f' der Funktion f. Hat eine an einer Stelle differenzierbare Funktion f an dieser Stelle einen **Hochpunkt** bzw. **Tiefpunkt**, so gilt $f'(x_0) = 0$ und die Ableitung wechselt an der Stelle x_0 das Vorzeichen von + nach – bzw. von – nach +. Der Punkt W, in dem der Funktionsgraph f sein Krümmungsverhalten ändert, wird **Wendepunkt** genannt.

Anwendungen

Gleichungen im Alltag

Optimierung

Vermessungsprobleme

Dynamisieren geometrischer Objekte

Gleichungen im Alltag

Sachprobleme mit Gleichungssystemen mit drei Variablen lösen

ZUR INFORMATION
In einer so genannten Wetterhütte befinden sich die Messinstrumente in einer Höhe von 2 m. Die Hütte ist weiß lackiert, um die Erwärmung möglichst gering zuhalten. Die Türen lassen sich nach Norden öffnen, um die Messwerte während des Ablesens nicht durch Sonneneinstrahlung zu verfälschen.

Der Deutsche Wetterdienst (DWD) hat ca. 180 Klima- und Niederschlagsstationen. In diesen Stationen werden stündlich Messwerte, wie Niederschlagsart und -menge, Luftfeuchtigkeit und -druck, Temperatur, Windrichtung und -geschwindigkeit, abgelesen.
Um diese Messdaten auszuwerten und eine Wettervorhersage zu machen, werden Gleichungssysteme mit mehreren Variablen gelöst.

BEISPIEL

Die Geschwister Miriam, Tobias und Oliver sind zusammen 33 Jahre alt. Das Alter der beiden älteren Geschwisterkinder addiert, ergibt zusammen mit dem fünffachen des jüngsten Geschwisterkindes 53. Das Alter des jüngsten und des ältesten Geschwisterkinds addiert, ergibt 20. Wie alt sind die Geschwister jeweils?

I $\quad x + y + z = 33$
II $\quad 5x + y + z = 53$
III $\quad x + \quad z = 20$

Die Anwendung des Additionsverfahrens liefert das erste Alter.

III $\quad x + z = 20 \quad | \cdot (-1)$
III′(III · (−1)) $\quad -x - z = -20$
IV (I + III′) $\quad y = 13$

Das Einsetzen von $y = 13$ reduziert die Anzahl der Variablen auf zwei. Ein erneutes Anwenden des Additionsverfahrens liefert das zweite Alter.

II $\quad x + y + 5z = 53 \quad | \cdot (-1)$
II′(II($y = 13$) · (−1)) $\quad -x - 5z = -40$
V (II′ + III) $\quad -4z = -20$
$\quad z = 5$

Einsetzen von $z = 5$.

III $\quad x + 5 = 20 \quad | -5$
$\quad x = 15$

Für die Lösungsmenge des Gleichungssystems ergibt sich demnach $L = \{5; 13; 15\}$.
Die Geschwister sind 5, 13 und 15 Jahre alt.

Aufgaben

1 Gefahrene Kilometer

Familie Meier ist diesen Sommer mit dem Auto in den Urlaub nach Portugal gefahren.
Die Fahrtstrecke betrug 2716 km. Sie haben sich die Hinfahrt in drei Teilstrecken unterteilt. Am ersten Tag sind sie doppelt so weit wie am dritten gefahren. Am zweiten Tag sind sie 162 km mehr als am ersten Tag gefahren.
Wie viele km ist Familie Meier pro Tag gefahren?

2 Rätsel

Stelle die Zahlenrätsel in einem Gleichungssystem dar und löse dieses anschließend.

a) Franziska hat in ihrem Schrank insgesamt 18 rote, gelbe und weiße T-Shirts. Wenn sie doppelt so viele rote und weiße T-Shirts hätte, wären zusammen 30 T-Shirts in ihrem Schrank. Das Dreifache der weißen T-Shirts ist um vier größer als die roten T-Shirts.
Wie viele rote, gelbe und weiße T-Shirts hat Franziska in ihrem Kleiderschrank?

b) Lisa, Jan und Tim sind zusammen Eis essen. Lisa zahlt für 3 Kugeln Eis, eine Portion Sahne und Schokoladensoße 3,80 €. Tim zahlt für 2 Kugeln und Schokoladensoße 2,30 €. Jan wählt 4 Kugeln mit einer doppelten Portion Sahne und muss 5,00 € zahlen.
Wie viel kostet eine Kugel Eis, Portion Sahen und Schokoladensoße?

c) Zum Muttertag kauft Anne ihrer Mutter 5 Rosen, 8 Gerbera und Schleierkraut. Sie zahlt für den Strauß 11,30 €. Sandra kauft 9 Rosen und Schleierkraut und muss 10,10 € zahlen. Der Strauß von Daniel besteht aus 5 Gerbera und 3 Rosen. Er kostet. 6,80 €.
Was kostete eine Rose, eine Gerbera und das Schleierkraut?

d) Simon kauft 10 Eier, 3 l Milch und 1 kg Mehl. Er zahlt für den Einkauf 5,60 €. Für die Milch zahlt er achtmal so viel wie für das Mehl. Die Eier und das Mehl kosten zusammen 2,00 €.
Was kosten die 10 Eier, die 3 l Milch und das Kilo Mehl?

3 Fußballturnier

Bei einem Fußballturnier hat die Mannschaft von Sebastian 40 Spiele bestritten. Die Anzahl der Spiele, die seine Mannschaft nicht verloren hat, ist viermal größer als die Anzahl der Niederlagen. Sie haben 19 Siege mehr als Niederlagen.
Wie viele Siege, Niederlagen und Unentschieden hat die Mannschaft in dem Turnier erlangt?

Betragsgleichungen lösen

BEISPIEL

Löse die Betragsgleichung.

$3|x-4| = 18 \quad |:3$

$|x-4| = 6$

Die umgeformte Gleichung sagt aus, dass $x-4$ entweder 6 oder -6 sein muss.
Es müssen also die zwei Gleichungen $x-4=6$ und $x-4=-6$ gelöst werden. Die Lösungsmenge der Betragsgleichung ist $L=\{-2;\,10\}$. Anschließend führt man eine Probe durch:
$3\,|-2-4| = 3\,|-6| = 3\cdot 6 = 18$ und $3\,|10-4| = 3\,|6| = 3\cdot 6 = 18$

Aufgaben

4 Lösungsmengen von Betragsgleichungen

Gib die Lösungsmenge der Betragsgleichung an. Mache die Probe.

a) $|x| = 1$ b) $|-x| = 1$ c) $4|x| = 0$ d) $6|x| = 12$
e) $|x+2| = 1$ f) $|3-x| = 5$ g) $4|1+x| = 8$ h) $2|x-3| = 8$

5 Betragsgleichungen lösen

Löse die folgenden Betragsgleichungen.

a) $3|x+7| = 15$ b) $(-5)|-x+2| = -13$ c) $7|2+x| + 4 = 18$
d) $5|x+3| - 2 = 13$ e) $4|x+2| - 6 = 30$ f) $4|x-6| + 9 = 27$

Optimierung

Für viele Probleme in Wirtschaft, Medizin, Technik, Naturwissenschaften und auch im persönlichen Leben gibt es mehr als nur eine Lösung. Aus diesen Lösungen die beste, die optimale herauszufinden ist oft nicht leicht.
In der Mathematik hat sich ein eigenständiges Gebiet entwickelt, das nach der bestmöglichen Lösung solcher Probleme sucht. Dieses Gebiet wird Optimierung genannt.

ZUR INFORMATION
Flugzeuge sollen leicht, aber stabil sein, Medikamente wirksam ohne Nebenwirkungen und Navigationssysteme die verkehrstechnisch günstigste Route berechnen.

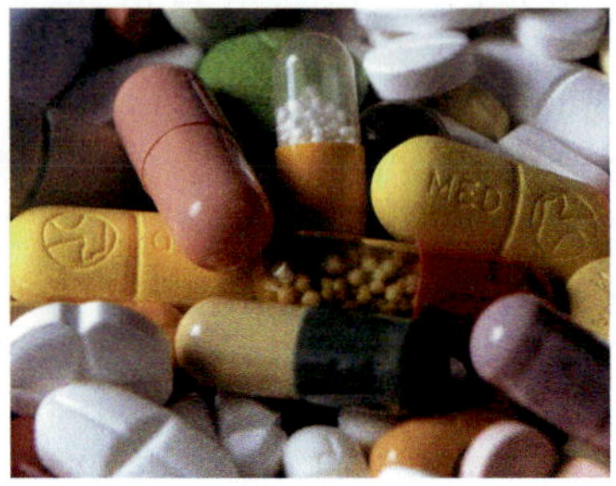

Die drei Beispiele zeigen, dass häufig ein Mittelweg gefunden werden muss.
Die beste Lösung hängt von dem jeweiligen Problem und dem gewünschten Ergebnis ab. Betrachtet wird zum Beispiel der alltägliche Fall der Suche nach dem *besten* Weg von einem Ort zum anderen. Ist der kürzeste oder der schnellste Weg besser? Vielleicht geht es auch um die landschaftlich schönste Strecke oder einfach nur darum, mit möglichst geringen Reisekosten auszukommen.
Fast immer geht es bei einem Optimierungsproblem darum, bestimmte Größen oder Werte so zu wählen, dass ein anderer, von diesen Größen abhängiger Wert maximal oder minimal wird.

Aufgaben

1 Optimierungsprobleme im Alltag
Nenne weitere Optimierungsprobleme. Orientiere dich an den Bildern.

2 Der beste Weg
Frau Müller möchte zunächst im Supermarkt und dann beim Bäcker einkaufen. Betrachte die Abbildung.
a) Wie viele unterschiedliche Wege gibt es?
b) Welchen Weg würdest du ihr empfehlen, wenn sie es eilig hat? Welchen sollte sie gehen, wenn sie wenig befahrene Straßen nutzen möchte.

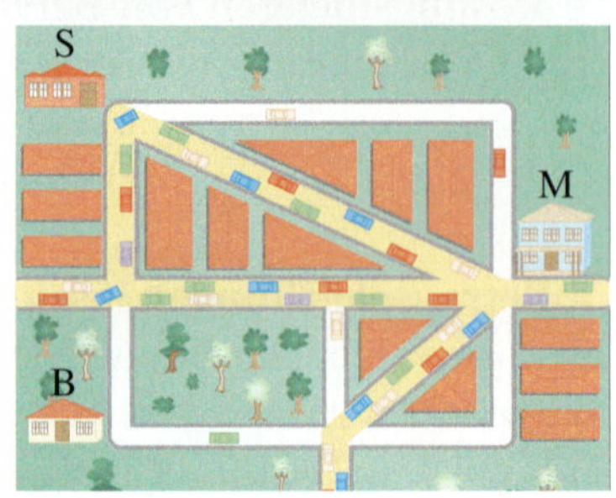

Lineare Optimierungsprobleme

BEISPIEL

Zum Kauf von Zelten stehen den Organisatoren eines Ferienlagers 1800 € zur Verfügung. Zwei Zelttypen sind im Angebot:
Von den 10-Personen-Zelten sind noch fünf Stück vorrätig, sie kosten 200 € pro Stück. Von den 15-Personen-Zelten sind vier Zelte vorrätig.
Jedes 15-Personen-Zelt kostet 400 €.
Wie viele Zelte von jeder Sorte sollte man kaufen, damit möglichst viele Jugendliche untergebracht werden?

Das Ziel bei der Lösung dieser Aufgabe ist es, möglichst viele Jugendliche in den Zelten unterzubringen:
Die Anzahl z der Plätze soll maximal werden.

Variablen definieren:
z Anzahl der Schlafplätze
x Anzahl der 10-Personen-Zelte
y Anzahl der 15-Personen-Zelte

Die Anzahl der gesamten Schlafplätze hängt von der Anzahl x und y der beiden Zelttypen ab.
Mit Hilfe der Gleichung $10x + 15y = z$ kann die Gesamtanzahl der Schlafplätze berechnet werden.
Man spricht von der **Zielfunktion** des Optimierungsproblems.

Um das Ziel zu erreichen, müssen bestimmte Bedingungen berücksichtigt werden:
- Es stehen höchstens 1800 € zur Verfügung.
- Es gibt höchstens fünf 10-Personen-Zelte und vier 15-Personen-Zelte.

Diese Bedingungen werden **Nebenbedingungen** genannt.
Die Nebenbedingungen drückt man als Gleichungen bzw. Ungleichungen aus.

Zielfunktion: $10x + 15y = z$;
z soll maximal werden
Nebenbedingungen:
I $x \geq 0$
II $x \leq 5$
III $y \geq 0$
IV $y \leq 4$
V $200x + 400y \leq 1800$

Grafische Lösung des Problems:
Die Menge der Lösungen, die alle fünf Ungleichungen der Nebenbedingungen erfüllen, ist im Koordinatensystem gelb markiert.
Die Ungleichung $200x + 400y \leq 1800$ wurde hierfür zunächst nach y umgeformt: $y \leq -\frac{1}{2}x + \frac{9}{2}$.
Gesucht ist der Punkt $(x|y)$, sodass die Organisatoren die meisten Jugendlichen unterbringen können. Um diesen Punkt zu finden, stellt man die Zielfunktion nach y um: $y = -\frac{2}{3}x + \frac{z}{15}$.
Um den optimalen Wert zu finden, zeichnet man z. B. die durch den Ursprung verlaufende Zielgerade $y = -\frac{2}{3}x$. Die Zielgerade y wird so lange parallel verschoben, bis Folgendes gilt:
(1) Die verschobene Gerade hat mindestens einen (Eck-)Punkt mit dem Lösungsbereich gemeinsam.
(2) Der y-Achsenabschnitt der verschobenen Gerade ist möglichst groß, da die Anzahl der Schlafplätze maximal sein soll.

Der Punkt, auf den beides zutrifft, ist hier der Punkt $P(5|2)$.
Somit besteht die optimale Lösung darin, fünf 10-Personen-Zelte und zwei 15-Personen-Zelte zu kaufen.

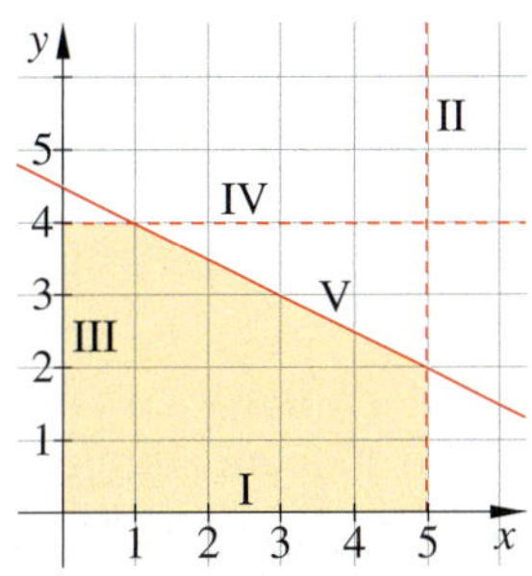

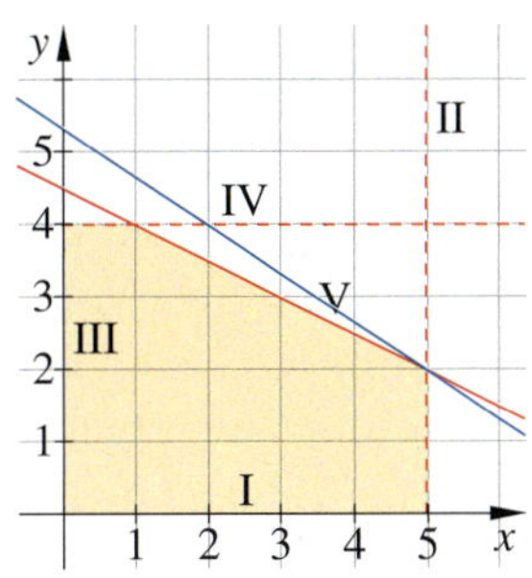

HINWEIS
Handelt es sich bei der Zielfunktion um eine lineare Funktion, spricht man von ***linearer Optimierung****.*

AUFGEPASST
Gewisse Nebenbedingungen ergeben sich häufig erst aus dem Sachzusammenhang. Z. B. ergeben negative Mengenangaben im Allgemeinem keinen Sinn. Ebenso kann man keine halben Zelte kaufen.

BEACHTE
Soll eine Größe minimal werden, wird ein kleiner Achsenabschnitt gesucht.

Aufgaben

3 Der optimale Wert

Die Ungleichungen $4x + y \geq 13$; $-x + 2y \geq -1$ und $2x + 5y \leq 29$ beschreiben die Nebenbedingungen einer linearen Optimierungsaufgabe.
Bestimme für die folgenden Zielfunktionen jeweils das Minimum und das Maximum.

a) $2x + y = z$ b) $2x + 5y = z$

4 Chemikaliengemisch

Zur Herstellung einer Chemikalie werden die Flüssigkeiten x und y in einem 8-l-Behälter gemischt. Flüssigkeit x kostet 3 € pro l. Sie soll mit 2 l bis 6 l am Gemisch beteiligt sein. Flüssigkeit y kostet 5 € pro l. Sie soll mit 1 l bis 4 l am Gemisch beteiligt sein.
Untersuche die Kosten z des Gemischs, wenn mindestens 4 l des Gemischs benötigt werden.

a) Notiere die Nebenbedingungen und ermittle grafisch den Lösungsbereich.
b) Gib die Gleichung der Zielfunktion für den Fall an, dass die Kosten 25 € betragen. Zeichne den Graphen dieser Zielfunktion in das Koordinatensystem aus b) ein.
c) Welche Punkte $(x|y)$ erfüllen alle Nebenbedingungen und ergeben den Preis von 25 €?
$P_1(5|2)$, $P_2\left(6\middle|\frac{7}{5}\right)$, $P_3\left(\frac{13}{2}\middle|\frac{11}{10}\right)$, $P_4\left(\frac{5}{3}\middle|4\right)$, $P_5(3|2)$
d) Zeichne einen Graphen für $z = 20$. Vergleiche mit der Geraden aus b).
e) Ermittle den Punkt $(x|y)$, der alle Nebenbedingungen erfüllt und die kleinsten bzw. größten Kosten verursacht. (Hinweis: Wende die Parallelverschiebung an.)

Nichtlineare Optimierungsprobleme

BEISPIEL

Sabine möchte für den Mathematikunterricht das Kantenmodell eines Quaders mit quadratischer Grundfläche und möglichst großem Volumen anfertigen.
Ihr stehen dafür 3 m Draht zur Verfügung.

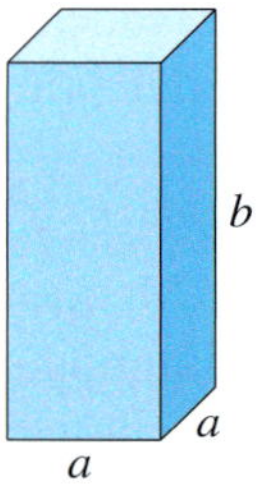

Zielfunktion: Volumen des Quaders $V = a \cdot a \cdot b$; V soll maximal werden.

Nebenbedingungen: Die Summe aller Kantenlängen ist 3 m: $8a + 4b = 3$.

Zusammenhänge zwischen der Zielfunktion und der Nebenbedingung:
Aus der Nebenbedingungen folgt: $b = \frac{3-8a}{4}$.
Daraus ergibt sich folgende Gleichung für das Volumen V in Abhängigkeit von a:
$V = a \cdot a \cdot b = a \cdot a \cdot \frac{3-8a}{4} = a^2 \cdot \frac{3-8a}{4}$

Grafische Lösung des Problems:
Die Zuordnung $V = a^2 \cdot \frac{3-8a}{4}$ ist eine Funktion.
An dem Graphen der Funktion kann man erkennen, dass das maximale Volumen an der Stelle $a = 2{,}5\,\text{dm} = 0{,}25\,\text{m}$ liegt.
Aus diesem Wert ergeben sich folgende Maße des Modells: $a = 0{,}25\,\text{m}$ und $b = 0{,}25\,\text{m}$.
Welcher Sonderfall liegt hier vor?

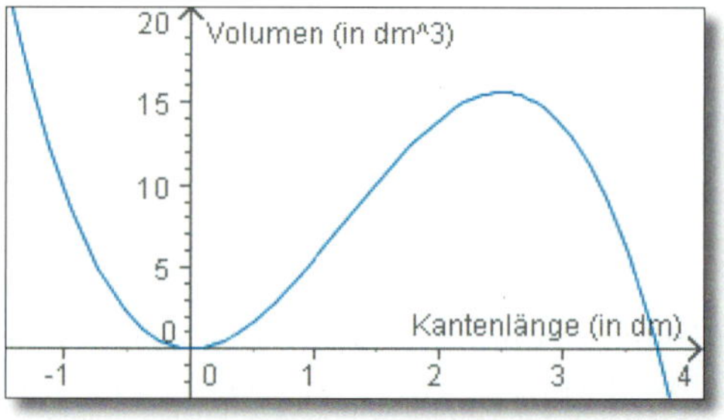

156-1
BEACHTE
Unter dem Webcode findest du eine Linkliste zu verschiedenen Funktionenplottern.

Aufgaben

5 Ziegengehege

Bauer Lindemanns Grundstück liegt direkt am Kanal. Er möchte für seine Ziege ein rechteckiges Gehege abgrenzen.
Er hat 40 Zaunstücke von je 1,5 m Länge. Das Gehege soll direkt am Kanal liegen, denn so spart er Zaunstücke ein.
Ermittle, wie der Bauer die Zaunstücke anordnen muss, damit für die Ziege ein möglichst großes Gehege entsteht.

6 Verkaufsstrategie

Eine Handyfirma verkauft im Monat durchschnittlich 1000 Geräte der E-Serie.
Die Produktionskosten für diese Serie liegen bei 110 € pro Handy, der Verkaufspreis bei 290 €.

Preissenkung pro Handy in €	Zusätzlich verkaufte Handys
5	20
10	40
15	60
…	…
50	200

a) Welchen Gesamtgewinn macht die Firma pro Monat?
b) Einer Umfrage zufolge würde eine Preissenkung den Verkauf der Geräte steigern (siehe Tabelle).
Welchen Gesamtgewinn erwirtschaftet die Firma bei einer Preissenkung von 5 €, 25 € und 50 €?
c) Gib die zugehörige Funktionsgleichung an.
d) Welche Preissenkung würdest du der Firma empfehlen, um ihren Gesamtgewinn zu maximieren?
Kontrolliere deine Empfehlung mit Hilfe eines Funktionenplotters.
e) Präsentiere deine Ergebnisse und erläutere, wie du vorgegangen bist.

7 Kakaoverpackungen

Im Supermarkt kann man Kakaopulver in zwei unterschiedlichen Verpackungsformen kaufen.
Eine Verpackung ist zylinderförmig, die andere ist quaderförmig.
Beide Verpackungen haben ein Volumen von $1280\,cm^3$.
Die zylinderförmige Verpackung hat eine Höhe von 17 cm.
Die quaderförmige Verpackung hat eine Höhe von 15 cm und eine Seite der Grundfläche ist 7 cm lang.

a) Welche der beiden Verpackungsformen benötigt weniger Verpackungsmaterial?
b) Warum werden beide Verpackungsformen verwendet, obwohl sie sich in den Materialkosten unterscheiden?
c) Wie können die Maße der zylinderförmigen Verpackung noch verbessert werden, um möglichst geringe Materialkosten zu haben?

Vermessungsprobleme

Trigonometrische Punkte im Gelände

158-1
BEACHTE
Unter dem Webcode kannst du dir Orte zu geografischen Koordinaten anzeigen lassen.

Möchte man z. B. den Standort von Bauwerken oder den Verlauf von Grenzen und Straßen im Gelände bestimmen, denkt man sich das Gebiet mit einem Koordinatensystem überdeckt. Aus den bekannten Koordinaten einiger Geländepunkte lassen sich die Standorte weiterer Punkte ermitteln.
Nach dieser Idee hat 1816 der Astronom und Mathematiker Carl Friedrich Gauß (1777–1855) begonnen, das damalige Königreich Hannover zu vermessen. Ein Ausschnitt der Gauß'schen Landesvermessung war auf dem 10-DM-Schein der Bundesrepublik Deutschland abgebildet.

BEACHTE
Auf zu großen Flächen beeinflusst die Krümmung der Erde die Genauigkeit der Messungen.

Zunächst setzte Gauß trigonometrische Punkte erster Ordnung auf erhöhten Stellen der Landschaft fest. Der Abstand der Punkte zueinander betrug 20 km bis 50 km.
Verbindet man die Punkte, so entsteht ein grobmaschiges Netz, in dessen Innerem weitere Punkte für feinere Messungen ermittelt werden.

Die mathematische Grundlage für die Lösung von Vermessungsaufgaben bildet die Trigonometrie. Sie ist ein Teilgebiet der Geometrie, das sich mit der Berechnung von Dreiecken befasst. Die Trigonometrie wurde seit der Antike schrittweise weiterentwickelt, um Abstände zwischen Punkten auf der Erde oder Himmelskörpern zu vermessen.
Fortschritte bei der Vermessung waren abhängig von der Entwicklung geeigneter Messgeräte, denn mit den Geräten muss man Winkel und Entfernungen sehr genau messen können.

Auf der Rückseite des 10-DM-Scheins ist ein Winkelmesser dargestellt. Ein solches Messgerät heißt Sextant und wurde von Gauß für seine Landesvermessung benutzt. Auch heute noch werden Sextanten in der Schifffahrt eingesetzt: Falls die elektronischen Messgeräte an Bord ausfallen, kann die Position des Schiffs mit Hilfe eines Sextanten bestimmt werden.

Aufgaben

158-2
BEACHTE
Unter dem Link findet man Informationen zu den Referatsthemen und eine DGS-Datei.

1 Präsentation
Sammle Informationen zu einem der folgenden Themen, arbeite sie zu einem Kurzreferat aus und präsentiere sie in deiner Klasse:
- Beruf des Vermessungstechnikers
- Funktionsweise eines Sextanten
- Geschichte der Landesvermessung in Deutschland
- Rangfolge der Vermessungspunkte

2 Landesvermessung
Ermittle die Koordinaten einzelner Städte mit Hilfe einer dynamischen Geometrie-Software.

Höhen und Entfernungen mit einfachen Geräten messen

Schon sehr früh hat man begonnen, Höhen und Entfernungen mit einfachen Mitteln ungefähr zu messen. Die Hilfsmittel bei der Schätzung von Höhen und Weiten beruhen sehr häufig auf den Eigenschaften ähnlicher Dreiecke.

Aufgaben

3 Die Daumen-Methode

Das George-Washington-Monument ist ein Obelisk, der an den ersten amerikanischen Präsidenten erinnert. Vom Obelisken zum Parlament führt eine ca. 2,5 km lange Grünanlage.

a) Schätze, ob es in der Grünanlage einen Punkt gibt, von dem aus du bei gestrecktem Arm das Monument vollständig mit deinem Daumen verdecken kannst?

b) Berechne, in welcher Entfernung vom Obelisken solch ein Punkt liegt.

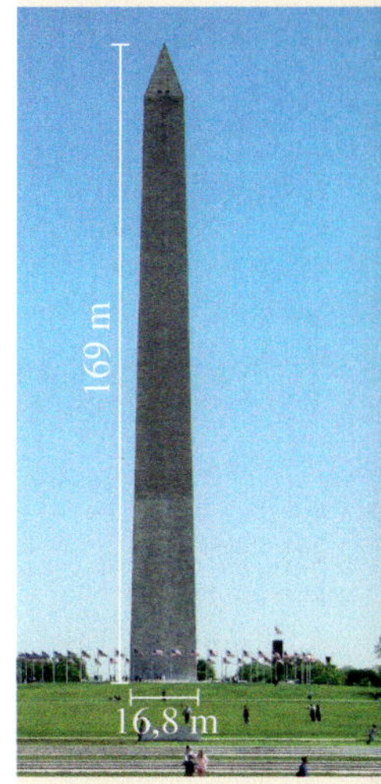

SCHON GEWUSST?
Ein Obelisk ist ein vierkantiger Steinpfeiler mit einer pyramidenförmigen Spitze.

4 Der Jakobsstab

Dieses Längen- und Winkelmessgerät nutzten früher z. B. Seefahrer. Der Peilstab $\overline{CD}$ wird auf einer Achse $\overline{AB}$ so lange verschoben, bis er bei der Peilung das Objekt gerade verdeckt. Eine Insel wird von einem Schiff aus angepeilt: $a = 22\,\text{cm}$, $\overline{CD} = 32\,\text{cm}$ und $e = 5{,}5\,\text{km}$. Berechne die Inselbreite.

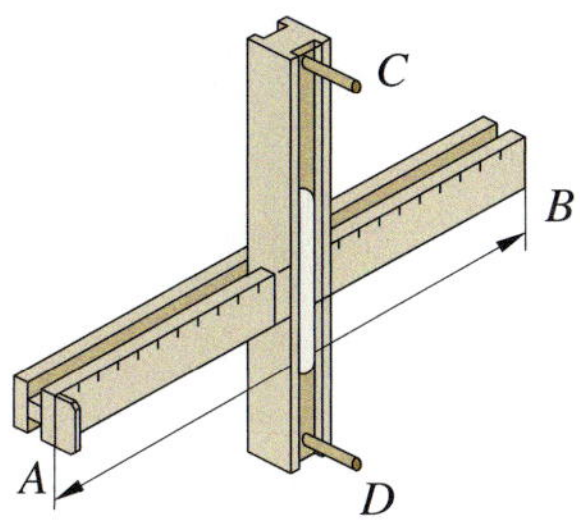

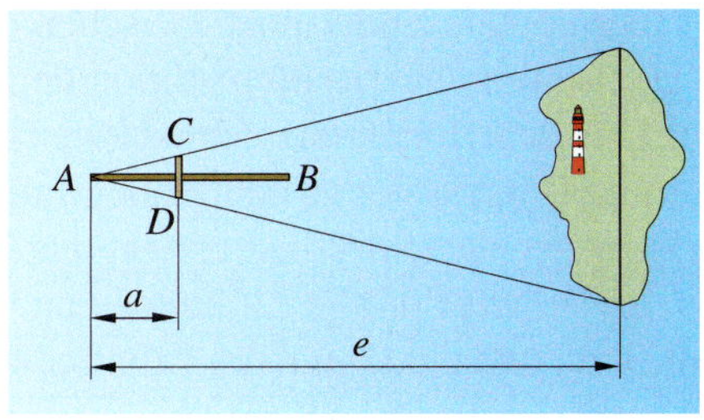

5 Das Försterdreieck

Förster messen die Höhe eines Baumes mit einem gleichschenklig-rechtwinkligen Dreieck. Sie peilen entlang der Hypotenuse in Richtung der Baumspitze. Dabei verändern sie so lange ihre Entfernung zum Baum, bis sie die Baumspitze in Verlängerung der Hypotenuse sehen.

a) Fertige ein Försterdreieck an und mache dich mit seiner Funktionsweise vertraut.

b) Mit einem Försterdreieck (Schenkellänge 30 cm) wird die Spitze eines Baumes in 11,50 m Entfernung angepeilt. Das Dreieck wird auf Augenhöhe, etwa 1,50 m über dem Boden gehalten.
Erstelle eine maßstabsgetreue Skizze und berechne die Höhe des Baumes.

c) Begründe, weshalb das Försterdreieck einen Faden mit einem Lot benötigt.

d) Diskutiert, ob das Försterdreieck auch zur Entfernungsmessung benutzt werden kann.

BEISPIEL
Hier siehst du ein Beispiel für ein einfaches Försterdreieck.

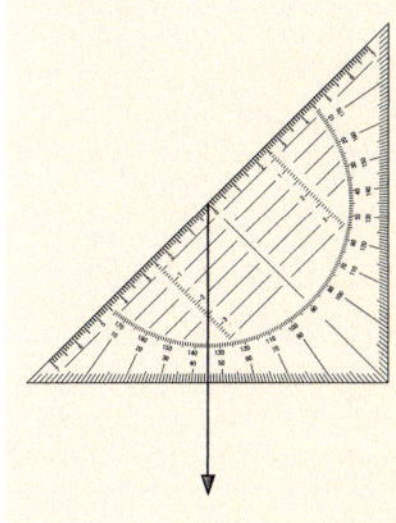

6 Messung nach Leonardo da Vinci

Leonardo da Vinci (1452–1519) stellte zur Vermessung eines Flusses eine Messlatte an ein Ufer. Aus 1 m Entfernung zur Messlatte peilte er einen Punkt am anderen Ufer an und markierte auf der Messlatte die Peilmarke und seine Augenhöhe.
Berechne die Breite des Flusses zu folgenden Messwerten:
$\overline{AB} = 25\,\text{cm}$ und $\overline{AD} = 1{,}40\,\text{m}$.

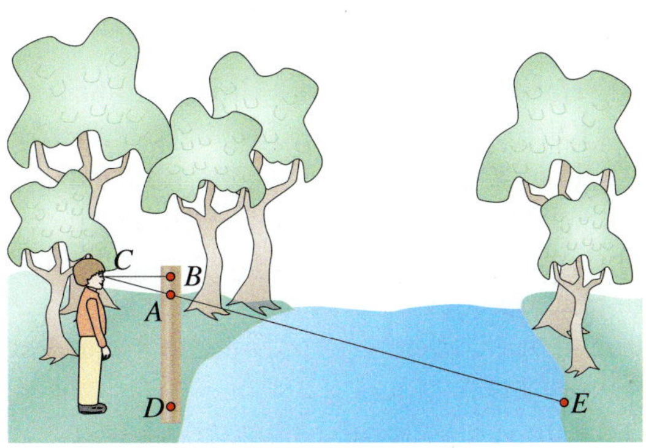

Trigonometrische Höhen- und Entfernungsmessung

Bei der Landesvermessung setzt man zur Bestimmung von Winkeln einen Theodoliten ein. Kernstück dieses Winkelmessinstruments ist ein bewegliches Fernrohr, mit dem man auf einen Punkt zielt. Dabei dreht man es in horizontaler Richtung nach links oder rechts und kann es in vertikaler Richtung heben oder senken. Den jeweiligen Drehwinkel kann man auf einer horizontalen und einer vertikalen Kreisscheibe ablesen. Moderne Theodoliten können mit Hilfe der Reflexion eines Infrarot- oder Laserstrahls auch Entfernungen messen.

Aufgaben

BEACHTE

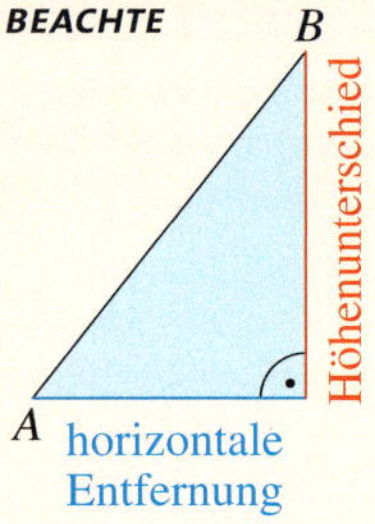

7 In einem Skigebiet

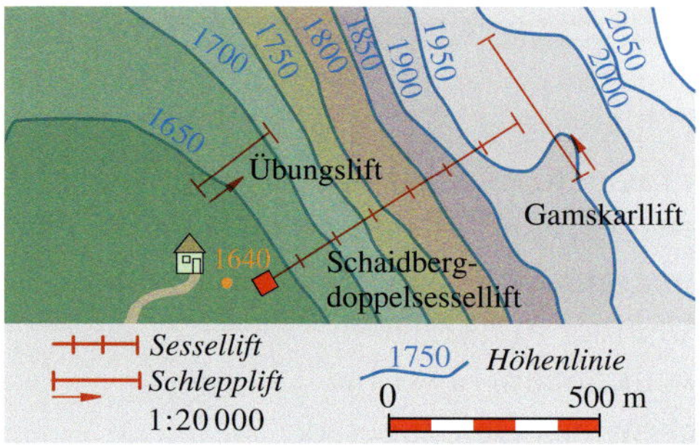

a) Ermittle anhand des Maßstabs jeweils die horizontale Entfernung zwischen der Talstation und der Bergstation der Lifte.

b) Lies den Höhenunterschied zwischen Tal- und Bergstation an den Höhenlinien ab.

c) Unter welchem Winkel steigt das Gelände im Durchschnitt je Liftstrecke an?

d) Berechne die Länge der Liftstrecke.

8 Anstieg im Gelände

Aus einer Wanderkarte liest man ab, dass die Orte A und B eine horizontale Entfernung von 3,2 km haben. Ihr Höhenunterschied beträgt 122 m.

a) Fertige eine maßstäbliche Skizze an.

b) Berechne den durchschnittlichen Steigungswinkel zwischen den beiden Orten. Vergleiche Skizze und Berechnung.

HINWEIS
Der Theodolit befindet sich 1,5 m über dem Boden.

9 Ein Wetterballon steigt auf

An einer Wetterwarte steigt bei völliger Windstille ein Wetterballon senkrecht auf. In einer Entfernung von 650 m zur Wetterwarte peilt ein Beobachter den Ballon mit Hilfe eines Theodoliten an. Die Messung des Höhenwinkels ergibt einen Wert von $\alpha = 24°$.

a) Wie weit war der Ballon zum Zeitpunkt der Messung vom Beobachter entfernt?

b) In welcher Höhe befand sich der Ballon zum Messzeitpunkt?

BEACHTE
Ein Marathon-Lauf hat eine Länge von 42,195 km.

10 Ein Stadtviertel in Berlin

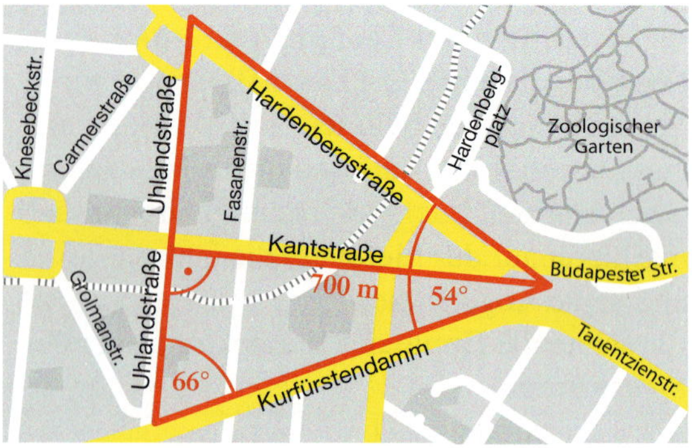

Die Hardenbergstraße, die Uhlandstraße und der Kurfürstendamm beschreiben annähernd ein dreieckiges Gebiet. Das darin liegende Teilstück der Kantstraße ist 700 m lang.

a) Berechne die Länge der Uhlandstraße und beschreibe, wie du dabei vorgehst.

b) Um das Gebiet soll ein Halbmarathon-Lauf stattfinden.
Ist diese Überlegung sinnvoll? Begründe.

11 Vermessung einer Baustelle

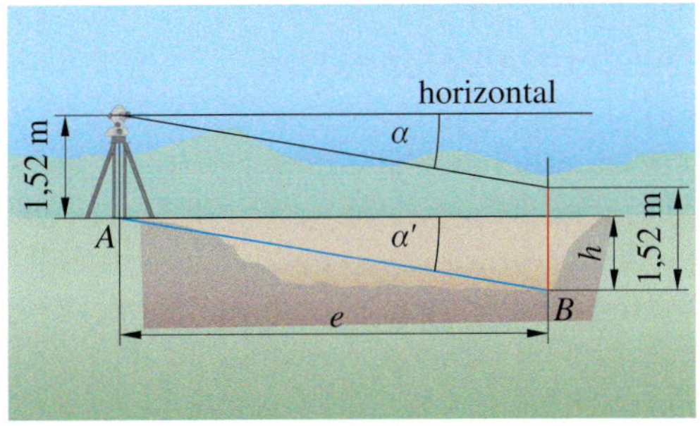

Theodoliten werden auch bei der Vermessung von Baustellen und Gebäuden eingesetzt: Um den Höhenunterschied der Punkte A und B in einer Baugrube zu bestimmen, peilt man die Messlatte über B in Standhöhe des Theodoliten über A an.

a) Berechne den Höhenunterschied h zwischen den Punkten A und B für folgende Messwerte: Tiefenwinkel $\alpha = 3{,}1°$, Peillänge $e = 20{,}50\,\text{m}$.

b) Beschreibe ein Verfahren, nach dem man die Höhe des fertigen Gebäudes berechnen kann.

12 Höhe des Vesuvs

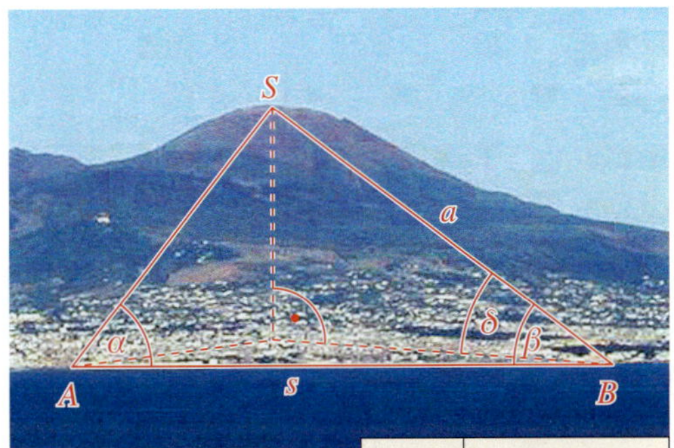

Die Höhe des Vesuvs lässt sich mit Hilfe der Trigonometrie berechnen:
In der Nähe des Vulkanes wird eine horizontale Standlinie mit den Endpunkten A und B abgesteckt und ihre Länge vermessen. Anschließend wird von beiden Endpunkten aus die Spitze S des Vesuvs angepeilt. Bei der Peilung können sowohl die Winkel α und β als auch der Höhenwinkel δ abgelesen werden.
Die Tabelle rechts listet alle Messergebnisse auf.

	Messwert
$\overline{AB}$	2960,7 m
α	52,6°
β	37,4°
δ	33,0°

a) Betrachte zunächst das Dreieck ABS und berechne die Länge der Seite a.

b) Berechne nun die Höhe h des Vesuvs.

c) Vergleiche das berechnete Ergebnis mit Angaben zur Höhe des Vesuvs aus dem Lexikon oder Internet.

SCHON GEWUSST?
Bei der Lösung von Vermessungsaufgaben wird häufig der Sinus- bzw. Kosinussatz benutzt.

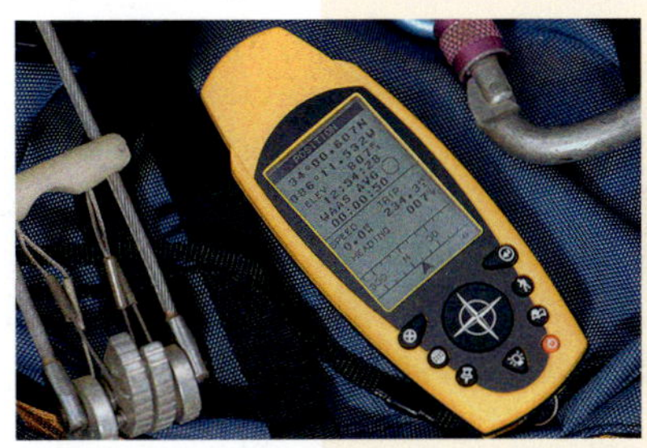

Während früher Höhenmessungen aufwändig mit Hilfe von Theodoliten oder gar durch Luftdruckmessungen durchgeführt wurden, bietet heute die Navigation mit Hilfe eines **GPS**-Geräts (**G**lobal **P**ositioning **S**ystem) die Möglichkeit, Positionen viel einfacher zu bestimmen.
Weiter verbreitet ist die Anwendung eines Navigationssystems, das die schnellste Route von einem beliebigen Startpunkt zu einem Ziel berechnet. Auto- und Radfahrer, aber auch Wanderer lassen sich von ihren Navigationsgeräten leiten.

Projekt

Vermessung der Schule

a) Baut in kleinen Gruppen einen Theodoliten und schreibt zu dem Messgerät eine Bedienungsanleitung. Darin sollen sein Aufbau und die Methode zur Messung von Höhen und Entfernungen mit Hilfe des Theodoliten erklärt werden.

b) Vermesst mit euren Theodoliten z. B. das Schulgebäude, den Sportplatz, einen in der Nähe gelegenen Kirchturm oder ein anderes Gebäude.

c) Vergleicht eure Messergebnisse untereinander und diskutiert über die Ursachen eventueller Abweichungen.

161-1
BEACHTE
Unter dem Webcode befindet sich eine Bauanleitung für einen Theodoliten.

Dynamisieren geometrischer Objekte

Die Zentralperspektive

Zur räumlichen Darstellung eines Körpers wird oftmals ein Schrägbild des Körpers erstellt. Dabei wird hauptsächlich die sogenannte Kavalierperspektive angewandt, bei der alle in die Tiefe verlaufenden Kanten im Winkel von 45° und um die Hälfte verkürzt angetragen werden.
Das Schrägbild ist eine **parallelperspektivische Darstellung**. Alle in der Wirklichkeit parallel verlaufenden Körperkanten sind auch in der Abbildung parallel.

Diese Art der Darstellung entspricht jedoch nicht unserem **natürlichen Sehen**. Wir sind daran gewöhnt, dass entfernte Gegenstände kleiner erscheinen als näher liegende.

Auf einem **Foto** wird die Wirklichkeit weitestgehend so dargestellt, wie wir sie sehen. Das liegt daran, dass das menschliche Auge und eine Kamera einen ähnlichen Aufbau haben.

ZUM WEITERARBEITEN
Informiere dich über den Aufbau des menschlichen Auges. Vergleiche den Aufbau mit dem einer Kamera.

BEACHTE
Dieses Gemälde zeigt eine Darstellung Otto III. aus dem Mittelalter.

In der **Malerei** wurde die Nachahmung des natürlichen Sehempfindens über lange Zeit hinweg eher vernachlässigt. Im Mittelalter war eine flächige, von Farben dominierte Malweise vorherrschend. Die Größe von Gegenständen wurde eher von ihrer Bedeutung als von ihrem räumlichen Abstand zum Bildbetrachter bestimmt.

Erst in der Renaissance, um 1420 in Italien, wurde die **Zentralperspektive** in Anlehnung an das natürliche Sehen entwickelt und seitdem konsequent angewandt.

Die wesentlichen **Prinzipien der Zentralperspektive** sind einerseits die **perspektivische Verkürzung**, d.h. alle Längen werden entsprechend der Entfernung zum Auge verkürzt. Zusätzlich laufen alle in die Tiefe führenden, parallelen Linien in einem Punkt zusammen. Diesen Punkt nennt man **Fluchtpunkt**.

So entsteht auf zweidimensionaler Fläche die Illusion eines dreidimensionalen Bildraumes.

Merkmale einer zentralperspektivischen Darstellung

1. Alle in die Tiefe parallel zueinander verlaufenden Linien treffen sich im Bild in einem Fluchtpunkt. Dieser liegt auf der Horizontlinie des Bildes.
2. Alle Senkrechten bleiben im Bild senkrecht.
3. In einem Bild kann es sogar mehrere Fluchtpunkte geben. In solch einem Bild verlaufen zwei oder drei Linienbündel in die Tiefe.

Ein Beispiel für eine zentralperspektivische Darstellung mit zwei Fluchtpunkten ist in der Grafik unten dargestellt. Diese Technik vermittelt einen optimalen räumlichen Eindruck des Objektes. Die **Zentralperspektive mit zwei Fluchtpunkten** nennt man auch Übereckperspektive.

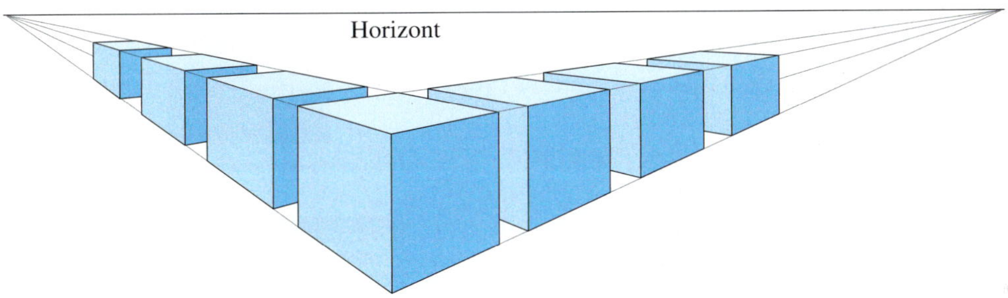

Aufgaben

1 Betrachte die Allee und den Säulengang auf den Fotos auf der vorigen Seite.
a) Kannst du die Prinzipien der Zentralperspektive darin wiederfinden? Begründe.
b) Nenne Beispiele für weitere Motive, von denen man Fotos dieser Art machen könnte.
c) Mache selbst Fotos dieser Art und stelle sie in der Klasse aus.

2 Vergleiche die Grafik zur Zentralperspektive mit zwei Fluchtpunkten und das Foto vom Bauhaus rechts daneben. Wo befinden sich die Fluchtpunkte des Gebäudes?

3 Drucke dir ein Gemälde aus, das in der Zentralperspektive gezeichnet wurde. Beachte dazu den Webcode in der Randspalte.
a) Finde den Fluchtpunkt im Bild. Zeichne dazu alle in die Tiefe verlaufenden Linien farbig ein. Verlängere die Linien zum Horizont hin, ähnlich wie in der Abbildung oben rechts auf dieser Seite.
b) Sind in dem Bild alle Merkmale einer zentralperspektivischen Darstellung zu finden? Begründe.

4 Skizziere einen Körper in der Zentralperspektive. Stelle den Körper zunächst mit nur einem Fluchtpunkt dar. Skizziere denselben Körper anschließend mit zwei Fluchtpunkten und vergleiche die Skizzen.

WWW 163-1
BEACHTE
Unter diesem Webcode kannst du dir ein Arbeitsblatt mit Gemälden ausdrucken.

Zentralperspektive mit Hilfe einer Dynamischen Geometrie-Software erzeugen

HINWEIS
Für die Beispiele in diesem Buch wird das Programm Euklid DynaGeo verwendet. Gebräuchlich sind außerdem die Programme GEONExT und GeoGebra.

Ein Haus soll in der Zentralperspektive mit einem Fluchtpunkt dargestellt werden.

1. Setze einen Fluchtpunkt im oberen Teil der Zeichenfläche.

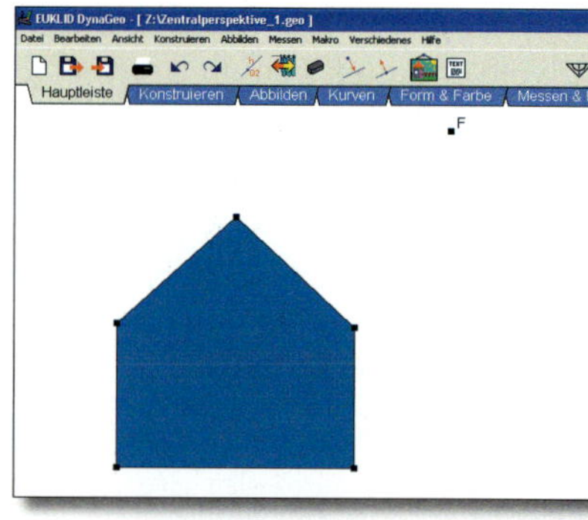

2. Konstruiere nun die Seitenfläche eines einfachen Hauses mit Giebel. Klicke dazu im Menü **Konstruieren** auf die Funktion ***n*-Eck**.

3. Die Rückwand des Hauses kannst du nun durch **zentrische Streckung** erzeugen. Der Fluchtpunkt ist dabei das Streckungszentrum *k*.
   Um den Streckungsfaktor anzugeben, benötigst du zunächst ein sogenanntes **Termobjekt**. Wähle **Messen → Termobjekt erstellen** in der Menüleiste und gib z. B. den Wert **0,7** ein.
   Wähle nun **Abbilden → Objekt zentrisch strecken** und klicke nacheinander auf dein zu streckendes **Objekt** (die Hauswand), das **Streckungszentrum** (den Fluchtpunkt) und den **Streckungsfaktor** (das Termobjekt).

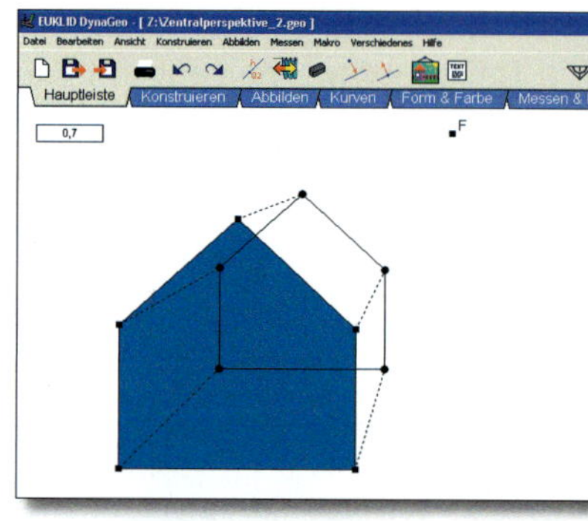

4. Du kannst nun die Wände und das Dach beliebig einfärben. Benutze dazu den Reiter **Form** und **Farbe**.
   Stelle nun die Fluchtlinien dar. Verbinde dazu alle Eckpunkte des Hauses mit dem Fluchtpunkt durch jeweils eine **Strecke**.

5. Bewege nun den Fluchtpunkt über die Zeichenfläche. Die zentralperspektivische Darstellung des Hauses wird dabei von der Software dynamisch angepasst.

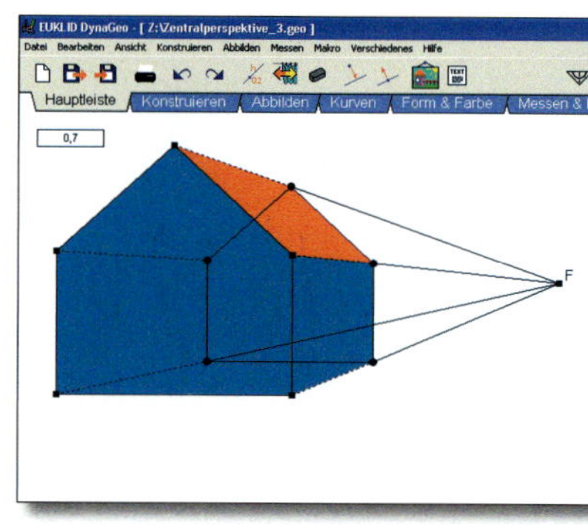

Aufgaben

5 Konstruiere ein Haus wie oben beschrieben. Erweitere dann deine Konstruktion zu einer Straßenszene: Das Haus kann z. B. an einer Straße stehen, die zum Horizont führt. Konstruiere mindestens ein weiteres Haus auf der gegenüberliegenden Straßenseite.

HINWEIS
Für die beiden Streckungszentren können auch zwei verschiedene Streckungsfaktoren gewählt werden.

6 Erzeuge eine Hochhausdarstellung in Übereckperspektive mit Hilfe einer dynamischen Geometrie-Software.
Bestimme dazu zwei Fluchtpunkte auf der Zeichenfläche. Beide Fluchtpunkte liegen auf der Horizontlinie. Beginne die Konstruktion des Hauses mit einer senkrechten Strecke, der vorderen Hauskante. Mit Hilfe eines Termobjektes kann nun die Strecke jeweils in Richtung der Fluchtpunkte gestreckt werden. Wiederhole die zentrische Streckung bei den weiteren Hauskanten.

Zeichnen von Ortskurven

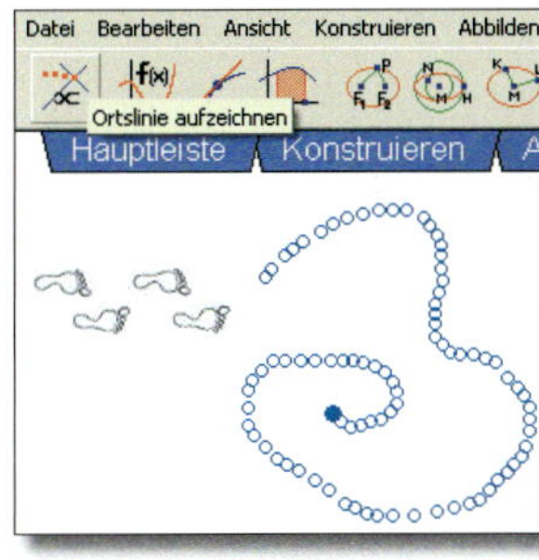

Im Zugmodus kann jeder freie Punkt beliebig auf der Zeichenfläche bewegt werden. Dabei verändert sich sein Ort. Der zurückgelegte Weg des Punktes kann von einer dynamischen Geometrie-Software sichtbar gemacht werden: Wie eine Spur aus Fußabdrücken entsteht eine sogenannte Ortskurve oder Ortslinie.

BEACHTE
Bei GEONExT heißen die Ortskurven Spur.

Aufgaben

7 Erzeuge einen Punkt auf der Zeichenfläche. Um seine Ortskurve aufzuzeichnen, wähle im Menü **Zeichnen** den Unterpunkt **Ortslinie eines Punktes aufzeichnen**. Markiere den Punkt und bewege ihn über die Zeichenfläche.
Schreibt euch gegenseitig mit Hilfe einer Ortskurve kurze Nachrichten.

8 Erzeuge einen Punkt M auf der Zeichenfläche. Befestige ihn dort (**Bearbeiten → Punkt fizieren**). Trage an M eine Strecke mit einer festen Länge an. Zeichne die Ortskurve des freien Punktes auf. Wie verläuft die Ortskurve, wenn M nicht fixiert wird?

9 Untersuche die folgende Ortskurve.

a) Zeichne eine Strecke AB. Konstruiere die Ortskurve aller Punkte, die den gleichen Abstand von den Punkten A und B haben. Führe dazu die folgenden Konstruktionsschritte aus:
① Erzeuge einen Punkt P. Zeichne um A einen Kreis durch P.
② Zeichne um B einen Kreis mit dem Radius AP.
Benutze den Hinweis in der Randspalte.
③ Erzeuge die Schnittpunkte der beiden Kreise.
④ Zeichne nun nacheinander die Ortskurve der beiden Schnittpunkte auf, wenn der Punkt P bewegt wird.

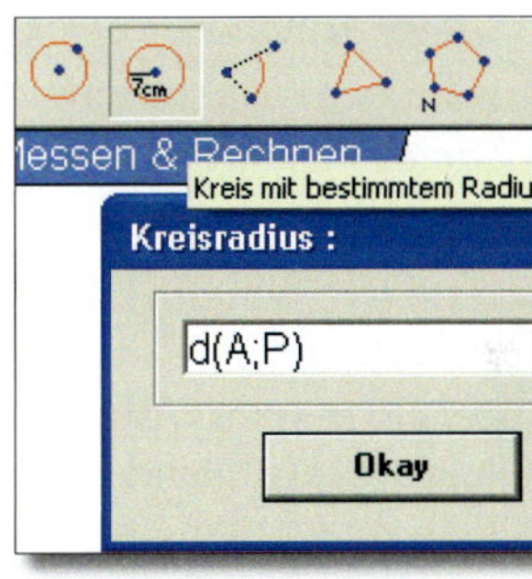

b) Welche besondere Eigenschaft hat diese Kurve?

HINWEIS
Klicke mit der rechten Maustaste auf die Punkte und benenne sie.

HINWEIS
d (A; P) ist der Abstand zwischen den Punkten A und P.

10 Konstruiere ein rechtwinkliges Dreieck ABC mit dem rechten Winkel bei C.

a) Welche Ortskurve entsteht von C, wenn der Punkt A bzw. der Punkt B bewegt wird?

b) Wo liegt der Umkreismittelpunkt in einem rechtwinkligen Dreieck?

11 Der Höhenschnittpunkt eines Dreiecks hat eine besondere Ortskurve.

a) Führe die folgende Konstruktion durch:
① Zeichne eine Strecke AB.
② Konstruiere eine Parallele g zu AB.
③ Markiere auf g einen Punkt C.
④ Zeichne das Dreieck ABC.
⑤ Konstruiere die drei Höhen des Dreiecks ABC.
⑥ Benenne den Schnittpunkt der Höhen mit S.

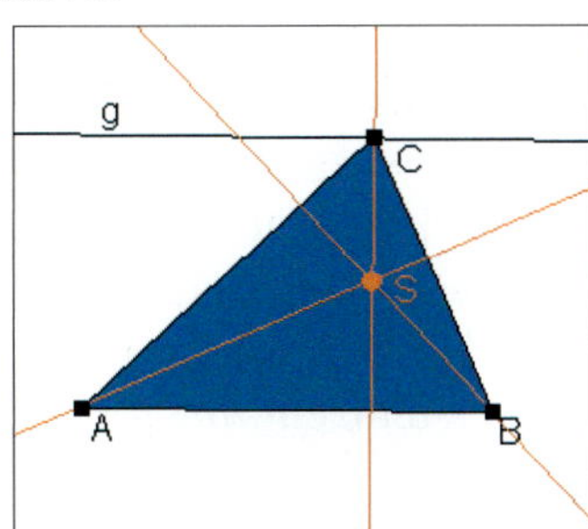

b) Zeichne die Ortskurve des Höhenschnittpunkts S. Wie verändert sich die Lage von S, wenn der Punkt C entlang der Geraden g bewegt wird?

c) Beschreibe die Form der Ortskurve von S.

ZUM WEITERARBEITEN
Wer war Thales? Was ist der nach ihm benannte Thales-Kreis?

Verwenden von Makros

BEACHTE
Bei GEONExT ist das Verwenden von Makros nicht möglich.

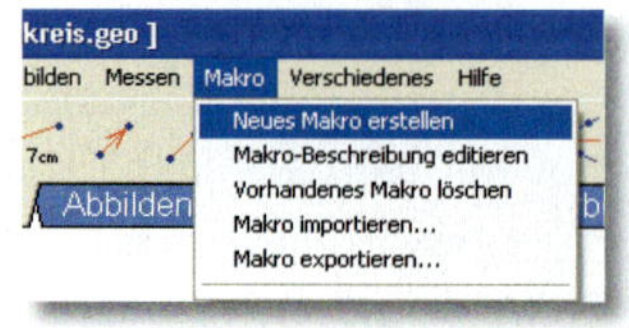

Mit einem Makro kann eine Folge von mehreren Konstruktionsschritten zu einem einzigen Befehl zusammengefasst werden. Damit erspart man sich das wiederholte Ausführen aller Teilschritte einer Konstruktion.

Die Verwendung von Makros in DynaGeo wird nun an einem Beispiel beschrieben.

ERINNERE DICH
Der Umkreismittelpunkt ist der Schnittpunkt der Mittelsenkrechten des Dreiecks.

1. Konstruktion durchführen
Zeichne ein beliebiges Dreieck. Führe die vollständige Konstruktion des Umkreises zu diesem Dreieck durch.

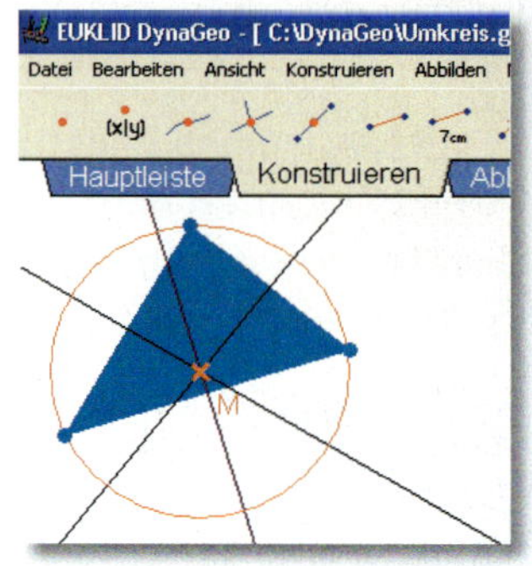

2. Makro erstellen
Jetzt werden alle Konstruktionsschritte zu einem Makro zusammengefasst. Klicke dazu im Menü **Makro** auf **Neues Makro** erstellen.

- Markiere in der Konstruktionszeichnung alle **Startobjekte**.
  Das sind die Objekte, die das Programm zur Konstruktion benötigt. Im Beispiel sind die Startobjekte die Eckpunkte des Dreiecks. Bestätige die Eingabe mit der Schaltfläche **Okay, fertig.**

- Klicke nun alle **Zielobjekte** in der Zeichnung an. Zielobjekte, wie hier das Dreieck und der Umkreis mit seinem Mittelpunkt, werden später vom Programm angezeigt. Bestätige erneut deine Eingabe.
- Gib dem Makro einen **Namen**, z. B. Umkreis. Zusätzlich kannst du es beschreiben.
- Speichere das Makro dauerhaft in einem beliebigen Ordner ab. Klicke dazu im Menü **Makro** auf **Makro exportieren**.

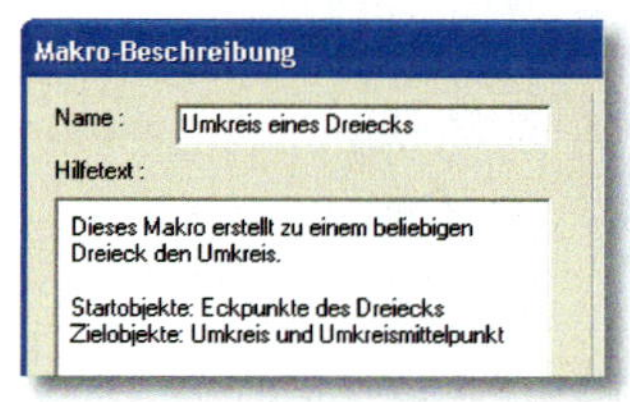

3. Makro verwenden
Ohne viel Aufwand lassen sich nun Umkreise zu Dreiecken konstruieren. Damit das Makro in einem neuen Arbeitsblatt verwendet werden kann, muss das Makro zunächst geladen werden (**Makro → Makro importieren**). Anschließend wird das Makro im Menü angezeigt.

TIPP
Makros können über das Menü Makro oder die Schaltfläche mit der Klappe ausgeführt werden.

Wähle das Makro an. Erzeuge auf der Zeichenfläche drei Punkte als Startobjekte. Als Ergebnis zeichnet das Programm zu den drei Punkten ein Dreieck, seinen Umkreis und den Umkreismittelpunkt.

Aufgaben

HINWEIS
Informationen zum Inkreis findest du z. B. in einer Formelsammlung oder im Internet.

12 Welche Makros gibt es bereits im Konstruktionsmenü von DynaGeo? Nenne mehrere Beispiele und beschreibe ihre Funktion.

13 Erstelle ein Makro zum Erzeugen eines rechtwinkligen Dreiecks *ABC*.

14 Schreibe ein Makro zum Zeichnen eines Quadrats aus einer Seite *AB*.

15 Erstelle ein Makro, welches zu jedem Dreieck seinen Inkreis konstruiert.

Anhang

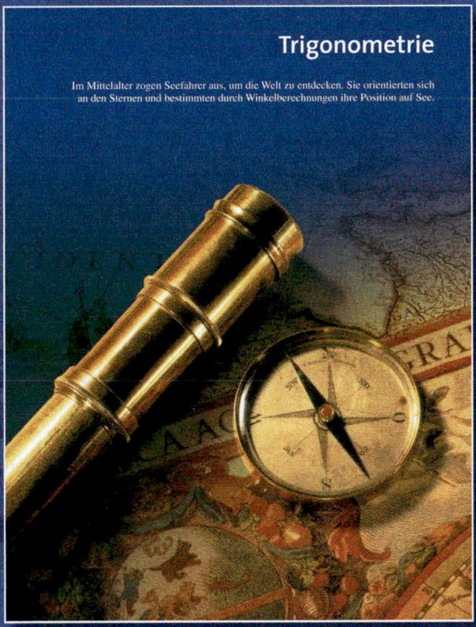

Trigonometrie

Im Mittelalter zogen Seefahrer aus, um die Welt zu entdecken. Sie orientierten sich an den Sternen und bestimmten durch Winkelberechnungen ihre Position auf See.

Datenerhebungen hinterfragen

In Diagrammen und statistischen Auswertungen gibt es die Möglichkeit, Ergebnisse gezielt hervorzuheben und falsche Eindrücke zu erwecken. Daher muss man diese Informationen kritisch betrachten und hinterfragen.

Die Sinusfunktion

Das Finale in der Disziplin 400-m-Freistil der Herren beginnt mit einem Kopfsprung vom Startblock. Alle Schwimmer sind noch gleich auf. Schnell nähern sich die Schwimmer der ersten Wende. Bis zum letzten Anschlag werden sie 7-mal die Richtung ändern. Nach jeweils drei Zügen holen sie Luft und werden unzählige Male den Arm ins Wasser eintauchen, durchziehen und wieder heben. Immer dieselbe, sich wiederholende Bewegung. Eingeübt bis zur Perfektion. Nach 3:41 min reißt der Sieger die Arme in die Luft.

Berechnungen an allgemeinen Dreiecken und Vielecken

Im alltäglichen Leben und in der Berufswelt treten nicht nur rechtwinklige Dreiecke auf. Vielmehr kommen z. B. bei der Landvermessung oder beim Bau allgemeine Dreiecke und Vielecke vor, die berechnet werden müssen. Dazu nutzt man die Trigonometrie, speziell den Sinus- und den Kosinussatz.

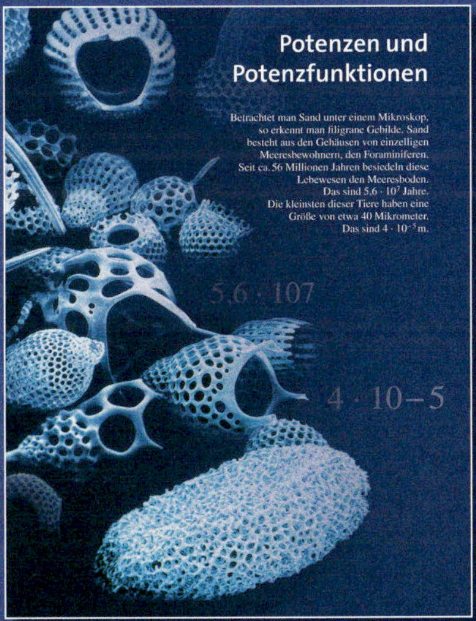

Potenzen und Potenzfunktionen

Betrachtet man Sand unter einem Mikroskop, so erkennt man filigrane Gebilde. Sand besteht aus den Gehäusen von einzelligen Meeresbewohnern, den Foraminiferen. Seit ca. 56 Millionen Jahren besiedeln diese Lebewesen den Meeresboden. Das sind $5{,}6 \cdot 10^7$ Jahre. Die kleinsten dieser Tiere haben eine Größe von etwa 40 Mikrometer. Das sind $4 \cdot 10^{-5}$ m.

Wachstum

Jedes Leben beginnt mit einer einzigen Zelle, die sich nach und nach immer wieder teilt. Beim Menschen beginnt die Zellteilung sofort nach der Befruchtung der Eizelle. Nach ca. 30 Stunden ist die erste Teilung abgeschlossen. Aus den zwei Zellen entstehen vier, nach ca. drei Tagen sind es bereits 16 Zellen. So wächst das neu entstandene Leben immer weiter …

Veränderungen mit Funktionen beschreiben

Die zurückgelegte Strecke und die Geschwindigkeit eines Kurzstreckenläufers lässt sich mit einer Funktion beschreiben. In unserer Umwelt gibt es viele weitere Abläufe, die sich mit Hilfe von Funktionen beschreiben lassen.

Anwendungen

Gleichungen im Alltag
Optimierung
Vermessungsprobleme
Dynamisieren geometrischer Objekte

Training

Trigonometrie

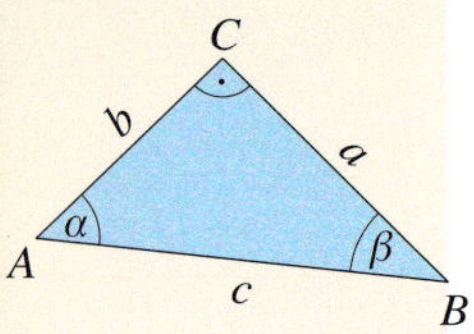

1 Gib jeweils den sin, cos und tan der Winkel α und β als Verhältnis an.

2 Wie groß ist der Steigungswinkel α?

a) Eine anspruchsvolle Skipiste hat ein durchschnittliches Gefälle von 40 %.

b) Eine Pistenraupe arbeitet auf Hängen mit einer Steigung bis 55 %.

3 Gib jeweils die durchschnittliche Steigung in Prozent an.

a) Ein Sessellift überwindet auf einer horizontalen Strecke von 1,3 km einen Höhenunterschied von 600 m.

b) Mit einem Schlepplift können Skifahrer 500 m bergan fahren. Der Höhenunterschied zwischen Anfang und Ende beträgt 113,9 m.

4 Berechne die Länge der roten Seiten und die Größe der fehlenden Winkel.

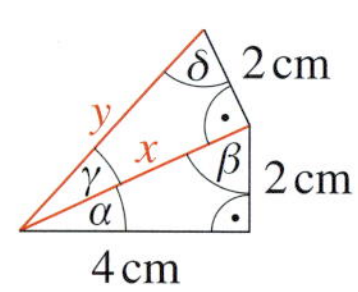

5 In einem rechtwinkligen Dreieck hat der Tangens eines Winkels den Wert eins.

a) Fertige eine passende Skizze an.

b) Gib die Längen von drei möglichen Seitenpaaren a und b an.

c) Berechne jeweils die Länge der Hypotenuse zu den Seitenlängen aus Aufgabenteil b).

6 Ein Schiff fährt in 9 km Entfernung an einem Leuchtturm vorbei. Der Peilwinkel zwischen der Fahrtrichtung und dem Schiff beträgt 90°. Nach einer halben Stunde beträgt der Peilwinkel 122°.

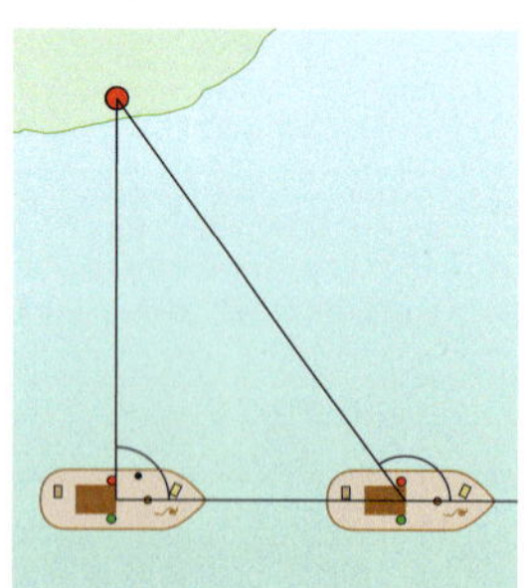

a) Wie weit ist das Schiff in der halben Stunde gefahren?

b) Mit welcher durchschnittlichen Geschwindigkeit ist das Schiff gefahren?

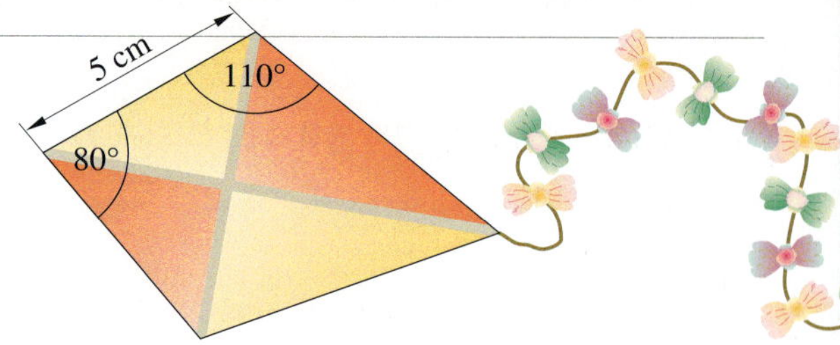

7 Berechne die Länge der Diagonalen des Drachens. Beschreibe, wie du dabei vorgehst.

8 Ein Rechteck hat die Seitenlängen $a = 5\,\text{cm}$ und $b = 8\,\text{cm}$. Erstelle eine Übersichtsskizze. Unter welchem Winkel schneiden sich die beiden Diagonalen? Gib den größeren der beiden möglichen Winkel an.

9 Der Schatten eines Baumes hat eine Länge von 5,3 m. Zum Zeitpunkt der Messung hatte der Einfallswinkel der Sonnenstrahlen eine Größe von 47°. Berechne die Höhe des Baumes.

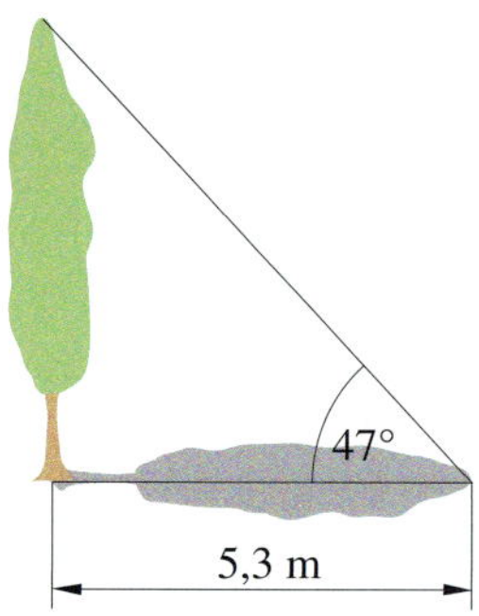

10 Von einem rechtwinkligen Dreieck ($\gamma = 90°$) sind jeweils zwei Größen bekannt. Ergänze die Tabelle im Heft, runde jeweils auf eine Nachkommastelle.

	a	b	c	α	β
a)	3 cm		8 cm		
b)		30 cm		45°	
c)		12 cm			11°
d)	4 cm	5 cm			
e)			22 m	9°	

11 Berechne die Winkel einer Raute mit einer Seitenlänge von 30 cm. Die Länge der kürzeren Diagonale beträgt 20 cm.

12 Berechne den Flächeninhalt des Dreiecks mit $\alpha = 33°$ und $b = 14{,}8\,\text{cm}$.

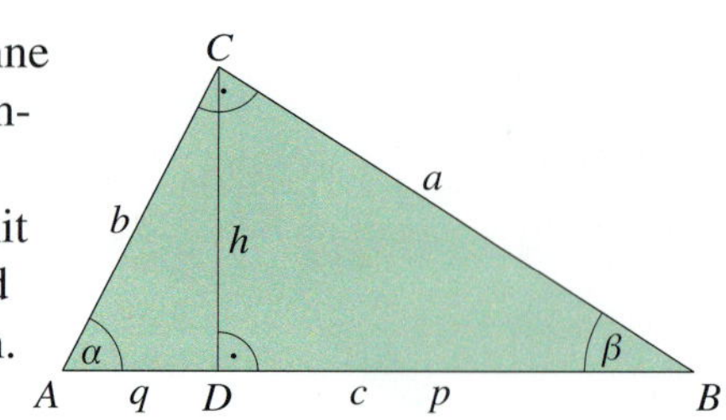

Datenerhebungen hinterfragen

1 In der Wochenzeitung „DIE ZEIT“ findet sich in der Ausgabe vom 8. Oktober 2009 das folgende Diagramm.

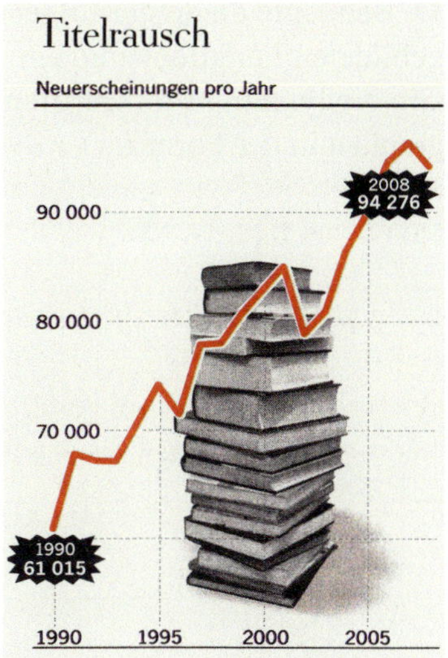

a) Nimm dazu kritisch Stellung. Betrachte dabei die gesamte Darstellung inklusive der Überschrift.

b) Zeichne ein korrektes Diagramm. Dabei reicht es, den Verlauf der Kurve in etwa zu übertragen. Welche Überschrift würdest du wählen?

2 Die Tabelle enthält Angaben über die Zusammensetzung des jährlichen Hausmüllaufkommens in Deutschland.

Abfallart	Restabfall	Sperrmüll	Bioabfall	Sonstiges
Kilotonnen	16 466	2676	3753	13 364

Entscheide, welches der beiden Piktogramme die Daten aus der Tabelle richtig wiedergibt. Begründe.

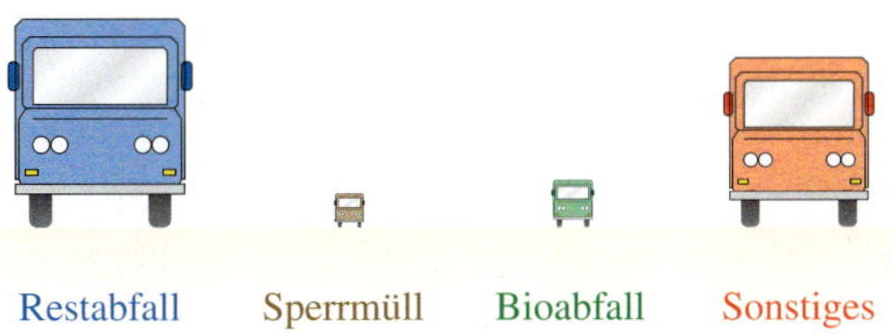

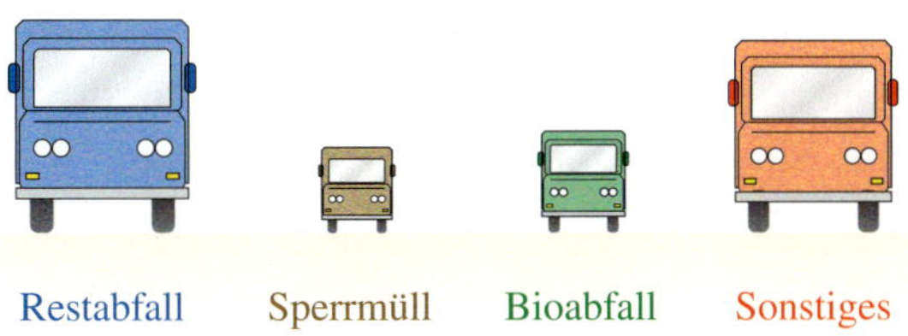

3 Schülerinnen und Schüler eines 10. Jahrgangs haben einen manipulativen Fragebogen zur Qualität ihrer Schule entwickelt. Zwei Fragen daraus sind hier abgebildet.

Qualität der Lehrerinnen und Lehrer

Die Internetseite „schulradar.de“ weist die Qualität der Lehrerinnen und Lehrer an unserer Schule als überdurchschnittlich gut aus.

Wie bewertest du deren Qualität?

❑ sehr gut ❑ gut ❑ eher gut
❑ sehr schlecht ❑ k.A.

Fächer- und AG-Angebot

Die Lehrerinnen und Lehrer unserer Schule bieten in Kooperation mit vielen Vereinen ein großes Angebot an AGs an. Die Anzahl der Fächer im Wahlpflichtbereich ist deutlich höher als an anderen Schulen.

Bist du mit dem Angebot an AGs und dem Wahlpflichtbereich zufrieden?

❑ sehr zufrieden ❑ zufrieden
❑ absolut unzufrieden ❑ k.A.

a) Bewerte die Fragen und erläutere, worin die Manipulation besteht.

b) Verändere die beiden abgebildeten Fragen dahingehend, dass alle Manipulationen wegfallen und somit neutral gefragt wird.

4 Erstelle ein korrektes Kreisdiagramm zu den angegebenen Daten. Zeichne ein weiteres Kreisdiagramm, bei dem der Bereich „keine Angabe“ nicht mit abgetragen wird.

Das politische Geschehen …

… interessiert mich nicht	38 %
… interessiert mich bei bestimmten Themen	17 %
… verfolge ich regelmäßig	23 %
keine Angabe	22 %

a) Beschreibe die unterschiedliche Wirkung der beiden Diagramme.

b) Wer könnte Interesse an der manipulierten Darstellung haben?

Die Sinusfunktion

1 Gib jeweils alle Winkel α aus dem Intervall von $-360°$ bis $360°$ an, die die Gleichung erfüllen.

a) $\sin\alpha = 0{,}5$
b) $\sin\alpha = 0{,}7$
c) $\sin\alpha = -0{,}85$
d) $\sin\alpha = 1{,}38$
e) $\sin\alpha = -1$
f) $\sin\alpha = 0{,}3795$

2 Berechne das Bogenmaß (am Einheitskreis) für die gegebenen Winkel.

a) $45°$
b) $180°$
c) $60°$
d) $5°$
e) $225°$
f) $420°$

3 Rechne die gegebenen Winkel vom Bogenmaß in das Gradmaß um.

a) $\frac{1}{2}\pi$
b) $\frac{1}{4}\pi$
c) $\frac{1}{5}\pi$
d) π
e) $1{,}5\pi$
f) 0

4 Beschreibe die Form- und Lageänderung der Funktionen im Vergleich zur Standard-Sinusfunktion. Skizziere die Funktionsgraphen im Intervall von $-180°$ bis $360°$ in einem gemeinsamen Koordinatensystem.

a) $f(x) = \sin x - 0{,}5$
b) $g(x) = \sin x + 2$
c) $h(x) = \sin\left(x + \frac{\pi}{4}\right)$
d) $i(x) = \sin\left(x - \frac{\pi}{3}\right) + 1$
e) $j(x) = \frac{1}{2}\sin x$
f) $k(x) = \sin(-x)$
g) $l(x) = -2\sin(0{,}5x) + 0{,}5$

5 Führe die folgenden Veränderungen am Graphen der Standard-Sinusfunktion durch und gib die Funktionsvorschrift des neuen Graphen an.

a) Verschiebung um $\frac{\pi}{2}$ nach rechts
b) Verschiebung um 0,5 nach unten
c) Streckung in Richtung der y-Achse mit dem Faktor 3
d) Streckung in Richtung der y-Achse mit dem Faktor $\frac{1}{4}$
e) Streckung in Richtung der x-Achse mit dem Faktor 2
f) Spiegelung an der y-Achse
g) Spiegelung an der x-Achse

6 Betrachte die in der folgenden Grafik abgebildeten Funktionsgraphen.
Gib die Funktionsvorschriften der Funktionsgraphen in der Form $f(x) = a \cdot \sin(b \cdot (x + c))$ an.

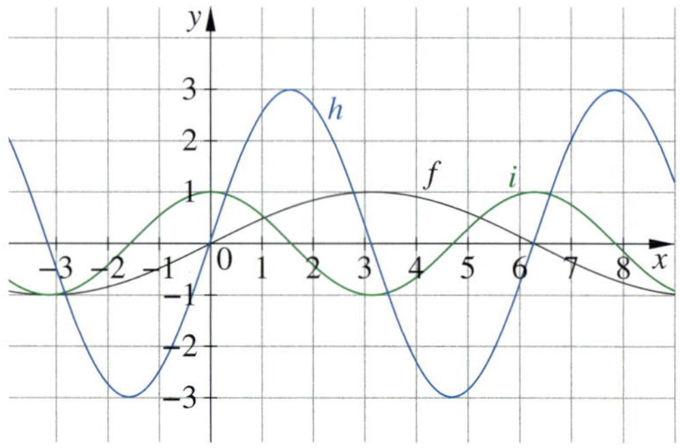

7 Sind die folgenden Aussagen richtig? Korrigiere falsche Aussagen.

a) Der Graph der Sinusfunktion ist achsensymmetrisch zur y-Achse.
b) Ist $f(x) = \sin x + d$, so wird der Graph der Sinusfunktion um d Einheiten nach oben verschoben, wenn $d > 0$ ist.
c) Ist $f(x) = \sin(x + c)$, so wird der Graph der Sinusfunktion um c Einheiten nach rechts verschoben, wenn $c > 0$ ist.
d) $f(x) = \sin x$ und $g(x) = 2\sin x$ besitzen dieselben Nullstellen.
e) $f(x) = \sin x$ und $g(x) = 2\sin x$ haben dieselbe Periode.

8 Die Abbildung zeigt die durchschnittliche Wasser- und Lufttemperatur, sowie die Anzahl der Sonnenstunden pro Tag auf der Insel Mallorca.

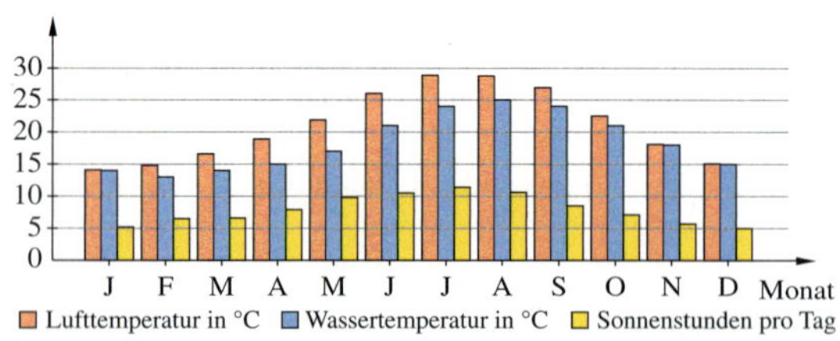

Nähere die Kurven möglichst genau durch eine Sinusfunktion an.
Beschreibe deine Vorgehensweise und vergleiche die Werte der Modellfunktion mit den Messwerten.

Berechnungen an allgemeinen Dreiecken und Vielecken

1 Berechne den Flächeninhalt des Dreiecks.

a) $a = 3\,\text{cm}$, $b = 5\,\text{cm}$, $\gamma = 40°$
b) $a = 2{,}6\,\text{cm}$, $c = 4{,}5\,\text{cm}$, $\beta = 53°$
c) $a = 4{,}8\,\text{cm}$, $b = 9\,\text{cm}$, $\gamma = 24°$
d) $b = 6{,}3\,\text{cm}$, $c = 3{,}9\,\text{cm}$, $\alpha = 96°$
e) $a = 11{,}5\,\text{cm}$, $b = 2\,\text{dm}$, $\gamma = 57°$

2 Berechne den Flächeninhalt des Dreiecks. Entnimm die Maße der Zeichnung.

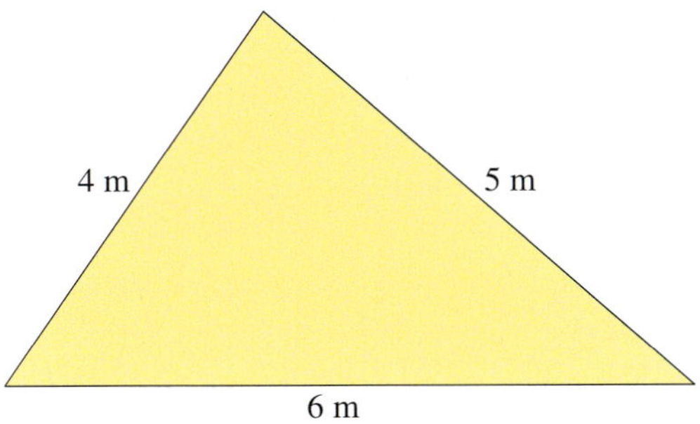

3 Ein Dreieck hat einen Flächeninhalt von $14{,}1\,\text{cm}^2$. Der Winkel α beträgt 44° und Seite b ist 4 cm lang. Wie lang ist die Seite c?

4 Berechne die fehlenden Größen.

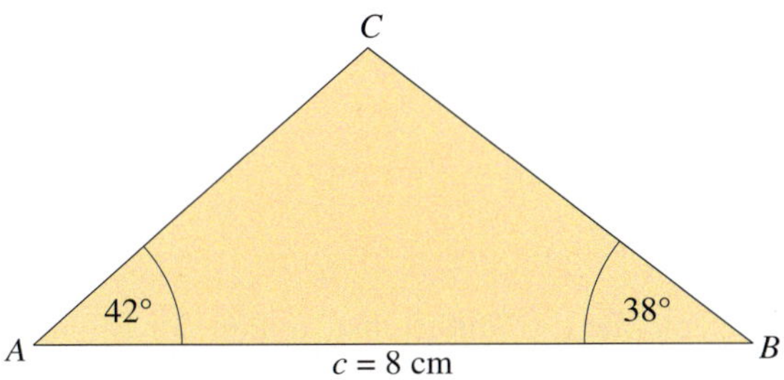

5 Berechne den Flächeninhalt des Dreiecks ABC.

a) $a = 93\,\text{mm}$, $c = 0{,}49\,\text{dm}$, $\alpha = 40°$
b) $a = 630\,\text{mm}$, $b = 0{,}57\,\text{m}$, $\beta = 72°$
c) $b = 0{,}18\,\text{cm}$, $c = 0{,}32\,\text{m}$, $\gamma = 25°$

6 Berechne die fehlenden Seiten und Winkel des Dreiecks ABC.

a) $a = 9{,}6\,\text{cm}$, $\alpha = 82°$, $\beta = 40°$
b) $b = 65\,\text{m}$, $a = 23{,}2\,\text{m}$, $\beta = 107{,}4°$
c) $b = 6{,}1\,\text{cm}$, $c = 9\,\text{cm}$, $\gamma = 59°$

7 Aus der Entfernung wird die Spitze einer Pyramide angepeilt. Alle Messergebnisse sind in der Abbildung angegeben.

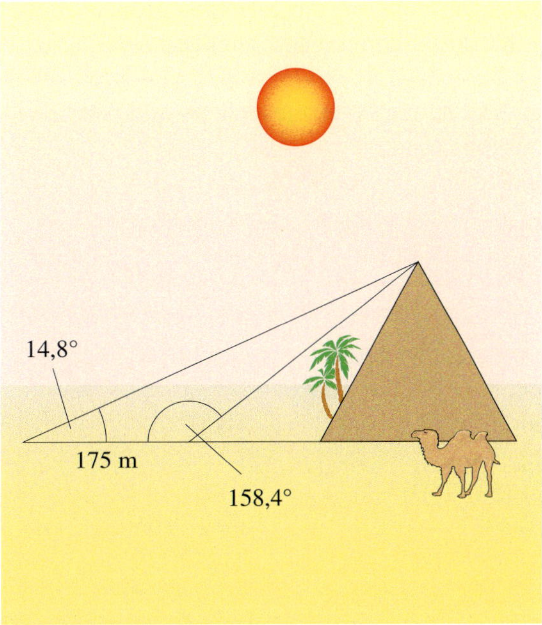

Berechne die Höhe der Pyramide.

8 Gegeben ist das Trapez $ABCD$ mit den parallelen Seiten a und c. Fertige eine Skizze an und berechne die fehlenden Seiten, Winkel und Diagonalen des Trapezes. Berechne anschließend den Flächeninhalt.

a) $a = 3{,}7\,\text{cm}$, $b = 2{,}1\,\text{cm}$, $c = 1{,}9\,\text{cm}$, $\gamma = 120°$
b) $a = 4{,}6\,\text{cm}$, $b = 2{,}2\,\text{cm}$, $c = 1{,}3\,\text{cm}$, $e = 3{,}3\,\text{cm}$

9 Von einem Leuchtturm aus werden zwei Schiffe angepeilt. Das eine ist 7,5 km vom Leuchtturm entfernt, das andere 10 km. Der Peilwinkel beträgt 55°.
Wie weit sind die beiden Schiffe voneinander entfernt?

10 Auf einem Berg steht ein 3,50 m hohes Gipfelkreuz. Von einem Ort im Tal sieht man den Fußpunkt des Gipfelkreuzes in einem Winkel von 3,5° und die Spitze des Gipfelkreuzes in einem Winkel von 3,9°. Wie hoch ist der Berg? Wie weit ist die Spitze des Berges von dem Ort im Tal entfernt?

Potenzen und Potenzfunktionen

BEACHTE
$1\,\mu m = 10^{-3}\,mm$
$1\,nm = 10^{-6}\,mm$

1 Wie schnell kommst du über 1 000 000? Starte bei 2 (3, 4; … ; 10) und multipliziere mit Hilfe des Taschenrechners so oft mit der Ausgangszahl, bis das Ergebnis größer ist als 1 000 000. Schreibe anschließend als Potenz.

2 Wende die Potenzgesetze an und berechne anschließend.

a) $2^4 \cdot 2^5$ b) $3^5 : 3^2$ c) 5^{-2}
d) $\frac{8^3}{2^3}$ e) $5^4 \cdot 2^4$ f) $(5^3)^2$
g) $\sqrt[4]{16 \cdot 256}$ h) $\sqrt[5]{3^{10}}$ i) $5^0 \cdot 4^7$

3 Berechne und setze das richtige Zeichen (<; >; =) in die Lücke.

a) $25^4 \cdot 4^4$ ____ 1000^3
b) $\sqrt[15]{8^5}$ ____ 1
c) $(5^3 \cdot 7^3)^{\frac{1}{3}}$ ____ 100
d) 43^5 ____ $1{,}47 \cdot 10^8$
e) $5^{-4} \cdot 5^4$ ____ 2135^0

4 Schreibe als Potenz.

a) $\sqrt[5]{243}$ b) $\sqrt[4]{81}$
c) $\sqrt[4]{0{,}0016}$ d) $\frac{1}{196}$
e) $\frac{1}{27}$ f) $\frac{1}{16}$
g) $\sqrt[6]{0{,}000\,064}$ h) $\frac{1}{128}$

5 Übersetze und berechne.

a) Ziehe die dritte Wurzel aus der sechsten Potenz von fünf.
b) Multipliziere vier Milliarden mit dem Quadrat von acht.
c) Teile sechs hoch acht durch neun hoch drei.

6 Löse das Zahlenrätsel.

a) Potenziere die dritte Potenz von zwei mit drei.
b) Potenziere acht mit vier und teile das Ergebnis durch zwei hoch vier.

7 Welche der folgenden Funktionen sind Potenzfunktionen? Gib gegebenenfalls den Streckungsfaktor an.

a) $f(x) = 5x^4$ b) $f(x) = \frac{1}{4x^6}$
c) $f(x) = \frac{1}{3}x^{12}$ d) $f(x) = 7x - 18$
e) $f(x) = -\frac{13}{x^6}$ f) $f(x) = (8x)^{-3}$

8 Zeichne den Graphen der Funktion $f(x) = 4x^{-3}$. Verläuft der Graph durch die Punkte $P(2|0{,}5)$ und $Q(-1|-4)$? Überprüfe deine Aussage durch eine Rechnung.

9 Welche Aussage kannst du über den Faktor a und den Exponenten n der drei Funktionen machen?

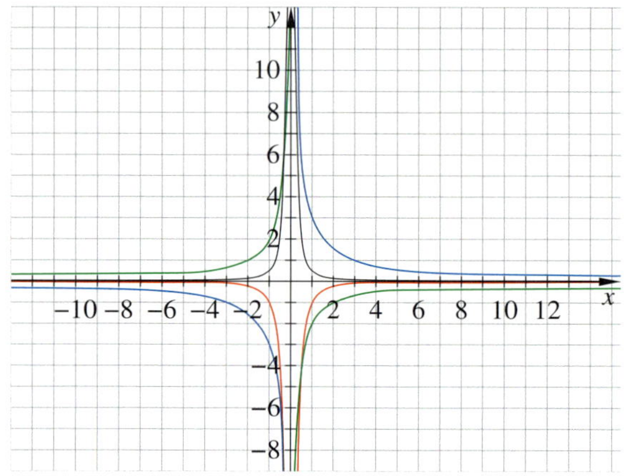

10 Ergänze die Wertetabelle im Heft und zeichne den Graphen.
Gib jeweils an, ob die Graphen gestaucht oder gestreckt sind.

a)

x	−2	−1	−0,5	0,5	1	2
$y = 0{,}5x^3$						

b)

x	−2	−1	−0,5	0,5	1	2
$y = -1{,}5x^3$						

11 Zeichne die Funktionsgraphen der folgenden Funktionen jeweils im Intervall [−3; 3]. Gib an, ob die Graphen gestaucht oder gestreckt sind.

a) $f(x) = \frac{1}{4}x^2$ b) $f(x) = \frac{1}{5}x^3$
c) $f(x) = 4x^{-1}$ d) $f(x) = -\frac{1}{10}x^3$
e) $f(x) = -1{,}5x^4$ f) $f(x) = -\frac{1}{50}x^5$
g) $f(x) = -6x^{-3}$ h) $f(x) = 0{,}5x^4$

12 Zeichne den Graphen der Funktion $f(x) = x^{-2}$ in ein Koordinatensystem. Skizziere, ohne eine Wertetabelle anzulegen, die Graphen der Funktion $g(x) = -x^{-2}$, $h(x) = \frac{1}{2}x^{-2}$ und $i(x) = -2x^{-2}$ in demselben Koordinatensystem.

Wachstum

1 Verzinse 25 000 Euro mit 3,2 % pro Jahr.
a) für ein Jahr
b) für fünf Jahre

2 Nach einer guten Werbekampagne erhöhte ein Tennisverein im Jahr 2010 die Zahl seiner Mitglieder um 135. Der Verein zählte zuvor 784 Mitglieder.
a) Gib den Zuwachs in Prozent an.
b) Ermittle den Wachstumsfaktor für dieses eine Jahr.
c) Wie viele Mitglieder hätte der Verein im Jahr 2020, wenn die Wachstumsrate konstant bliebe?

3 Zwischen 1960 und 1990 ging die Zahl der Farmen in den USA um jährlich 2,1 % zurück. 1960 gab es etwa 4 Mio. Farmen. Wie viele gab es noch 1990?

4 Im Jahr 2008 lebt erstmals in der Geschichte die Mehrheit der Menschen in Städten. Über drei Viertel des gesamten Weltbevölkerungswachstums findet heute in den Städten der Entwicklungsländer statt. Innerhalb der nächsten zwei Jahrzehnte wird sich die städtische Bevölkerung dort voraussichtlich nahezu verdoppeln: von 2,4 Mrd. Menschen im Jahr 2010 auf 3,93 Mrd. im Jahr 2030.
Welche jährliche Wachstumsrate liegt dieser Berechnung zugrunde?

5 Ergänze im Heft die fehlenden Daten aus der Tabelle.

Jahr	Bevölkerung in Mrd.	durchschnittliche Zuwachsrate pro Jahr in %
1804	1	0,565
1927	2	
1960	3	
1974	4	
1987	5	
1999	6	
2012	7	
2024	8	

6 Entscheide, ob die Werte in den Tabellen exponentielles Wachstum beschreiben.

a)

x	0	1	2	3
y	100	180	324	583,2

b)

x	0	1	2	4
y	24	28,8	34,56	41,472

7 Zeichne ein Diagramm, das den Anstieg der Weltbevölkerung zeigt. Nutze dazu die Daten aus Aufgabe 5. Beginne auf der x-Achse im Jahr 1700. Schätze anhand deines Kurvenverlaufs ab, wie viele Menschen etwa im Jahr 1700 gelebt haben. Darüber gibt es keine gesicherten Erkenntnisse.

8 Die Verdopplungszeit von Salmonellen beträgt ca. 20 Minuten. In einer Fleischprobe werden 80 Salmonellen gefunden.

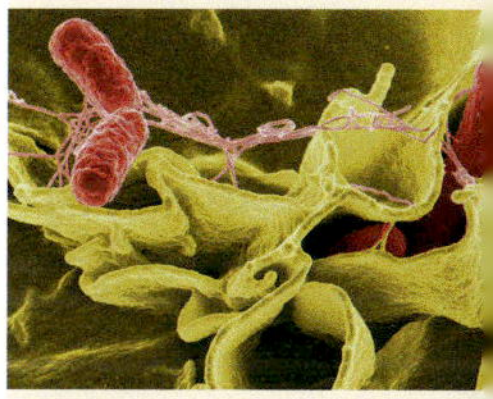

a) Stelle das Anwachsen der Salmonellenzahl von vier Verdopplungszeiten vor bis fünf Verdopplungszeiten nach Untersuchungsbeginn in einer Tabelle dar.
b) Wie viele Salmonellen enthält die Probe 90 Minuten nach Untersuchungsbeginn?
c) Wie viele Erreger enthielt die Probe eine halbe Stunde vor Untersuchungsbeginn?

9 Im Bild ist die älteste bekannte Höhlenmalerei zu sehen. Ihr Alter wurde mit Hilfe der Radiocarbon-Methode auf 31 500 Jahre datiert.
Wie viel Prozent des ursprünglichen radioaktiven Kohlenstoffisotops ^{14}C fanden Archäologen in der Wandmalerei? Beachte, dass ^{14}C eine Halbwertszeit von 5730 Jahre hat.

10 Im Jahr 2009 lebten in Nigeria 155,17 Mio. Menschen. In den letzten zehn Jahren betrug die durchschnittliche jährliche Wachstumsrate etwa 3,6 %.
a) Wie viele Menschen lebten demnach 1999 in Nigeria?
b) Wie viele wären es bei gleicher Wachstumsrate im Jahr 2020?

Veränderungen mit Funktionen beschreiben

1 Welche der folgenden Funktionen sind ganzrationale Funktionen? Begründe deine Wahl.
a) $f(x) = x^6 + 5$
b) $f(x) = 5x^4 - 4x$
c) $f(x) = x^{-5} + 3x - 10$
d) $f(x) = 2x^5 - 7x^4 + 3x^{\frac{1}{5}}$
e) $f(x) = \frac{1}{4}x^7 - 2x^5 + x^3$
f) $f(x) = \frac{1}{x^2} - 9x$

2 Bestimme den Grad der Funktionen.
a) $f(x) = x^3 + 6$
b) $f(x) = x^3 - 14x$
c) $f(x) = 16x^4 + 12x + 1$
d) $f(x) = 3x^4 - 5x^2 + 8x - 19$
e) $f(x) = 6x^4 + 2x^2 + 11x$
f) $f(x) = x^{12} - 5x^9 + 12x^4 - 8x^3$

3 Betrachte die folgenden Funktionsgleichungen und beschreibe die Symmetrieeigenschaften der dazugehörigen Funktionsgraphen.
a) $f(x) = x^4 - 13$
b) $f(x) = x^7 + 5x$
c) $f(x) = 6x^2 - 4x + 15$
d) $f(x) = x^6 - 9x$
e) $f(x) = 16x^8 + 10x^2 + 13$
f) $f(x) = -x^9 + 17x^7 + 5x^5 - 8x$

4 Beschreibe das Verhalten der Funktionen im Unendlichen.
a) $f(x) = x^2 - 3x + 14$
b) $f(x) = x^5 + 16x$
c) $f(x) = 3x^4 + 12x + 5$
d) $f(x) = -x^5 + 9x^3 - 8x + 2$
e) $f(x) = -5x^4 + 10x^3 + 8x^2 + 1$
f) $f(x) = -5x^9 - 2x^5 + 6x^2 + 10x$

5 Skizziere den Graphen der Funktion $f(x) = x^3 + 1$ und beschreibe seinen Verlauf.

6 Skizziere den Graphen der Funktion $f(x) = x^3 + 2x^2 - 3x + 1$ im Heft.
Skizziere anschließend den groben Verlauf des Graphen der Ableitungsfunktion der Funktion f.

7 Bestimme die Nullstellen.
a) $f(x) = 2x^3 + 8x^2 + 4x - 6$
b) $f(x) = 2x^3 - 42x + 40$
c) $f(x) = x^3 - 9x^2 - 34x - 24$
d) $f(x) = x^3 - 5x^2 - 22x + 56$
e) $f(x) = x^3 - x^2 - 81x + 81$
f) $f(x) = x^3 - 0{,}5x^2 - x + 1$
g) $f(x) = 8x^3 - 1{,}6x^2 - 72x + 14{,}4$

8 Löse die biquadratischen Gleichungen mittels Substitution.
a) $x^4 - 10x^2 + 9 = 0$
b) $x^4 - 61x^2 + 900 = 0$
c) $x^4 - 25x^2 + 144 = 0$
d) $4x^4 - 17x^2 + 4 = 0$
e) $\frac{1}{4}x^4 - 10x^2 + 36 = 0$
f) $-x^4 + 13x^2 - 36 = 0$

9 Stelle die Funktion $f(x) = x^4 + 3x^2$ grafisch dar und bestimme die Extremwerte.

10 Bestimme die mittlere Änderungsrate der Funktion $f(x) = x^4 + 4x^2 - 1$ auf den Intervallen $[-1{,}5; 0{,}5]$ und $[0{,}5; 1{,}5]$.

11 Frank fährt mit seinem Fahrrad 9 km zum Schwimmbad. Er benötigt für die Hinfahrt 30 Minuten und auf der Rückfahrt 40 Minuten.
Berechne je seine durchschnittliche Geschwindigkeit.

12 Berechne die Ableitung der Funktion $f(x) = x^2 - 6$ an der Stelle $x_0 = 20$.

13 Gegeben ist die Funktion f mit $f(x) = 2x^3 - 4x^2 + 2x - 0{,}5$. Ermittle für die angegebenen Intervalle, falls möglich, alle Hoch- und Tiefpunkte.
a) $[-2; 0{,}5]$ b) $(0{,}5; 1)$ c) $[-1; 1{,}5]$

14 Gib die Gleichung einer Funktion an, deren Graph im Punkt $(3|2)$ einen Hochpunkt hat.

15 Berechne die momentane Änderungsrate der Funktion $f(x) = 2x^3$ an der Stelle $x_0 = 2$.

Vorbereitung auf die zentrale Prüfung

Vorbereitung auf die zentrale Prüfung

176-1
BEACHTE
Unter dem Webcode findest du weitere Informationen über den genauen Ablauf der zentralen Prüfung.

Was erwartet mich in der zentralen Prüfung?
Am Ende der Jahrgangsstufe 10 erfolgt in einigen Fächern eine schriftliche Prüfung.
Diese Prüfung kann mit einer Landesmeisterschaft im Sport verglichen werden, bei der sich die Sportler gezielt auf die einzelnen Disziplinen vorbereiten müssen. Damit jeder die gleichen Chancen hat, bearbeiten alle Schülerinnen und Schüler der zehnten Klassen dieselben Aufgaben. Auch ihre Leistungen werden an denselben Maßstäben gemessen, schließlich gilt für die zentrale Prüfung wie auch im Sport „Fair Play".

Eine gut geplante Vorbereitung ist sehr sinnvoll, da sich die zentrale Prüfung von einer normalen Klassenarbeit unterscheidet. Zum Beispiel werden mehr Aufgaben gestellt, für deren Bearbeitung aber auch mehr Zeit zur Verfügung steht als sonst. In der Mathematikprüfung sind es 4 Aufgaben und 160 Minuten. Außerdem beziehen sich die Aufgaben inhaltlich auf Themen aus verschiedenen Jahrgangsstufen.

Wie bereite ich mich am besten darauf vor?
Hilfreich ist ein kontinuierliches Training unter ähnlichen Bedingungen wie in der Prüfung selbst. Die folgenden Aufgaben können dir dabei helfen. Es ist nicht zwingend notwendig, sie der Reihe nach zu bearbeiten.
Bevor du die Ergebnisse einer Aufgabe mit den Lösungen am Ende des Buches vergleichst, solltest du die Aufgabe vollständig bearbeitet haben.

Die Aufgaben der zentralen Prüfung können in zwei Teile gegliedert werden:

– Beim Lösen der Aufgaben aus **Teil 1** zeigst du, dass du über grundlegende mathematische Fähigkeiten und Fertigkeiten verfügst. Die Aufgaben aus Teil 1 sollen dich auf die 1. Pflichtaufgabe vorbereiten. Bei der Bearbeitung können nicht programmierbare, nicht grafikfähige Taschenrechner, die Formelsammlung, Kurvenschablonen sowie Zeichengeräte benutzt werden.

176-2
HINWEIS
Unter dem Webcode findest du eine Linkliste zu zusätzlichen Übungsaufgaben.

– **Teil 2** enthält komplexere Aufgaben. Solche werden in den Pflichtaufgaben 2 und 3 sowie den Wahlpflichtaufgaben gestellt.
Von den Wahlpflichtaufgaben muss bei Abgabe der Arbeit die Aufgabe gekennzeichnet werden, die bewertet werden soll.

Möchtest du weiter trainieren, so findest du zusätzliche Aufgabenbeispiele im Internet. Beachte den Webcode in der Randspalte.

Teil 1

Die folgenden Aufgaben fragen deine Grundfertigkeiten ab. Für jede Aufgabe gibt es genau eine richtige Lösung. Finde sie heraus und notiere den Lösungsbuchstaben in deinem Heft. Die Auflösung des Tests findest du ab S. 201.

1 Subtrahiere: $-26 - 34$
a) -60 b) -8
c) 8 d) 60

2 Berechne: $7 + 3 \cdot 5$
a) 50 b) 22
c) 20 d) 2

3 Welcher Bruch liegt zwischen $\frac{1}{3}$ und $\frac{1}{2}$?
a) $\frac{7}{12}$ b) $\frac{4}{7}$
c) $\frac{1}{4}$ d) $\frac{2}{5}$

4 Multipliziere: $\frac{3}{8} \cdot 2$
a) $\frac{6}{16}$ b) $\frac{3}{16}$
c) $\frac{3}{4}$ d) $\frac{3}{8}$

5 Addiere: $\frac{3}{4} + \frac{5}{6}$
a) $\frac{8}{10}$ b) $1\frac{7}{12}$
c) $\frac{15}{24}$ d) $1\frac{2}{6}$

6 Mulitpliziere: $0{,}05 \cdot 20$
a) 0,1 b) 1
c) 10 d) 100

7 Rechne 0,08 km um.
a) 800 mm b) 800 cm
c) 800 dm d) 800 m

8 Wie viel sind 3 kg und 50 g?
a) 350 g b) 3050 g
c) 3500 g d) 3,50 kg

9 Rechne $1\frac{1}{4}$ h in Minuten um.
a) 125 min b) 115 min
c) 85 min d) 75 min

10 Welche Breite hat das geschlossene Mathematikbuch?
a) 2 mm b) 2 cm
c) 2 cm d) 2 m

11 Wie groß ist ungefähr die Fläche eines Fußballplatzes?
a) $70\,000\,\text{dm}^2$ b) $7000\,\text{m}^2$
c) 70 ha d) $7\,\text{km}^2$

12 Wie viel Prozent sind 2 von 5 CDs?
a) 2 % b) 20 %
c) 25 % d) 40 %

13 Wie viel € sind 8 % von 500 €?
a) 40 € b) 50 €
c) 800 € d) 4000 €

14 Max kauft eine Jeans im Angebot für 40 €. Gegenüber dem alten Preis spart er 10 €. Um wie viel Prozent wurde der Preis für die Jeans gesenkt?
a) 10 % b) 20 %
c) 25 % d) 40 %

15 Vereinfache den Term: $6x - (3x + 9)$
a) $3x + 9$ b) $3x - 9$
c) $9x + 9$ d) $9x - 9$

16 Löse die Klammer auf: $4(3x + 8)$
a) $44x$ b) $20x$
c) $12x + 8$ d) $12x + 32$

17 Multipliziere aus: $(2x - 6)^2$
a) $4x^2 + 36$ b) $4x^2 - 36$
c) $4x^2 - 24x + 36$ d) $4x^2 - 12x + 36$

18 Drei Brötchen kosten 0,72 €. Wie viel kosten dann zwei Brötchen?
a) 0,36 € b) 0,48 €
c) 0,52 € d) 1,08 €

19 Ein Futtervorrat für 3 Pferde reicht 8 Tage. Wie lange reicht er für vier Pferde?
a) 3 Tage b) 6 Tage
c) 16 Tage d) 24 Tage

BEACHTE
Löse die Aufgaben wirklich eigenständig und ohne in den Lösungen nachzuschauen. Schummeln hilft dir für die Prüfung nicht weiter, du würdest dich nur fälschlicherweise in Sicherheit wiegen.

20 Welche Größe hat der Winkel α?

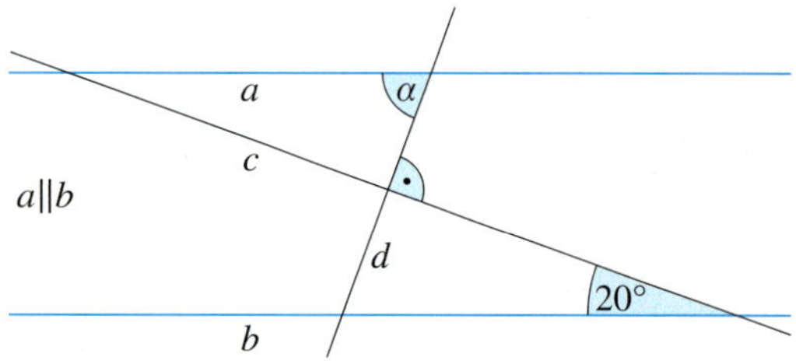

a) 20° b) 40°
c) 70° d) 90°

21 Eine Pyramide hat eine quadratische Grundfläche mit einer Seitenlänge von 10 cm. Die Pyramide ist 12 cm hoch. Wie groß ist ihr Volumen?

a) $40\,cm^3$ b) $120\,cm^3$
c) $400\,cm^3$ d) $1200\,cm^3$

22 Wie lang ist die Diagonale eines Rechtecks mit den Seitenlängen $a = 6\,cm$ und $b = 8\,cm$?

a) 7 cm b) 8 cm
c) 9 cm d) 10 cm

23 Wie groß ist der Flächeninhalt A eines Parallelogramms mit den Maßen $a = 5\,cm$, $b = 3\,cm$ und $h = 2\,cm$?

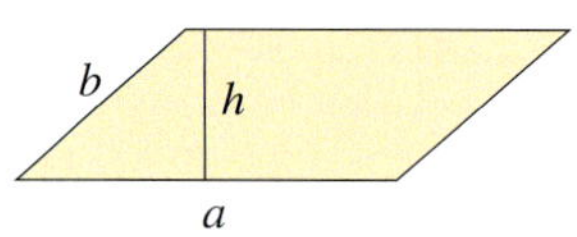

a) $A = 6\,cm^3$ b) $A = 5\,cm^2$
c) $A = 10\,cm^2$ d) $A = 15\,cm^2$

24 Wie lautet der y-Achsenabschnitt der Funktion $y = 3x^2$?

a) 3 b) $\frac{1}{3}$
c) 0 d) 2

25 Durch welchen Punkt verläuft der Graph der Funktion $y = \frac{3}{4}x - 1$?

a) $A(-1|0)$ b) $B(0|-1)$
c) $C\left(0\middle|\frac{3}{4}\right)$ d) $D\left(\frac{3}{4}\middle|0\right)$

26 Der Graph einer linearen Funktion verläuft durch die Punkte $P(-2|0)$ und $Q(4|3)$. Wie groß ist die Steigung m der Geraden?

a) $m = -2$ b) $m = -\frac{1}{2}$
c) $m = \frac{1}{2}$ d) $m = 2$

27 Welcher der folgenden Funktionsgraphen hat die Funktionsvorschrift $y = (x-1)^2 - 2$?

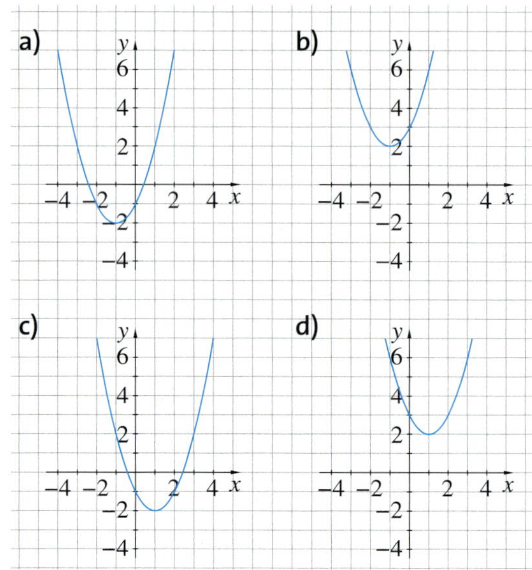

28 Schreibe in wissenschaftlicher Schreibweise: 0,000 041 2

a) $412 \cdot 10^{-4}$ b) $4{,}12 \cdot 10^{-5}$
c) $4 \cdot 10^{-5}$ d) $0{,}412 \cdot 10^{4}$

29 Berechne: $1{,}2 \cdot 10^{-3}$

a) 0,0012 b) 0,12
c) 12 d) 1200

30 Löse das Gleichungssystem $x - 3y = 4$ und $x + y = 0$.

a) $x = 1$ und $y = -1$ b) $x = -1$ und $y = 1$
c) $x_1 = 1$ und $y_1 = -1$, $x_2 = -1$ und $y_2 = 1$ d) Es gibt keine Lösung.

31 In einer Urne befinden sich 4 rote und 2 schwarze Kugeln. Wie groß ist die Wahrscheinlichkeit, eine rote Kugel zu ziehen?

a) 2 b) $\frac{1}{2}$
c) $\frac{2}{3}$ d) $\frac{2}{4}$

32 Ein Würfel wird insgesamt zweimal geworfen. Wie groß ist die Wahrscheinlichkeit, zwei ungerade Zahlen zu werfen?

a) 2 % b) 25 %
c) 50 % d) 75 %

Teil 2

1 Sitzplätze im Zirkus

In einem Zirkus sind die Sitze in Kreisen rund um die Manege angeordnet. Der erste Kreis, direkt an der Manege, hat 37 Sitze. Alle folgenden Sitzreihen haben jeweils vier Plätze mehr als die Reihe davor: Der zweite Kreis hat also 41 Sitze, der dritte 45 usw. Insgesamt gibt es 10 Reihen.

a) Begründe, warum es keine Sitzreihe mit einer geraden Anzahl an Sitzplätzen geben kann. Argumentiere, ob die Gesamtanzahl aller Sitzplätze auch ungerade sein muss.

b) Überprüfe dein Ergebnis aus Teil a), indem du die Anzahl aller Sitzplätze berechnest.

c) Die Anzahl der Sitze in der Reihe n ($n = 1, 2, \ldots, 10$) kann man als Term angeben. Welcher der folgenden Terme gibt die Anzahl der Sitzplätze in der n-ten Reihe an?

① $4 + 37n$ ② $4n + 37n$ ③ $37 + 4(n - 1)$ ④ $(37 + 4) \cdot (n - 1)$

d) Die Karten in den ersten fünf Reihen kosten 19 € pro Person, alle anderen 14,50 € pro Person. Berechne die Einnahmen einer ausverkauften Vorstellung.

e) Die Tageseinnahmen belaufen sich auf 5007 €. Insgesamt wurden 300 Eintrittskarten verkauft. Wie viele Personen saßen in den Reihen 1 bis 5, wie viele in den Reihen 6 bis 10?

2 Ausbildungsvergütung

Alexandra hat nach ihrem Schulabschluss eine Lehre als Hotelfachfrau begonnen. Im Diagramm ist ihre monatliche Ausbildungsvergütung in den drei Lehrjahren dargestellt.

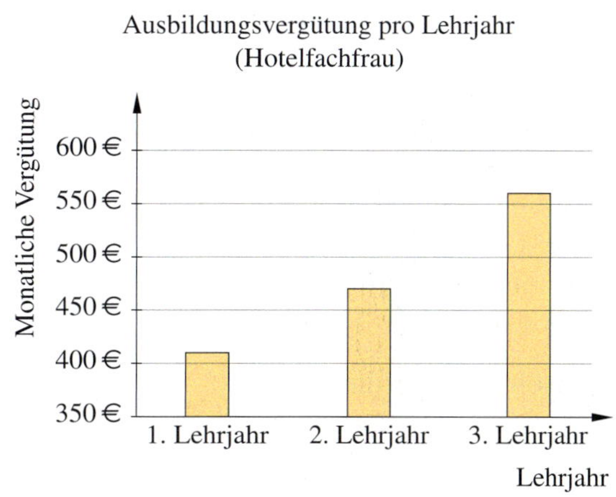

a) Gib Alexandras monatliche Vergütung im ersten Lehrjahr an.

b) Alexandra ist begeistert: „Im zweiten Lehrjahr verdiene ich doppelt so viel wie im ersten Lehrjahr!“
Nimm Stellung zu Alexandras Aussage.

c) Berechne Alexandras durchschnittliche Vergütung pro Monat während der gesamten Ausbildungszeit.

3 Abzüge vom Gesamtbrutto

Alexandra erhält von ihrem Ausbildungsbetrieb die erste Gehaltsabrechnung.

a) Wie viel € werden Alexandra insgesamt vom Bruttoverdienst abgezogen?

b) Wie viel Prozent des Bruttoverdienstes bekommt Alexandra ausgezahlt?

c) Die Abzüge für die Krankenversicherung betragen bei Alexandra 8,4 % vom Bruttogehalt. Wie hoch sind Alexandras monatliche Krankenversicherungsbeiträge, wenn sie im dritten Lehrjahr monatlich 560 € verdient?

Verdienstabrechnung

Gesamtbrutto:	410 €
abzgl.	
Krankenversicherung:	–34,44 €
Pflegeversicherung:	–3,49 €
Rentenversicherung:	–38,19 €
Arbeitslosenversicherung:	–11,83 €
Gesetzliches Netto:	322,05 €

4 Pizzeria Bella Italia

Die Pizzeria Bella Italia bietet Pizzas in drei Größen mit vielen verschiedenen Belägen an. Die preiswerteste Pizza ist eine kleine Pizza Margherita, belegt mit Tomaten und Mozzarella-Käse. Sie hat einen Durchmesser von 24 cm und kostet 5,40 €.

a) Wie groß ist die Fläche einer kleinen Pizza Margherita und welchen Umfang hat sie?

b) Die Fläche einer großen Pizza ist doppelt so groß wie die Fläche einer kleinen Pizza. Berechne den Durchmesser einer großen Pizza.

c) Wenn man zu einer kleinen Pizza Margherita zusätzlich Salami und Champignons bestellt, erhöht sich ihr Preis um 16 %. Berechne den Preis für die Pizza mit den extra Belägen. Runde dabei sinnvoll.

d) Jede Pizza hat einen etwa 1,5 cm breiten Rand, der nicht belegt ist. Berechne die belegte und unbelegte Fläche einer großen Pizza.

e) Für Familien gibt es eine extra große Pizza. Sie hat den doppelten Durchmesser, aber auch den dreifachen Preis einer großen Pizza. Bewerte das Preis-Leistungs-Verhältnis einer Familienpizza.

f) Die Steigerung der Lebensmittel- und Energiekosten soll an die Kunden weitergegeben werden. Deshalb wird der Preis für eine kleine Pizza Margherita um 10 % angehoben. Zu welchem Preis wird die Pizza nun verkauft?

5 Neuordnung einer Fläche

Eine Fläche von 200 m mal 400 m wird neu geordnet. Die Abbildung zeigt, welche Teilgebiete gleich bleiben und welche zukünftig anderweitig genutzt werden.

Eine solche Neuordnung ist mit Kosten verbunden. Die Höhe der Kosten richtet sich nach der Art der Fläche. Die Tabelle zeigt die durchschnittlich anfallenden Kosten der Neuordnung.

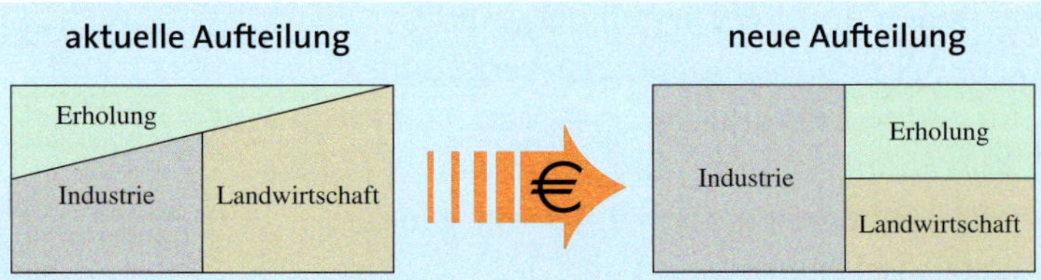

von \ zu	Erholung	Landwirtschaft	Industrie
Erholung	–	25 € pro m²	15 € pro m²
Landwirtschaft	20 € pro m²	–	20 € pro m²
Industrie	40 € pro m²	35 € pro m²	–

a) Berechne die Größe der Erholungsfläche, der Industriefläche und der Landwirtschaftsfläche jeweils für die aktuelle und die neue Aufteilung.

b) Zeichne eine „Kostenkarte“: Markiere die Teilgebiete, die nach der Neuordnung in anderer Weise genutzt werden, und berechne ihre Flächeninhalte in m².

c) Berechne die Kosten, die bei der Neuordnung der Flächen anfallen. Benutze die Angaben in der Tabelle.

d) Vergleiche den Anteil der drei Flächentypen an der Gesamtfläche vor und nach der Neuordnung.
Stelle die prozentualen Anteile jeweils grafisch dar.

6 Handytarife

Ingo möchte sich ein neues Handy kaufen. Ihm werden Verträge mit drei unterschiedlichen Tarifen angeboten:

Tarif	monatlicher Grundpreis	Minutenpreis *
Smart	7,95 €	0,15 €
Vario	0,00 €	0,28 €
Flat	19,95 €	0,00 €

* minutengenaue Abrechnung

a) Die Diagramme skizzieren die Zuordnung *Gesprächszeit* → *Preis*.
Ordne jedem Tarif das passende Diagramm zu und begründe deine Entscheidung.

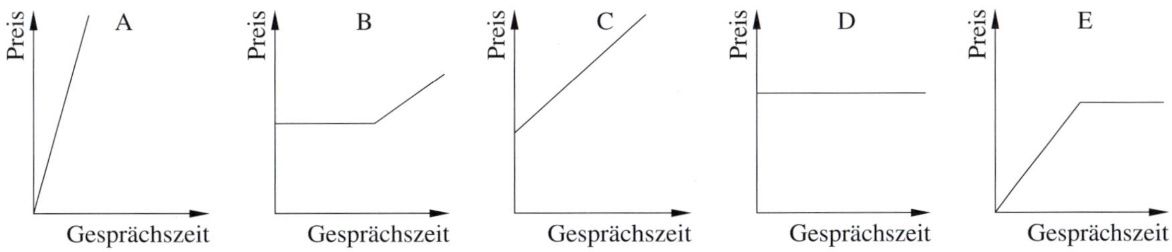

b) Stelle jeweils die Funktionsgleichung für die drei Tarife Smart, Vario und Flat auf und zeichne ihre Graphen in ein gemeinsames Koordinatensystem.

c) Welche Bedeutung haben die Schnittpunkte der drei Graphen?

d) Ingo telefoniert pro Monat durchschnittlich eine Stunde mit dem Handy. Für welchen Tarif sollte er sich entscheiden? Begründe deine Wahl.

7 Autovermietung

Herr Fedinger möchte einen PKW mieten. In der Tabelle sind die Konditionen der beiden Tarife aufgelistet, die ihm zur Auswahl stehen.

Tarif City	Tarif Regio
Grundpreis: 25 €	Grundpreis: 40 €
zusätzlich 0,60 € pro gefahrenen km	zusätzlich 0,40 € pro gefahrenen km

a) Ergänze im Heft die Wertetabelle für den Tarif City und den Tarif Regio:

	km	0	10	25	30			80	100
Miet-kosten	Tarif City					46 €	55 €		
	Tarif Regio								

b) Stelle für beide Tarife jeweils einen Term auf, mit dem sich die Mietkosten in Abhängigkeit der gefahrenen km berechnen lassen.

c) Zeichne jeweils den Funktionsgraphen zu der Vorschrift *gefahrene Strecke* → *Mietkosten* für die Tarife City und Regio in ein gemeinsames Koordinatensystem.

d) Welchen Tarif kannst du Herrn Fedinger empfehlen, wenn er mit dem Mietwagen eine Strecke von 70 km zurücklegen möchte? Begründe deine Empfehlung.

e) Berechne den prozentualen Anteil des Grundpreises für beide Tarife, wenn Herr Fedinger 70 km fährt.

8 Kundenstatistik einer Autovermietung

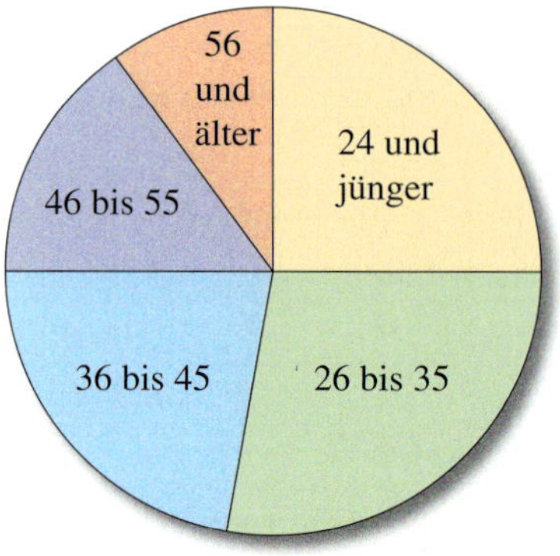

Eine Autovermietung hat Daten von 240 Kunden gesammelt, um eine Statistik zu erstellen.

a) Entnimm dem Kreisdiagramm rechts, wie viel Prozent der Kunden 24 Jahre alt oder jünger waren.
b) Wie viele Kunden waren 56 Jahre alt oder älter?
c) 35 % der 240 Kunden mieteten einen Minibus, 90 Kunden mieteten ein Modell der Standard-Klasse, alle anderen ein Luxusmodell. Stelle die Angaben in einem Kreis- und in einem Säulendiagramm dar.

9 Getränkeverpackungen

In einer zylinderförmigen Getränkedose mit einem Durchmesser von 5,4 cm und einer Höhe von 15,5 cm soll Saft verkauft werden.

a) Mit welchem Volumen wird die Getränkefirma die Dose befüllen?
b) Die Dose wird aus Weißblech hergestellt. Bei der Produktion rechnet man mit einem Mehrverbrauch für Falzstellen und Verschnitt von 15 %. Berechne, wie viel cm^2 Weißblech für eine Dose benötigt werden.
c) Gib die Mindestlänge eines Trinkhalms an, der nicht in die Dose rutschen kann. Beschreibe, wie du dein Ergebnis ermittelst.
d) Als alternative Verpackung für den Saft ist ein quaderförmiger Tetrapak im Gespräch. Seine Grundfläche hat die Seitenlängen $a = 5$ cm und $b = 7$ cm. Berechne die Höhe des Tetrapaks, wenn er dasselbe Saftvolumen beinhalten soll wie die Dose.
e) Vergleiche den Materialverbrauch für eine Dose mit dem für einen Tetrapak. Bei beiden Verpackungsarten rechnet man mit einem Mehrverbrauch von 15 % für Falzstellen und Verschnitt. Für welche Verpackungsart würdest du dich entscheiden?

10 Wasserbecher

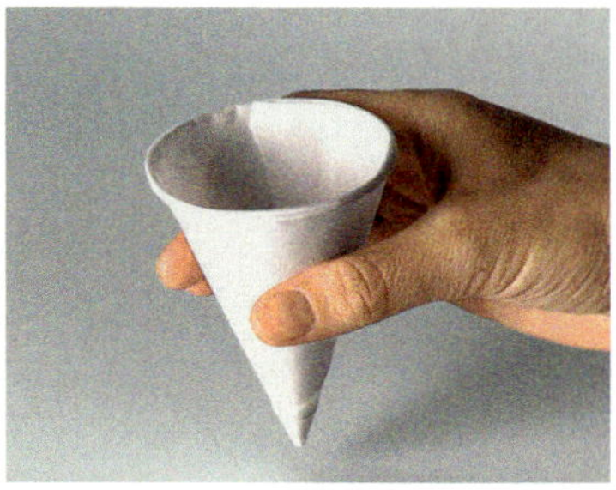

In vielen Einzelhandelsgeschäften werden für Kunden Wasserspender aufgestellt. Um zu verhindern, dass volle Becher in den Regalen abgestellt werden, verwendet man kegelförmige Becher aus Papier. Ein Becher mit einem Durchmesser von 8 cm fasst maximal 0,15 l Wasser.

a) Berechne die Höhe eines Bechers.
b) Ein großer Wasserbehälter hat ein Volumen von 18,9 l. Berechne, wie viele Becher insgesamt mit dem Inhalt dieses Behälters zu jeweils 90 % gefüllt werden können.
c) Schätze, wie viel Papier zur Herstellung eines Bechers benötigt wird.
d) Überprüfe dein Ergebnis aus c) mit einer Rechnung. Plane zusätzlich 15 % für Überlappung und Verschnitt in deine Rechnung mit ein.
e) Welche der drei Abbildungen stellt die Füllhöhe h des Bechers im zeitlichen Verlauf bei konstantem Wasserzulauf dar? Begründe deine Entscheidung.

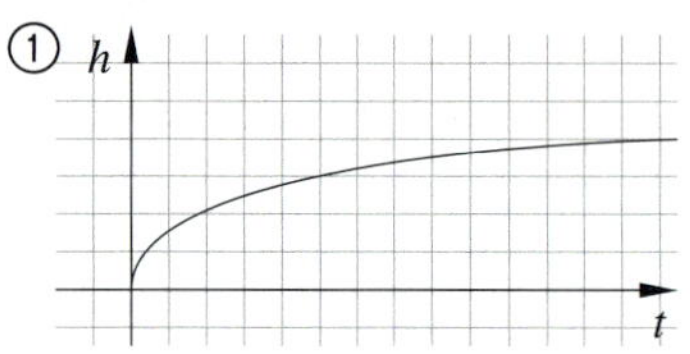

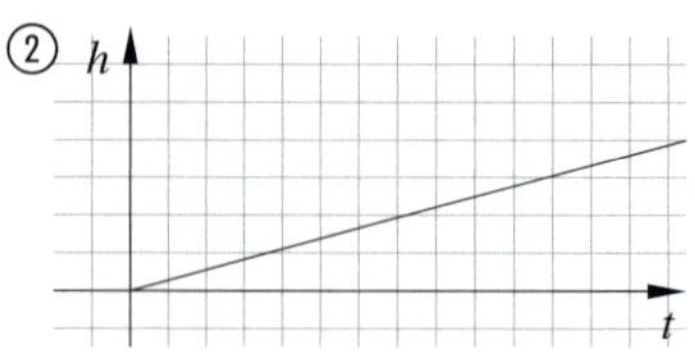

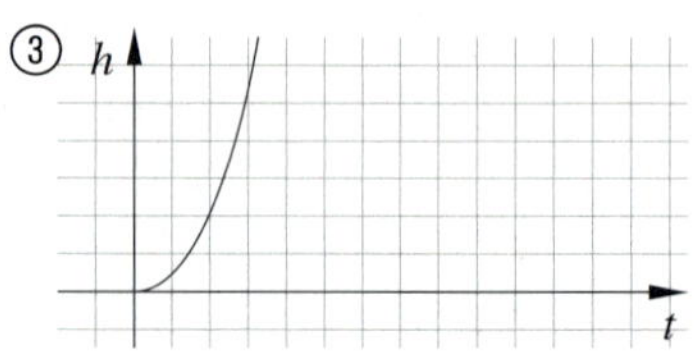

11 Hohe Brücken

Fynn möchte wissen, wie hoch die Steinerne Brücke in Regensburg über der Donau gebaut wurde. Daher lässt er einen Stein von der Fußgängerbrücke in den Fluss fallen und stoppt die Zeit bis zum Aufprall auf der Wasseroberfläche. Zur ungefähren Berechnung der Höhe der Brücke benutzt er folgende Faustregel: Quadriere die Fallzeit und multipliziere mit fünf.

a) Gib zu diesem Text eine passende Funktionsgleichung an.

b) Bestimme die Höhe der Steinernen Brücke, wenn die Zeit bis zum Aufprall 2 s beträgt.

c) In den Pyrenäen überquert das Viaduc de Millau in 270 m Höhe den kleinen Fluss Tarn. Sie gilt damit als höchste Autobahnbrücke der Welt. Wie lange fällt ein Stein, der von der Brücke geworfen wird, bis er das Wasser erreicht?

12 Flugparabel eines Golfballs

Die Flugbahn eines Golfballs kann annähernd durch eine Parabel beschrieben werden. Die Abbildung zeigt eine solche parabelförmige Flugbahn.

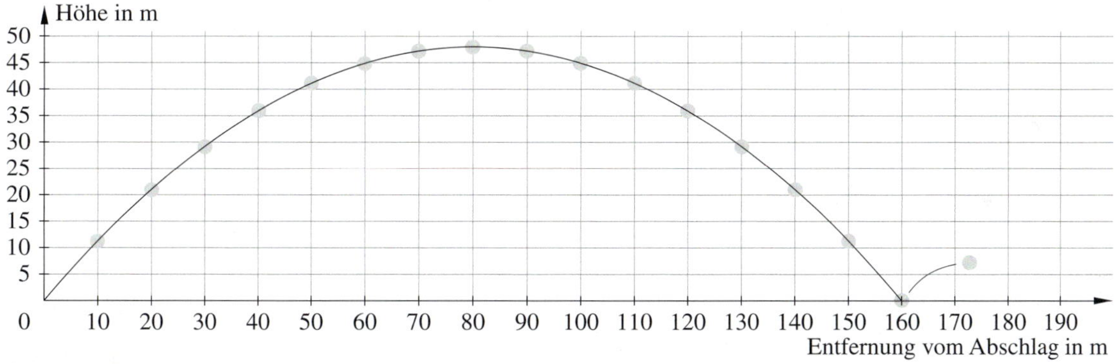

a) Lies anhand der Flugkurve die maximale Höhe des Golfballs ab.

b) In welcher Entfernung vom Abschlag trifft der Golfball auf dem Boden auf?

c) Finde heraus, welche der folgenden Funktionsgleichungen zu der Flugparabel des Golfballs gehört. Begründe, weshalb alle anderen Funktionsgleichungen nicht zum dargestellten Graphen passen können.

① $f(x) = 0{,}05x^2$ ② $f(x) = -0{,}05x^2$

③ $f(x) = -0{,}0075x^2 + 1{,}2x$ ④ $f(x) = 0{,}0075x^2 - 1{,}2x$

13 Anfänger beim Golfsport

Ein Golf-Anfänger muss das Abschlagen erst trainieren. Zu Beginn seines Trainings kann die Flugbahn seines Golfballs durch die Gleichung $f(x) = (1{,}2 - 0{,}015x) \cdot x$ beschrieben werden.

a) In welcher Höhe befindet sich der Golfball in einer Entfernung von 30 m vom Abschlag?

b) Berechne, wie weit ein Anfänger einen Golfball schlägt.

c) Forme die Funktionsgleichung mit Hilfe der quadratischen Ergänzung in die Scheitelpunktform $f(x) = a(x - x_s)^2 + y_s$ um. Lies anhand der Scheitelpunktform die maximale Höhe des Golfballs während des Fluges ab und gib an, in welcher Entfernung vom Abschlag der Golfball die maximale Höhe erreicht.

14 MP3-Player

Herr Nieser möchte seinem Sohn Paul einen Zuschuss für einen neuen MP3-Player geben. Er macht ihm die folgenden zwei Angebote:

Angebot 1: Paul bekommt 15 € sofort und an 7 folgenden Tagen erhält er jeweils 5 € dazu.

Angebot 2: Paul erhält sofort einen Umschlag mit 0,50 €. An den 7 darauffolgenden Tagen verdoppelt sein Vater jeweils das Geld, das sich im Umschlag befindet. Am ersten Tag werden also weitere 0,50 € in den Umschlag gelegt, danach 1 € usw.

a) Berechne für beide Angebote Pauls Guthaben nach 7 Tagen.
Für welches Angebot sollte sich Paul entscheiden?

b) Wähle aus den Koordinatensystemen dasjenige aus, in dem Pauls Guthaben nach x Tagen für die Angebote 1 und 2 dargestellt wird.
Beschreibe, woran man erkennen kann, dass die anderen Graphen nicht zu den oben beschriebenen Angeboten passen.

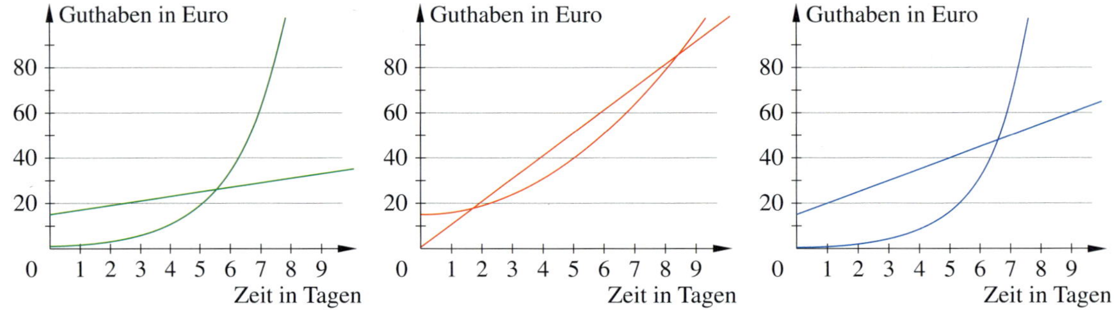

c) Erkläre die Bedeutung des Schnittpunkts der beiden Funktionsgraphen.

d) Gib für beide Angebote jeweils eine Funktionsgleichung an.

15 Luftdruck

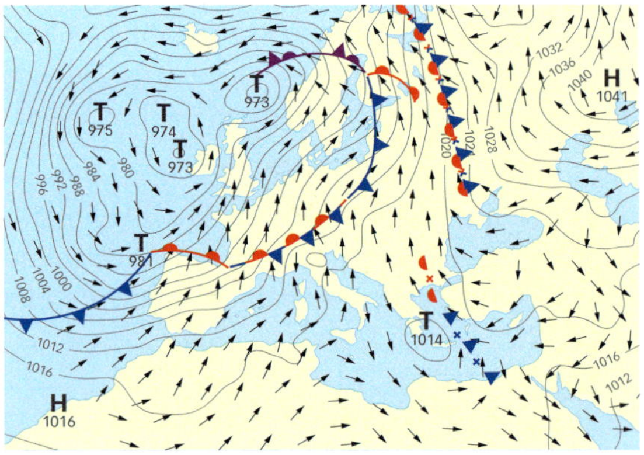

Der Luftdruck ist nicht an jedem Ort auf der Erde gleich (siehe Wetterkarte), z. B. nimmt er mit steigender Höhe rasch ab.
Dieser Zusammenhang kann annähernd durch die Formel $p(x) = p_0 \cdot 0{,}88x$ beschrieben werden. Dabei ist p_0 der Luftdruck auf Meereshöhe in Hektopascal (hPa), x die Höhe über Meeresniveau in km und $p(x)$ der Luftdruck in der Höhe x.

a) Um wie viel Prozent sinkt der Luftdruck alle 1000 m? Erkläre, wie man diesen Wert aus der Formel entnehmen kann.

b) Auf Meereshöhe herrscht ein mittlerer Luftdruck p_0 von 1013 hPa. Berechne den Luftdruck in einer Höhe von 1 km (2 km; 2,5 km).

c) Bei einem Luftdruck von 1013 hPa hat die Luftsäule, die auf einen m^2 Boden drückt, eine Masse von etwa $1{,}013 \cdot 10^7$ g. Rechne die Angabe in kg und in t um.

d) Der Mount Everest ist mit einer Höhe von 8848 m der höchste Berg der Erde. Mit welchem Luftdruck kann man auf seiner Spitze rechnen?

e) Ein Wanderer liest auf seinem Druckmessgerät einen Wert von 690 hPa ab.
In welcher Höhe über dem Meeresspiegel befindet sich der Wanderer?

f) Schätze ab, in welcher Höhe der Luftdruck etwa halb so groß ist wie auf Meereshöhe.

HINWEIS
Die Aufgaben aus e) und f) lassen sich durch Probieren lösen.

16 Mit Quadern würfeln

Bei vielen Spielen werden regelmäßige Würfel benutzt. Es gibt aber auch Würfel mit unterschiedlich großen Seitenflächen. Die Abbildung zeigt ein solches Beispiel.

a) Handelt es sich beim Werfen eines quaderförmigen Würfels um ein Laplace-Experiment? Begründe deine Entscheidung.

b) Die Tabelle listet auf, wie oft eine Augenzahl mit dem quaderförmigen Würfel geworfen wurde. Berechne die relative Häufigkeit für jedes der sechs Ergebnisse.

Augenzahl	1	2	3	4	5	6
Anzahl der Würfel	192	78	207	214	90	219

c) Welche Würfelseite liegt vermutlich der „2" gegenüber? Worauf stützt du deine Vermutung?

d) Hältst du es für sinnvoll, mit folgenden Wahrscheinlichkeiten zu rechnen? Begründe.

Augenzahl	1	2	3	4	5	6
Wahrscheinlichkeit	20%	10%	20%	20%	10%	20%

e) Prüfe, ob die Wahrscheinlichkeiten für die einzelnen Ergebnisse proportional sind zur Größe der Seitenflächen des Quaders. Beschreibe, wie du dabei vorgehst.

f) Zeichne das Baumdiagramm für einen zweimaligen Wurf mit dem Quaderwürfel. Berechne mit Hilfe des Baumdiagramms die Wahrscheinlichkeit für das Ereignis „Werfen eines Paschs".

g) Schätze, welches der Ereignisse „Es werden genau 7 Augen geworfen" und „Es wird ein Pasch geworfen" wahrscheinlicher ist. Überprüfe deine Schätzung mit Hilfe eines Baumdiagramms.

17 Kreuzworträtselspiel

In einem englischsprachigen Kreuzworträtselspiel wird versucht, aus einzelnen Buchstaben lange Wörter zu legen. Dabei sind die 26 Großbuchstaben des Alphabets auf Plättchen gedruckt, die jeder Spieler aus einem Säckchen zieht. Die Tabelle informiert darüber, wie oft die einzelnen Buchstabenplättchen im Spiel vorhanden sind.

Buchstabe	Joker	E	A, I	O	N, R, T	D, L, S, U	G	B, C, F, H, M, P, V, W, Y	J, K, Q, X, Z
Anzahl	2	12	9	8	6	4	3	2	1

a) Zeige, dass das Spiel insgesamt 100 Plättchen enthält.

b) Gib die Wahrscheinlichkeit an für das einmalige Ziehen eines Buchstabenplättchens mit:
① einem E ② einem N ③ einem Vokal ④ einem Konsonanten

c) Berechne die Wahrscheinlichkeit bei zweimaligem Ziehen eines Buchstabenplättchens ohne Zurücklegen für die folgenden Ereignisse.
① Zwei Vokale werden gezogen.
② Zwei Konsonanten werden gezogen.
③ Erst wird ein Vokal gezogen und danach ein Konsonant.
④ Es werden Vokal und ein Konsonant in beliebiger Reihenfolge gezogen.
⑤ Das Wort „IT" wird gezogen.

18 Überbuchte Flüge

Im Jahr 2006 haben 4,7 Mio. Passagiere einer deutschen Fluggesellschaft ihren Flug nicht angetreten. Das entspricht einem Anteil von ungefähr 8,2%. Um eine größtmögliche Auslastung der Flugzeuge zu gewährleisten, können daher bei den meisten Airlines mehr Flugtickets gebucht werden, als Sitzplätze tatsächlich vorhanden sind. Im Fall, dass ein Fluggast aufgrund von Überbuchung keinen Platz in der Maschine erhält, zahlt ihm die Fluggesellschaft eine Entschädigung in Höhe von 250€.

a) Wie viele Fluggäste hatte die Fluggesellschaft im Jahr 2006 insgesamt?

b) Aus Erfahrung weiß man, dass im Durchschnitt elf von 10000 Passagieren keinen Platz im Flugzeug bekommen, obwohl sie rechtzeitig vor dem Flug ein Ticket gebucht haben. Berechne den prozentualen Anteil dieser Passagiere.

c) Welcher finanzielle Schaden entsteht der Fluggesellschaft, wenn eine Maschine mit 390 Sitzplätzen zu 4,1% überbucht wird und tatsächlich alle Passagiere rechtzeitig am Flughafen erscheinen?

d) Eine Fluggesellschaft hat eine Maschine mit 390 Sitzplätzen zu ungefähr 5,9% überbucht. Tatsächlich treten aber 8,2% der Passagiere den Flug nicht an. Berechne die Mehreinnahmen, die die Fluggesellschaft bei einem Ticketpreis von 100€ (150€, 400€) durch die Überbuchung erzielt.
Wie viele Plätze bleiben bei diesem Flug frei?

e) Nimm Stellung zum Vorgehen der Fluggesellschaft.
Stelle Vor- und Nachteile dar.

19 Berechnungen an einem Trapez

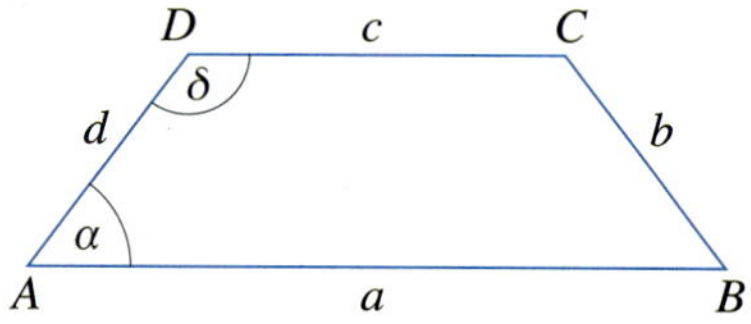

Von einem gleichschenkligen Trapez sind die folgenden Eigenschaften bekannt:
Die Länge von a ist um 6 cm größer als die Länge von c. Addiert man beide Längen, so erhält man als Ergebnis eine Länge von 20 cm. Die Höhe des Trapezes beträgt 4 cm.

a) Berechne die Längen der Seiten a und c.

b) Gib den Flächeninhalt des Trapezes an.
Welche Seitenlängen hat ein flächengleiches Quadrat?
Nenne zwei Beispiele für die Seitenlängen eines flächengleichen Rechtecks.

c) Berechne den Umfang des Trapezes. Beschreibe, wie man die Länge der Seiten b und d ermitteln kann.

d) Konstruiere mit Hilfe von Zirkel und Lineal das Trapez.
Verfasse dazu eine stichpunktartige Konstruktionsbeschreibung.

e) Berechne die Größe der Winkel α und δ. Vergleiche deine Lösung mit dem Messergebnis der Winkel deines konstruierten Trapezes.

f) Das Trapez kann in einem Koordinatensystem dargestellt werden. Gib die Koordinaten der Punkte A, B und C an, wenn der Punkt D die Koordinaten $(3|4)$ hat und eine Längeneinheit 1 cm entspricht.

20 Parktarife

Die Tabelle zeigt die Tarife eines Parkhauses am Flughafen Leipzig/Halle.

Parkdauer	Parktarif
bis 20 min	frei
bis 1 Stunde	1,50 €
bis 2 Stunden	3,00 €
jede weitere Stunde	+ 2,00 €
1 Tag	17 €

a) Herr Franke hat 4,50 € in Münzen bei sich. Wie lange kann er sein Auto für 4,50 € in dem Parkhaus abstellen?

b) Stell die Zuordnung *Parkdauer* → *Parktarif* in einem Diagramm dar.

c) Handelt es sich bei der Zuordnung *Parkdauer* → *Parktarif* um eine Funktion? Begründe, wie man das an dem Diagramm ablesen kann.

d) Ab wie viel Stunden muss der Tagestarif gezahlt werden?

e) Welchen Tarif könnten die Betreiber des Parkhauses für zwei Tage verlangen? Begründe.

21 Ähnliche Dreiecke

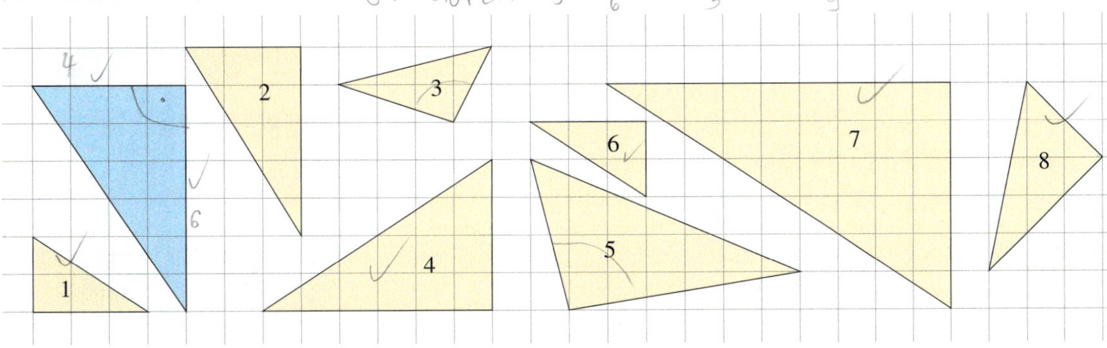

a) Finde in der Abbildung alle Dreiecke, die zum blauen Dreieck ähnlich sind.

b) Berechne den Flächeninhalt des blauen Dreiecks.

c) Zeichne das blaue Dreieck in ein Koordinatensystem mit den Punkten $A(0|0)$, $B(3|0)$ und $C(0|2)$. Zeichne ein dazu ähnliches Dreieck ADE mit vierfachem Flächeninhalt. Gib die Koordinaten der Punkte D und E an.

22 Vergrößern und Verkleinern

In der Abbildung rechts sind die Maße für einen Bogen Papier im Format DIN-A 0 angegeben. Beim Halbieren der Seitenlängen wird immer auf volle mm abgerundet.

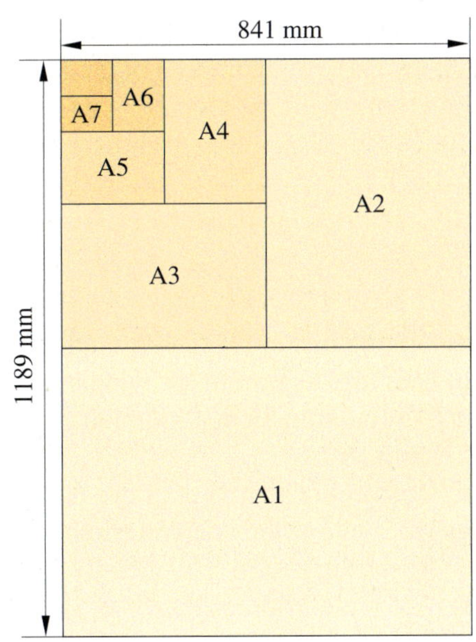

a) Die meisten Fotokopierer drucken auf Papier im Format DIN-A 3 oder DIN-A 4. Gib jeweils die Maße für einen Bogen Papier im Format DIN-A 4 und DIN-A 3 an.

b) Dem wievielten Teil eines DIN-A 0-Blattes entspricht ein Blatt im Format DIN-A 4. Gib das Ergebnis als Bruch an.

c) Ein Passbild hat die Maße 35 mm × 45 mm. In welcher Größe kann es maximal auf einem DIN-A 4-Blatt ausgedruckt werden, wenn es nicht verzerrt wird?

d) Standardformate für Fotos haben eine Seitenlänge von 9 cm, 11 cm, 13 cm, 15 cm oder 18 cm. Gib für jedes Format die zweite, größere Seitenlänge an, sodass die Fotos ähnlich zu einem Passbild sind. Runde sinnvoll.

23 Der Berliner Dom mit neuem Kuppelkreuz

Das Kuppelkreuz des Berliner Doms setzt sich aus der Bekrönung, einer Kugel und einem Kreuz zusammen.
Zur Sanierung von Rostschäden wurde es mit einem Kran von der Kuppel gehoben.

a) Tim behauptet: „Auf dem Bild sieht man, dass das Kuppelkreuz genauso hoch ist wie zehn Etagen des Hochhauses. Wenn man davon ausgeht, dass eine Etage ca. 3 m hoch ist, dann hat das Kuppelkreuz eine Höhe von ca. 30 m.“ Überprüfe und bewerte die Aussage von Tim.

b) Die Höhe der Gesamtkonstruktion wird im Internet mit ca. 15 m angegeben. Berechne den maximalen Radius der Bekrönung, den Durchmesser der Kugel sowie Höhe und Breite des Kreuzes.

c) Die Kugel des Kuppelkreuzes ist mit Zeitzeugnissen gefüllt. Bestimme das maximale Volumen der Kugel. Wovon hängt das tatsächliche Volumen des Hohlraums ab?

d) Für die Sanierung wurden 900 000 € eingeplant. Tatsächlich mussten insgesamt 1,42 Mio. € aufgebracht werden, davon 700 000 € für das neue Kreuz. Um wie viel Prozent wurden die geplanten Kosten überschritten?

e) Welchen Anteil an den Gesamtkosten haben die Kosten für das Kreuz?

24 Fallschirmspringen

Fallschirmspringer erreichen mit einem Flugzeug ihre Absprunghöhe von ca. 3 km bis 4 km.
Das Diagramm zeigt, mit welcher Geschwindigkeit ein Fallschirmspringer sich zu einem bestimmten Zeitpunkt nach dem Absprung der Erde nähert.

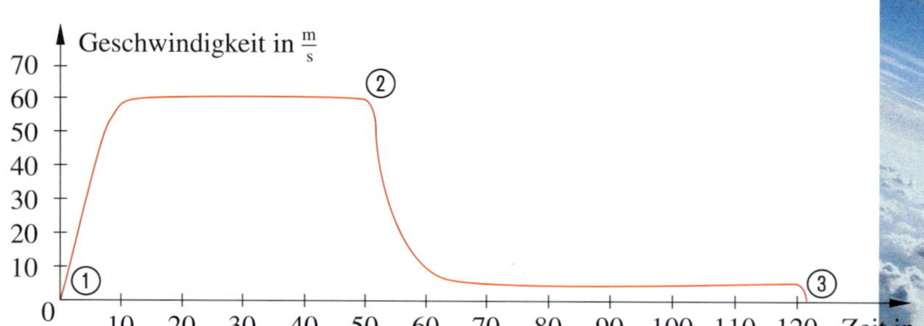

a) Gib die maximale Geschwindigkeit des Fallschirmspringers in $\frac{km}{h}$ an.

b) Lies im Diagramm ab, wie lange der Fallschirmsprung insgesamt gedauert hat.

c) Was passiert an den Punkten ① bis ①? In welcher Phase befindet sich der Fallschirmspringer?

d) Beschreibe, den Verlauf der Geschwindigkeit des Fallschirmspringers.

e) Wie viele Höhenmeter verliert der Fallschirmspringer zwischen 10 s und 50 s nach dem Absprung?

f) Wie viele Minuten dauert ein Sprung aus 3,6 km Höhe, wenn ein Fallschirmspringer mit konstanter Geschwindigkeit von 18 $\frac{km}{h}$ sinkt.

25 Schulden der Royals

Im Jahr 1651 hatte König Karl II. bei den Tuchmachern von Worcester Uniformen für seine Soldaten in Auftrag gegeben, aber die Rechnung in Höhe von 453,15 Pfund (umgerechnet ca. 572,52 €) nie bezahlt. Kürzlich beglich Prinz Charles nach 357 Jahren die Schulden seines Ur-Ahns.

a) In welchem Jahr beglich Prinz Charles die Schulden?

b) Laut BBC-Internet wären mit Zins und Zinseszins 47 500 Pfund zu zahlen gewesen.
Sarah hält den Betrag für zu hoch und begründet ihre Meinung wie folgt: „Ich gehe von einem durchschnittlichen Zinssatz von 5 % pro Jahr aus. 5 % von 453,15 Pfund sind 22,66 Pfund. Also kommen in jedem Jahr 22,66 Pfund zur Rechnung hinzu. In 357 Jahren summiert sich das auf 8089,62 Pfund. Zuzüglich der Rechnungssumme von 453,15 Pfund hätte Prinz Charles also 8542,77 Pfund zu zahlen.“ Nimm Stellung zu Saras Aussage.

c) Anke hält den Betrag für zu gering. Auch sie geht von einem durchschnittlichen Zinssatz von 5 % pro Jahr aus. Den zu zahlenden Betrag möchte sie mit dem Term $453{,}15 \cdot 1{,}05^x$ berechnen. Auf welchen Betrag kommt Anke mit ihrer Rechnung?

d) Führt ein doppelt so hoher Zinssatz zu doppelt so hohen Zinsen? Begründe.

e) Angenommen der vom BBC-Internet angegebene Betrag wäre korrekt. Mit welchem durchschnittlichen Zinssatz pro Jahr wurde dann gerechnet? Hältst Du diesen Zinssatz für realistisch?

f) Welche Aspekte, die die Höhe des zu zahlenden Betrags auch beeinflussen, bleiben in den mathematischen Berechnungen unberücksichtigt? Nenne Beispiele.

26 Holzfiguren für ein Brettspiel

Für ein Brettspiel sollen vier verschiedene Figuren aus Holz hergestellt werden. Die Abbildung enthält alle Maße in cm.

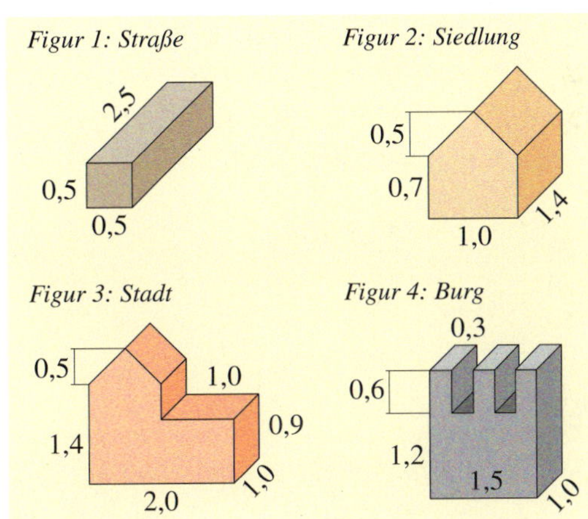

a) Jedes Spiel enthält insgesamt 85 Figuren. Es gibt dreimal so viele Städte wie Burgen, viermal so viele Siedlungen wie Burgen und dreimal so viele Straßen wie Städte. Gib die Anzahl der einzelnen Figuren pro Spiel an.

b) Berechne jeweils das Volumen der einzelnen Spielfiguren. Welches Volumen haben alle 85 Spielfiguren zusammen?

c) Welche Masse haben alle Figuren zusammen, wenn sie aus Eichenholz gefertigt werden? Eichenholz hat eine Dichte von $670\,\frac{\text{kg}}{\text{m}^3}$.

d) Um wie viel Prozent erhöht sich die Masse der 85 Figuren, wenn die Figuren aus Kunststoff mit einer Dichte von $1200\,\frac{\text{kg}}{\text{m}^3}$ hergestellt werden.

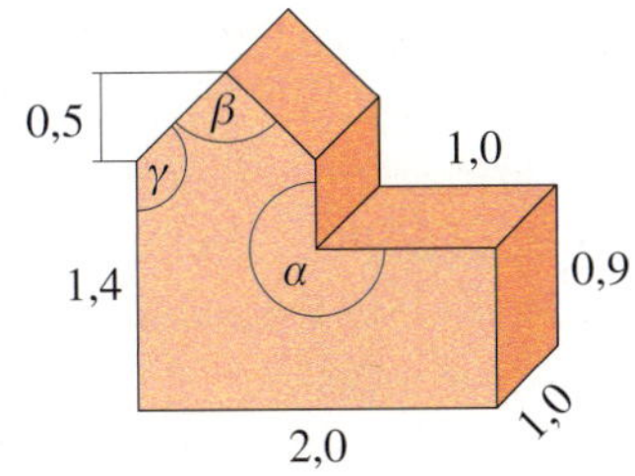

e) Berechne den Oberflächeninhalt von Figur 3.

f) Berechne die markierten Winkel innerhalb von Figur 3 (rechts).

g) Mit welcher Wahrscheinlichkeit zieht man aus einem Beutel mit allen 85 Figuren eine Burg und eine Stadt? Die Reihenfolge ist dabei nicht wichtig.

Trigonometrie

a

1

	α	β	γ	a	b	c
a)	45°	45°	90°	4 cm	4 cm	5,66 cm
b)	52°	38°	90°	4,48 cm	3,5 cm	5,68 cm
c)	50°	40°	90°	4,5 cm	3,78 cm	5,87 cm
d)	50°	40°	90°	6,91 cm	5,8 cm	9,02 cm
e)	49°	41°	90°	3,77 cm	3,28 cm	5 cm
f)	61°	29°	90°	6,12 cm	3,39 cm	7 cm

2

a) Dreieck ABC: $\sin\alpha_1 = \frac{b}{g}$, Dreieck CDE: $\sin\alpha_2 = \frac{d}{f}$, Dreieck CEA: $\sin\alpha_3 = \frac{g}{e}$

Dreieck ABC: $\sin\beta_1 = \frac{a}{g}$, Dreieck CDE: $\sin\beta_2 = \frac{c}{f}$, Dreieck CEA: $\sin\beta_3 = \frac{f}{e}$

b) Dreieck ABC: $\cos\alpha_1 = \frac{a}{g}$, Dreieck CDE: $\cos\alpha_2 = \frac{c}{f}$, Dreieck CEA: $\cos\alpha_3 = \frac{f}{e}$

Dreieck ABC: $\cos\beta_1 = \frac{b}{g}$, Dreieck CDE: $\cos\beta_2 = \frac{d}{f}$, Dreieck CEA: $\cos\beta_3 = \frac{g}{e}$

3

$\alpha_1 : \cos\alpha_1 = \frac{a}{c}$ $\alpha_1 = 31°$

$\gamma_1 : \sin\gamma_1 = \frac{a}{e}$ $\gamma_1 = 59°$

4

Der Steigungswinkel liegt bei etwa 1,925°.

b

3

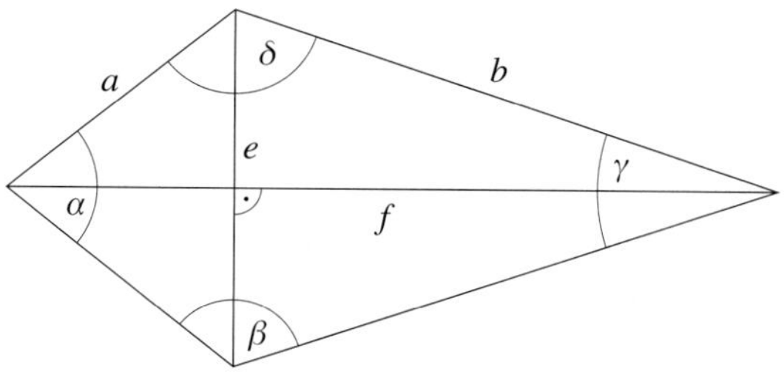

a) $\alpha \approx 100{,}1°$ $\beta \approx 107{,}4°$
$\gamma \approx 45{,}1°$ $\delta \approx 107{,}4°$

b) $f \approx 7{,}47$ cm

4

Der Steigungswinkel liegt bei etwa 13,25°.

5

a) Das Zimmer hat eine Grundfläche von 44,5 m^2.

b) Das Regal muss ca. 18 cm von der Wand entfernt stehen, damit es unter die Dachschräge passt.

Datenerhebung hinterfragen

a

b

1

a) Die Grafik erweckt den Anschein, dass bis 2013 der Anteil vireninfizierter E-Mails sehr stark sinken wird.

b) Bei genauerem Hinsehen, wird deutlich, dass der Anteil vireninfizierter E-Mails von $\frac{1}{1400} \approx 0{,}07\,\%$ sehr stark auf $\frac{1}{2} = 50\,\%$ ansteigen wird. Ein Diagramm mit steigenden Säulen stellt den Sachverhalt sachlicher dar.

2

a) Fehler: Die y-Achse fängt bereits bei 1,250 an und nicht bei 0. Dadurch entsteht der Eindruck, dass der Wert von Juni bis April viel stärker angestiegen ist.

b) Berichtigt: y-Achse beginnt bei 0.

3

a) Die Münzsäulendarstellung gibt das Verhältnis richtig wieder, da das Volumen der einen Säule tatsächlich 1,5-mal größer ist als das der anderen.

b) Die Darstellung der Goldbarren ist am eindrucksvollsten, da sowohl Breite als auch Höhe und Tiefe um das 1,5-fache vergrößert wurden.

c) Die Geldscheindarstellung empfiehlt sich bei Darstellungen, bei denen der Unterschied sehr klein aussehen soll; die Goldbarrendarstellung im Gegenteil.

3

a)

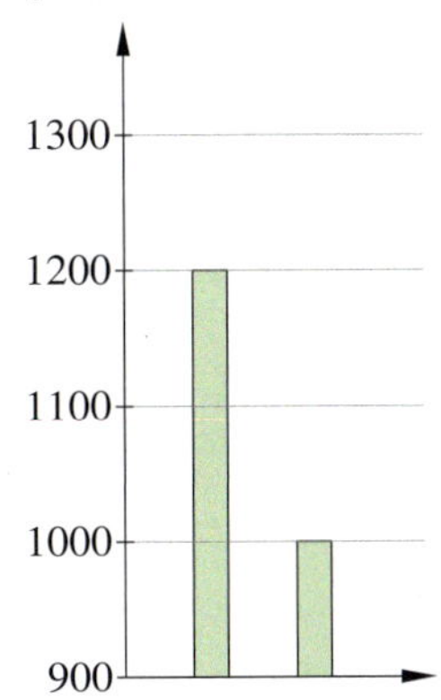

b)

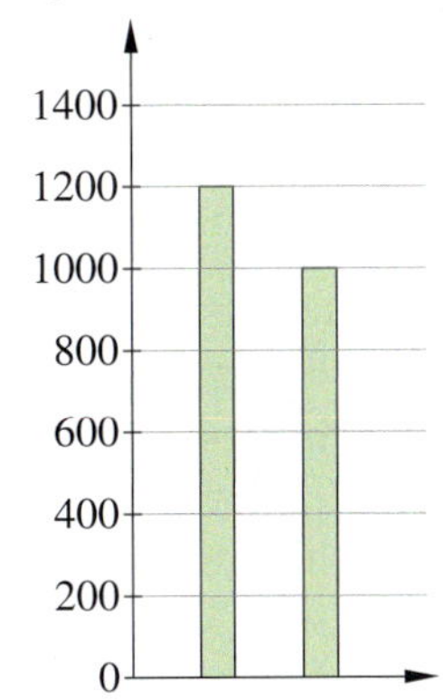

c) Das erste Diagramm sieht so aus, als bestünde ein sehr großer Unterschied zwischen den Beträgen; das zweite versucht diesen Unterschied möglichst klein darzustellen.

4 Bei einer Befragung kann man Einfluss auf das Ergebnis nehmen:

- durch einseitige Informationen
- durch eingeschränkte Auswahl von Antwortmöglichkeiten
- durch Suggestivfragen; das sind Fragen, die eine bestimmte Antwort nahelegen

Die Sinusfunktion

a

1 z. B.

a) $\alpha = -310°$; $\alpha = 410°$
b) $\alpha = -340°$; $\alpha = 380°$
c) $\alpha = -360°$; $\alpha = 360°$
d) $\alpha = -450°$; $\alpha = 270°$
e) $\alpha = -365°$; $\alpha = 355°$
f) $\alpha = -600°$; $\alpha = 120°$

b

1 z. B.

a) $\alpha = -330°$; $\alpha = 30°$
b) $\alpha = -350°$; $\alpha = 10°$
c) $\alpha = -10°$; $\alpha = 350°$
d) $\alpha = -284°$; $\alpha = 76°$
e) $\alpha = -39°$; $\alpha = 321°$
f) $\alpha = -32°$; $\alpha = 328°$

2

Individuelle Skizze.
Es ändert sich die Beschriftung der x-Achse. So wird z. B. $\frac{\pi}{2}$ zu 90°, π zu 180°, $\frac{3\pi}{2}$ zu 270° und 2π zu 360°.

3

Der Graph der Funktion $f(x) = \sin x - 2$ geht aus der Sinuskurve durch Verschiebung um zwei Einheiten nach unten hervor. Der Graph der Funktion $f(x) = \sin(x - 2)$ geht aus der Sinuskurve durch Verschiebung um zwei Einheiten nach rechts hervor.

a) 4

Individuelle Zeichnungen.

a) Verschiebung um π nach rechts
b) Stauchung in Richtung der x-Achse mit dem Faktor 2
c) Verschiebung um 0,5 nach oben
d) Verschiebung um 1 nach unten und Streckung in Richtung der y-Achse mit dem Faktor 3

a) 5

$f(x) = \sin(2x)$
$g(x) = 3\sin x + 1$
$h(x) = \sin x - 1{,}5$

a) 6

$f(x) = 12\sin\left(\frac{1}{3}x\right)$

b) 4

Individuelle Zeichnungen.

a) Verschiebung um 0,5 nach unten und Spiegelung an der x-Achse
b) Verschiebung um $\frac{\pi}{2}$ nach rechts, Stauchung in Richtung der x-Achse mit dem Faktor 2 und Streckung in Richtung der y-Achse mit dem Faktor 3
c) Verschiebung um 1 nach unten, Verschiebung um $\frac{\pi}{3}$ nach links und Spiegelung an der x-Achse
d) Verschiebung um $\sin\left(\frac{\pi}{2}\right) = 1$ nach oben

b) 5

$i(x) = \frac{1}{2}\sin x + 2{,}5$
$j(x) = -\sin(2x) - 1{,}5$
$k(x) = 3\sin\left(2\left(x - \frac{\pi}{4}\right)\right)$

b) 6

$f(x) = 8\sin\left(\frac{\pi}{6}(x + 8)\right) + 21$

Berechnungen an allgemeinen Dreiecken und Vielecken

a

1

a) $b \approx 7{,}67\,\text{cm}$
$\alpha \approx 43{,}2°$
$\gamma \approx 75{,}8°$

b) $a \approx 6{,}77\,\text{cm}$
$b \approx 2{,}84\,\text{cm}$
$\gamma \approx 52°$

2

a) $A \approx 64{,}19\,\text{cm}^2$
b) $A \approx 158{,}28\,\text{cm}^2$
c) $A \approx 26{,}68\,\text{cm}^2$

3

a) $c \approx 11{,}20\,\text{cm}$
$\beta \approx 33{,}2°$
$\gamma \approx 118{,}8°$
$A \approx 18{,}40\,\text{cm}^2$

b) $c \approx 8{,}31\,\text{cm}$
$\alpha \approx 56{,}6°$
$\gamma \approx 82{,}4°$
$A \approx 19{,}08\,\text{cm}^2$

c) $a \approx 24{,}49\,\text{cm}$
$b \approx 17{,}41\,\text{cm}$
$\alpha \approx 60°$
$A \approx 211{,}09\,\text{cm}^2$

d) $\alpha \approx 45{,}5°$
$\beta \approx 52{,}4°$
$\gamma \approx 82{,}2°$
$A \approx 178{,}31\,\text{cm}^2$

b

1

a) $b \approx 7{,}87\,\text{cm}$
$c \approx 6{,}47\,\text{cm}$
$\alpha = 51°$

b) $\alpha \approx 40{,}2°$
$\beta \approx 111{,}3°$
$\gamma \approx 28{,}5°$

2

a) $A \approx 21{,}05\,\text{cm}^2$
b) $A \approx 12{,}38\,\text{cm}^2$
c) $A \approx 3{,}49\,\text{cm}^2$

3

a) $a \approx 12{,}64\,\text{cm}$
$\alpha \approx 66{,}5°$
$\gamma \approx 37{,}0°$
$A \approx 51{,}00\,\text{cm}^2$

b) $b \approx 1{,}06\,\text{m}$
$\alpha \approx 33{,}5°$
$\gamma \approx 69°$
$A \approx 0{,}22\,\text{m}^2$

c) $\alpha \approx 35{,}1°$
$\beta \approx 39{,}6°$
$\gamma \approx 105{,}3°$
$A \approx 90{,}25\,\text{cm}^2$

d) $b \approx 24{,}98\,\text{cm}$
$c \approx 35{,}23\,\text{cm}$
$\alpha \approx 13{,}9°$
$\gamma \approx 137{,}5°$

4

a) Die Größe des Neigungswinkels α beträgt in etwa 26,6°, der Neigungswinkel β ist in etwa 45,5° groß.
b) Die Fassade besitzt eine Gesamtfläche von $76{,}79\,\text{m}^2$.
Damit werden rund 31 l Farbe benötigt.

5

Die Größe des Grundstücks beträgt rund $477\,\text{m}^2$.
Für $1\frac{1}{2}$ Jahre Mietzeit muss der Autohausbesitzer somit 4114,13 € zahlen.

Potenzen und Potenzfunktionen

a

1

a) 4 b) 2
c) 4 d) 6
e) 3 f) 2
g) 3 h) 3

b

1

a) 1,7 b) 2,0
c) 2,9 d) 2,0
e) 4,0 f) 2,7

a

2

a) $64^{\frac{1}{3}}$ b) $125^{\frac{1}{3}}$ c) $1024^{\frac{1}{5}}$ d) $121^{\frac{1}{2}}$ e) $1\,000\,000^{\frac{1}{6}}$ f) $16^{\frac{1}{4}}$
g) $625^{\frac{1}{4}}$ h) $256^{\frac{1}{4}}$ i) $729^{\frac{1}{6}}$ j) $2187^{\frac{1}{7}}$ k) $7776^{\frac{1}{5}}$ l) $16\,384^{\frac{1}{7}}$

3

a) 4^{-3} b) 9^{-2} c) 4^{-4} d) 6^{-3} e) 5^{-3} f) 3^{-5}

4

a) a^{m+n} b) $\frac{a^m}{a^n}$ c) $a^{m \cdot n}$
d) $a^m \cdot b^m$ e) $\frac{a^m}{b^m}$ f) $a^{\frac{m}{n}}$

5

① $h(x) = \frac{1}{5}x^3$
② $f(x) = 2x^2$
③ $k(x) = -10x^3$
④ $g(x) = -3x^2$

6

x	-2	-1	$-0{,}5$	0	$0{,}5$	1	2
$y = x^3$	-8	-1	$-0{,}125$	0	$0{,}125$	1	8
$y = -x^3$	8	1	$0{,}125$	0	$-0{,}125$	-1	-8

b

6

Der Graph der Funktion $y = \frac{1}{4}x^{-2}$ ist gestaucht, der Graph der Funktion $y = -\frac{1}{4}x^{-2}$ ist gestaucht und an der x-Achse gespiegelt.

Wachstum

a

1

Beim Luftdruck liegt negatives exponentielles Wachstum vor, beim Wasserdruck positives lineares Wachstum.

2

a) $q = 1{,}0375$

b) Umsatz 2010: 3 631 250 €
Umsatz 2020: ca. 5 247 316 €
$f(x) = 3\,500\,000 \cdot 1{,}0375^x$

3

a) Anzahl Menschen 2018: ca. 101 254 687
b) Anzahl Menschen 1998: ca. 61 792 794
c) $f(x) = 79\,100\,000 \cdot 1{,}025^x$

4

$72\,000\,000 = 62\,000\,000 \cdot q^{42} \quad |: 62\,000\,000$

$q^{42} = \frac{36}{31} \quad | \sqrt[42]{}$

$q \approx 1{,}0036$

5

a) $q \approx 1{,}0587$; $p \approx 5{,}9\,\%$
b) Exportzahlen 2010: ca. 412,453 Mrd.
Exportzahlen 2020: ca. 729,701 Mrd.

b

3

a) Anzahl Menschen 2018: ca. 137 700 012
b) Anzahl Menschen 1998: ca. 146 228 092
c) $f(x) = 141\,900\,000 \cdot 0{,}997^x$

4

a) $w_x = w_0 \cdot q^x \quad |: q^x$

$w_0 = \frac{w_x}{q^x}$

b) $q^x = \frac{w_x}{w_0} \quad |: \sqrt[x]{}$

$q = \sqrt[x]{\frac{w_x}{w_0}}$

5

a) $q \approx 1{,}0587$; $p \approx 5{,}9\,\%$
b) Die Grenze von einer Billion wird Mitte der 20er Jahre (genau 2026) überschritten.

6

Anzahl der Bakterien bei einer Verdopplungszeit von vier Stunden:
- nach einem Tag: $f(6) = 23 \cdot 2^6 = 1472$
- nach zwei Tagen: $f(12) = 23 \cdot 2^{12} = 94\,208$
- nach drei Tagen: $f(18) = 23 \cdot 2^{18} = 6\,029\,312$

Anzahl der Bakterien bei einer Verdopplungszeit von 18 Stunden:
- nach einem Tag: $f\left(\frac{4}{3}\right) = 23 \cdot 2^{\frac{4}{3}} \approx 58$
- nach zwei Tagen: $f\left(\frac{8}{3}\right) = 23 \cdot 2^{\frac{8}{3}} \approx 146$
- nach drei Tagen: $f(4) = 23 \cdot 2^4 = 368$

Veränderungen mit Funktionen beschreiben

a

b

1

a) nicht möglich

b) $f(x) = -x^6 + x^4$; $g(x) = -x^6 + 2 \cdot x^4 + x^2$; $h(x) = 4 \cdot x^6 + x^2$

c) $f(x) = (x+1) \cdot (x-1) \cdot (x+2) \cdot (x-2)$; $g(x) = (x-3) \cdot (x-4) \cdot (x+1) \cdot (x+2)$;
$h(x) = x \cdot (x-1) \cdot (x+1) \cdot (x+17)$

d) nicht möglich

e) $f(x) = \frac{1}{4} \cdot x^4 - 2 \cdot x^2$; $g(x) = (|x| - 1)^2 + 1$; $h(x) = x \cdot (|x| - 1)^2$

2 (a)

a) 16

b) 0

c) $\frac{26}{5}$

2 (b)

a) -5

b) 0

c) 7

3

$f(x) = (x-2)^2 + 1 = x^2 - 4x + 5$

4 (a)

a) 3

b) 30

c) -45

d) -24

4 (b)

a) 96

b) -24

c) $-20{,}25$

d) 1,6

5

Monotonieverhalten: Bis P_2 wächst der Graph streng monoton. Zwischen P_2 und P_4 fällt der Graph streng monoton, danach wächst er wieder monoton.
Verhalten im Unendlichen: Der Graph verläuft von $-\infty$ nach $+\infty$.
Extrempunkte: P_2 (Hochpunkt); P_4 (Tiefpunkt)
Wendepunkte: P_3, P_6, P_7

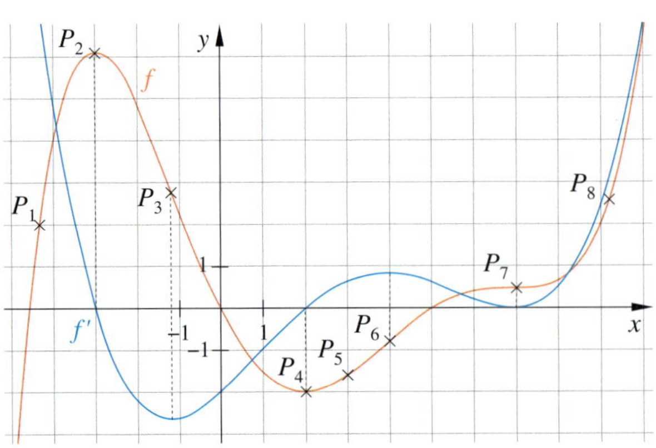

Lösungen zum Training

Seite 168 Trigonometrie

1 $\sin\alpha = \frac{a}{c}$ $\sin\beta = \frac{b}{c}$
$\cos\alpha = \frac{b}{c}$ $\cos\beta = \frac{a}{c}$
$\tan\alpha = \frac{a}{b}$ $\tan\beta = \frac{b}{c}$

2 a) $\tan\alpha = \frac{40}{100} = 0{,}4$; $\alpha \approx 21{,}8°$
Der Steigungswinkel beträgt ca. 21,8°.

b) $\tan\alpha = \frac{55}{100} = 0{,}55$; $\alpha \approx 28{,}8°$
Der Steigungswinkel beträgt ca. 28,8°.

3 a) $m = \frac{0{,}6\,\text{km}}{1{,}3\,\text{km}} \approx \frac{46{,}2}{100}$
Die Steigung beträgt ca. 46,2 %.

b) $\frac{113{,}9\,\text{m}}{500\,\text{m}} = \sin\alpha$; $\alpha \approx 13{,}2°$
$\tan\alpha = \frac{113{,}9\,\text{m}}{x}$; $x \approx 486{,}9\,\text{m}$;
$m \approx \frac{113{,}9\,\text{m}}{486{,}9\,\text{m}} \approx 23{,}4\,\%$
Die Steigung beträgt ca. 23,4 %.

4 $\alpha \approx 26{,}6°$; $\beta \approx 63{,}4°$; $x = \sqrt{20} \approx 4{,}5\,\text{cm}$;
$\gamma \approx 24{,}1°$; $\delta \approx 65{,}9°$; $y = \sqrt{24} \approx 4{,}9\,\text{cm}$

5 a) Skizze

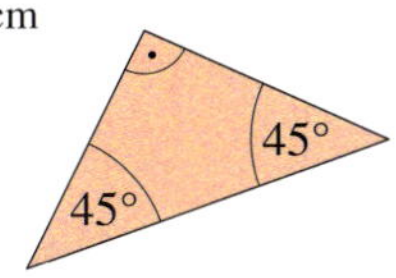

b) individuell; $a = b$

c) Z. B.: $a = b = 1\,\text{cm}$, $c = \sqrt{2}$

6 a) Das Schiff hat nach einer halben Stunde eine Strecke von ca. 5,6 km zurückgelegt.

b) Das ergibt eine Geschwindigkeit von ca. $10{,}6\,\frac{\text{km}}{\text{h}}$.

7 $e \approx 87{,}4\,\text{cm}$; $f \approx 59{,}8\,\text{cm}$

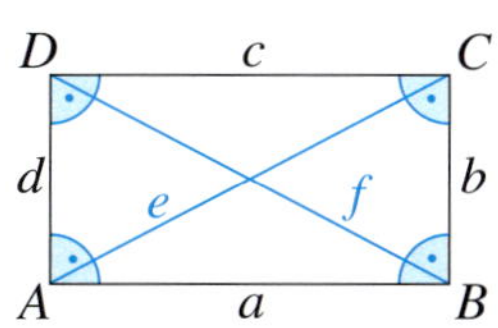

8 Die beiden Diagonalen schneiden sich unter einem Winkel von ca. 116°.

9 Der Baum hat eine Höhe von ca. 5,7 m.

10

	a	b	c	α	β
a)	3 cm	**7,4 cm**	8 cm	**22,0°**	**68,0°**
b)	**30,0 cm**	30 cm	**42,4 cm**	45°	**45°**
c)	**61,7 cm**	12 cm	**62,9 cm**	**79,0°**	11°
d)	4 cm	5 cm	**6,4 cm**	**38,7°**	**51,3°**
e)	**3,4 m**	**21,7 m**	22 m	9°	**81,0°**

11 Die Winkel haben eine ungefähre Größe von 38,9° und 141,1°.

12 $h = \sin 33° \cdot 14{,}8\,\text{cm} \approx 8{,}06\,\text{cm}$
$q = \frac{h}{\tan 33°} \approx 12{,}41\,\text{cm}$
$h^2 = p \cdot q$, also $p = \frac{h^2}{q} \approx 5{,}23\,\text{cm}$
$A = \frac{1}{2} \cdot (p + q) \cdot h \approx 71{,}1\,\text{cm}^2$

Seite 169 Datenerhebungen hinterfragen

1 a) Die y-Achse beginnt nicht bei null, daher ergibt sich optisch ein stärkeres Wachstum, als es in Wirklichkeit vorhanden ist. Die Überschrift „Titelrausch" verstärkt diesen Eindruck noch einmal, ebenso der Bücherstapel.

b) Die Überschrift sollte neutral sein, z. B. „Jährliche Neuerscheinungen auf dem Buchmarkt".

2 Im ersten Piktogramm wurde das Abfallaufkommen in der Höhe der Müllwagen abgetragen. Passend zu der Höhe wurde der Müllwagen ergänzt, dabei wurde auch die Breite des Wagens verändert. Die erste Darstellung gibt also die Daten aus der Tabelle falsch wieder.
Im zweiten Piktogramm stellt die Fläche der Müllwagen die Daten aus der Tabelle richtig dar.

3 a) In der Fragestellung werden zunächst die Vorzüge der Schule vorgestellt. Des Weiteren werden eingeschränkte Antwortmöglichkeiten gegeben: es gibt mehr Möglichkeiten, sich positiv zu äußern, außerdem sind die negativen Antwortmöglichkeiten sehr extrem formuliert.

b) Z. B.
Wie benotest du die Qualität der Lehrerinnen und Lehrer an unserer Schule?
Wie findest du das Fächer- und AG-Angebot an unserer Schule?
Als Antwortmöglichkeiten sind die Notenstufen von 1 bis 6 und k. A. angegeben.

4 richtige Darstellung:

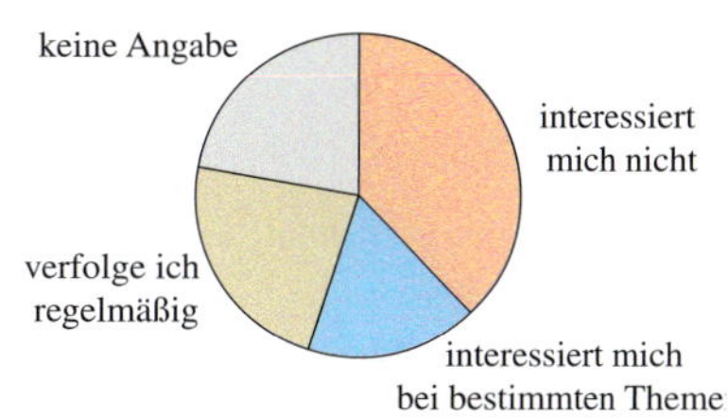

falsche Darstellung:

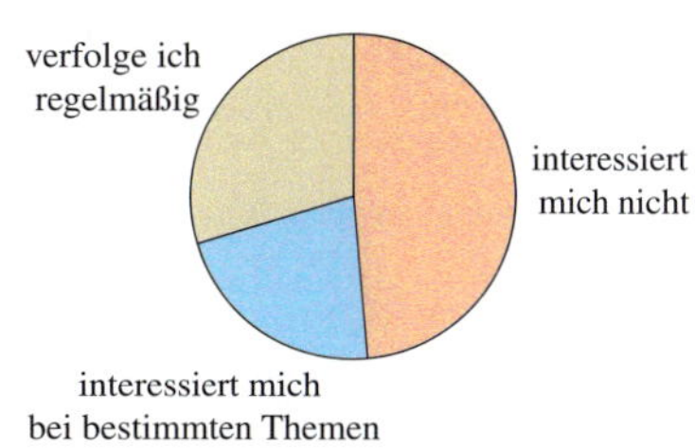

a) Das manipulierte Diagramm suggeriert, dass annähernd die Hälfte der Befragten kein Interesse am politischen Geschehen hat.

b) So ein Diagramm könnte im Zusammenhang mit der so genannten „Wahlmüdigkeit" ganz nützlich sein, bestärkt es doch diejenigen, die der Meinung sind, dass die Politiker zu wenig bürgernah sind oder die Bevölkerung zu uninteressiert ist.

Seite 170 Die Sinusfunktion

1 a) $\alpha = 30°$; $\alpha = 150°$; $\alpha = -210°$; $\alpha = -330°$

b) $\alpha \approx 44{,}4°$; $\alpha \approx 135{,}6°$; $\alpha \approx -224{,}4°$; $\alpha \approx -315{,}6°$

c) $\alpha \approx -58{,}2°$; $\alpha \approx -121{,}8°$; $\alpha \approx 238{,}2°$; $\alpha \approx 301{,}8°$

d) keine Lösung e) $\alpha = -90°$; $\alpha = 270°$

f) $\alpha \approx 22{,}3°$; $\alpha \approx 157{,}7°$; $\alpha \approx -337{,}7°$; $\alpha \approx -202{,}3°$

2 a) $\frac{\pi}{4} \approx 0{,}785$ b) $\pi \approx 3{,}141$ c) $\frac{\pi}{3} \approx 1{,}047$

d) $\frac{\pi}{36} \approx 0{,}087$ e) $1{,}25 \cdot \pi \approx 3{,}927$ f) $\frac{7}{3}\pi \approx 7{,}330$

3 a) 90° b) 45° c) 36°

d) 180° e) 270° f) 0°

4 Der Graph der Sinusfunktion wird

a) um eine halbe Einheit nach unten verschoben

b) um zwei Einheiten nach oben verschoben

c) um $\frac{\pi}{4}$ Einheiten nach links verschoben

d) um $\frac{\pi}{3}$ Einheiten nach rechts und eine Einheit nach oben verschoben

e) um den Faktor $\frac{1}{2}$ in Richtung der y-Achse gestaucht

f) an der y-Achse gespiegelt

g) an der x-Achse gespiegelt, um den Faktor zwei in Richtung der y-Achse gestreckt, um den Faktor 0,5 in Richtung der x-Achse gestreckt und um 0,5 Einheiten nach oben verschoben

5 a) Verschiebung um $\frac{\pi}{2}$ nach rechts: $f(x) = \sin\left(x - \frac{\pi}{2}\right)$

b) Verschiebung um 0,5 nach unten: $f(x) = \sin x - 0{,}5$

c) Streckung in Richtung der y-Achse mit dem Faktor 3: $f(x) = 3\sin x$

d) Streckung in Richtung der y-Achse mit dem Faktor $\frac{1}{4}$: $f(x) = \frac{1}{4}\sin x$

e) Streckung in Richtung der x-Achse mit dem Faktor 2: $f(x) = \sin(0{,}5 \cdot x)$

f) Spiegelung an der y-Achse: $f(x) = \sin(-x)$

g) Spiegelung an der x-Achse. $f(x) = -\sin x$

6 $f(x) = \sin\left(\frac{1}{2} \cdot x\right)$

$h(x) = 3 \cdot \sin x$ $i(x) = \sin\left(x + \frac{\pi}{2}\right)$

7 a) falsch: Der Graph der Sinusfunktion ist punktsymmetrisch zum Ursprung.

b) richtig

c) falsch: Ist $f(x) = \sin(x + c)$, so wird der Graph der Sinusfunktion um c Einheiten nach links verschoben, wenn $c > 0$ ist.

d) richtig e) richtig

8 Lufttemperatur: z. B. $f(x) = 7{,}5 \cdot \sin\left(\frac{\pi}{6} \cdot (x-4)\right) + 21{,}5$
Wassertemperatur: z. B. $f(x) = 6 \cdot \sin\left(\frac{\pi}{6} \cdot (x-5)\right) + 19$
Sonnenstunden: z. B. $f(x) = 3{,}2 \cdot \sin\left(\frac{\pi}{6} \cdot (x-4)\right) + 8{,}2$

Seite 171 Berechnungen an allgemeinen Dreiecken und Vielecken

1 a) $A = 4{,}8\,\text{cm}^2$

b) $A = 4{,}7\,\text{cm}^2$

c) $A = 8{,}8\,\text{cm}^2$

d) $A = 12{,}2\,\text{cm}^2$

e) $A = 96{,}4\,\text{cm}^2$

2 $A = 9{,}9\,\text{cm}^2$

3 $c = 10{,}1\,\text{cm}^2$

4 $\gamma = 100°$; $a = 5{,}4\,\text{cm}$; $b = 5\,\text{cm}$

5 a) $A = 19{,}7\,\text{cm}^2$

b) $A = 15{,}1\,\text{dm}^2$

c) $A = 1{,}2\,\text{cm}^2$

6 a) $\gamma = 58°$; $b = 6{,}2\,\text{cm}$; $c = 12{,}7\,\text{cm}$

b) $\alpha = 19{,}9°$; $\gamma = 52{,}7°$; $c = 54{,}2\,\text{cm}$

c) $\beta = 35{,}5°$; $a = 119{,}5°$; $a = 9{,}1\,\text{cm}$

7 Die Pyramide hat eine Höhe von $h = 139\,\text{m}$

8 a) $f = 3{,}5\,\text{cm}$; $\beta = 60°$; $e = 3{,}2\,\text{cm}$; $d = 2\,\text{cm}$; $\delta = 112°$

b) $\beta = 41{,}7°$; $\gamma = 138{,}3°$; $f = 3{,}3\,\text{cm}$; $d = 2{,}2\,\text{cm}$; $\alpha = 41{,}7°$; $\delta = 138{,}3°$

9 Die Schiffe sind 8,4 km voneinander entfernt.

10 Der Berg ist 30,6 m hoch. Die Spitze des Berges ist 500,0 m (horizontal) vom Ort im Tal entfernt.

Seite 172 Potenzen und Potenzfunktionen

1 $2^{20} = 1\,048\,576$ $3^{13} = 1\,594\,323$ $4^{10} = 1\,048\,576$
$5^9 = 1\,953\,125$ $6^8 = 1\,679\,616$ $7^8 = 5\,764\,801$
$8^7 = 2\,097\,152$ $9^7 = 4\,782\,969$ $10^7 = 10\,000\,000$

2 a) $2^4 \cdot 2^5 = 2^{4+5} = 512$ b) $3^5 : 3^2 = 3^{5-2} = 27$
c) $5^{-2} = \frac{1}{5^2} = 0{,}04$ d) $\frac{8^3}{2^3} = \left(\frac{8}{2}\right)^3 = 64$
e) $5^4 \cdot 2^4 = (5 \cdot 2)^4 = 10\,000$ f) $(5^3)^2 = 5^{3 \cdot 2} = 15\,625$
g) $\sqrt[4]{16 \cdot 256} = \sqrt[4]{16} \cdot \sqrt[4]{256} = 8$ h) $\sqrt[5]{3^{10}} = 3^{\frac{10}{5}} = 9$
i) $5^0 \cdot 4^7 = 1 \cdot 4^7 = 16\,384$

3 a) $25^4 \cdot 4^4 = 108 < 1000^3$
b) $\sqrt[15]{8^5} = 2 > 1$
c) $(5^3 \cdot 7^3)^{\frac{1}{3}} = 35 < 100$
d) $43^5 = 1{,}470\,084\,43 \cdot 10^8 > 1{,}47 \cdot 10^8$
e) $5^{-4} \cdot 5^4 = 1 = 2135^0$

4 a) $243^{\frac{1}{5}}$ b) $81^{\frac{1}{4}}$
c) $0{,}0016^{\frac{1}{4}}$ d) 14^{-2}
e) 3^{-3} f) 4^{-2}
g) $0{,}000064^{\frac{1}{c}}$ h) 2^{-7}

5 a) $\sqrt[3]{5^6} = 25$
b) $4 \cdot 10^9 \cdot 8^2 = 2{,}56 \cdot 10^{11}$
c) $\frac{6^8}{9^3} = 2304$

6 a) $(2^3)^3 = 512$ b) $\frac{8^4}{2^4} = 256$

7 a) Potenzfunktion, Streckungsfaktor 5
b) Potenzfunktion, Streckungsfaktor 0,25
c) Potenzfunktion, Streckungsfaktor $\frac{1}{3}$
d) keine Potenzfunktion
e) Potenzfunktion, Streckungsfaktor -13
f) Potenzfunktion, Streckungsfaktor $\frac{1}{512}$

8 $0{,}5 = 4(2)^{-3} = 0{,}5$ und $-4 = 4(-1)^{-3} = -4$,
der Funktionsgraph läuft durch die Punkte P und Q

9 Schwarz: $0 < |a| < 1$, $n < 0$ und gerade;
Rot: $a = -1$, $n < 0$ und gerade;
Grün: $|a| > 1$, $n < 0$ und ungerade;
Blau: $|a| > 1$, $n < 0$ und ungerade

10 a)

x	-2	-1	$-0{,}5$	$0{,}5$	1	2
$y = 0{,}5x^3$	-4	$-0{,}5$	$-0{,}0625$	$0{,}0625$	$0{,}5$	4

gestreckter Graph

b)

x	-2	-1	$-0{,}5$	$0{,}5$	1	2
$y = -1{,}5x^3$	12	$1{,}5$	$0{,}1875$	$-0{,}1875$	$-1{,}5$	-12

gestauchter Graph

11 gestaucht: a), b), d), f), h); gestreckt: c), e), g)

12 Individuelle Zeichnung

Seite 173 Wachstum

1 a) $25\,000\,€ \cdot 1{,}032 = 25\,800\,€$
b) $25\,000\,€ \cdot 1{,}032^5 \approx 29\,264{,}32\,€$

2 a) Die Zuwachsrate beträgt ca. 17,22 %.
b) $q = 1{,}1722$
c) $919 \cdot 1{,}1722^{10} \cong 4501$

3 4 Mio. $\cdot\, 0{,}979^{30} \approx 2{,}116$ Mio.

4 $2{,}4 \cdot q^{20} = 3{,}93$ $|:2{,}4$
$q^{20} = \frac{3{,}93}{2{,}4}$ | 20. Wurzel ziehen
$q = \sqrt[20]{\frac{3{,}93}{2{,}4}} \approx 1{,}02497$
Mit $q = 1 + p\,\%$ folgt eine Wachstumsrate von ca. 2,5 %.

5

Jahr	Bevölkerung in Mrd.	durchschnittliche Zuwachsrate pro Jahr in %
1804	1	**0,565**
1927	2	**1,236**
1960	3	**2,076**
1974	4	**1,731**
1987	5	**1,531**
1999	6	**1,193**
2012	7	**1,119**
2024	8	**…**

6 a) Es liegt exponentielles Wachstum vor ($q = 1{,}8$).
b) Es liegt kein exponentielles Wachstum vor, da bei einem konstanten Wachstumsfaktor an der Stelle $x = 4$ der Wert 49,7664 hätte stehen müssen.

7 Zeichnung individuell, um 1700 wäre eine Bevölkerungszahl von z. B. 0,6 Mrd. möglich.

8 a)

Zeit in min	-80	-60	-40	-20	0
Anzahl der Verdopplungszeiten	-4	-3	-2	-1	0
Anzahl der Salmonellen	5	10	20	40	80

Zeit in min	20	40	60	80	100
Anzahl der Verdopplungszeiten	1	2	3	4	5
Anzahl der Salmonellen	160	320	640	1280	2560

b) 90 Minuten nach Untersuchungsbeginn befinden sich $80 \cdot 2^{\frac{90}{20}} \approx 1810$ Salmonellen in der Probe.

c) Eine halbe Stunde vor Untersuchungsbeginn befinden sich $80 \cdot 2^{-\frac{30}{20}} \approx 28$ Erreger in der Probe.

9 $f\left(\frac{31\,500}{5730}\right) = 100\,\% \cdot 0{,}5^{\frac{31\,500}{5730}} \approx 2{,}2\,\%$

10 a) $f(-10) = 155{,}17$ Mio. $\cdot\, 1{,}036^{-10} \approx 108{,}946$ Mio.
b) $f(11) = 155{,}17$ Mio. $\cdot\, 1{,}036^{11} = 228{,}963$ Mio.

Seite 174 Veränderungen mit Funktionen beschreiben

1 a) ganzrationale Funktion

b) ganzrationale Funktion

c) keine ganzrationale Funktion

d) keine ganzrationale Funktion

e) ganzrationale Funktion

f) keine ganzrationale Funktion

2 a) Grad 3 b) Grad 3 c) Grad 4

d) Grad 4 e) Grad 4 f) Grad 12

3 a) Achsensymmetrie, b), f) Punktsymmetrie,

c)–e) keine Symmetrie

4 a), c) $+\infty$ nach $+\infty$ b) $-\infty$ nach $+\infty$
d), e) $-\infty$ nach $-\infty$ f) $+\infty$ nach $-\infty$

5 Der Graph verläuft von $-\infty$ nach $+\infty$ unendlich.
Er schneidet die x-Achse im Punkt $S_x(-1|0)$ und die y-Achse im Punkt $S_y(0|1)$.

6 Individuelle Zeichnung

7 a) $x_1 = -3$; $x_2 = -1{,}6$; $x_3 = 0{,}6$

b) $x_1 = -5$; $x_2 = 1$; $x_3 = 4$

c) $x_1 = -2$; $x_2 = -1$; $x_3 = 12$

d) $x_1 = -4$; $x_2 = 7$; $x_3 = 2$

e) $x_1 = -9$; $x_2 = 9$; $x_3 = 1$

f) $x_1 = -1{,}14$; $x_2 = 0{,}82$; $x_3 = 0{,}82$

g) $x_1 = -3$; $x_2 = 3$; $x_3 = \frac{1}{5}$

8 a) $x_1 = 3$; $x_2 = -3$; $x_3 = 1$; $x_4 = -1$

b) $x_1 = 5$; $x_2 = -5$; $x_3 = 6$; $x_4 = -6$

c) $x_1 = 4$; $x_2 = -4$; $x_3 = 3$; $x_4 = -3$

d) $x_1 = 2$; $x_2 = -2$; $x_3 = 0{,}5$; $x_4 = -0{,}5$

e) $x_1 = 6$; $x_2 = -6$; $x_3 = 2$; $x_4 = -2$

f) $x_1 = 2$; $x_2 = -2$; $x_3 = 3$; $x_4 = -3$

9 Individuelle Zeichnung.
Der Funktionsgraph hat einen Tiefpunkt bei $P(0|0)$.

10 Auf dem Intervall $[-1{,}5;\ 0{,}5]$ ist die mittlere Änderungsrate 2, auf dem Intervall $[0{,}5;\ 1{,}5]$ ist sie 13.

11 Seine durchschnittliche Geschwindigkeit auf der Hinfahrt ist $18\,\frac{\text{km}}{\text{h}}$, auf der Rückfahrt $13{,}5\,\frac{\text{km}}{\text{h}}$.

12 $f'(20) = 40$

13 a) $H\left(\frac{1}{3}\middle|-0{,}2037\right)$ b) existiert nicht

c) $H\left(\frac{1}{3}\middle|-0{,}2037\right)$, $T(1|-0{,}5)$

14 z.B. $f(x) = -\frac{1}{2}x^2 + 3x - 2{,}5$

15 $f'(2) = 24$

Lösungen zu „Vorbereitung auf die zentrale Prüfung“

Seite 177 Teil 1

1	a
2	b
3	d
4	c
5	b
6	b
7	c
8	b
9	d
10	c
11	b
12	d
13	a
14	b
15	b
16	d
17	c
18	b
19	b
20	c
21	c
22	d
23	c
24	c
25	b
26	c
27	c
28	b
29	a
30	a
31	c
32	b

Seite 179 Teil 2

1 **a)** Für die Addition von Zahlen gilt:
1) gerade + ungerade = ungerade
2) ungerade + ungerade = gerade
3) gerade + gerade = gerade
In jeder Reihe kommt zu einer ungeraden Anzahl an Sitzen eine gerade Anzahl hinzu. Also hat jede Reihe eine ungerade Anzahl an Sitzen. Die Gesamtanzahl der Sitze ist gerade. Bei zehn Reihen werden fünfmal zwei ungerade Zahlen addiert. Das ergibt fünf gerade Zahlen. Diese addiert ergeben eine gerade Zahl.

b) Gesamtzahl der Sitze:
$37 + 41 + 45 + 49 + 53 + 57 + 61 + 65 + 69 + 73 = 550$

c) ③ gibt die Zahl der Sitze in Reihe n an.

d) $19€ \cdot (37 + 41 + 45 + 49 + 53) +$
$14{,}50€ \cdot (57 + 61 + 65 + 69 + 73) = 8987{,}50€$

e) x: Anzahl der Personen in den Reihen 1–5
y: Anzahl der Personen in den Reihen 6–10
I $x + y = 300$, II $19 \cdot x + 14{,}5 \cdot y = 5007$
I nach y auflösen und in II einsetzen:
$x \cdot 19€ + (300 - x) \cdot 14{,}50€ = 5007€$; $x = 146$
$y = 300 - 146 = 154$
146 Personen saßen in den Reihen 1–5 (2774 €) und 154 Personen saßen in den Reihen 6–10 (2233 €).

2 **a)** Im 1. Lehrjahr bekommt sie monatlich 410 €.

b) Das stimmt nicht, sie verdient nur 60 € mehr. Das Diagramm täuscht, da es bei 350 € statt bei 0 € beginnt.

c) $\frac{410€ + 470€ + 560€}{3} = 480€$
Sie verdient durchschnittlich 480 € pro Monat.

3 **a)** $-34{,}44€ - 3{,}49€ - 38{,}19€ - 11{,}83€ = -87{,}95€$
Ihr werden 87,95 € vom Bruttoverdienst abgezogen.

b) $\frac{322{,}05€}{410€} \approx 0{,}78549 \approx 78{,}549\,\%$
Sie bekommt etwa 78,5 % des Bruttoverdienstes ausgezahlt.

c) Dreisatz: 100 % entsprechen 560 €, dann entspricht 1 % 5,60 € und 8,4 % entsprechen 47,04 €.
Der monatliche Krankenversicherungsbeitrag im dritten Lehrjahr liegt bei 47,04 €.

4 **a)** $A = \pi \cdot (12\,\text{cm})^2 \approx 452{,}4\,\text{cm}^2$, $u = 2\pi \cdot 12\,\text{cm} \approx 75{,}4\,\text{cm}$

b) $r^2 = 2 \cdot (452{,}4\,\text{cm}^2) : \pi$; $d \approx 34\,\text{cm}$

c) 5,40 € entsprechen 100 %, der erhöhte Preis entspricht 116 %, also $5{,}40€ \cdot 1{,}16 = 6{,}264€$.
Die Pizza mit extra Belägen kostet gerundet 6,30 €.

d) $A_{\text{gesamt}} = \pi \cdot (17\,\text{cm})^2$
$A_{\text{belegt}} = \pi \cdot (17\,\text{cm} - 1{,}5\,\text{cm})^2 \approx 754{,}77\,\text{cm}^2$
$A_{\text{unbelegt}} = A_{\text{gesamt}} - A_{\text{belegt}} \approx 153{,}15\,\text{cm}^2$

e) $A_{\text{Familie}} = \pi \cdot (34\,\text{cm})^2 \approx 3631{,}68\,\text{cm}^2$
Die Fläche der Familienpizza ist etwa viermal so groß wie die der großen. Der dreifache Preis ist also fair.

f) 5,40 € entsprechen 100 %, der erhöhte Preis entspricht 110 %, also $5{,}40€ \cdot 1{,}10 = 5{,}94€$.
Der Pizzapreis sollte bei 5,95 € oder 6,00 € liegen.

5 **a)** E aktuell: $\frac{100\,\text{m} \cdot 400\,\text{m}}{2} = 20\,000\,\text{m}^2$

E neu: $100\,\text{m} \cdot 200\,\text{m} = 20\,000\,\text{m}^2$

I aktuell: $\frac{100\,\text{m} + 150\,\text{m}}{2} \cdot 200\,\text{m} = 25\,000\,\text{m}^2$

I neu: $200\,\text{m} \cdot 200\,\text{m} = 40\,000\,\text{m}^2$

L aktuell: $\frac{200\,\text{m} + 150\,\text{m}}{2} \cdot 200\,\text{m} = 35\,000\,\text{m}^2$

L neu: $100\,\text{m} \cdot 200\,\text{m} = 20\,000\,\text{m}^2$

b)

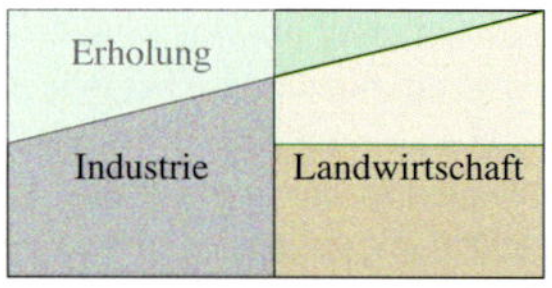

E → I: $\frac{100\,\text{m} + 50\,\text{m}}{2} \cdot 200\,\text{m} = 15\,000\,\text{m}^2$

L → E: $\frac{100\,\text{m} + 50\,\text{m}}{2} \cdot 200\,\text{m} = 15\,000\,\text{m}^2$

c) E → I: $15\,000\,\text{m}^2 \cdot 15\frac{€}{\text{m}^2} = 225\,000\,€$

L → E: $15\,000\,\text{m}^2 \cdot 20\frac{€}{\text{m}^2} = 300\,000\,€$

Die Kosten für die Neuordnung betragen 525 000 €.

d) aktuell:

E: $\frac{20\,000\,\text{m}^2}{80\,000\,\text{m}^2} = 0{,}25 = 25\,\%$

I: $\frac{25\,000\,\text{m}^2}{80\,000\,\text{m}^2} = 0{,}3125 = 31{,}25\,\%$

L: $\frac{35\,000\,\text{m}^2}{80\,000\,\text{m}^2} = 0{,}4375 = 43{,}75\,\%$

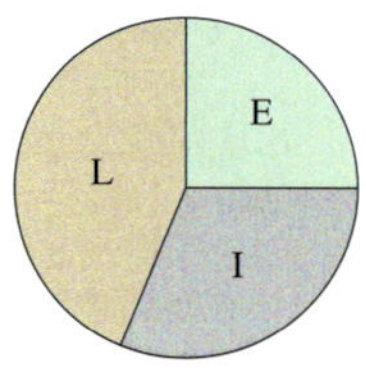

neu:

E: $\frac{20\,000\,\text{m}^2}{80\,000\,\text{m}^2} = 0{,}25 = 25\,\%$

I: $\frac{40\,000\,\text{m}^2}{80\,000\,\text{m}^2} = 0{,}50 = 50\,\%$

L: $\frac{20\,000\,\text{m}^2}{80\,000\,\text{m}^2} = 0{,}25 = 25\,\%$

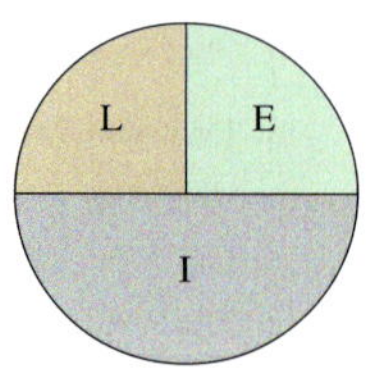

6 **a)** Smart: C (Der Graph beginnt beim Grundpreis und steigt in Abhängigkeit der Gesprächszeit an.)
Vario: A (Der Graph beginnt bei null, da es keinen monatlichen Grundpreis gibt, und steigt dann an.)
Flat: D (Der Graph beginnt beim Grundpreis und bleibt konstant, unabhängig von der Gesprächszeit.)

b) x: Anzahl der Gesprächsminuten
Smart: $f(x) = 7{,}95\,€ + 0{,}15\,€ \cdot x$
Vario: $f(x) = 0{,}28\,€ \cdot x$
Flat: $f(x) = 19{,}95\,€$

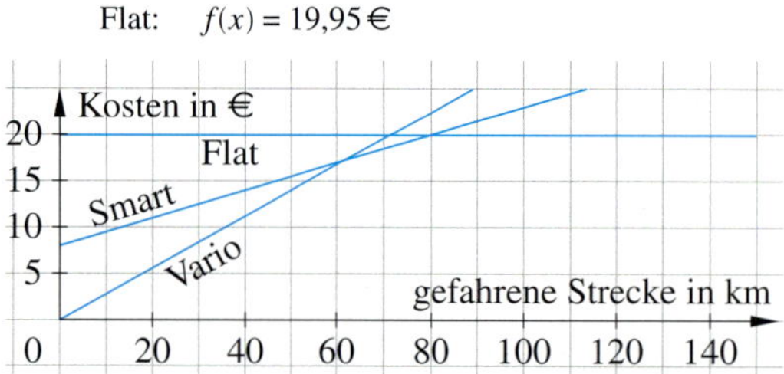

c) Ein Schnittpunkt zeigt an, bei welcher Gesprächszeit zwei Tarife zum selben Rechnungsbetrag führen.

d) Bei 60 Gesprächsminuten zahlt er beim Smart-Tarif 16,80 €, beim Vario-Tarif 16,95 € und beim Tarif Flat 19,95 €. Somit ist der Smart-Tarif für ihn am günstigsten.

7 **a)**

km	0	10	25	30	35	50	80	100
City (€)	25	31	40	43	46	55	73	85
Regio (€)	40	44	50	52	54	60	72	80

b) x: Anzahl der gefahrenen Kilometer
City: $f(x) = 25\,€ + 0{,}6\frac{€}{\text{km}} \cdot x$
Regio: $f(x) = 40\,€ + 0{,}4\frac{€}{\text{km}} \cdot x$

c)

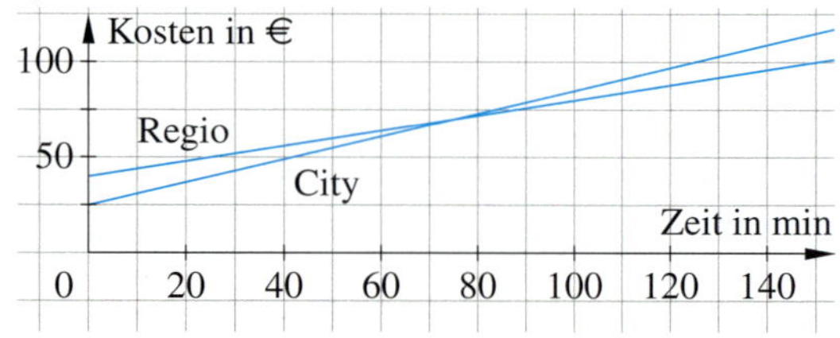

d) Herr Fedinger sollte den City-Tarif nehmen, da dieser 67 €, der Regio-Tarif aber 68 € kostet.

e) City-Tarif: $p = \frac{25\,€ \cdot 100}{67\,€} \approx 37{,}3\,\%$

Regio-Tarif: $p = \frac{40\,€ \cdot 100}{68\,€} \approx 58{,}8\,\%$

8 **a)** 25 % sind 24 Jahre oder jünger.

b) 10 %, also 24 Kunden, sind 56 Jahre und älter.

c)

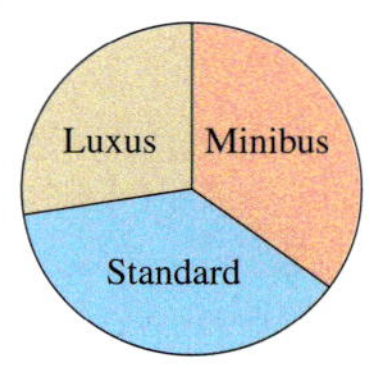

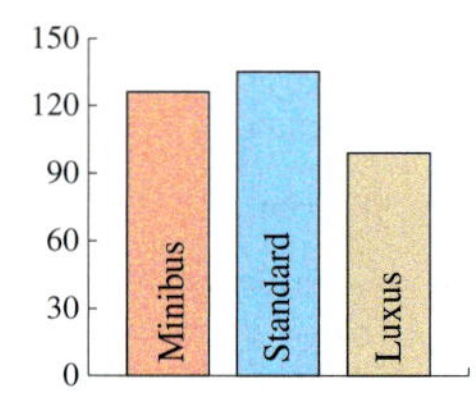

9 **a)** Die Dose hat ein Volumen von ca. $355\,\text{cm}^3$. Die Getränkefirma wird die Dose mit 350 ml befüllen.

b) $A_O = 2 \cdot A_G + A_M = 2 \cdot \pi \cdot r^2 + u \cdot h$
$= 2 \cdot (\pi \cdot (2{,}7\,\text{cm})^2) + 2 \cdot \pi \cdot 2{,}7\,\text{cm} \cdot 15{,}5\,\text{cm}$
$\approx 308{,}8\,\text{cm}^2$
A_O inklusive 15 % Mehrverbrauch:
$308{,}8\,\text{cm}^2 \cdot 1{,}15 \approx 355{,}12\,\text{cm}^2$
Es werden ca. $355{,}12\,\text{cm}^2$ Weißblech benötigt.

c) d: Diagonale im Inneren der Dose
$d = \sqrt{(5{,}4\,\text{cm})^2 + (15{,}5\,\text{cm})^2} \approx 16{,}41\,\text{cm}$
Der Trinkhalm muss länger sein als 16,41 cm.

d) $V = 350\,\text{cm}^3 = a \cdot b \cdot h = 35\,\text{cm}^2 \cdot h$
$h = \frac{350\,\text{cm}^3}{35\,\text{cm}^2} = 10\,\text{cm}$
Das Tetrapak muss mindestens 10 cm hoch sein.

e) $A_O = 2 \cdot A_G + A_M$
$= 2 \cdot 70\,\text{cm}^2 + (24\,\text{cm}) \cdot 10\,\text{cm} = 310\,\text{cm}^2$
A_O inklusive 15 % Mehrverbrauch:
$310\,\text{cm}^2 \cdot 1{,}15 = 356{,}5\,\text{cm}^2$
Es werden $356{,}5\,\text{cm}^2$ Karton benötigt.
Der Materialverbrauch ist fast gleich, daher sollte man sich aus anderen Gründen für eine der beiden Verpackungsarten entscheiden.

10 a) $V = \frac{1}{3} \cdot G \cdot h \Leftrightarrow 2 = \frac{3 \cdot V}{G}$
$h = \frac{3 \cdot 150\,\text{cm}^3}{G} = \frac{450\,\text{cm}^3}{\pi \cdot (4\,\text{cm})^2} \approx 9\,\text{cm}$
Die Höhe des Bechers beträgt ca. 9 cm.

b) $150\,\text{ml} \cdot 0{,}9 = 135\,\text{ml}$
Ein zu 90 % gefüllter Becher beinhaltet 135 ml.
$\frac{18\,900\,\text{ml}}{135\,\text{ml}} = 140$
Es können 140 Becher zu 90 % gefüllt werden.

c) individuelle Schätzung

d) $A_M = \pi \cdot r \cdot s$ mit $s = \sqrt{h^2 + r^2} = \sqrt{97}$ also
$A_M = \pi \cdot 4\,\text{cm} \cdot \sqrt{97} \approx 123{,}8\,\text{cm}^2$
A_M inklusive 15 % Mehrverbrauch
$A_M \cdot 1{,}15 \approx 142{,}3\,\text{cm}^2$
Pro Becher werden ca. $142{,}3\,\text{cm}^2$ Papier benötigt.

e) Abb. ①: Anfangs füllt sich der Becher sehr schnell, mit zunehmender Höhe vergrößert sich der Querschnitt des Bechers und er wird immer langsamer gefüllt.

11 a) t : Fallzeit (in Sekunden)
$h(t) = t^2 \cdot 5$ (eigentlich: $h(t) = t^2 \cdot 5\,\frac{\text{m}}{\text{s}^2}$)

b) $h(t) = (2\,\text{s})^2 \cdot 5\,\frac{\text{m}}{\text{s}^2} = 4\,\text{s}^2 \cdot 5\,\frac{\text{m}}{\text{s}^2} = 20\,\text{m}$
Die Brücke hat eine Höhe von ca. 20 m.

c) $h(t) = 270\,\text{m} = t^2 \cdot 5\,\frac{\text{m}}{\text{s}^2}$ umstellen nach t ergibt
$t = \sqrt{\frac{270\,\text{m}}{5\,\frac{\text{m}}{\text{s}^2}}} \approx 7{,}3\,\text{s}$
Der Stein fällt ca. 7,3 s lang.

12 a) Die maximale Höhe beträgt 48 m.

b) Der Ball trifft in 160 m vom Abschlag auf.

c) Funktion ③ beschreibt die Flugbahn des Golfballs. Die Graphen der Funktionen ① und ④ wären nach oben geöffnet. Der Graph von Funktion ② läge unterhalb der x-Achse.

13 a) $f(30) = (1{,}2 - 0{,}015 \cdot 30) \cdot 30 = 22{,}5$
Nach 30 m hat der Ball eine Höhe von 22,5 m.

b) Setze $f(x) = 0$ und löse. $x_1 = 0$ (Abschlag); $x_2 = 80$
Nach 80 m hat der Ball eine Höhe von 0 m, trifft also auf den Boden auf.

c) $f(x) = 1{,}2x - 0{,}015x^2$
$f(x) = -0{,}015 \cdot (x^2 - 80x)$
$f(x) = -0{,}015 \cdot (x^2 - 80x + 1600 - 1600)$
$f(x) = -0{,}015 \cdot ((x - 40)^2 - 1600)$
$f(x) = -0{,}015 \cdot (x - 40)^2 - 24 \qquad S(40|24)$
Der Ball erreicht 40 m nach Abschlag seine maximale Höhe von 24 m.

14 a) Angebot 1: 50 € nach 7 Tagen
Angebot 2: 64 € nach 7 Tagen
Paul sollte Angebot 2 wählen.

b) ③ passt zu beiden Angeboten. Bei ① ist die Steigung der Geraden zu klein, bei ② schneidet die Gerade die y-Achse bei 0.

c) Der Schnittpunkt zeigt an, nach wie vielen Tagen beide Angebote zur selben Sparsumme führen.

d) x: Anzahl der Tage
Angebot 1: $f(x) = 15\,€ + 5\,€ \cdot x$
Angebot 2: $f(x) = 0{,}5\,€ \cdot 2x$

15 a) Nach jeweils 1000 m herrschen nur noch 0,88 = 88 % des vorherigen Luftdruckwertes vor. Der Luftdruck sinkt also alle 1000 m um 12 %.

b) 1 km: $p(1) = 1013\,\text{hPa} \cdot 0{,}88^1 \approx 891{,}4\,\text{hPa}$
2 km: $p(2) = 1013\,\text{hPa} \cdot 0{,}88^2 \approx 784{,}5\,\text{hPa}$
2,5 km: $p(2{,}5) = 1013\,\text{hPa} \cdot 0{,}88^{2{,}5} \approx 735{,}9\,\text{hPa}$

c) $1{,}013 \cdot 10^7\,\text{g} = 1{,}013 \cdot 10^4\,\text{kg} = 10\,130\,\text{kg} = 10{,}13\,\text{t}$

d) $p(8{,}848) = 1013\,\text{hPa} \cdot 0{,}888{,}845 \approx 327\,\text{hPa}$
Der Luftdruck beträgt auf der Spitze in etwa 327 hPa.

e)

Höhe (im km)	1	2	3
Luftdruck (in hPa)	891,4	784,5	690,3

Der Wanderer befindet sich in ca. 3 km Höhe.

f)

Höhe (im km)	4	5	6
Luftdruck (in hPa)	607,5	534,6	470,4

Zwischen 5000 m und 6000 m ist der Luftdruck halb so groß wie auf Meereshöhe: $p(5{,}5) \approx 501{,}5\,\text{hPa}$.

16 a) Es ist kein Laplace-Experiment. Aufgrund der Form des Würfels sind nicht alle Ergebnisse gleich wahrscheinlich.

b) Anzahl n aller Würfe: $n = 1000$

Augenzahl	1	2	3	4	5	6
rel. Häuf.	0,192	0,078	0,207	0,214	0,090	0,219

c) 2 und 5 liegen sich wohl gegenüber, da sie am wenigsten häufig gewürfelt wurden.

d) **Pro:** Die Summe der Wahrscheinlichkeiten ergibt 100 %. Außerdem haben kongruente Flächen dieselbe Wahrscheinlichkeit, gewürfelt zu werden.

Contra: Die Werte wurden großzügig gerundet.

e) A_{klein}: Flächeninhalt der Seiten „2“ und „5“
$A_{\text{groß}}$: Flächeninhalt der Seiten „1“, „3“, „4“ und „6“
$A_{\text{klein}} = 2\,\text{cm} \cdot 2\,\text{cm} = 4\,\text{cm}^2$
$A_{\text{groß}} = 2\,\text{cm} \cdot 2{,}5\,\text{cm} = 5\,\text{cm}^2$
$A_O = 4 \cdot 5\,\text{cm}^2 + 2 \cdot 4\,\text{cm}^2 = 28\,\text{cm}^2$
Es gilt: $\frac{A_{\text{klein}}}{A_O} \approx 0{,}143 \neq \frac{P(2)}{1} \approx 0{,}1$
Die Wahrscheinlichkeit der Ereignisse ist nicht proportional zur Größe der Seitenflächen.

f) Es gilt: $P(1) = P(3) = P(4) = P(6) = 0{,}2$;
$P(2) = P(5) = 0{,}1$

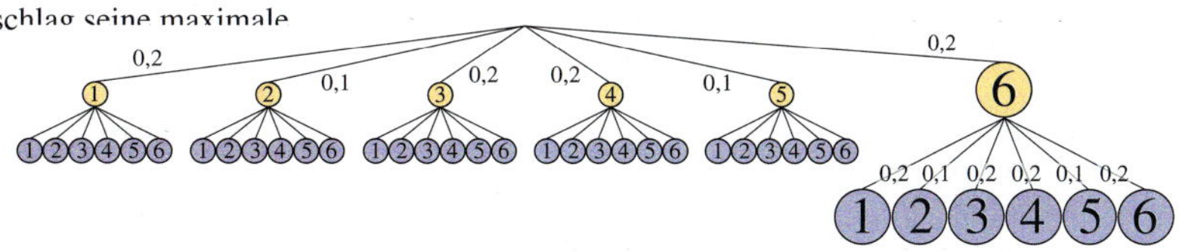

$P(\text{Pasch}) = P(1;\,1) + P(2;\,2) + P(3;\,3) + P(4;\,4)$
$+ P(5;\,5) + P(6;\,6)$
$= 0{,}2^2 + 0{,}1^2 + 0{,}2^2 + 0{,}2^2 + 0{,}1^2 + 0{,}2^2 = 0{,}18$

g) individuelle Schätzung
„AS = 7“: Augensumme bei zweimaligem Würfeln ist 7
Mit Hilfe des Baumdiagramms aus f) ermitteln wir:
$P(\text{AS} = 7) = P(1;\,6) + P(2;\,5) + P(3;\,4) + P(4;\,3) +$
$P(5;\,2) + P(6;\,1) = 4 \cdot 0{,}2^2 + 2 \cdot 0{,}1^2 = 0{,}18$
Die Ereignisse „Augensumme ist 7“ und „Pasch“ haben die gleiche statistische Wahrscheinlichkeit.

$690 = 1013 \cdot 0{,}88^x$
$\lg \frac{690}{1013} = x \cdot \lg 0{,}88$
$x = \frac{\log \frac{690}{1013}}{\log 0{,}88}$
$x = 3004\,m$
$506{,}5 = 1013 \cdot 0{,}88^x$
$x = \frac{\log \frac{506{,}5}{1013}}{\log 0{,}88}$
$x = 5{,}422\,km$

17 a) $2 + 12 + 2 \cdot 9 + 8 + 3 \cdot 6 + 4 \cdot 4 + 3 + 9 \cdot 2 + 5 = 100$

b) $P(\text{E}) = \frac{12}{100} = 0{,}12,\ P(\text{N}) = \frac{6}{100} = 0{,}06$

$P(\text{Vok}) = P(\text{A}) + P(\text{E}) + P(\text{I}) + P(\text{O}) + P(\text{U})$
$= 0{,}09 + 0{,}12 + 0{,}09 + 0{,}08 + 0{,}04 = 0{,}42$

$P(\text{Kon}) = 1 - (P(\text{Vokal}) + P(\text{Joker}))$
$= 1 - (0{,}42 + 0{,}02) = 1 - 0{,}44 = 0{,}56$

c) $P(\text{Vok; Vok}) = \frac{42}{100} \cdot \frac{41}{99} \approx 0{,}174$

$P(\text{Kon; Kon}) = \frac{56}{100} \cdot \frac{55}{99} \approx 0{,}311$

$P(\text{Vok; Kon}) = \frac{42}{100} \cdot \frac{56}{99} \approx 0{,}238$

$P((\text{Vok; Kon}); (\text{Kon; Vok})) = 0{,}42 \cdot \frac{56}{99} + 0{,}56 \cdot \frac{42}{99}$
$\approx 0{,}475$

$P(\text{I; T}) = \frac{9}{100} \cdot \frac{6}{99} \approx 0{,}005$

18 a) $\frac{4\,700\,000}{8{,}2} \cdot 100 \approx 57\,317\,073$

Die Fluggesellschaft hatte ca. 57,3 Mio. Fluggäste.

b) $\frac{11}{10\,000} = 0{,}0011 = 0{,}11\,\%$

c) $390 \cdot 0{,}041 = 15{,}99 \approx 16$

Es müssen 16 Personen entschädigt werden:
$16 \cdot 250\,€ = 4000\,€$

d) $390 \cdot 0{,}059 = 23{,}01$ 23 Passagiere wurden überbucht.

Ticketpreis (in €)	100	150	400
Mehreinnahmen (in €)	2300	3450	9200

$8{,}2\,\% - 5{,}9\,\% = 2{,}3\,\%$

$390 \cdot 0{,}023 = 8{,}97$ Es bleiben neun Plätze frei.

e) individuell

19 a) I $c + 6\,\text{cm} = a$; II $a + c = 20\,\text{cm}$

I einsetzen in II: $c + 6\,\text{cm} + c = 20\,\text{cm}$; $c = 7\,\text{cm}$,
c einsetzen in I: $a = 7\,\text{cm} + 6\,\text{cm} = 13\,\text{cm}$

b) $A = \frac{7\,\text{cm} + 13\,\text{cm}}{2} \cdot 4\,\text{cm} = 40\,\text{cm}^2$

Quadrat: $a = \sqrt{40\,\text{cm}^2} \approx 6{,}3\,\text{cm}$

Rechteck: z. B. $a = 4\,\text{cm}$, $b = 10\,\text{cm}$

c) $b = d$; Berechnung von b mit dem Satz des Pythagoras:

$b^2 = h^2 + \left(\frac{a-c}{2}\right)^2 = 16\,\text{cm}^2 + 9\,\text{cm}^2 = 25\,\text{cm}^2$; $b = 5\,\text{cm}$,

$u = 13\,\text{cm} + 5\,\text{cm} + 7\,\text{cm} + 5\,\text{cm} = 30\,\text{cm}$

d)

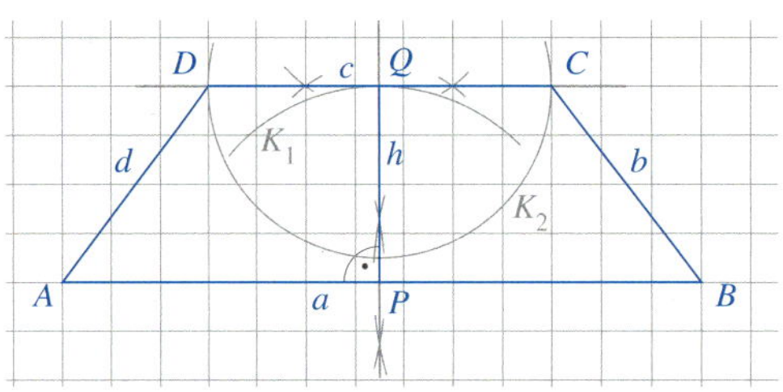

Konstruktionsbeschreibung (Beispiel):

① zeichne a mit $a = 13\,\text{cm}$
② ermittle P als Mittelpunkt von a
③ errichte durch P eine Senkrechte h zu a
④ schlage um P einen Kreis K_1 mit $r = 4\,\text{cm}$, Q ist der Schnittpunkt von K_1 und h
⑤ schlage um Q einen Kreis K_2 mit $r = 3{,}5\,\text{cm}$
⑥ errichte durch Q eine Senkrechte zu h
⑦ C und D sind die Schnittpunkte von K_2 und der Senkrechten
⑧ verbinde die Punkte A, B, C und D

e) Z. B. $A(0|0)$, $B(13|0)$, $C(10|4)$

f) $\sin\alpha = \frac{4\,\text{cm}}{5\,\text{cm}}$, also $\alpha \approx 53{,}1°$

Es gilt: $360° = 2 \cdot \alpha + 2 \cdot \delta$, also $180° - \alpha = \delta$
daraus folgt: $\delta \approx 180° - 53{,}1° = 126{,}9°$

20 a) Herr Franke kann das Auto für 4,50 € bis zu zwei Stunden abstellen.

b)

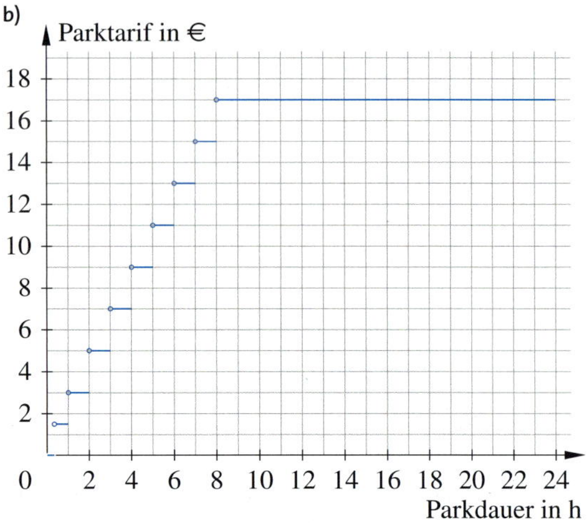

c) Es handelt sich um eine Funktion, da jedem x-Wert genau ein y-Wert zugeordnet wird.

d) Ab einer Parkdauer von acht Stunden muss der Tagestarif gezahlt werden.

e) individuell

21 a) Die Dreiecke 1, 4, 6, 7 und 8 sind zum blauen Dreieck ähnlich.

b) $\frac{1}{2} \cdot 2\,\text{cm} \cdot 3\,\text{cm} = 3\,\text{cm}^2$

c)

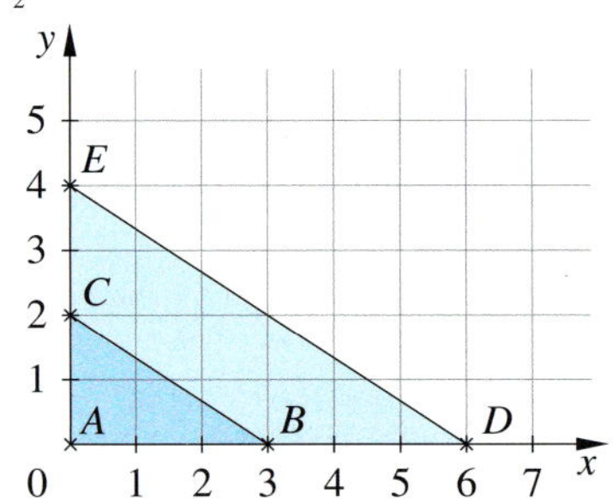

z. B. $D(6|0)$, $E(0|4)$

22 a) DIN-A3: 297 mm × 420 mm;
DIN-A4: 297 mm × 210 mm

b) Ein DIN-A4-Bogen entspricht ungefähr $\frac{1}{16}$ eines DIN-A0-Bogens.

c) Ein Passbild kann ohne Verzerrung in der Größe 270 mm × 210 mm ausgedruckt werden.

d) $\frac{35\,\text{mm}}{45\,\text{mm}}$ ist ungefähr ähnlich zu $\frac{11{,}6\,\text{cm}}{9{,}0\,\text{cm}}, \frac{14{,}1\,\text{cm}}{11{,}0\,\text{cm}}, \frac{16{,}7\,\text{cm}}{13{,}0\,\text{cm}}, \frac{19{,}3\,\text{cm}}{15{,}0\,\text{cm}}, \frac{23{,}1\,\text{cm}}{18{,}0\,\text{cm}}$

23 a) Die Aussage von Tim ist falsch, da sich das Kuppelkreuz nicht direkt vor dem Hochhaus befindet.

b) maximaler Durchmesser der Bekrönung: ca. 5,6 m
Durchmesser der Kugel: ca. 1,2 m
Höhe des Kreuzes: ca. 4,1 m
Breite des Kreuzes: ca. 2,3 m

c) $r = 0{,}6\,\text{m}$; $V_{max} = 0{,}9\,\text{m}^3$
Das tatsächliche Volumen des Hohlraums hängt vom inneren Radius der Hohlkugel ab.

d) Die geplanten Kosten wurden um ca. 57,8 % (520 000 €) überschritten.

e) Die Kosten für das Kreuz machten ca. 49,3 % der Gesamtkosten aus.

24 a) Die maximale Geschwindigkeit des Fallschirmspringers beträgt $216\,\frac{\text{km}}{\text{h}}$ $(= 60\,\frac{\text{m}}{\text{s}})$.

b) Der Sprung dauert ca. zwei Minuten.

c) ①: Absprung aus dem Flugzeug
②: Öffnen des Fallschirms
③: Landung

d) Die Geschwindigkeit nimmt in den ersten zehn s stark zu und bleibt dann für ca. 50 s konstant. Nach dem Öffnen des Fallschirms wird der Fallschirmspringer stark gebremst, bis er gleichmäßig zu Boden sinkt. Kurz vor der Landung bremst er stark ab.

e) Er verliert ca. 2400 m an Höhe.

f) Der Sprung würde ca. zwölf Minuten dauern.

25 a) Prinz Charles hat die Rechnung 2008 beglichen.

b) Ein Jahr nach dem Kauf sind die Schulden auf 475,81 Pfund angestiegen. Die 5 % Zinsen müssen sich im Folgejahr also auf diese Summe beziehen.
Der Zinseszinseffekt bleibt demnach bei Sarahs Rechnung unberücksichtigt, sie geht von einem linearen statt exponentiellen Wachstum der Schulden aus.

c) Für $x = 357$ [Jahre] kommt Anke auf einen Rechnungsbetrag von mehr als 16,6 Mrd. Pfund.

d) Ein doppelt so hoher Zinssatz führt nur nach dem ersten Jahr zu doppelt so hohen Zinsen. Schon im zweiten Jahr unterscheidet sich das zu verzinsende Kapital und ein doppelt so hoher Zinssatz führt zu mehr als doppelt so hohen Zinsen.

e) Es wurde mit einem durchschnittlichen Zinssatz von ca. 1,3 % gerechnet.

f) Die Veränderung des Preisniveaus bleibt unberücksichtigt. Für 572,52 € wird man heute in Großbritannien keine Uniformen (Mehrzahl!) erhalten. In einem einfachen mathematischen Modell muss außerdem mit einem durchschnittlichen Zinssatz gerechnet werden. Über einen so langen Zeitraum haben sich auch die Zinssätze verändert.

26 a) $85 = 3B + 4B + 3 \cdot (3B) + B = 17B$
Das Spiel enthält fünf Burgen (B), 15 Städte, 20 Siedlungen und 45 Straßen.

b) $V_{\text{Straße}} = 0{,}625\,\text{cm}^3$
$V_{\text{Siedlung}} = 1{,}330\,\text{cm}^3$
$V_{\text{Stadt}} = 2{,}550\,\text{cm}^3$
$V_{\text{Burg}} = 2{,}340\,\text{cm}^3$
$V_{\text{gesamt}} = 104{,}675\,\text{cm}^3$

c) Die 85 Spielfiguren haben eine Masse von 104,675 g.

d) Die Masse erhöht sich um ca. 79 %.

e) Der Oberflächeninhalt beträgt ca. $12{,}41\,\text{cm}^2$.

f) $\alpha = 270°$
$\beta = 90°$
$\gamma = 135°$

g) Mit einer Wahrscheinlichkeit von ca. 2,1 % werden eine Burg und eine Stadt aus dem Beutel gezogen.

Stichwortverzeichnis

Bildverzeichnis

77 TREPPENMEISTER/Redaktionsbüro Rehm, Stuttgart
79/1 Direktfoto/Hartwig Bambey
79/2 Cornelsen Verlagsarchiv
83 OKOPIA, Frankfurt a.M./Kage
84 www.holzschuppen.de
86 Bauverlag BV GmbH
92 picture-alliance/dpa/Ingo Wagner
94 © Ken Crosswell, Berkeley, CA (USA)
95/1 Astrofoto/ESA
95/2 mauritius images, Mittenwald/Photothek
95/3 mauritius images/Photothek
95/4 OKAPIA/Murti/CNRI
101 Cornelsen Verlagsarchiv/Rad. Biologie
103/1 (Bitkom)
103/2 www.nestle.ch.Pressebild
105 Cornelsen Verlagsarchiv/Kerstin Nolte
107 picture-alliance/dpa
109 Superbild/Marco Andreas Est.
111/1 Cornelsen Verlagsarchiv/EU-Kommision
111/2 StockFood/Klaus Arras
111/3 Reinhard-Tierfoto, Heiligenkreuzsteinbach
113 mauritius images/Hicker
114 akg-images
115/1 KNA-Bild, Bonn
115/2 LVR-Amt für Bodendenkmalpflege im Rheinland/Außenstelle Nideggen-Wollershein
115/3 action press, Hamnburg
115/4 a.e.r.fossilien/Andreas E. Richter, Augsburg
116 Peter Hartmann, Potsdam
118/1 picture-alliance/dpa/imageinchina
118/2 Gebr. Kemmerich GmbH, Attendorn
119/1 Fotolia/Torsten Schon
119/2 Agentur LMP, Hendrik Pohl
120 picture-alliance/dpa/Zhang heping
123 Wikipedia/CC-BY-SA/Paul Foot
133/1 Dr. Gerhard Koenig, Berlin
133/2 Deutsches Museum, München
133/3 www.pilatus.ch/Pressebild
134 Cornelsen Verlagsarchiv
135 destatis, Wiesbaden
136 Deutsche Stiftung Weltbevölkerung
137 www.skisprungschanzen.com
151 Felix Kälberer/Caltech Multi-Res Modeling Group/www.javaview.de
152 DWD, Offenbach
154/1 picture-alliance/dpa/epa/Maisonneneuve
154/2 corbis/zefa, Düsseldorf
154/3 vario-images, Bonn/Baumgarten
154/4 mauritius images/Mollenhauer
154/5 Christoph Patsch, Bonn
154/6 Duales System Deutschland
154/7 Deutsche Post/Mediabank
155 picture-alliance/ZB/Thieme
156 Fotolia/Hemera
157/1 Fair Trade, Köln/Pressebild
157/2 Cadbury's
158/1 Geobildungszentrum Markdorf
158/2, 3 Deutsche Bundesbank/Pressebild
159 Washington Tourist's Board, Washington D.C.
160 Optisches Museum Zeiss, Oberkochen
161/1 Immagini Luca Cestro, Neapel
161/2 Avenue Images, Hamburg/Index Stock/Jeff Randell
162/1 Wikipedia/GNU/Alexander Menk
162/2 Wikipedia/CC/Hofres
162/3 Wikipedia/CC/Manuel M Vicente
162/4 Bayrische Staatsbibliothek, München
165/5 akg-images/Rabatti-Domingie
163/1 Cornelsen Verlagsarchiv
163/2 Wikipedia/CC/Mewes
169 Die Zeit, Hamburg
173/1 akg-images
173/2 Wikipedia
175 Cornelsen Verlagsarchiv
181/1 Fotolia/Roman Minarov
181/2 Cornelsen Verlagsarchiv
182/1 Fotolia/Bertold Werkman
182/2 AQUATRENT2200, Bramsche
183/1 Wikipedia/GNU/DL/Hytrion
183/2 Wikipedia/CC/Fabien
130/9 Corbis
185/1 Cornelsen Verlagsarchiv/Kerstin Nolte
185/2 Hasbro/Mattel Inc.
186 Fotolia/Klaus Eppele
188/1 picture-alliance/dpa/Reiner Jensen
188/2 Cornelsen Verlagsarchiv
189 picture-alliance/dpa/ NEWS_TEAM_International_NTI

Trotz intensiver Bemühungen konnten möglicherweise nicht alle Rechteinhaber ausfindig gemacht werden. Bei begründeten Ansprüchen wenden sich Rechteinhaber bitte an den Verlag.

Graphen verschiedener Funktionstypen

Lineare Funktionen

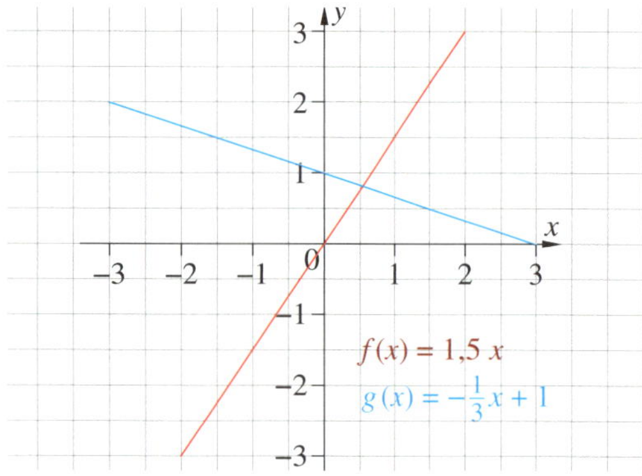

- Funktionsgleichung: $f(x) = m \cdot x + n$
- Gerade durch den Punkt $P\,(0|n)$, mit der Steigung m
- Nullstelle: genau eine für $m \neq 0$, $x_0 = -\frac{n}{m}$

Quadratische Funktionen

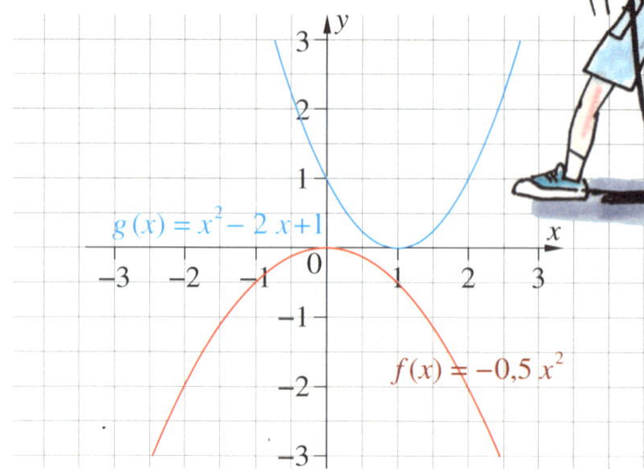

- Funktionsgleichung: $f(x) = ax^2 + bx + c,\ a \neq 0$
- Funktionsgleichung in Scheitelpunktform: $f(x) = a\,(x - x_s)^2 + y_s$
- Parabel durch den Scheitelpunkt $S\,(x_s|y_s)$
- Nullstellen: keine, eine oder zwei $x_{1,2} = x_s \pm \sqrt{\frac{-y_s}{a}}$

Trigonometrische Funktion: Sinusfunktion

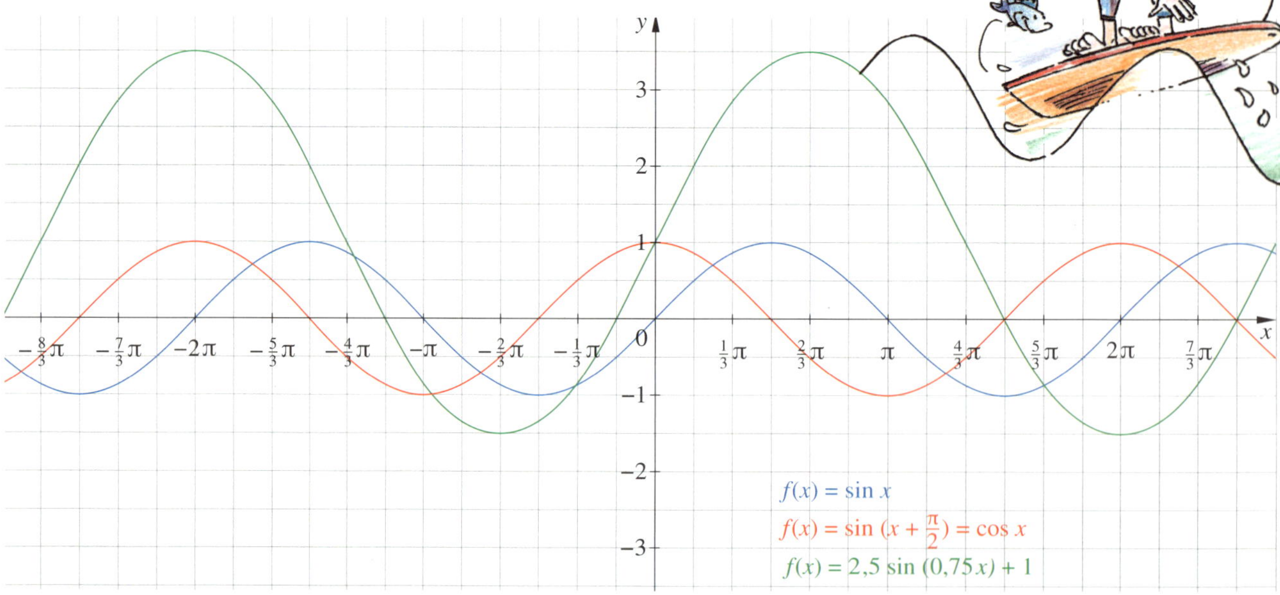

- Funktionsgleichung: $f(x) = \sin x$
- Periodische Funktion mit Periode 360° bzw. $2 \cdot \pi$
- Punktsymmetrisch zum Koordinatenursprung $(0|0)$
- Nullstellen: unendlich viele, $k \cdot 180°$ bzw. $k \cdot \pi$, k ist eine ganze Zahl
- allgemeine Form: $f(x) = a \cdot \sin\,(b \cdot (x + c)) + d$